装配式钢结构建筑全流程图解：

设计·制作·施工

赵文娟 主编

化学工业出版社

·北京·

内 容 简 介

本书分"设计篇"和"构件制作与施工篇"两部分。设计篇包括装配式钢结构建筑概述，主体结构设计，集成设计，围护系统、设备和管线以及内装系统的设计等；构件制作与施工篇包括钢结构构件的制作与施工基本规定，构件及部品的制作，主体结构系统、外围护系统、设备与管线系统、内装系统的安装，项目综合案例以及常见问题及处理。书中将装配式钢结构建筑的建设基本要求、基本理论及相关实际操作融为一体，并将相应的实际案例插入其中，可以使读者更好地理解书中的内容。

本书可供装配式建筑工程建设及其相关行业从业人员学习参考，也适用于从事建筑材料、建筑结构、建筑施工、建筑设计、建筑管理和建筑营销的专业人员，从事建筑材料和土木工程材料质量检验的工作人员，从事住宅产业化和装配式建筑的研究、管理和政策制定人员。本书也可作为以上相关专业院校师生的教学参考用书。

图书在版编目（CIP）数据

装配式钢结构建筑全流程图解：设计·制作·施工/
赵文娟主编. —北京：化学工业出版社，2022.9
ISBN 978-7-122-41368-0

Ⅰ.①装… Ⅱ.①赵… Ⅲ.①装配式构件-钢结构-流程图 Ⅳ.①TU391-36

中国版本图书馆 CIP 数据核字（2022）第 077053 号

责任编辑：彭明兰　　　　　　　　　　文字编辑：邹　宁
责任校对：张茜越　　　　　　　　　　装帧设计：史利平

出版发行：化学工业出版社（北京市东城区青年湖南街 13 号　邮政编码 100011）
印　　装：大厂聚鑫印刷有限责任公司
787mm×1092mm　1/16　印张 22　字数 544 千字　2022 年 10 月北京第 1 版第 1 次印刷

购书咨询：010-64518888　　　　　　　售后服务：010-64518899
网　　址：http://www.cip.com.cn
凡购买本书，如有缺损质量问题，本社销售中心负责调换。

定　　价：98.00 元　　　　　　　　　　　　　　　版权所有　违者必究

前 言

装配式钢结构是由预制部品部件在工地装配而成的建筑，是钢结构、围护结构、设备与管线系统和内装系统做到和谐统一的建筑，从适用范围看，装配式钢结构适用于低层、多层和高层的居住建筑，超高层建筑以及部分工业项目的建造。

从 2016 年 2 月中共中央国务院印发《关于进一步加强城市规划管理若干意见》起，国务院先后出台了《关于大力发展装配式建筑的指导意见》和《关于促进建筑业持续健康发展的意见》等文件，这些文件对建设行业发展，特别是装配式建筑发展提出了总体要求、工作目标和重要任务。住房和城乡建设部在 2017 年提出，发展装配式建筑必须坚持的六个基本原则：以形成标准体系为核心；以开发装配式建筑配套的机具好产品为重点；以建筑设计为龙头统筹推进不同专业、不同环节的协调发展；以保证建筑功能和质量为前提；以打造现代产业工人队伍为基础；以稳中求进作为推动工作的总基调。配合装配式建筑的全面推进，需要加快推进建筑设计、施工、装修一体化步伐，积极推广标准化、集成化、模块化的装修模式；要积极在装配式建筑施工中应用 BIM 技术，提高建筑领域各专业之间的协同设计能力。 2018 年 12 月，全国住房和城乡建设工作会议上提出将大力发展钢结构等装配式建筑作为重点任务。总之，在国家政策和积极推动下，多个省市出台了推进装配式建筑发展的政策文件，这一系列政策措施，有力推进了我国装配式建筑结构建筑行业的发展。

发展装配式建筑是落实中央提出的加快推进绿色发展方式和绿色生活方式的重要载体和战略举措，装配式混凝土结构和现浇混凝土结构符合绿色施工的节地、节能、节材、节水和环境保护等的要求，可降低对环境的负面影响，包括降低噪声、防止扬尘，减少环境污染，清洁运输，可减少场地干扰，可节约水、电、材料等资源和能源， 符合可持续发展的要求，是提升建筑品质的必由之路。

本书以装配式建筑工程建设及其相关行业从业人员为读者群体，包括从事建筑材料、建筑结构、建筑施工、建筑设计、建筑管理和建筑营销的专业人员，从事建筑材料和土木工程材料质量检验的工作人员，从事住宅产业化和装配式建筑的研究、管理和政策制定人员等。本书以当下国家及行业对装配式建筑最新政策为依据，以装配式实际建筑方式及方法及案例为核心，对装配式建筑的设计、构件制作及其施工做了全流程针对性的介绍 ，具体特点如下。

（1）选用当下最新规范、文件进行编写。

（2）内容全面。全流程介绍装配式钢结构建筑从设计、部品部件的制作到施工的技术经验与技巧。

（3）直观明了。用线条图、施工现场照片、表格等进行叙述，读者一看就明白。

（4）参考性强。对装配式钢结构建筑设计、部品部件的制作及施工采用实际案例进行解读，具有实际指导价值。

本书由赵文娟主编，杨晓方、张秋月、杨连喜、张一、杨素红参编。

本书在编写过程中，得到了装配式建筑相关技术与施工人员的大力支持，也参考了大量其他学者的技术资料，在此一并表示感谢。

由于水平及时间所限，书中难免有疏漏，希望广大读者朋友批评指正，也欢迎在使用时将发现的问题反馈给我们，以便修订完善，将不胜感激。

编 者
2022 年 4 月

目录

设 计 篇

构件制作与施工篇

设计篇

第一节 ▸▸

装配式钢结构建筑的特点及应用

一、装配式钢结构建筑政策支持

与传统建筑不同，装配式建筑是指用预制的构件在工地现场装配的建筑。根据《装配式建筑评价标准》（GB/T 51129—2017），工业化建筑划分为 A 级、2A 级和 3A 级。根据结构主体的受力构件所使用的材料不同，装配式结构分为装配式钢结构、装配式混凝土结构和装配式木结构。

1999 年，国务院发布《关于推进住宅产业现代化 提高住宅质量的若干意见》，全国开始兴起推进住宅产业化的工作。到 2013 年，尤其是进入 2016 年以后，装配式建筑在全国各地出现了快速发展的局面。2016 年 1 月 1 日，由住房和城乡建设部住宅产业化促进中心、中国建筑科学研究院会同有关单位历时两年多编制的国家标准《装配式建筑评价标准》（GB/T 51129—2017）正式实施，对"工业化建筑""预制率""装配率"等专业名词进行了明确定义。

2016 年 2 月，《中共中央国务院关于进一步加强城市规划建设管理工作的若干意见》印发，提出大力推广装配式建筑，力争用 10 年左右的时间，使装配式建筑占新建建筑的比例达到 30%，积极稳妥推广钢结构建筑。

2016 年 3 月 5 日，"装配式建筑"首次出现在《政府工作报告》中，李克强总理指出：积极推广绿色建筑和建材，大力发展钢结构和装配式建筑，加快标准化建设，提高建筑技术水平和工程质量。同年 9 月 14 日，李克强主持召开国务院常务会议，第二次提出大力发展装配式建筑，推动产业结构调整升级。

2016 年 9 月 27 日，国务院印发《关于大力发展装配式建筑的指导意见》，规定八项任务：健全标准规范体系；创新装配式建筑设计；优化部品部件生产；提升装配施工水平；推进建筑全装修；推广绿色建材；推行工程总承包；确保工程质量安全。

二、装配式钢结构应用范围

随着国民经济的逐步发展和科学技术的进步，钢结构的应用范围在不断扩大，其大致的应用范围如下。

（1）大跨度空间钢结构建筑：钢材强度高、结构重量轻的优势正适合于大跨结构，故在跨度较大且空间连续的建筑体系中有广泛的应用。常用的结构形式有空间桁架、网架、网壳、悬索以及框架等，主要用于体育场馆、会展中心、航站楼、机库。国内的代表建筑主要有首都机场三号航站楼、国家游泳馆等。

（2）轻型钢结构建筑：以薄壁型钢作为檩条和墙梁，以焊接或热轧型钢作为梁柱，现场采用螺栓或焊接方式拼接的主要结构。主要用于轻型的工业厂房、仓库、超市、活动房屋等，其他设有较大锻锤以及受动力作用的设备厂房也多采用钢结构。

（3）重型钢结构建筑：一般指 10 层或 24m 以上的多高层钢结构建筑，多采用全钢结构或钢框架，混凝土的建筑结构形式，在多层框架、框架-支撑结构、框筒和巨型框架中得到越来越多的应用。代表建筑有美国纽约帝国大厦、我国北京国贸三期以及上海环球金融中心等。

（4）高耸结构：塔架和桅杆结构等常采用钢结构，如火箭发射塔架和广播电视塔等。

（5）组合结构：由于钢结构具有重量轻的优点，所以常被用于实腹变截面门式刚架、冷弯薄壁型钢结构以及钢管结构等。

三、装配式钢结构建筑的特点

装配式钢结构建筑的承重构件主要采用钢材制作，具有多种优点。

1. 抗震性好

钢结构构件的延性好，与混凝土建筑相比，地震作用下不易发生脆性破坏。同时由于大量采用轻质围护材料，在建筑面积相同时，钢结构建筑的自重远小于钢筋混凝土剪力墙建筑，地震反应小。

2. 建筑空间灵活、使用面积增大

装配式钢结构建筑采用框架结构体系，钢梁的经济跨度在 $5\sim8$m，中间不需要柱的支撑，容易形成大空间。在现代住宅设计中，对使用空间的功能可变性要求越来越高，而钢结构的特点使得空间灵活布置更容易实现。并且钢构件的截面尺寸远小于混凝土构件，可增大使用面积。

3. 节约资源、降低能耗

装配式钢结构建筑与目前广泛采用现浇方式的建筑相比，在节约资源、降低建筑能耗方面有着无可比拟的优势。其主要构件和外围护材料均在工厂制成，现场组装，相对于传统建筑可以减少建筑垃圾排放量的 80%，在建筑施工节水、节电、节材、节地等方面优势明显。在拆除后，主体结构 90% 以上可以重复再利用或加工后再利用，对环境产生的负担小。

4. 节约成本、缩短工期

目前现浇混凝土建筑的建设成本中人工费占总造价的 $15\%\sim20\%$，材料费占总造价 $45\%\sim65\%$。投资建设成本不断升高的主要原因包括劳动力价格持续升高，传统建造方式工业化水平不高、建造效率低下，建筑材料和设备浪费大、损耗高等。发展装配式钢结构建筑则可以将现场用工数量减少至 70%，并大幅度降低建筑材料、模板、设备用量和损耗，并且装配式钢结构建筑的建造效率也远高于现场作业，施工不易受天气等因素的影响，因此，建设工期可有效缩短 25%，工期更为可控。

四、发展装配式钢结构建筑的意义

发展装配式钢结构建筑，有利于推动行业绿色和可持续发展，提升建筑性能，带动建筑产业的技术进步。

1. 有利于推动建筑产业的技术进步

与混凝土建筑相比，装配式钢结构建筑对外围护系统和内装系统提出了更高的要求，与传统的生产和建造方式相比，需要采用更多的优质材料和集成部品。装配式钢结构建筑的不断发展，将会拉动上下游产业的技术提升和进步。

2. 有利于提升建筑性能，改善人居环境

装配式钢结构建筑抗震性能好、构件截面小，配合优质外围护系统，有利于提升居住的舒适性，改善人居环境。装配式钢结构建筑构件重量轻、施工速度快，同样适合在旅游风景区、农村及城镇等地区推广使用。

3. 有利于化解钢材产能，实现建材资源的可持续发展

目前我国人均水泥用量是世界人均水平的 4 倍多，每年消耗优质石灰石资源 20 多亿吨。河沙的大量使用，严重破坏了环境。与此同时，我国是钢材生产大国，粗钢产量连续多年蝉联世界第一，而我国钢结构建筑占新建建筑比例在 5% 左右，远低于国外发达国家 20%～50% 的比例，有很大的发展空间。发展装配式钢结构建筑有利于降低对水泥、砂石等资源的消耗，实现建材资源的可持续发展。

4. 有利于推动住房城乡建设领域的绿色发展

当前，我国建筑业粗放的发展方式并未根本改变，表现为资源能源消耗高、建筑垃圾排放量大、扬尘和噪声环境污染严重等。装配式钢结构建筑可实现材料的循环再利用，减少建筑垃圾排放，能够降低噪声和扬尘污染，保护周边环境，有效降低建筑能耗，推进住房城乡建设领域绿色发展。

第二节 ▶▶

装配式钢结构建筑的发展现状及趋势

一、国内装配式钢结构建筑技术的发展

1. 发展现状

我国装配式建筑技术的发展比例和建筑规模离我们的预期都还有一定的距离，且还存在市场培育不充分、技术体系不够成熟、质量管控需要进一步加强、行业队伍水平有待提高等不足，但国家政策和地方具体落实政策的陆续出台，已经为装配式建筑施工技术未来在我国的发展营造了很好的政策环境。

2016 年以来，我国已经在全国范围内掀起了发展装配式建筑的浪潮，未来我国势必在装配式建筑设计方法、预制构件的生产自动和智能化、现场装配技术等方面有很大突破和发展，以全面推动装配式建筑产业化。装配式建筑施工技术也将迎来新的全面发展阶段。

随着经济的不断发展以及人民生活水平的不断提高，私家车的数量也在不断增多，而伴随着这样的发展趋势，"车多位少"的现象日益严重，人们很难找到一个合适的位置去停放车辆。为了更好地解决这个问题，地下停车场被广泛地开发和应用，但是由于地下停车场对

于建筑质量的稳定性要求极高，传统的结构建筑很难满足这样的要求，而多高层结构建筑由于可以很好地发挥其优势和性能，在为人们提供更多车位的同时满足了建筑要求，因而被广泛应用。目前，我国住宅建筑多采用钢筋混凝土结构，但传统的建筑结构中使用钢筋混凝土的建筑模式不仅会受到温度、湿度等各种外界因素的干扰，而且它的稳定性能也非常差，在很大程度上导致了资源的浪费。钢结构也由于耐腐蚀性能差，导致其地区适应性较差、产业化程度低，从而没有被市场接受。与混凝土剪力墙住宅相比，经过20年的徘徊发展，传统钢结构住宅体系并未取得突破性的进展。造成目前钢结构住宅建筑困境的主要瓶颈问题，是缺乏与产业化生产方式相适应的钢结构建筑体系，缺乏匹配围护体系、防火防腐技术和高效装配化连接等共性关键技术的产业化解决方案，缺乏一体化可复制推广的产业化工程示范。

近年来，钢结构的技术得到了较快发展，在某些高层建筑及跨度很大的空间结构中被经常投入使用，尤其是多层变截面网壳和网架、球节点平板网架等钢结构的应用，都体现出了这一施工技术的先进性。通过对多高层钢结构住宅的建筑技术与工程应用进行分析可得，多高层钢结构施工技术不仅具有良好的稳定性能，还提升了建筑的清洁度，对房屋建筑有明显的保护作用，起到了保护环境的作用，更提高了施工单位的施工质量和施工进度，从而提高了施工单位的经济效益以及社会效益。因而施工单位应该在此方面引起足够的重视，更好地掌握多高层钢结构的施工技术，不断地发展，为更好地推动我国住宅产业化贡献自己的力量。

2. 发展趋势

伴随着现代化信息技术的大幅进步，建筑施工企业的信息化管理已然成了当前的必然趋势，而这恰恰也是增强建筑施工单位经济效益和综合实力的最有效的方式。施工的组织和管理工作，像电脑技术、多媒体技术等作为依托和辅助的管理技术在工程预算、招标投标、规划制订、成本控制、质量监控等多个方面均起着重要的作用。在施工工艺的管理上，电脑辅助可以发挥优化施工方案的关键作用，比如模板及脚手架CAD图纸设计、混凝土自动搅拌控制、大规模的数据收集及整合处理等都离不开计算机技术的协助。由此可以看出，计算机技术势必会在今后的施工管理中发挥越来越重要的作用。

从现在国内的建筑行业现状及施工技术的发展情况来看，今后相当长的一段时期内国内建筑施工将更加着重于钢结构、盾构、高层建筑物、基础设施、桥梁、信息化施工以及环保施工等一系列施工技术的研究与创新。由于大型建筑的不断扩展，它们的结构化、规模化特征将会更为明显，整体结构也会更加复杂，因此对它们进行信息化、绿色化、自动化的管理必将成为今后施工发展的新方向。同时，使用机械自动化施工技术来代替某些人工施工技术，用精细化的技术代替过于粗放的技术，利用更加绿色环保的施工技术来代替高耗能、高污染的施工技术等，都是现代装配式施工技术的发展方向。

国内代表型装配式钢结构建筑如图1-1～图1-4所示。

相对来说，钢结构住宅发展稍显缓慢，我国最早的钢结构住宅是1994年建于上海北蔡的8层钢结构住宅，其后20余年内建成的钢结构住宅数量与钢结构公共建筑的数量相差甚远，目前占比不足5%。

近年来，在我国北京、杭州、合肥、湛江、蚌埠、济宁、淄博、沧州、包头等地开展了钢结构住宅的设计研究和工程实践工作，相继建成一批多高层钢结构住宅的试点工程，如杭州钱江世纪城、北京成寿寺安置房、沧州福康家园等，这些试点工程发挥了很好的示范作用。

图 1-1　北京大兴国际机场钢结构建筑

图 1-2　广州塔（小蛮腰）钢结构建筑

《钢结构住宅主要构件尺寸指南》已于 2020 年 8 月 20 日正式发布。根据《住房和城乡建设部标准定额司关于开展〈钢结构住宅评价标准〉编制工作的函》（建司局函标〔2020〕77 号）的要求，《钢结构住宅评价标准》编制组成立暨第一次工作会议于 2020 年 7 月 8 日举行。

2020 年 12 月 21 日召开的全国住房和城乡建设工作会议提出，加快发展"中国建造"，推动建筑产业转型升级；加快推动智能建造与新型建筑工业化协同发展，建设建筑产业互联网平台；完善装配式建筑标准体系，大力推广钢结构建筑。

装配式高层钢结构住宅作为新兴产业，给相关各方带来不同层面的利益。对政府而言，它带来的是产业升级，使建筑业走上绿色发展的道路，由此将产生巨大的社会效益和环境效益；对开发商而言，它将缩短开发周期，提高资金利用率；对住户而言，它易于装修，且户型调整几乎不受空间限制，同时钢结构安全性更高；对于设计方而言，由于采用模块化、标准化设计，施工图阶段的设计周期大大缩

图 1-3　中国国家体育场（鸟巢）

图 1-4　杭州洲际酒店

短，设计师可将更多精力投入到项目的方案设计中；对于施工方而言，装配式高层钢结构住宅施工快速高效、机械化程度高，同时由于模块化、标准化设计的引入，建造过程中避免大量的碰撞问题，可有效节约资源和时间；对监理方而言，BIM 信息化技术可以全流程、全方位实时监控；对于运营维护方，可实现 BIM 信息化、智能化管理。相关各方利益如图 1-5 所示。

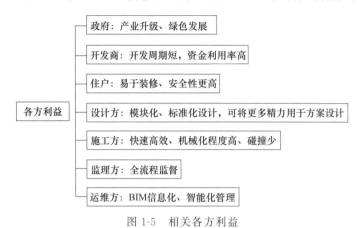

图 1-5　相关各方利益

目前制约装配式高层钢结构住宅发展的瓶颈主要在于结构主体的防腐性能和外墙板的综合性能。目前，虽然结构主体的防腐性能可以通过采用耐候钢得到加强，并且通过耐候试验也证明了其耐久性满足相关要求，但由于缺乏工程实例，故工程界尚存在一定的疑虑。

外墙的性能指标主要包括保温、隔声、防渗、防裂、防火、建筑美学几个方面；经济指标主要包括原材料、生产工艺、运输及安装三方面；制作及安装分为工厂制作和现场施工两部分。目前，市场上缺乏一种能够在各项性能指标之间取得平衡的墙板产生。

总体而言，同发达国家相比，我国的装配式建筑还处在起步阶段，同时由于国情特殊，我国的高层钢结构住宅很难参照国外的案例，但从长远来看，高层钢结构住宅既能大幅度提升建筑工业化水平，实现绿色建筑的理念，又能为国家进行钢材的战略储备，应加大推广力度，通过产学研相结合的方式，搭建新产品的研发平台，推动高层钢结构住宅产业的发展。

钢结构住宅的发展趋势如下。

（1）钢结构住宅应向大开间、大进深、空间灵活可变方向发展。目前，许多钢结构住宅的平面和户型仍沿用剪力墙结构小开间布置，不仅结构设置不合理，而且严重影响了房间的使用功能。为了实现户内空间灵活可变的目标，充分发挥钢结构大跨度的优势，钢结构住宅应向大开间、大进深方向发展，钢框架优先布置于外墙和分户墙。

（2）钢结构住宅的健康发展需要钢结构、外围护及内装系统协同发力。近些年，钢结构行业过于重视钢结构主体的研发，忽视与之匹配的外围护和内装部件的研发，这在一定程度上制约了钢结构住宅的发展。针对钢结构住宅的露梁露柱问题，国外许多项目采用合理的建筑布置＋内装的方法来解决。随着全装修和装配化装修的推进，钢结构住宅的外围护和内装系统的研发和应用将取得重大进展。

（3）钢结构住宅应充分发挥其抗震性能佳和施工工期短的优势。钢结构构件制作简便、加工精度高，现场施工精度高，为外围护墙和内隔墙的安装及装饰装修提供了方便，并且能有效提升住宅品质。钢结构住宅重量轻、抗震性能好，施工速度快，现场施工 2～3 天建设一层，结合装配化装修的穿插施工，可以极大地缩短施工工期。

二、国外装配式钢结构建筑技术的发展

随着全球经济的快速发展，钢结构住宅在全球经济发达国家和地区得到了深入的发展，总体走向成熟。这些发达国家钢结构住宅的科研和工程应用起步较早，工业化水平已经很高。迄今为止，国外钢结构住宅已经形成了相当规模的产业化住宅体系，并且在住宅产业化生产方面的研究已经进入对住宅体系灵活性、多变性的研究阶段。这对我国住宅钢结构体系及其产业化的发展有很大的借鉴意义。

1. 日本

日本是世界上率先兴起住宅产业化的国家。目前日本的工业化住宅有木结构、钢结构和混凝土结构三种形式，日本每年新建20万栋左右的低层住宅中，钢结构住宅约占七成以上的市场份额。现在日本正在推广的钢结构住宅体系主要有以下几个特点：柱间距14.4m，可实现200m^{2}的大空间内无柱，且可自由分割成1～3户；框架采用钢管混凝土柱和FR耐火钢（fire-resistant steel）梁；地面为PC板＋现浇钢筋混凝土结构，管道置于地板下部的中空空间；外墙板采用ALC板、PC板，内隔墙采用隔声性能高的强化石膏板，均为干式施工，施工速度快；设备与结构构架相独立，便于管道维修。日本装配式建筑如图1-6所示。

2. 意大利

意大利BASIS工业化建筑体系是意大利在钢结构应用领域新开发的项目。该建筑体系具有结构受力合理、抗震性能好、造型新颖、居住办公舒适方便、施工速度快等优点。该建筑体系适用于建造1～8层钢结构住宅。该建筑结构为框架支撑结构形式，主梁采用大断面冷弯型钢2C280×80×30×5，次梁采用2C180×80×25×5，柱子采用H型钢H140×140×7×11。梁柱通过连接板采用M18高强螺栓连接。楼梯为钢楼梯，楼板采用0.8mm压型钢板上浇混凝土的组合楼板。屋顶为组合楼板，上面做保温、防水，平屋顶作为屋顶花园，门窗采用彩色钢板门窗及塑料遮阳卷帘。外墙结构的外侧采用80mm轻混凝土条形板，板面可预制成各种图案，外墙内侧为100mm厚玻璃棉铝箔隔气层，轻钢龙骨石膏板，柱子正好在内外侧墙板的空气层中。内隔墙采用轻钢龙骨石膏板玻璃棉，家具有板式组合家具、钢组合家具等。意大利装配式建筑如图1-7所示。

图1-6　日本装配式建筑

图1-7　意大利装配式建筑

3. 英国

英国装配式建筑如图1-8所示。英国的装配式钢结构住宅体系，根据预制单元的工厂化程度不同分为三个等级。

① "Stick"结构，杆件在工厂加工制作，全部运输至现场后，用螺栓或自攻螺栓连接。

② "Panel"结构，钢构件以及墙板和屋面板等围护结构用专用的模具进行工厂化预制，现场拼接。

③ "Modular"结构，将整个房间作为一个单元全部在工厂预制，此种结构发展较快。

4. 美国

美国钢结构住宅的建造技术由传统的木结构住宅衍变而来。美国是采用钢结构住宅形式的最早的国家之一，1965 年，轻钢结构在美国仅占建筑市场的 15%，1990 年上升到 53%，2000 年达到 75%，目前美国的钢框架小型住宅已达 20 万幢，别墅和多层住宅都采用轻钢结构。20 世纪 80 年代至今，美国逐渐实现了主体构件通用化和住宅部件化，构配件达到模数化、标准化和系列化，生产效率显著提高，住宅达到节能环保要求。1997 年美国发布《住宅冷成型钢骨架设计指导性方法》，全方面地指导轻钢龙骨体系住宅的设计、施工。

目前在美国推广的装配式钢结构建筑体系主要由 4 部分构成。

（1）钢结构系统。用低合金型钢在工厂预制，运到建筑施工现场组装。

（2）墙面系统。为两面薄钢板中央玻璃纤维棉保温隔热层的复合大型材。钢板表面镀锌或锌铝合金，再涂以多种颜色的丙烯酸涂料，既延长使用寿命，又可满足建筑表面色彩的要求。有平板和瓦楞板两种形式。

（3）屋面系统。构造和墙面系统相同。

（4）门窗及附属配件。包括橱窗、保温窗、街门、内门及雨水槽等标准件，可供用户选择。

这种建筑体系主要适用于低层非居住建筑，包括工业厂房、仓库、商品展销厅、农用房屋、室内运动场、飞机库以及零售商亭和建筑工地临时设施等。由于这种建筑体系具有适应性强、建造周期短和造价低并节省维修费等特点和优点，在北美及世界各地得到比较广泛的应用，并已开始进入中国建筑市场。

美国装配式钢结构建筑实例如图 1-9 所示。

图 1-8　英国装配式建筑

图 1-9　美国装配式钢结构建筑实例

5. 其他国家

其他国家装配式钢结构建筑技术的应用案例如图 1-10、图 1-11 所示。

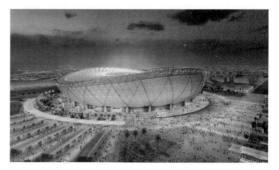

图 1-10　沙特阿拉伯王国塔　　　　　　图 1-11　卡塔尔世界杯主体育场

第三节 ▶▶

装配式建筑钢结构体系

一、低层冷弯薄壁型钢结构

低层冷弯薄壁型钢结构是由冷弯型钢为主要承重构件的结构（图 1-12）。冷弯薄壁型钢

图 1-12　冷弯薄壁型钢结构

由厚度为 1.5～5mm 的钢板或带钢，经冷加工（冷弯、冷轧或冷拔）成型，同一截面部分的厚度都相同，截面各角顶处呈圆弧形。在公共建筑和住宅中，可用薄壁型钢制作各种屋架、刚架、网架、檩条、墙梁、墙柱等结构和构件（图 1-12）。

1. 特点

低层冷弯薄壁型钢结构竖向荷载应由承重墙体的立柱承担，水平荷载或地震作用由抗剪墙体承担。结构设计可分别在建筑结构的两个主轴方向施加水平荷载的作用。每个方向的水平荷载由该方向抗剪墙体承担。可根据抗剪刚度大小按比例分配，并考虑窗洞口对墙体抗剪刚度的削弱作用。

冷弯薄壁型钢结构适用于层数不大于 3 层、檐口高度不大于 12m 的低层房屋建筑（住宅）。该类建筑的层数限制在 3 层及以下是基于我国建筑设计防火的相关规定以及冷弯薄壁型钢房屋建筑的构件燃烧性能和耐火极限确定的。

2. 设计方法

现行《冷弯薄壁型钢结构技术规范》（GB 50018—2002）对各类构件的设计计算方法做了详细规定，行业标准《低层冷弯薄壁型钢房屋建筑技术规程》（JGJ 227—2011）侧重于对设计和施工进行系统规定。低层冷弯薄壁型钢房屋一般建筑高度不大、建筑宽度较小，水平位移较小，不需要进行整体稳定性计算。墙体立柱应按压弯构件验算其强度、稳定性和刚度；屋架构件应按屋面荷载的效应，验算其强度、稳定性及刚度；楼面梁应按承受楼面竖向荷载的受弯构件验算其强度和刚度。楼面梁宜采用冷弯卷边槽形型钢，跨度比较大时，也可采用冷弯薄壁型钢桁架。屋盖构件之间宜采用螺钉可靠连接。

二、钢框架结构

钢框架结构主要应用于办公建筑、居住建筑、教学楼、医院、商场、停车场等开敞大空间和室内布局相对灵活的多高层建筑（图1-13）。钢框架结构体系可分为半刚接框架和全刚接框架，可以采用较大的柱距并获得较大的使用空间，但由于抗侧力刚度较小，因此使用高度受到一定限制。钢框架结构的最大适用高度根据当地抗震设防烈度确定：7度（0.10g）可达到110m；8度（0.20g）可达到90m。

图1-13 钢框架结构

钢框架结构主要承受竖向荷载和水平荷载，竖向荷载包括结构自重及楼（屋）面活荷载，水平荷载主要为风荷载和地震作用。对于多高层钢框架结构，水平荷载作用下的内力和位移将成为控制因素。其侧移由两部分组成：第一部分侧移由柱和梁的弯曲变形产生，柱和梁都有反弯点，形成侧向变形，框架下部的梁、柱内力大，层间变形也大，越到上部层间变形越小；另一部分侧移由柱的轴向变形产生，这种侧移在建筑上部较显著，越到底部层间变形越小。

1. 特点

（1）形成较大空间，平面布置灵活，结构各部分刚度较均匀，构造简单，易于施工。

（2）抗震性能良好：由于钢材延性好，既能削弱地震反应，又使得钢结构具有抵抗强烈地震的变形能力。

（3）侧向刚度小，在水平荷载作用下二阶效应不可忽视；由于地震时侧向位移较大，可能引起非结构性构件的破坏。

（4）施工周期短，建造速度快。

（5）自重轻：可以显著减轻结构传至基础的竖向荷载和地震作用。

（6）充分利用建筑空间：由于柱截面较小，可增加建筑使用面积2%～4%。

2. 设计方法

装配式钢框架结构设计应符合现行国家标准《装配式钢结构建筑技术标准》（GB/T 51232—2016）、《钢结构设计标准》（GB 50017—2017）、《建筑抗震设计规范（附条文说明）（2016年版）》（GB 50011—2010）的规定。高层建筑尚应符合现行行业标准《高层民用建筑钢结构技术规程》（JGJ 99—2015）的规定。作为钢结构的一种类型，装配式钢框架结构还应符合相关规定。针对体系的特点，结构设计中还应注意以下设计要点。

（1）钢框架梁的整体稳定性由刚性隔板或侧向支撑体系来保证，当有钢筋混凝土楼板在梁的受压翼缘上并与其牢固连接，能阻止受压翼缘的侧向位移时，梁不会丧失整体稳定。框架梁在预估的罕遇地震作用下，在可能出现塑性铰的截面（为梁端和集中力作用处）附近均应设置侧向支撑（隔撑）。由于地震作用方向变化，塑性铰弯矩的方向也变化，故要求梁的上下翼缘均应设支撑。如梁上翼缘整体稳定性有保证，可仅在下翼缘设支撑。

（2）框架柱设计应满足强柱弱梁原则，确保地震作用下塑性铰出现在梁端，用以提高结构的变形能力，防止在强烈地震作用下倒塌。设计时应注意首先确定不需验算强柱弱梁的4

个条件是否满足。

　　（3）钢框架梁形成塑性铰后需要实现较大转动，其板件宽厚比应随截面塑性变形发展的程度而满足不同要求，还要考虑轴压力的影响。钢框架柱一般不会出现塑性铰，但是考虑材料性能变异、截面尺寸偏差以及一般未计及的竖向地震作用等因素，柱在某些情况下也可能出现塑性铰。因此，柱的板件宽厚比也应考虑按塑性发展来加以限制。

　　（4）梁柱的连接推荐采用图 1-14 的形式。

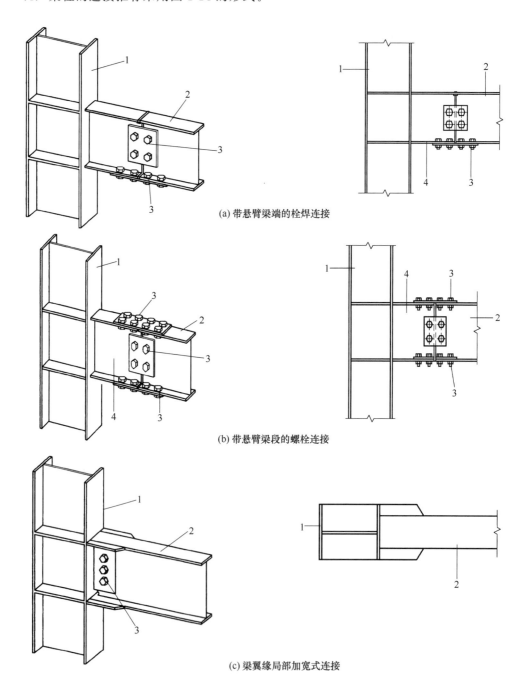

(a) 带悬臂梁端的栓焊连接

(b) 带悬臂梁段的螺栓连接

(c) 梁翼缘局部加宽式连接

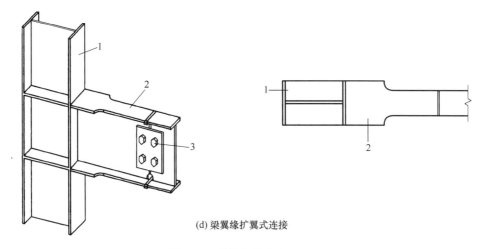

(d) 梁翼缘扩翼式连接

图 1-14 梁柱连接节点

1—柱；2—梁；3—高强度螺栓；4—悬臂段

三、交错桁架结构

交错桁架结构体系也称错列桁架结构体系，主要适用于中、高层住宅、宾馆、公寓、办公楼、医院、学校等平面为矩形或由矩形组成的钢结构房屋，并将空间结构与高层结构有机地结合起来，能够在高层结构中获得达到 $300 \sim 400 \mathrm{m}^2$ 的矩形无柱空间（图 1-15）。

1. 特点

（1）为建筑提供大开间。采用交错桁架结构的高层建筑能够获得达到 $300 \sim 400 \mathrm{m}^2$ 的矩形无柱空间。

（2）装配化程度高。首先，交错桁架体系的柱较少，因此节点较少；其次，桁架的上下弦是以受轴力为主的，因此上下弦与钢柱的连接可以作为铰接，减少了焊接量；最后，桁架高度一般为 3m 左右（即建筑层高），因此可以在工厂制作然后进行整榀运输，现场拼装（图 1-16）。

图 1-15 交错桁架结构

图 1-16 交错桁架吊装

（3）用钢量省。在 10～20 层的中高层建筑中，交错桁架结构与传统框架支撑结构相比，主体结构的用钢量减少 5%～10%。

（4）侧向刚度大。奇偶榀的叠加作用，使得结构在水平荷载作用下形成一个近似实腹式的悬臂梁，抗侧刚度非常大（图 1-17）。

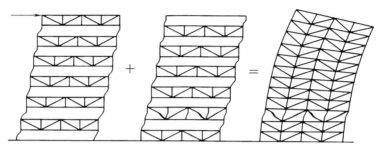

图 1-17　交错桁架体系抗侧受力模型

2. 设计方法

交错桁架结构设计主要遵循现行行业标准《交错桁架钢结构设计规程》（JGJ/T 329—2015）的有关规定。该规程对交错桁架结构的设计做了较全面的规定，总结起来主要需要注意以下几点。

（1）交错桁架钢结构内力与位移可按弹性方法计算，采用混合桁架的交错桁架结构横向内力与位移计算可不计入二阶效应；纵向内力与位移计算应按现行国家标准《钢结构设计标准》（GB 50017—2017）的规定计入二阶效应。

（2）交错桁架结构除应验算楼面及屋面板在重力荷载作用下的承载力、变形外，尚应验算其在桁架弦杆传来的横向水平力作用下的楼板平面内抗剪承载力及与桁架弦杆间的连接承载力。

四、钢框架-支撑结构

对于高层建筑，由于风荷载和地震作用较大，使得梁柱等构件尺寸也相应增大，失去了经济合理性，此时可在部分框架柱之间设置支撑，构成钢框架-支撑体系。钢框架-支撑体系的最大适用高度根据当地抗震设防烈度确定，7 度（0.10g）可达到 220m，8 度（0.20g）可达到 180m。钢框架-支撑结构在水平荷载作用下，通过楼板的变形协调，由框架和支撑形成双重抗侧力结构体系，可分为中心支撑框架、偏心支撑框架和屈曲约束支撑框架。

1. 技术特点

（1）中心支撑框架具有较大的刚度，构造相对简单，可减小结构水平位移，改善内力分布。但在地震荷载作用下，中心支撑易产生屈曲和屈服，使其承载力和抗侧刚度大幅下降，影响结构整体性，主要用于低烈度地区。

（2）偏心支撑框架利用耗能梁段的塑性变形吸收地震力，使支撑保持弹性工作状态。较好地解决了中心支撑的耗能能力不足的问题，兼具中心支撑的良好强度和刚度以及比纯钢框架结构耗能大的优点。

（3）屈曲约束支撑结构在支撑外部设置套管，支撑仅芯板与其他构件连接，所受的荷载全部由芯板承担，外套筒和填充材料仅约束芯板受压屈曲，使芯板在受拉和受压下均能进入屈服。因此屈曲约束支撑的滞回性能优良，承载力与刚度分离，可以保护主体结构。

2. 设计方法

钢框架-支撑结构设计方法与钢框架结构类似，同时针对钢框架-支撑结构的特点，结构设计中还应注意以下设计要点。

（1）装配式钢框架-支撑结构的中心支撑布置宜采用十字交叉斜杆、单斜杆、人字形斜杆或 V 形斜杆体系（图 1-18），但不应采用 K 形斜杆体系，因为 K 形支撑在地震作用下，可能因斜杆屈曲或屈服引起较大的侧向变形，使柱发生屈曲甚至造成倒塌。偏心支撑至少应有一端交在梁上，使梁上形成消能梁段，在地震作用下通过消能梁段的非弹性变形耗能，而偏心支撑不屈曲（图 1-19）。

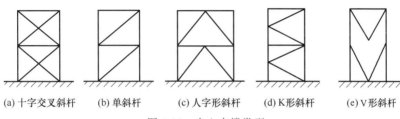

(a) 十字交叉斜杆　(b) 单斜杆　(c) 人字形斜杆　(d) K 形斜杆　(e) V 形斜杆

图 1-18　中心支撑类型

（2）应严格控制支撑杆件的宽厚比，用以抵抗在罕遇地震作用下，支撑杆件经受的弹塑性拉压变形，防止过早地在塑性状态下发生板件的局部屈曲，引起低周疲劳破坏。

（3）偏心支撑框架设计同样需要考虑强柱弱梁的原则。应将柱的设计内力适当提高，使塑性铰出现在梁而不是柱中。也应该将有消能梁段的框架梁的设计弯矩适当提高，使塑性铰出现在消能梁段而不是同一跨的框架梁。

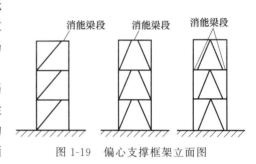

图 1-19　偏心支撑框架立面图

五、钢框架-延性墙板结构

钢框架-延性墙板结构具有良好的延性，适合用于抗震要求较高的高层建筑中。延性墙板是一个笼统概念，包括多种形式，归纳起来主要有钢板剪力墙结构、内填 RC 剪力墙结构等（图 1-20）。

图 1-20　钢板剪力墙结构

1. 技术特点

（1）钢板剪力墙结构的技术特点如下。

钢板剪力墙与钢支撑类似，都是抗侧力构件。其中钢板剪力墙包括非加劲肋钢板剪力墙、加劲肋钢板剪力墙、开缝钢板剪力墙、屈曲约束钢板墙以及组合钢板墙等（图 1-21～图 1-24）。对于钢结构住宅来说，常用非加劲钢板剪力墙和开缝钢板墙，前者是因为占用空间小，不影响住户面积，后者是因为布置灵活，可利用门、窗洞间的墙来布置。另外，与钢支撑比起来，钢板墙的刚度更大，容易满足舒适度、抗侧刚度等方面的要求。

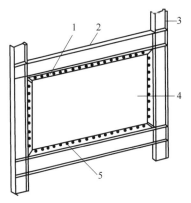

图1-21 非加劲肋钢板剪力墙
1—连接件；2—框架梁；3—框架柱；
4—钢板剪力墙；5—连接螺栓

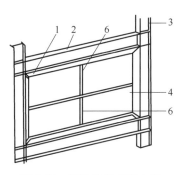

图1-22 加劲肋钢板剪力墙
1—连接件；2—框架梁；3—框架柱；
4—钢板剪力墙；5—连接螺栓；6—加劲肋

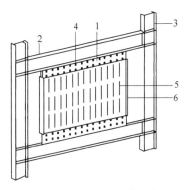

图1-23 开缝钢板剪力墙
1—连接件；2—框架梁；3—框架柱；
4—连接螺栓；5—竖缝；6—开缝钢板剪力墙

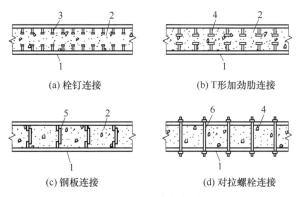

(a) 栓钉连接   (b) T形加劲肋连接

(c) 钢板连接   (d) 对拉螺栓连接

图1-24 组合钢板墙
1—钢板；2—内填混凝土；3—栓钉；
4—T形加劲肋；5—缀板；6—对拉螺栓

（2）钢框架内填混凝土墙板结构的技术特点如下。

内填混凝土墙板钢框架结构体系是利用楼梯间、电梯井或建筑隔墙在部分框架中内填混凝土墙板的一种结构体系。钢框架与内填混凝土墙板之间采用剪力件连接，形成组合作用。钢框架的全部梁柱节点可采用半刚接，避开了采用抗弯框架时对刚性节点转动能力的要求。这种结构体系中的内填混凝土墙板既起到了抗侧力构件的作用，还能够起到外围护结构或内隔墙结构的作用，非常适用于钢结构住宅。钢框架内填混凝土墙板结构体系具有下述优点：梁柱可作为浇灌内填混凝土墙板的模板和支撑，施工方便；在设计荷载水平方面，内填混凝土墙板可承担几乎全部水平力，结构侧向刚度大，有利于抵抗风载和水平地震作用；钢框架只负担全部竖向荷载和倾覆弯矩的大部分，柱子主要受轴力，可降低用钢量；由于钢板剪力墙稳定性不容易满足要求，设计中不得不采用厚板或加劲钢板墙方案，经济效果差，内填混凝土墙可有效减少用钢量，降低造价；极限状态时内填混凝土墙板局部破坏，抵抗水平力的能力减弱，结构侧向变形发展，使梁柱的连接发挥抵抗水平力的作用，结构仍有抗震的第二道防线；地震后，内填混凝土墙板的破坏容易修复。

2. 设计方法

（1）钢板剪力墙结构设计方法如下。

目前，钢板剪力墙结构的设计方法可参考现行行业标准《高层民用建筑钢结构技术规程》（JGJ 99—2015）和《钢板剪力墙技术规程》（JGJ/T 380—2015）。在装配式钢结构住宅中，因为建筑功能和施工需要，往往采用非加劲的纯钢板剪力墙结构体系，对于非加劲钢板剪力墙的整体计算方法，《钢板剪力墙技术规程》（JGJ/T 380—2015）给出了相应的设计方法，对于四边连接非加劲钢板剪力墙，可简化为混合杆系模型，采用一系列倾斜、正交杆代替非加劲钢板剪力墙，杆件分为支拉杆和拉压杆。而两边连接非加劲钢板剪力墙则可简化为交叉杆模型，模型中杆件为拉压杆，通过刚度等代的方法换算出拉压杆的截面尺寸，进行整体计算。

（2）钢框架-内填混凝土墙板结构计算方法如下。

钢框架-内填混凝土墙板结构属于较新颖的一种结构体系，国内目前尚无实际工程案例。针对该种体系，国内相关的一些科研单位已经做了大量的理论分析和试验研究，形成了较完善的设计方法，行业标准《钢框架内填墙板结构技术标准》（JGJ/T 490—2021）已经出版。

六、其他新型结构体系

随着装配式钢结构建筑的发展，尤其是钢结构住宅项目的增多，出现了一批新型结构体系。大体可以分为两类：一种对原有钢结构体系进行优化、扩展，采用型钢组合构件或钢-混凝土组合构件，使钢结构构件适应钢结构住宅户型布置的要求，解决或部分解决室内梁柱外凸的问题；另一种是为了提升装配施工速度，解决现场焊接量大的问题而产生的全螺栓连接结构。

1. 新型组合钢板剪力墙结构

（1）组合钢板剪力墙结构是由周围钢板及内部混凝土组合而成的剪力墙结构（图1-25）。它能像混凝土剪力墙结构一样，实现比较自由的户型设计，并且可以解决钢结构住宅中室内梁柱外凸的问题。构成组合钢板剪力墙的方式有两种：一种是由型钢（例如冷弯C型钢、热轧及高频焊接H型钢）拼接而成；另外一种是由两块钢板和中间拉结件组合而成。

半刚接钢框架结构是以端板式半刚接框架（抗侧力不够时增加其他抗侧力构件）结构为主。半刚接的梁柱节点有很多优势：半刚性连接由于是通过端板的弯曲塑性变形产生转动，因此极限层间位移角能够超过规范的要求；并且，半刚性连接很容易达到"强柱弱梁"的要求；最重要的是，通过螺栓连接可以做到现场无焊接，减少人工成本，并大大增加了建设速度。为了安装方便，半刚接钢框架多采用H型柱。在较高的建筑中，为了提高钢柱的承载力，也可采用特殊手段实现箱型截面柱的梁柱半刚接连接（图1-26）。

图 1-25　组合钢板剪力墙结构

图 1-26　半刚接钢框架结构的变形能力

（2）设计方法如下。

对于现行规范没有规定的新型结构体系，可以根据现行推荐性国家标准《装配式钢结构建筑技术标准》（GB/T 51232—2016）的规定，以专项评审的方式进行施工图审查。

对于型钢拼接而成的组合钢板剪力墙，如果不考虑剪力墙中间肋的承载力，可以参照《钢板剪力墙技术规程》（JGJ/T 380—2015），但如果要考虑中间肋的承载力，则需要进行相关评审。

2. 新型墙板应用装配式钢结构住宅体系

装配式钢结构是将建筑物拆分为任意个标准化预制部件，在工厂生产完毕后运至现场直接拼装。因此拆分建筑以及拆分构件尺寸是装配式钢结构体系的关键问题。为了提高构件制作效率，将体系建筑物拆分为 4 个标准化部件，生产完毕后运至施工现场进行装配，其装配流程如图 1-27 所示。

装配式结构选取结构体系十分关键，体系要求既便于现场施工拼装又具备足够的承载力。针对多层钢结构住宅，常用结构形式为纯框架结构，纯框架结构具备传力简单、施工便捷等诸多优势，但纯框架结构对梁柱节点传力要求较高，框架柱承受竖向力的同时还需要承受梁端弯矩，若改为装配式建筑则需在设计过程中增大柱截面面积，以保障结构安全，这就增加了用钢量，使工程造价增加。为此采用框架-支撑体系（图 1-18），柱与支撑分别承担了上部结构传来的荷载，既保障了结构承载力与刚度，又降低了用钢量。

本节以下以某工程为例，介绍新型墙板装配式钢结构住宅体系技术特点。根据新型墙板装配式钢结构住宅体系的特点，本工程选取图 1-18 中的 K 形斜杆体系结构，并在其基础上进行改进。较十字交叉斜杆支撑相比，K 形节点避免了交叉节点处理且不会出现压杆失稳退出工作的情况。

在新型墙板装配式钢结构住宅体系中，柱与支撑采用薄壁矩形钢管，为融合水暖电设施，基础采用独立基础，楼面采用空腹桁架形式，柱脚设计为外包刚接柱脚，楼面梁与柱采用插入式节点连接，采用 MIDAS/Gen 结构设计软件对工程进行整体性能分析，结合《钢结构设计规范》（GB 50017—2017）、《建筑结构荷载规范》（GB 50009—2012），对该实际工程进行建模试算：楼面恒荷载取 4.0kN/m^2，楼面活荷载取 2.5kN/m^2，墙体线荷载取 8kN/m，雪荷载取 0.25kN/m^2，屋面荷载取 5.5kN/m^2，基本风压取 0.35kN/m^2、地面粗糙类别 B 类，地震作用为 8 度区，场地类别为Ⅱ类，Q345B 钢，节点类型为插入式梁柱节点，三维模型见图 1-28。

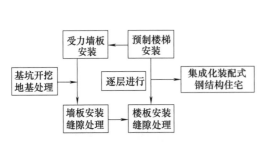

图 1-27　装配式钢结构住宅体系安装流程

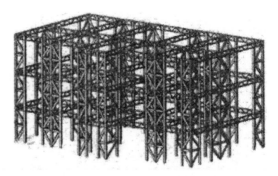

图 1-28　结构三维模型

新型墙板装配式钢结构住宅体系采用钢骨架、聚苯板与生土填充物料构成的新型板墙，非承重墙钢骨架为冷弯薄壁型钢，承重墙钢骨架由支撑与框架柱组成。聚苯板固定于龙骨内，聚苯板两侧涂生土防护物料，再涂 0.5cm 厚饰面物料，预制苯板墙体如图 1-29 所示。在工厂内根据墙体位置尽可能多地完成门窗安装以减少现场作业量。

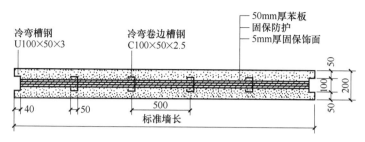

图 1-29　预制苯板墙体详图

选用钢骨架、聚苯板与生土填充物料构成的新型板墙作为住宅体系围护结构是由于其具备以下优势。

① 质量轻，比重小，对比普通空心砖墙体，生土填充墙密度只有其 1/2，既减轻了结构自重又便于运输安装便利。

② 具备优秀的防火、耐热、防腐、吸声能力，采用耐火性好的填充材料包裹钢结构，有效避免了钢结构建筑防火易形成冷桥等缺点。

③ 绿色环保，生产能耗低，墙体原料为工业固体废物，既绿色环保又降低了 CO_2 排放量。

④ 墙体保温、防水装修等可在工厂一次性完成，做到材料一体化生产，具备良好的综合经济效益。

在现场装配施工中，插入式梁柱连接节点是实现现场装配化的关键技术，其通过柱端连接件与法兰盘将上、下层柱可靠连接，将楼面梁与柱可靠连接，梁柱插入连接节点具备标准化生产、全装配施工特点，节点施工安装流程见图 1-30。插入式梁柱节点内力通过套筒与连接件传递，梁端弯矩、剪力、轴力通过套筒传递达到连接梁的效果，节点通过套筒法兰盘将上层柱内力传递给下层柱。现场安装过程先定位安装下层柱，再将套筒安装固定，将上柱吊装就位，拧紧螺栓。

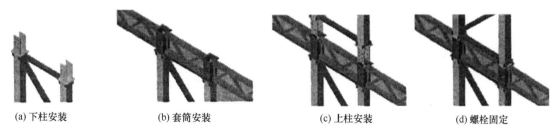

(a) 下柱安装　　　　(b) 套筒安装　　　　(c) 上柱安装　　　　(d) 螺栓固定

图 1-30　插入式梁柱节点施工安装流程

建筑物拆分实现了现场装配化施工，虽便于工厂生产及运输，但造成了拼接缝过多的后果。为保障建筑后期防水、隔声等使用功能，需对拼装缝隙严格处理。钢构件常见连接方式有焊接、螺栓及铆接连接，为保障现场装配效率与操作简便，本工程采用"螺栓连接＋填充嵌缝材料"的方法处理墙体与墙体、楼板与墙体等的拼接缝隙，并采用断桥式设计保障缝隙使用功能。缝隙的详细处理如图 1-31 所示。

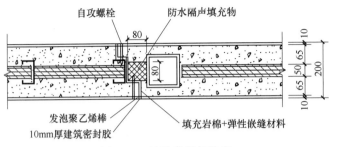
图 1-31　缝隙的详细处理

注意在楼板与墙壁拼接处采用自攻螺钉连接，其常用规格为 ST3.5、ST4.2 和 ST4.8，螺栓长度范围为 13～76mm。

（1）设计了新型墙板装配式钢结构体系中的插入式梁柱连接节点，提高了现场安装效率，并建立了有限元模型。经分析可知，轴向拉力承载力达到 435kN 时上、下柱截面进入塑性阶段，此时套筒区域等效应力处于 200MPa 以下，符合强节点弱构件的设计要求。

（2）在插入式连接节点上柱端部承受水平剪力的作用下，通过对柱端加劲与不加劲做对比分析可知，柱端加劲使插入式连接节点水平承载力提高了约 1.25 倍，柱端加劲对插入式梁柱连接节点承载力提高效果显著，但柱端加劲也提高了钢材用量，在实际工程中还需根据承载力要求进一步考虑是否设置加劲肋。

第二章

装配式钢结构建筑设计的基本规定

第一节 ▶▶

装配式钢结构建筑设计标准

装配式钢结构建筑设计应符合《装配式钢结构建筑技术标准》（GB/T 51232—2016）的要求，具体如下。

一、基本规定

（1）装配式钢结构建筑应采用系统集成的方法统筹设计、生产运输、施工安装和使用维护，实现全过程的协同。

（2）装配式钢结构建筑应按照通用化、模数化、标准化的要求，以少规格、多组合的原则，实现建筑及部品部件的系列化和多样化。

（3）部品部件的工厂化生产应建立完善的生产质量管理体系，设置产品标识，提高生产精度，保障产品质量。

（4）装配式钢结构建筑应综合协调建筑、结构、设备和内装等专业，制订相互协同的施工组织方案，并应采用装配式施工，保证工程质量，提高劳动效率。

（5）装配式钢结构建筑应实现全装修，内装系统应与结构系统、外围护系统、设备与管线系统一体化设计建造。

（6）装配式钢结构建筑宜采用建筑信息模型（BIM）技术，实现全专业、全过程的信息化管理。

（7）装配式钢结构建筑宜采用智能化技术，提升建筑使用的安全、便利、舒适和环保等性能。

（8）装配式钢结构建筑应进行技术策划，对技术选型、技术经济可行性和可建造性进行评估，并应科学合理地确定建造目标与技术实施方案。

（9）装配式钢结构建筑应采用绿色建材和性能优良的部品部件，提升建筑整体性能和品质。

（10）装配式钢结构建筑防火、防腐应符合国家现行相关标准的规定，满足可靠性、安全性和耐久性的要求。

二、建筑设计

1. 一般规定

（1）装配式钢结构建筑应模数协调，采用模块化、标准化设计，将结构系统、外围护系统、设备与管线系统和内装系统进行集成。

（2）装配式钢结构建筑应按照集成设计原则，将建筑、结构、给水排水、暖通空调、电气、智能化和燃气等专业进行协同设计。

（3）装配式钢结构建筑设计宜建立信息化协同平台，共享数据信息，实现建设全过程的管理和控制。

（4）装配式钢结构建筑应满足建筑全寿命期的使用维护要求，宜采用管线分离的方式。

2. 建筑性能

（1）装配式钢结构建筑应符合国家现行标准对建筑使用性能、安全性能、环境性能、经济性能、耐久性能等的综合规定。

（2）装配式钢结构建筑的耐火等级应符合现行国家标准《建筑设计防火规范（2018年版）》（GB 50016—2014）的有关规定。

（3）钢构件应根据环境条件、材质、部位、结构性能、使用要求、施工条件和维护管理条件等进行防腐蚀设计，并应符合现行《建筑钢结构防腐蚀技术规程》（JGJ/T 251—2011）的有关规定。

（4）装配式钢结构建筑应根据功能部位、使用要求等进行隔声设计，在易形成声桥的部位应采用柔性连接或间接连接等措施，并应符合现行国家标准《民用建筑隔声设计规范》（GB 50118—2010）的有关规定。

（5）装配式钢结构建筑的热工性能应符合国家现行标准《民用建筑热工设计规范》（GB 50176—2016）、《公共建筑节能设计标准》（GB 50189—2015）、《严寒和寒冷地区居住建筑节能设计标准》（JGJ 26—2018）、《夏热冬冷地区居住建筑节能设计标准》（JGJ 134—2010）和《夏热冬暖地区居住建筑节能设计标准》（JGJ 75—2012）的有关规定。

3. 模数协调

（1）装配式钢结构建筑设计应符合现行国家标准《建筑模数协调标准》（GB/T 50002—2013）的有关规定。

（2）装配式钢结构建筑的开间与柱距、进深与跨度、门窗洞口宽度等宜采用水平扩大模数数列 $2n\mathrm{M}$、$3n\mathrm{M}$（M 为模数，本节 M 均为此意；n 为自然数）等。

（3）装配式钢结构建筑的层高和门窗洞口高度等宜采用竖向扩大模数数列 $n\mathrm{M}$。

（4）梁、柱、墙、板等部件的截面尺寸宜采用竖向扩大模数数列 $n\mathrm{M}$。

（5）构造节点和部品部件的接口尺寸宜采用分模数数列 $n\mathrm{M}/2$、$n\mathrm{M}/5$、$n\mathrm{M}/10$。

（6）装配式钢结构建筑的开间、进深、层高、洞口等的优先尺寸应根据建筑类型、使用功能、部品部件生产与装配要求等确定。

（7）部品部件尺寸及安装位置的公差协调应根据生产装配要求、主体结构层间变形、密封材料变形能力、材料干缩、温差变形、施工误差等确定。

4. 标准化设计

（1）装配式钢结构建筑应在模数协调的基础上，采用标准化设计，提高部品部件的通用性。

（2）装配式钢结构建筑应采用模块及模块组合的设计方法，遵循少规格、多组合的原则。

（3）公共建筑应采用楼电梯、公共卫生间、公共管井、基本单元等模块进行组合设计。

（4）住宅建筑应采用楼电梯、公共管井、集成式厨房、集成式卫生间等模块进行组合设计。

（5）装配式钢结构建筑的部品部件应采用标准化接口。

5. 建筑平面与空间

（1）装配式钢结构建筑平面与空间的设计应满足结构构件布置、立面基本元素组合及可实施性等要求。

（2）装配式钢结构建筑应采用大开间大进深、空间灵活可变的结构布置方式。

（3）装配式钢结构建筑平面设计应符合下列规定。

① 结构柱网布置、抗侧力构件布置、次梁布置应与功能空间布局及门窗洞口协调。

② 平面几何形状宜规则平整，并宜以连续柱跨为基础布置，柱距尺寸应按模数统一。

③ 设备管井宜与楼电梯结合，集中设置。

（4）装配式钢结构建筑立面设计应符合下列规定。

① 外墙、阳台板、空调板、外窗、遮阳设施及装饰等部品部件宜进行标准化设计；

② 宜通过建筑体量、材质肌理、色彩等变化，形成丰富多样的立面效果。

（5）装配式钢结构建筑应根据建筑功能、主体结构、设备管线及装修等要求，确定合理的层高及净高尺寸。

三、集成设计

1. 一般规定

（1）建筑的结构系统、外围护系统、设备与管线系统和内装系统均应进行集成设计，提高集成度、施工精度和效率。

（2）各系统设计应统筹考虑材料性能、加工工艺、运输限制、吊装能力的要求。

（3）装配式钢结构建筑的结构系统应按传力可靠、构造简单、施工方便和确保耐久性的原则进行设计。

（4）装配式钢结构建筑的外围护系统宜采用轻质材料，并宜采用干式工法。

（5）装配式钢结构建筑的设备与管线系统应方便检查、维修、更换，维修更换时不应影响结构安全性。

（6）装配式钢结构建筑的内装系统应采用装配式装修，并宜选用具有通用性和互换性的内装部品。

2. 结构系统

（1）装配式钢结构建筑的结构设计应符合下列规定。

① 装配式钢结构建筑的结构设计应符合现行国家标准《工程结构可靠性设计统一标准》（GB 50153—2008）的规定，结构的设计使用年限不应少于 50 年，其安全等级不应低于二级。

② 装配式钢结构建筑荷载和效应的标准值、荷载分项系数、荷载效应组合、组合值系数应符合现行国家标准《建筑结构荷载规范》（GB 50009—2012）的规定。

③ 装配式钢结构建筑应按现行国家标准《建筑工程抗震设防分类标准》（GB 50223—2008）的规定确定其抗震设防类别，并应按现行国家标准《建筑抗震设计规范（附条文说明）（2016 年版）》（GB 50011—2010）进行抗震设计。

④ 装配式钢结构的结构构件设计应符合现行国家标准《钢结构设计标准》（GB 50017—2017）和《冷弯薄壁型钢结构技术规范》（GB 50018—2002）的规定。

（2）钢材牌号、质量等级及其性能要求应根据构件重要性和荷载特征、结构形式和连接方法、应力状态、工作环境以及钢材品种和板件厚度等因素确定，并应在设计文件中完整注明钢材的技术要求。钢材性能应符合现行国家标准《钢结构设计标准》（GB 50017—2017）及其他有关标准的规定。有条件时，可采用耐候钢、耐火钢、高强钢等高性能钢材。

（3）装配式钢结构建筑的结构体系应符合下列规定。

① 应具有明确的计算简图和合理的传力路径。

② 应具有适宜的承载能力、刚度及耗能能力。

③ 应避免因部分结构或构件的破坏而导致整个结构丧失承受重力荷载、风荷载和地震作用的能力。

④ 对薄弱部位应采取有效的加强措施。

（4）装配式钢结构建筑的结构布置应符合下列规定。

① 结构平面布置宜规则、对称。

② 结构竖向布置宜保持刚度、质量变化均匀。

③ 结构布置应考虑温度作用、地震作用或不均匀沉降等效应的不利影响，当设置伸缩缝、防震缝或沉降缝时，应满足相应的功能要求。

（5）装配式钢结构建筑可根据建筑功能、建筑高度以及抗震设防烈度等选择下列结构体系：

① 钢框架结构；

② 钢框架-支撑结构；

③ 钢框架-延性墙板结构；

④ 筒体结构；

⑤ 巨型结构；

⑥ 交错桁架结构；

⑦ 门式刚架结构；

⑧ 低层冷弯薄壁型钢结构。

当有可靠依据，通过相关论证，也可采用其他结构体系，包括新型构件和节点。

（6）重点设防类和标准设防类多高层装配式钢结构适用的最大高度应符合表 2-1 的规定。

表 2-1　多高层装配式钢结构适用的最大高度　　　　　　　　单位：m

结构体系	6 度 (0.05g)	7 度		8 度		9 度 (0.40g)
		(0.10g)	(0.15g)	(0.20g)	(0.30g)	
钢框架结构	110	110	90	90	70	50
钢框架-中心支撑结构	220	220	200	180	150	120
钢框架-偏心支撑结构 钢框架-屈曲约束支撑结构 钢框架-延性墙板结构	240	240	220	200	180	160
筒体（框筒、筒中筒、桁架筒、束筒）结构 巨型结构	300	300	280	260	240	180
交错桁架结构	90	60	60	40	40	

注：1. 房屋高度指室外地面到主要屋面板板顶的高度（不包括局部凸出屋顶部分）；
2. 超过表内高度的房屋，应进行专门研究和论证，采取有效的加强措施；
3. 交错桁架结构不得用于 9 度区；
4. 柱子可采用钢柱或钢管混凝土柱；
5. 特殊设防类，6、7、8 度时应按本地区抗震设防烈度提高一度后符合本表要求，9 度时应做专门研究。

（7）多高层装配式钢结构建筑的高宽比不宜大于表 2-2 的规定。

表 2-2　多高层装配式钢结构建筑适用的最大高宽比

抗震设防烈度	6 度	7 度	8 度	9 度
最大高宽比	6.5	6.5	6.0	5.5

注：1. 计算高宽比的高度从室外地面算起；

2. 当塔形建筑底部有大底盘时，计算高宽比的高度从大底盘顶部算起。

（8）在风荷载或多遇地震标准值作用下，弹性层间位移角不宜大于 1/250（采用钢管混凝土柱时不宜大于 1/300）。装配式钢结构住宅在风荷载标准值作用下的弹性层间位移角尚不应大于 1/300，屋顶水平位移与建筑高度之比不宜大于 1/450。

（9）高度不小于 80m 的装配式钢结构住宅以及高度不小于 150m 的其他装配式钢结构建筑应进行风振舒适度验算。在现行国家标准《建筑结构荷载规范》（GB 50009—2012）规定的 10 年一遇的风荷载标准值作用下，结构顶点的顺风向和横风向振动最大加速度计算值不应大于表 2-3 中的限值。结构顶点的顺风向和横风向振动最大加速度，可按现行国家标准《建筑结构荷载规范》（GB 50009—2012）的有关规定计算，也可通过风洞试验结果确定。计算时钢结构阻尼比宜取 0.01～0.015。

表 2-3　结构顶点的顺风向和横风向风振加速度限值

使用功能	$a_{\lim}/(\mathrm{m/s^2})$
住宅、公寓	0.20
办公、旅馆	0.28

（10）多高层装配式钢结构建筑的整体稳定性应符合下列规定。

① 框架结构应符合下式规定：

$$D_i \geqslant 5\sum_{j=i}^{n} G_j / h_i \, (i=1,2,\cdots\cdots,n)$$

② 框架-支撑结构、框架-延性墙板结构、筒体结构、巨型结构和交错桁架结构应符合下式规定：

$$EJ_d \geqslant 0.7H^2 \sum_{i=1}^{n} G_i$$

式中　D_i——第 i 楼层的抗侧刚度，kN/mm；可取该层剪力与层间位移的比值；

　　　h_i——第 i 楼层层高，mm；

G_i，G_j——分别为第 i，j 楼层重力荷载设计值，kN，取 1.2 倍的永久荷载标准值与 1.4 倍的楼面可变荷载标准值的组合值；

　　　H——房屋高度，mm；

EJ_d——结构一个主轴方向的弹性等效侧向刚度，kN·mm²，可按倒三角形分布荷载作用下结构顶点位移相等的原则，将结构的侧向刚度折算为竖向悬臂受弯构件的等效侧向刚度，当延性墙板采用混凝土墙板时，刚度应适当折减。

（11）门式刚架结构的设计、制作、安装和验收应符合现行国家标准《门式刚架轻型房屋钢结构技术规范》（GB 51022—2015）的规定。

（12）冷弯薄壁型钢结构的设计、制作、安装和验收应符合现行行业标准《低层冷弯薄壁型钢房屋建筑技术规程》（JGJ 227—2011）的规定。

（13）钢框架结构的设计应符合下列规定。

① 钢框架结构设计应符合国家现行有关标准的规定，高层装配式钢结构建筑尚应符合现行行业标准《高层民用建筑钢结构技术规程》（JGJ 99—2015）的规定。

② 梁柱连接可采用带悬臂梁段、翼缘焊接腹板栓接或全焊接连接形式，见图 2-1（a）～（d）；抗震等级为一、二级时，梁与柱的连接宜采用加强型连接，见图 2-1（c）和（d）；当有可靠依据时，

也可采用端板螺栓连接的形式，见图 2-1（e）。

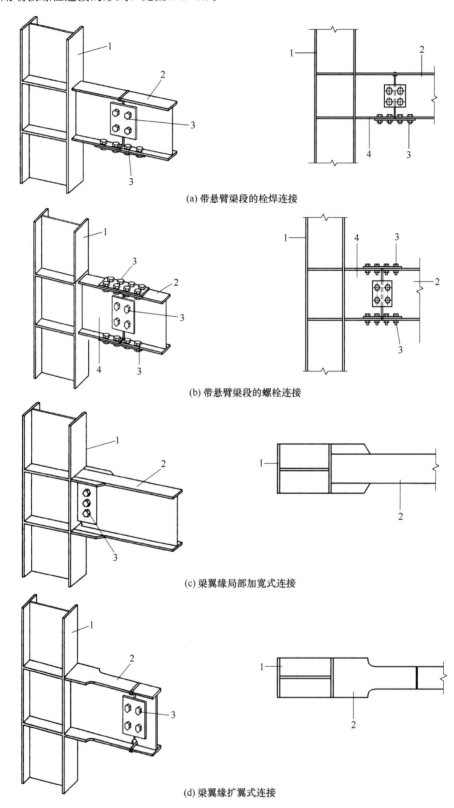

(a) 带悬臂梁段的栓焊连接

(b) 带悬臂梁段的螺栓连接

(c) 梁翼缘局部加宽式连接

(d) 梁翼缘扩翼连接

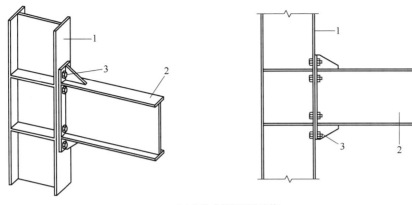

(e) 外伸式端板螺栓连接

图 2-1　梁翼缘局部加宽式连接

1—柱；2—梁；3—高强度螺栓；4—悬臂段

③ 钢柱的拼接可采用焊接或螺栓连接的形式（图 2-2、图 2-3）。

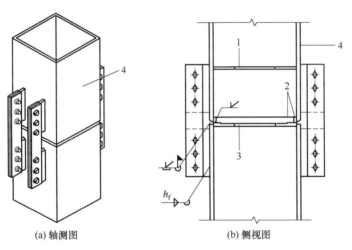

(a) 轴测图　　　　　　　　(b) 侧视图

图 2-2　箱形柱的焊接拼接连接

1—上柱隔板；2—焊接衬板；3—下柱顶端隔板；4—柱

④ 在可能出现塑性铰处，梁的上下翼缘均应设侧向支撑（图 2-4），当钢梁上铺设装配整体式或整体式楼板且进行可靠连接时，上翼缘可不设侧向支撑。

（14）钢框架-支撑结构的设计应符合下列规定。

① 钢框架-支撑结构设计应符合国家现行标准的有关规定，高层装配式钢结构建筑的设计尚应符合现行行业标准《高层民用建筑钢结构技术规程》（JGJ 99—2015）的规定。

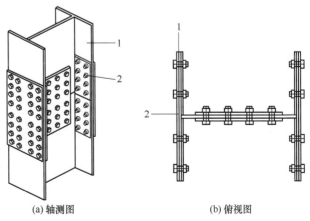

(a) 轴测图　　　　　　　　(b) 俯视图

图 2-3　H 形柱的螺栓拼接连接

1—柱；2—高强度螺栓

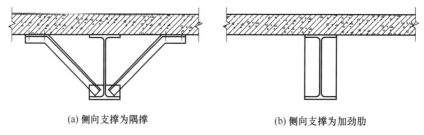

(a) 侧向支撑为隔撑　　　　　　　　　(b) 侧向支撑为加劲肋

图 2-4　梁下翼缘侧向支撑

② 高层民用建筑钢结构的中心支撑类型见图 2-5，宜采用：十字交叉斜杆、单斜杆、人字形斜杆或 V 形斜杆体系；不得采用 K 形斜杆体系。中心支撑斜杆的轴线应交汇于框架梁柱的轴线上。

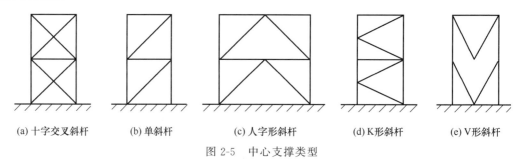

(a) 十字交叉斜杆　　　(b) 单斜杆　　　(c) 人字形斜杆　　　(d) K形斜杆　　　(e) V形斜杆

图 2-5　中心支撑类型

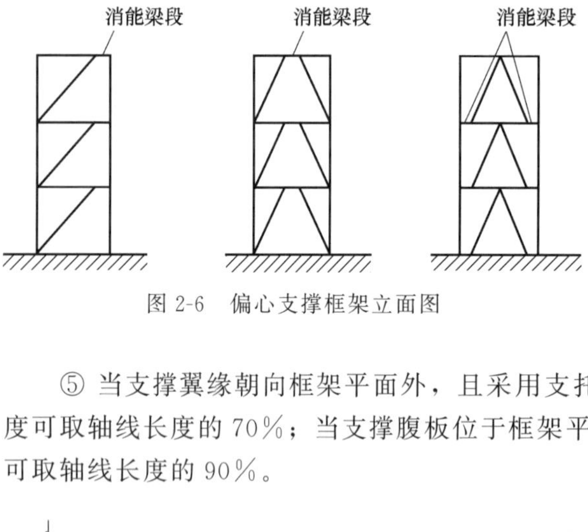

③ 偏心支撑框架中的支撑斜杆，应至少有一端与梁连接，并在支撑与梁交点和柱之间，或支撑同一跨内的另一支撑与梁交点之间形成消能梁段（图 2-6）。

④ 抗震等级为四级时，支撑可采用拉杆设计，其长细比不应大于 180；拉杆设计的支撑应同时设不同倾斜方向的两组单斜杆，且每层不同倾斜方向单斜杆的截面面积在水平方向的投影面积之差不得大于 10%。

图 2-6　偏心支撑框架立面图

⑤ 当支撑翼缘朝向框架平面外，且采用支托式连接时［图 2-7（a）］，其平面外计算长度可取轴线长度的 70%；当支撑腹板位于框架平面内时［图 2-7（b）］，其平面外计算长度可取轴线长度的 90%。

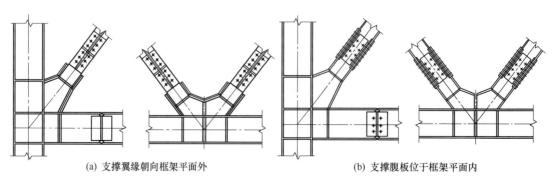

(a) 支撑翼缘朝向框架平面外　　　　　　　(b) 支撑腹板位于框架平面内

图 2-7　支撑与框架的连接

⑥ 当支撑采用节点板进行连接（图2-8）时，在支撑端部与节点板约束点连线之间应留有2倍节点板厚的间隙，节点板约束点连线应与支撑杆轴线垂直，且应进行下列验算：

    a. 支撑与节点板间的连接强度验算；

    b. 节点板自身的强度和稳定验算；

    c. 连接板与梁柱间焊缝的强度验算。

⑦ 对于装配式钢结构建筑，当消能梁段与支撑连接的下翼缘处无法设置侧向支撑时，应采取其他可靠措施保证连接处能够承受不小于梁段下翼缘轴向极限承载力6%的侧向集中力。

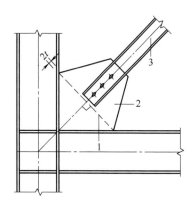

图2-8　组合支撑杆件端部与
单壁节点板的连接

1—约束点连线；2—单壁节点板；
3—支撑杆；t—节点板的厚度

（15）钢框架-延性墙板结构的设计应符合下列规定。

① 钢板剪力墙和钢板组合剪力墙设计应符合现行行业标准《高层民用建筑钢结构技术规程》（JGJ 99—2015）和推荐性行业标准《钢板剪力墙技术规程》（JGJ/T 380—2015）的规定。

② 内嵌竖缝混凝土剪力墙设计应符合现行行业标准《高层民用建筑钢结构技术规程》（JGJ 99—2015）的规定。

③ 当采用钢板剪力墙时，应计入竖向荷载对钢板剪力墙性能的不利影响。当采用竖缝钢板剪力墙且房屋层数不超过18层时，可不计入竖向荷载对竖缝钢板剪力墙性能的不利影响。

（16）交错桁架钢结构的设计应符合下列规定。

① 交错桁架钢结构的设计应符合现行推荐性行业标准《交错桁架钢结构设计规程》（JGJ/T 329—2015）的规定。

② 当横向框架为奇数榀时，应控制层间刚度比；当横向框架设置为偶数榀时，应控制水平荷载作用下的偏心影响。

③ 桁架可采用混合桁架和空腹桁架两种形式，见图2-9，设置走廊处可不设斜杆。

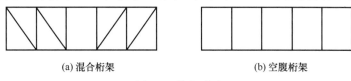

(a) 混合桁架　　　　　　　　　　　(b) 空腹桁架

图2-9　桁架形式

④ 当底层局部无落地桁架时，应在底层对应轴线及相邻两侧设横向支撑（图2-10），横向支撑不宜承受竖向荷载。

⑤ 交错桁架的纵向可采用钢框架结构、钢框架-支撑结构、钢框架-延性墙板结构或其他可靠的结构形式。

（17）装配式钢结构建筑构件之间的连接设计应符合下列规定。

① 抗震设计时，连接设计应符合构造要求，并应按弹塑性设计，连接的极限承载力应大于构件的全塑性承载力。

② 装配式钢结构建筑构件的连接宜采用螺栓连接，也可采用焊接。

③ 有可靠依据时，梁柱可采用全螺栓的半刚性连接，此时结构计算应计入节点转动对刚度的影响。

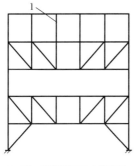 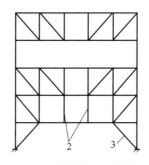

(a) 第二层设桁架时支撑做法　　　　(b) 第三层设桁架时支撑做法

图 2-10　支撑、吊杆、立柱

1—顶层立柱；2—二层吊杆；3—横向支撑

（18）装配式钢结构建筑的楼板应符合下列规定。

① 楼板可选用工业化程度高的压型钢板组合楼板、钢筋桁架楼承板组合楼板、预制混凝土叠合楼板及预制预应力空心楼板等。

② 楼板应与主体结构可靠连接，保证楼盖的整体牢固性。

③ 抗震设防烈度为 6 度、7 度且房屋高度不超过 50m 时，可采用装配式楼板（全预制楼板）或其他轻型楼盖，但应采取下列措施之一保证楼板的整体性：

a. 设置水平支撑；

b. 采取有效措施保证预制板之间的可靠连接。

④ 装配式钢结构建筑可采用装配整体式楼板，但应适当降低表 2-1 中的最大高度。

⑤ 楼盖舒适度应符合现行行业标准《高层民用建筑钢结构技术规程》（JGJ 99—2015）的规定。

（19）装配式钢结构建筑的楼梯应符合下列规定。

① 宜采用装配式混凝土楼梯或钢楼梯。

② 楼梯与主体结构宜采用不传递水平作用的连接形式。

（20）地下室和基础应符合下列规定。

① 当建筑高度超过 50m 时，宜设置地下室；当采用天然地基时，其基础埋置深度不宜小于房屋总高度的 1/15；当采用桩基时，桩承台埋深不宜小于房屋总高度的 1/20。

② 设置地下室时，竖向连续布置的支撑、延性墙板等抗侧力构件应延伸至基础。

③ 当地下室不少于两层，且嵌固端在地下室顶板时，延伸至地下室底板的钢柱脚可采用铰接或刚接。

（21）当抗震设防烈度为 8 度及以上时，装配式钢结构建筑可采用隔震或消能减震结构，并应按现行标准《建筑抗震设计规范（附条文说明）（2016 年版）》（GB 50011—2010）和《建筑消能减震技术规程》（JGJ 297—2013）的规定执行。

（22）钢结构应进行防火和防腐设计，并应按现行标准《建筑设计防火规范（2018 年版）》（GB 50016—2014）及《建筑钢结构防腐蚀技术规程》（JGJ/T 251—2011）的规定执行。

3. 外围护系统

（1）装配式钢结构建筑应合理确定外围护系统的设计使用年限，住宅建筑的外围护系统的设计使用年限应与主体结构相协调。

（2）外围护系统的立面设计应综合装配式钢结构建筑的构成条件、装饰颜色与材料质感等设计要求。

（3）外围护系统的设计应符合模数协调和标准化要求，并应满足建筑立面效果、制作工艺、运输及施工安装的条件。

（4）外围护系统设计应包括下列内容。

① 外围护系统的性能要求。

② 外墙板及屋面板的模数协调要求。

③ 屋面结构支承构造节点。

④ 外墙板连接、接缝及外门窗洞口等构造节点。

⑤ 阳台、空调板、装饰件等连接构造节点。

（5）外围护系统应根据建筑所在地区的气候条件、使用功能等综合确定抗风性能、抗震性能、耐撞击性能、防火性能、水密性能、气密性能、隔声性能、热工性能和耐久性能等要求，屋面系统还应满足结构性能要求。

（6）外围护系统选型应根据不同的建筑类型及结构形式而定；外墙系统与结构系统的连接形式可采用内嵌式、外挂式、嵌挂结合式等，并宜分层悬挂或承托；并可选用预制外墙、现场组装骨架外墙、建筑幕墙等类型。

（7）在 50 年重现期的风荷载或多遇地震作用下，外墙板不得因主体结构的弹性层间位移而发生塑性变形、板面开裂、零件脱落等损坏；当主体结构的层间位移角达到 1/100 时，外墙板不得掉落。

（8）外墙板与主体结构的连接应符合下列规定。

① 连接节点在保证主体结构整体受力的前提下，应牢固可靠、受力明确、传力简捷、构造合理。

② 连接节点应具有足够的承载力。承载能力极限状态下，连接节点不应发生破坏；当单个连接节点失效时，外墙板不应掉落。

③ 连接部位应采用柔性连接方式，连接节点应具有适应主体结构变形的能力。

④ 节点设计应便于工厂加工、现场安装就位和调整。

⑤ 连接件的耐久性应满足设计使用年限的要求。

（9）外墙板接缝应符合下列规定。

① 接缝处应根据当地气候条件合理选用构造防水、材料防水相结合的防排水措施。

② 接缝宽度及接缝材料应根据外墙板材料、立面分格、结构层间位移、温度变形等综合因素确定；所选用的接缝材料及构造应满足防水、防渗、抗裂、耐久等要求；接缝材料应与外墙板具有相容性；外墙板在正常使用状况下，接缝处的弹性密封材料不应破坏。

③ 与主体结构的连接处应设置防止形成热桥的构造措施。

（10）外围护系统中的外门窗应符合下列规定。

① 应采用在工厂生产的标准化系列部品，并应采用带有批水板的外门窗配套系列部品。

② 外门窗应与墙体可靠连接，门窗洞口与外门窗框接缝处的气密性能、水密性能和保温性能不应低于外门窗的相关性能。

③ 预制外墙中的外门窗宜采用企口或预埋件等方法固定，外门窗可采用预装法或后装法施工；采用预装法时，外门窗框应在工厂与预制外墙整体成型；采用后装法时，预制外墙的门窗洞口应设置预埋件。

④ 铝合金门窗的设计应符合现行行业标准《铝合金门窗工程技术规范》（JGJ 214—2010）的规定。

⑤ 塑料门窗的设计应符合现行行业标准《塑料门窗工程技术规程》（JGJ 103—2008）的规定。

（11）预制外墙应符合下列规定。

① 预制外墙用材料应符合下列规定。

a. 预制混凝土外墙板用材料应符合现行行业标准《装配式混凝土结构技术规程》（JGJ 1—2014）的规定；

b. 拼装大板用材料包括龙骨、基板、面板、保温材料、密封材料、连接固定材料等，各类材料应符合国家现行有关标准的规定；

c. 整体预制条板和复合夹芯条板应符合国家现行相关标准的规定。

② 露明的金属支撑件及外墙板内侧与主体结构的调整间隙，应采用燃烧性能等级为 A 级的材料进行封堵，封堵构造的耐火极限不得低于墙体的耐火极限，封堵材料在耐火极限内不得开裂、脱落。

③ 防火性能应按非承重外墙的要求执行，当夹芯保温材料的燃烧性能等级为 B_1 级或 B_2 级时，内、外叶墙板应采用不燃材料且厚度均不应小于 50mm。

④ 块材饰面应采用耐久性好、不易污染的材料；当采用面砖时，应采用反打工艺在工厂内完成，面砖应选择背面设有黏结后防止脱落措施的材料。

⑤ 预制外墙板接缝应符合下列规定：

a. 接缝位置宜与建筑立面分格相对应；

b. 竖缝宜采用平口或槽口构造，水平缝宜采用企口构造；

c. 当板缝空腔需设置导水管排水时，板缝内侧应增设密封构造；

d. 宜避免接缝跨越防火分区；当接缝跨越防火分区时，接缝室内侧应采用耐火材料封堵。

⑥ 蒸压加气混凝土外墙板的性能、连接构造、板缝构造、内外面层做法等应符合现行推荐性行业标准《蒸压加气混凝土制品应用技术标准》（JGJ/T 17—2020）的有关规定，并符合下列规定：

a. 可采用拼装大板、横条板、竖条板的构造形式；

b. 当外围护系统需同时满足保温、隔热要求时，板厚应满足保温或隔热要求的较大值；

c. 可根据技术条件选择钩头螺栓法、滑动螺栓法、内置锚法、摇摆型工法等安装方式；

d. 外墙室外侧板面及有防潮要求的外墙室内侧板面应用专用防水界面剂进行封闭处理。

（12）现场组装骨架外墙应符合下列规定。

① 骨架应具有足够的承载力、刚度和稳定性，并应与主体结构可靠连接；骨架应进行整体及连接节点验算。

② 墙内敷设电气线路时，应对其进行穿管保护。

③ 宜根据基层墙板特点及形式进行墙面整体防水。

④ 金属骨架组合外墙应符合下列规定：

a. 金属骨架应设置有效的防腐蚀措施；

b. 骨架外部、中部和内部可分别设置防护层、隔离层、保温隔汽层和内饰层，并根据使用条件设置防水透气材料、空气间层、反射材料、结构蒙皮材料和隔汽材料等。

⑤ 木骨架组合墙体应符合下列规定：

a. 材料种类、连接构造、板缝构造、内外面层做法等应符合现行国家标准《木骨架组合墙体技术标准》（GB/T 50361—2018）的规定；

b. 木骨架组合外墙与主体结构之间应采用金属连接件进行连接；

c. 内侧墙面材料宜采用普通型、耐火型或防潮型纸面石膏板，外侧墙面材料宜采用防潮型纸面石膏板或水泥纤维板材等材料；

d. 保温隔热材料宜采用岩棉或玻璃棉等；

e. 隔声吸声材料宜采用岩棉、玻璃棉或石膏板材等；

f. 填充材料的燃烧性能等级应为 A 级。

（13）建筑幕墙应符合下列规定。

① 应根据建筑物的使用要求、建筑造型，合理选择幕墙形式，宜采用单元式幕墙系统。

② 应根据不同的面板材料，选择相应的幕墙结构、配套材料和构造方式等。

③ 应具有适应主体结构层间变形的能力；主体结构中连接幕墙的预埋件、锚固件应能承受幕墙传递的荷载和作用，连接件与主体结构的锚固极限承载力应大于连接件本身的全塑性承载力。

④ 玻璃幕墙的设计应符合现行行业标准《玻璃幕墙工程技术规范》（JGJ 102—2003）的规定。

⑤ 金属与石材幕墙的设计应符合现行行业标准《金属与石材幕墙工程技术规范》（JGJ 133—2001）的规定。

⑥人造板材幕墙的设计应符合现行行业标准《人造板材幕墙工程技术规范》（JGJ 336—2016）的规定。

（14）建筑屋面应符合下列规定。

① 应根据现行国家标准《屋面工程技术规范》（GB 50345—2012）中规定的屋面防水等级进行防水设防，并应具有良好的排水功能，宜设置有组织排水系统。

② 太阳能系统应与屋面进行一体化设计，电气性能应满足现行国家标准《民用建筑太阳能热水系统应用技术标准》（GB 50364—2018）的规定。

③ 采光顶与金属屋面的设计应符合现行行业标准《采光顶与金属屋面技术规程》（JGJ 255—2012）的规定。

4. 设备与管线系统

（1）装配式钢结构建筑的设备与管线设计应符合下列规定。

① 装配式钢结构建筑的设备与管线宜采用集成化技术，标准化设计，当采用集成化新技术、新产品时应有可靠依据。

② 各类设备与管线应综合设计、减少平面交叉，合理利用空间。

③ 设备与管线应合理选型、准确定位。

④ 设备与管线宜在架空层或吊顶内设置。

⑤ 设备与管线安装应满足结构专业相关要求，不应在预制构件安装后凿剔沟槽、开孔、开洞等。

⑥ 公共管线、阀门、检修配件、计量仪表、电表箱、配电箱、智能化配线箱等应设置在公共区域。

⑦ 设备与管线穿越楼板和墙体时，应采取防水、防火、隔声、密封等措施，防火封堵应符合现行国家标准《建筑设计防火规范（2018 年版）》（GB 50016—2014）的规定。

⑧ 设备与管线的抗震设计应符合现行国家标准《建筑机电工程抗震设计规范》（GB 50981—2014）的有关规定。

（2）给水排水设计应符合下列规定。

① 冲厕宜采用非传统水源，水质应符合现行推荐性国家标准《城市污水再生利用　城市杂用水水质》（GB/T 18920—2020）的规定。

② 集成式厨房、卫生间应预留相应的给水、热水、排水管道接口，给水系统配水管道接口的形式和位置应便于检修。

③ 给水分水器与用水器具的管道应一对一连接，管道中间不得有连接配件；宜采用装配式的管线及其配件连接；给水分水器位置应便于检修。

④ 敷设在吊顶或楼地面架空层内的给水排水设备管线应采取防腐蚀、隔声减噪和防结露等措施。

⑤ 当建筑配置太阳能热水系统时，集热器、储水罐等的布置应与主体结构、外围护系统、内装系统相协调，做好预留预埋。

⑥ 排水管道宜采用同层排水技术。

⑦ 应选用耐腐蚀、使用寿命长、降噪性能好、便于安装及更换、连接可靠、密封性能好的管材、管件以及阀门设备。

（3）建筑供暖、通风、空调及燃气设计应符合下列规定。

① 室内供暖系统采用低温地板辐射供暖时，宜采用干法施工。

② 室内供暖系统采用散热器供暖时，安装散热器的墙板构件应采取加强措施。

③ 采用集成式卫生间或采用同层排水架空地板时，不宜采用地板辐射供暖系统。

④ 冷热水管道固定于梁柱等钢构件上时，应采用绝热支架。

⑤ 供暖、通风、空气调节及防排烟系统的设备及管道系统宜结合建筑方案整体设计，并预留接口位置；设备基础和构件应连接牢固，并按设备技术文件的要求预留地脚螺栓孔洞。

⑥ 供暖、通风和空气调节设备均应选用节能型产品。

⑦ 燃气系统管线设计应符合现行国家标准《城镇燃气设计规范（2020 年版)》(GB 50028—2006）的规定。

（4）电气和智能化设计应符合下列规定。

① 电气和智能化的设备与管线宜采用管线分离的方式。

② 电气和智能化系统的竖向主干线应在公共区域的电气竖井内设置。

③ 当大型灯具、桥架、母线、配电设备等安装在预制构件上时，应采用预留预埋件固定。

④ 设置在预制部（构）件上的出线口、接线盒等的孔洞均应准确定位。隔墙两侧的电气和智能化设备不应直接连通设置。

⑤ 防雷引下线和共用接地装置应充分利用钢结构自身作为防雷接地装置。构件连接部位应有永久性明显标记，其预留防雷装置的端头应可靠连接。

⑥ 钢结构基础应作为自然接地体，当接地电阻不满足要求时，应设人工接地体。

⑦ 接地端子应与建筑物本身的钢结构金属物连接。

5. 内装系统

（1）内装部品设计与选型应符合国家现行有关抗震、防火、防水、防潮和隔声等标准的规定，并满足生产、运输和安装等要求。

（2）内装部品的设计与选型应满足绿色环保的要求，室内污染物限制应符合现行国家标准《民用建筑工程室内环境污染控制标准》（GB 50325—2020）的有关规定。

（3）内装系统设计应满足内装部品的连接、检修更换、物权归属和设备及管线使用年限的要求，内装系统设计宜采用管线分离的方式。

（4）梁柱包覆应与防火防腐构造结合，实现防火防腐包覆与内装系统的一体化，并应符合下列规定。

① 内装部品安装不应破坏防火构造。

② 宜采用防腐防火复合涂料。

③ 使用膨胀型防火涂料应预留膨胀空间。

④ 设备与管线穿越防火保护层时，应按钢构件原耐火极限进行有效封堵。

（5）隔墙设计应采用装配式部品，并应符合下列规定。

① 可选龙骨类、轻质水泥基板类或轻质复合板类隔墙。

② 龙骨类隔墙宜在空腔内敷设管线及接线盒等。

③ 当隔墙上需要固定电器、橱柜、洁具等较重设备或其他物品时，应采取加强措施，其承载力应满足相关要求。

（6）外墙内表面及分户墙表面宜采用满足干式工法施工要求的部品，墙面宜设置空腔层，并应与室内设备管线进行集成设计。

（7）吊顶设计宜采用装配式部品，并应符合下列规定。

① 当采用压型钢板组合楼板或钢筋桁架楼承板组合楼板时，应设置吊顶。

② 当采用开口型压型钢板组合楼板或带肋混凝土楼盖时，宜利用楼板底部肋侧空间进行管线布置，并设置吊顶。

③ 厨房、卫生间的吊顶在管线集中部位应设有检修口。

（8）装配式楼地面设计宜采用装配式部品，并应符合下列规定。

① 架空地板系统的架空层内宜敷设给水排水和供暖等管道。

② 架空地板高度应根据管线的管径、长度、坡度以及管线交叉情况进行计算，并宜采取减振措施。

③ 当楼地面系统架空层内敷设管线时，应设置检修口。

（9）集成式厨房应符合下列规定。

① 应满足厨房设备设施点位预留的要求。

② 给水排水、燃气管道等应集中设置、合理定位，并应设置管道检修口。

③ 宜采用排油烟管道同层直排的方式。

（10）集成式卫生间应符合下列规定。

① 宜采用干湿区分离的布置方式，并应满足设备设施点位预留的要求。

② 应满足同层排水的要求，给水排水、通风和电气等管线的连接均应在设计预留的空间内安装完成，并应设置检修口。

③ 当采用防水底盘时，防水底盘与墙板之间应有可靠连接设计。

（11）住宅建筑宜选用标准化系列化的整体收纳。

（12）装配式钢结构建筑内装系统设计宜采用建筑信息模型（BIM）技术，与结构系统、外围护系统、设备与管线系统进行一体化设计，预留洞口、预埋件、连接件、接口设计应准确到位。

（13）部品接口设计应符合部品与管线之间、部品之间连接的通用性要求，并应符合下列规定。

① 接口应做到位置固定、连接合理、拆装方便及使用可靠。

② 各类接口尺寸应符合公差协调要求。

（14）装配式钢结构建筑的部品与钢构件的连接和接缝宜采用柔性设计，其缝隙变形能力应与结构弹性阶段的层间位移角相适应。

第二节 ▸▸

装配式钢结构住宅建筑技术标准

装配式钢结构住宅建筑设计应符合《装配式钢结构住宅建筑技术标准》（JGJ/T 464—2019）的要求，具体如下。

一、基本规定

（1）装配式钢结构住宅建筑应满足安全、适用、耐久、经济和环保等综合性能要求。应将结构系统、外围护系统、设备与管线系统、内装系统采用集成的方法进行一体化设计。

（2）装配式钢结构住宅建筑设计应标准化、部品部（构）件生产应工厂化、部品部（构）件安装应装配化、施工管理应信息化。装配式钢结构住宅建筑应实现全装修，住宅建筑的使用与管理应信息化、智能化。

（3）装配式钢结构住宅建筑的设计与建造应符合通用化、模数化、标准化的规定，应以少规格、多组合为原则实现建筑部品部（构）件的系列化和住宅建筑居住的多样化。

（4）装配式钢结构住宅建筑设计应综合考虑建筑、结构、设备和内装等专业的协调，设计、建造、使用与维护宜采用建筑信息化模型技术，并宜实现各专业、全过程的信息化管理。

（5）装配式钢结构住宅建筑应满足防火、防腐、防水和隔声等建筑整体性能和品质的要求。

（6）装配式钢结构住宅建筑的外围护系统应根据当地气候条件选用质量可靠、经济适用的材料和部品，并应选用技术成熟的施工工法进行安装。

（7）装配式钢结构住宅建筑设计宜遵循建筑全寿命期中使用与维护的便利性原则，设备管线与主体结构应分离，管线更换或装修时不应影响结构性能。

（8）装配式钢结构住宅建筑设计与建造应采用绿色建材和性能优良的部品部（构）件，并应建立部品部（构）件工厂化生产的质量管理体系。

二、集成设计

1. 一般规定

（1）装配式钢结构住宅建筑设计应符合现行标准《住宅建筑规范》（GB 50368—2005）、《住宅设计规范》（GB 50096—2011）、《装配式钢结构建筑技术标准》（GB/T 51232—2016）和《装配式住宅建筑设计标准》（JGJ/T 398—2017）的规定。

（2）建筑设计应结合钢结构体系的特点，并应符合下列规定。

① 住宅建筑空间应具有全寿命期的适应性。

② 非承重部品应具有通用性和可更换性。

（3）装配式钢结构住宅建筑设计应符合下列规定。

① 钢结构部（构）件及其连接应采取有效的防火措施，耐火等级应符合现行标准《建筑设计防火规范（2018 年版）》（GB 50016—2014）、《建筑钢结构防火技术规范》（GB

51249—2017）和《高层民用建筑钢结构技术规程》（JGJ 99—2015）的规定。

② 钢结构部（构）件及其连接应采取防腐措施，钢部（构）件防腐蚀设计应根据环境条件、使用部位等确定，并应符合现行行业标准《建筑钢结构防腐蚀技术规程》（JGJ/T 251—2011）的规定。

③ 隔声设计及其措施应根据功能部位、使用要求等确定，隔声性能应符合现行国家标准《民用建筑隔声设计规范》（GB 50118—2010）的规定。

④ 热工设计、措施和性能应符合现行国家标准《民用建筑热工设计规范》（GB 50176—2016）以及建筑所属气候地区的居住建筑节能设计标准的规定。

⑤ 结构舒适度设计及其措施应符合现行行业标准《高层民用建筑钢结构技术规程》（JGJ 99—2015）的规定。

⑥ 外墙板与钢结构部（构）件的连接及接缝处应采取防止空气渗透和水蒸气渗透的构造措施，外门窗及幕墙应满足气密性和水密性的要求。

（4）外围护系统与主体结构连接或锚固设计及其措施应满足安全性、适用性及耐久性的要求。

（5）装配式钢结构住宅建筑室内装修设计应符合下列规定。

① 应符合标准化设计、部品工厂化生产和现场装配化施工的原则。

② 设备管线应采用与结构主体分离设置方式和集成技术。

2. 模数协调

（1）装配式钢结构住宅建筑设计应符合现行推荐性国家标准《建筑模数协调标准》（GB/T 50002—2013）的规定。

（2）厨房、卫生间设计应符合现行推荐性行业标准《住宅厨房模数协调标准》（JGJ/T 262—2012）和《住宅卫生间模数协调标准》（JGJ/T 263—2012）的规定。

（3）建筑设计应采用基本模数或扩大模数数列，并应符合下列规定。

① 开间与柱距、进深与跨度、门窗洞口宽度等水平方向宜采用水平扩大模数数列 $2n\text{M}$、$3n\text{M}$（M 为模数，n 为自然数）。

② 层高和门窗洞口高度等垂直方向宜采用竖向扩大模数数列 $n\text{M}$。

③ 梁、柱等部件的截面尺寸宜采用竖向扩大模数数列 $n\text{M}$。

④ 构造节点和部品部（构）件的接口尺寸等宜采用分模数数列 $n\text{M}/2$、$n\text{M}/5$、$n\text{M}/10$。

3. 平面、立面与空间

（1）装配式钢结构住宅建筑的套型设计应符合下列规定。

① 应采用大空间结构布置方式。

② 空间布局应考虑结构抗侧力体系的位置。

（2）装配式钢结构住宅建筑设计应符合下列规定。

① 应采用模块及模块组合的设计方法。

② 基本模块应采用标准化设计，并应提高部品部件的通用性。

③ 模块应进行优化组合，并应满足功能需求及结构布置要求。

（3）建筑平面设计应符合下列规定。

① 应符合结构布置特点，满足内部空间可变性要求。

② 宜规则平整，宜以连续柱跨为基础布置，柱距尺寸宜按模数统一。

③ 住宅楼电梯及设备竖井等区域宜独立集中设置。

④ 宜采用集成式或整体厨房、集成式或整体卫浴等基本模块。

⑤ 住宅空间分隔应与结构梁柱布置相协调。

（4）建筑立面设计应采取标准化与多样性相结合的方法，并应根据外围护系统特点进行立面深化设计。

（5）外围护系统的外墙应采用耐久性好、易维护的饰面材料或部品，且应明确其设计使用年限。

（6）外围护系统的外墙、阳台板、空调板、外门窗、遮阳及装饰等部品应进行标准化设计。

（7）建筑层高应满足居住空间净高要求，并应根据楼盖技术层厚度、梁高等要求确定。

4. 协同设计

（1）装配式钢结构住宅建筑设计应符合建筑、结构、设备与管线、内装修等集成设计原则，各专业之间应协同设计。

（2）建筑设计、部品部（构）件生产运输、装配施工及运营维护等应满足建筑全寿命期各阶段协同的要求。

（3）深化设计应符合下列规定。

① 深化图纸应满足装配施工安装的要求。

② 应进行外围护系统部品的选材、排板及预留预埋等深化设计。

③ 应进行内装系统及部品的深化设计。

三、结构系统设计

1. 一般规定

（1）装配式钢结构住宅建筑的结构设计应符合现行标准《工程结构可靠性设计统一标准》（GB 50153—2008）、《建筑抗震设计规范（2016 年版）》（GB 50011—2010）、《钢结构设计标准》（GB 50017—2017）、《装配式钢结构建筑技术标准》（GB/T 51232—2016）和《高层民用建筑钢结构技术规程》（JGJ 99—2015）的规定。结构设计正常使用年限不应少于 50 年，安全等级不应低于二级。

（2）结构设计的荷载、作用及其组合应符合现行国家标准《建筑结构荷载规范》（GB 50009—2012）和《建筑抗震设计规范（2016 年版）》（GB 50011—2010）的规定。

（3）结构设计应符合工厂生产、现场装配的工业化生产要求，部（构）件及节点设计宜标准化和通用化。

（4）钢材的性能应符合现行国家标准《钢结构设计标准》（GB 50017—2017）和《建筑抗震设计规范（2016 年版）》（GB 50011—2010）的规定，宜选用高性能钢材。

2. 结构体系与结构布置

（1）装配式钢结构住宅建筑的结构体系可选用钢框架结构、钢框架-支撑结构、钢框架-延性墙板结构、钢框架-剪力墙结构或框筒结构等体系。不同结构体系的最大适用高度及最大高宽比应符合现行标准《装配式钢结构建筑技术标准》（GB/T 51232—2016）、《高层民用建筑钢结构技术规程》（JGJ 99—2015）及《高层建筑混凝土结构技术规程》（JGJ 3—2010）的规定。

（2）装配式钢结构住宅的结构体系的选择，宜符合下列规定。

① 低层或多层建筑宜选用钢框架结构，当地震作用较大，钢框架结构难以满足设计要求时，也可采用钢框架-支撑结构。

② 高层建筑宜选用钢框架-支撑结构体系或钢框架-混凝土核心筒结构体系。

（3）钢框架-支撑结构可采用中心支撑或偏心支撑；钢框架-延性墙板结构的抗侧力构件

可采用预制剪力墙板等延性构件。

（4）装配式钢结构住宅建筑的结构体系可采用减震或隔震技术措施。

（5）楼盖结构可采用装配整体式楼板，也可采用免支模现浇楼板。当房屋高度不超过50m且抗震设防烈度不超过7度时，可采用无现浇层的预制装配式楼板。

（6）结构布置应与建筑套型、平面和立面设计相协调。不宜采用特别不规则的结构体系，不应采用严重不规则的结构布置。

（7）钢结构构件布置不应影响住宅的使用功能。

（8）柱脚可采用外包式或埋入式。当地下室不少于两层，且嵌固端在地下室顶板时，延伸至地下室底板的钢柱脚也可采用铰接柱脚。地下室外围护墙体宜设置在柱外侧。

3. 结构计算

（1）在风荷载和多遇地震作用下，装配式钢结构住宅建筑的层间位移不宜大于层间高度的1/350，且应符合现行标准《装配式钢结构建筑技术标准》（GB/T 51232—2016）和《高层民用建筑钢结构技术规程》（JGJ 99—2015）中位移和风振舒适度的有关规定。

（2）新结构体系、抗震设防9度的结构体系应按照现行国家标准《建筑抗震设计规范（2016年版）》（GB 50011—2010）的规定进行罕遇地震作用下的弹塑性变形验算，并应采取相应的抗震措施。

（3）风荷载作用下的风振舒适度验算应按现行行业标准《高层民用建筑钢结构技术规程》（JGJ 99—2015）的规定验算。

4. 部（构）件与节点

（1）装配式钢结构住宅建筑的主要钢结构部（构）件系统应采用型钢部（构）件。当采用冷弯方形、矩形钢管部（构）件时，宜进行热处理。

（2）结构构件不宜采用现场人工浇筑的型钢混凝土部（构）件。当采用钢管混凝土柱时，设计时应采取保证混凝土浇筑密实的措施。

（3）钢框架梁柱节点连接形式宜采用全螺栓连接，也可采用栓焊混合式连接或全焊接连接。

（4）钢结构部（构）件的长细比、板件宽厚比应符合现行标准《建筑抗震设计规范（2016年版）》（GB 50011—2010）、《钢结构设计标准》（GB 50017—2017）及《高层民用建筑钢结构技术规程》（JGJ 99—2015）的规定。

（5）节点设计应与建筑设计相协调，不宜采用不利于墙板安装或影响使用功能的节点形式。

5. 结构防护

（1）钢结构的防火材料宜选用防火板，板厚应根据耐火极限和防火板产品标准确定。

（2）当采用砌块或钢丝网抹水泥砂浆等隔热材料作为钢结构构件的防火保护层时，保护层设计应符合现行国家标准《建筑设计防火规范（2018年版）》（GB 50016—2014）、《建筑钢结构防火技术规范》（GB 51249—2017）的规定。

（3）钢管混凝土柱的耐火极限计算及其排气孔的设计应符合现行国家标准《建筑钢结构防火技术规范》（GB 51249—2017）的规定。

（4）防腐涂料品种和涂层方案应根据住宅室内环境确定。

四、外围护系统设计

1. 一般规定

（1）装配式钢结构住宅建筑的外围护系统的性能应满足抗风、抗震、耐撞击、防火等安全性要求，并应满足水密、气密、隔声、热工等功能性要求和耐久性要求。

（2）外围护系统设计内容应包括系统材料性能参数、系统构造、计算分析、生产及安装要求、质量控制及施工验收要求。

（3）外围护系统的设计使用年限应与主体结构设计使用年限相适应，并应明确配套防水材料、保温材料、装饰材料的设计使用年限及使用维护、检查及更新要求。

（4）外围护系统的热工性能应符合现行国家标准《民用建筑热工设计规范》（GB 50176—2016）的规定，传热系数、热惰性指标等热工性能参数应满足钢结构住宅所在地节能设计要求。当相关参数不满足要求时，应进行外围护系热工性能的综合计算。

（5）外围护系热桥部位的内表面温度不应低于室内空气露点温度。当不满足要求时，应采取保温断桥构造措施。

（6）外围护系统的隔声减噪设计标准等级应按使用要求确定，其隔声性能应符合现行国家标准《民用建筑隔声设计规范》（GB 50118—2010）的规定。

（7）外围护系统中部品的耐火极限应根据建筑的耐火等级确定，应符合现行国家标准《建筑设计防火规范（2018年版）》（GB 50016—2014）的规定。

（8）外围护系统应根据建筑所在地气候条件选用构造防水、材料防水相结合的防排水措施，并应满足防水透气、防潮、隔汽、防开裂等构造要求。

（9）窗墙面积比、外门窗传热系数、太阳得热系数、可开启面积和气密性条件等应满足钢结构住宅所在地现行节能设计标准的规定。

（10）外门窗框与门窗洞口接缝处应满足气密性、水密性和保温性要求。

（11）外围护系统与主体结构的连接应满足抗风、抗震等安全要求，连接件承载力设计的安全等级应提高一级。

（12）连接件应明确设计使用年限。

（13）计算外围护构件及其连接的风荷载作用及组合，应符合现行国家标准《建筑结构荷载规范》（GB 50009—2012）的规定；计算外围护系统构件及其连接的地震作用及组合，应符合现行行业标准《非结构构件抗震设计规范》（JGJ 339—2015）的规定。

（14）外围护系统墙体装饰装修的更新不应影响墙体结构性能。外挂墙板的结构安全性和墙体裂缝防治措施应有试验或工程实践经验验证其可靠性。

2. 材料与部品

（1）装配式钢结构住宅建筑外墙围护系统的外墙板应综合建筑防火、防水、保温、隔声、抗震、抗风、耐候、美观的要求，选用部品体系配套成熟的轻质墙板或集成墙板等部品。

（2）外围护系统的材料与部品的放射性核素限量应符合现行国家标准《建筑材料放射性核素限量》（GB 6566—2010）的规定；室内侧材料与部品的性能应符合现行国家标准《民用建筑工程室内环境污染控制标准》（GB 50325—2020）的规定。

（3）外墙围护系统的材料性能应符合现行国家标准《墙体材料应用统一技术规范》（GB 50574—2010）的规定。

（4）外围护系统的钢骨架及钢制组件、连接件应采用热浸镀锌或其他防腐措施。

（5）外门窗玻璃组件的性能应符合现行行业标准《建筑玻璃应用技术规程》（JGJ 113—2015）的规定。

（6）外门窗的性能应符合现行推荐性国家标准《建筑幕墙、门窗通用技术条件》（GB/

T 31433—2015）的规定；设计文件应注明外门窗抗风压、气密、水密、保温、空气声隔声等性能的要求，且应注明门窗材料、颜色、玻璃品种及开启方式等要求。

（7）外围护系统的防水、涂装、防裂等材料推荐性应符合下列规定。

① 外墙围护系统的材料性能应符合现行推荐性行业标准《建筑外墙防水工程技术规程》（JGJ/T 235—2011）的规定，并应注明防水透汽、耐老化、防开裂等技术参数要求；

② 屋面围护系统的材料应根据建筑物重要程度、屋面防水等级选用，防水材料性能应符合现行国家标准《屋面工程技术规范》（GB 50345—2012）的规定；

③ 坡屋面材料性能应符合现行国家标准《坡屋面工程技术规范》（GB 50693—2011）的规定；

④ 种植屋面材料性能应符合现行行业标准《种植屋面工程技术规程》（JGJ 155—2013）的规定。

（8）建筑密封胶应根据基材界面材料和使用要求选用，其伸长率、压缩率、拉伸模量、相容性、耐污染性、耐久性应满足外围护系统的使用要求，并应符合下列规定。

① 硅酮（聚硅氧烷）密封胶性能应符合现行国家标准《硅酮和改性硅酮建筑密封胶》（GB/T 14683—2017）和《建筑用硅酮结构密封胶》（GB 16776—2005）的规定。

② 聚氨酯密封胶性能应符合现行行业标准《聚氨酯建筑密封胶》（JC/T 482—2003）的规定。

③ 聚硫密封胶性能应符合现行行业标准《聚硫建筑密封胶》（JC/T 483—2006）的规定。

④ 接缝密封胶性能应符合现行推荐性国家标准《建筑密封胶分级和要求》（GB/T 22083—2008）的规定。

（9）保温材料、防火隔离带材料、防火封堵材料等性能应符合现行国家标准《建筑设计防火规范（2018 年版）》（GB 50016—2014）、《建筑钢结构防火技术规范》（GB 51249—2017）的规定。

（10）保温材料及其厚度、导热系数和蓄热系数应满足钢结构住宅所在地现行节能标准的要求。

3. 外墙围护系统

（1）装配式钢结构住宅建筑外墙围护系统宜采用工厂化生产、装配化施工的部品，并应按非结构构件部品设计。外墙围护系统立面设计应与部品构成相协调、减少非功能性外墙装饰部品，并应便于运输安装及维护。

（2）外墙围护系统可根据构成及安装方式选用下列系统：

① 装配式轻型条板外墙系统；

② 装配式骨架复合板外墙系统；

③ 装配式预制外挂墙板系统；

④ 装配式复合外墙系统或其他系统。

（3）外墙板可采用内嵌式、外挂式、嵌挂结合式等形式与主体结构连接，并宜分层悬挂或承托。

（4）外墙围护系统部品的保温构造形式，可采用外墙外保温系统构造、外墙夹芯保温系统构造、外墙内保温系统构造和外墙单一材料自保温系统构造等。

（5）外墙外保温可选用保温装饰一体化板材，其材料及系统性能应符合现行推荐性行业标准《外墙保温复合板通用技术要求》（JG/T 480—2015）和《保温装饰板外墙外保温系统材料》（JG/T 287—2013）的规定。

（6）外挂墙板与主体结构的连接应符合下列规定。

① 墙体部（构）件及其连接的承载力与变形能力应符合设计要求，当遭受多遇地震影

响时，外挂墙板及其接缝不应损坏或不需修理即可继续使用。

②当遭受设防烈度地震影响时，节点连接件不应损坏，外挂墙板及其接缝可能发生损坏，但经一般性修理后仍可继续使用。

③当遭受预估的罕遇地震作用时，外挂墙板不应脱落，节点连接件不应失效。

（7）外墙围护系统设计文件应注明检验与测试要求，设置的连接件和主体结构的连接承载力设计值应通过现场抽样测试验证。

（8）设置在外墙围护系统中的户内管线，宜利用墙体空腔布置或结合户内装修装饰层设置，不得在施工现场开槽埋设，并应便于检修和更换。

（9）设置在外墙围护系统上的附属部（构）件应进行构造设计与承载验算。建筑遮阳、雨篷、空调板、栏杆、装饰件、雨水管等应与主体结构或外围护系统可靠连接，并应加强连接部位的保温防水构造。

（10）穿越外墙围护系统的管线、洞口，应采取防水构造措施；穿越外围护系统的管线、洞口及有可能产生声桥和振动的部位，应采取隔声降噪等构造措施。

4. 屋面围护系统

（1）装配式钢结构住宅建筑屋面围护系统的防水等级应根据建筑造型、重要程度、使用功能、所处环境条件确定。屋面围护系统设计应包含材料部品的选用要求、构造设计、排水设计、防雷设计等内容。

（2）当屋盖结构板采用钢筋混凝土板时，屋面保护层或架空隔热层、保温层、防水层、找平层、找坡层等设计构造要求应符合现行国家标准《屋面工程技术规范》（GB 50345—2012）的规定。

（3）采用金属板屋面、瓦屋面等的轻型屋面围护系统，其承载力、刚度、稳定性和变形能力应符合设计要求，材料选用、系统构造应符合现行国家标准《屋面工程技术规范》（GB 50345—2012）和《坡屋面工程技术规范》（GB 50693—2011）的规定。

五、设备与管线系统设计

1. 一般规定

（1）装配式钢结构住宅建筑设备与管线系统设计应符合现行国家标准《住宅建筑规范》（GB 50368—2005）、《住宅设计规范》（GB 50096—2011）的规定。

（2）设备与管线系统应综合设计、合理选型、准确定位。

（3）设备与管线系统宜与主体结构分离，且不应影响主体结构安全。

（4）设备与管线设计宜采用集成化技术，宜采用成品部品。

（5）公共管线、阀门、检修配件、计量仪表、电表箱、配电箱、智能化配线箱等应设置在公共区域。用于住宅套内的设备与管线应设置在住宅套内。

（6）设备与管线穿墙体、楼板、屋面时，应采取防水、防火、隔声、隔热措施。

（7）设备与管线安装应满足结构设计要求，不应在结构构件安装后开槽、钻孔、打洞。

（8）在具有防火及防腐保护层的钢构件上安装管道或设备支吊架时，不应损坏钢结构的防火及防腐性能。

（9）设备与管线的抗震设计应符合现行国家标准《建筑机电工程抗震设计规范》（GB 50981—2014）的规定。

2. 给水排水

（1）装配式钢结构住宅建筑节水设计应符合现行国家标准《民用建筑节水设计标准》（GB 50555—2010）的规定。

（2）卫生间应采用同层排水方式。当同层排水管道为降板敷设时，降板范围宜采取防水及积水排出措施。

（3）当采用集成式或整体厨房、卫浴时，应预留给水、热水、排水管道接口，管道接口的形式和位置应便于检修。

（4）当设置太阳能热水系统时，集热器、储水罐等应与主体结构、外围护系统、内装系统一体化设计。

（5）管材、管件及阀门设备应选用耐腐蚀、寿命长、降噪性能好、便于安装及更换、连接可靠、密封性能好的部品。

3. 供暖、通风、空调及燃气

（1）装配式钢结构住宅建筑供暖通风、空调方式及冷热源的选择应根据当地气候、能源及技术经济等因素综合确定。

（2）建筑的新风量应能满足室内卫生要求，并应充分利用自然通风。

（3）建筑室内设置供暖系统时，应符合下列规定。

① 宜选用干式低温热水地板辐射供暖系统。

② 当室内采用散热器供暖时，供回水管宜选用干法施工，安装散热器的墙板部（构）件应采取加强措施。

（4）同层排水架空地板的卫生间不宜采用低温热水地板辐射供暖系统。

（5）无外窗的卫生间应设置防止倒流的机械排风系统。

（6）供暖、通风及空调系统冷热输送管道布置应符合现行国家标准《民用建筑供暖通风与空气调节设计规范》（GB 50736—2012）的规定，并应采取防结露和绝热措施。冷热水管道固定于梁柱等钢构件上时，应采用绝热支架。

（7）通风及空调系统的设备及管道应预留接口位置。

（8）设备基础和部（构）件应与主体结构牢固连接，并应按设备技术要求预留孔洞及采取减振措施。供暖与通风管道应采用牢固的支、吊架，并应有防颤措施。

（9）燃气系统设计应符合现行国家标准《城镇燃气设计规范（2020年版）》（GB 50028—2006）的规定。

（10）厨房、卫浴设置水平排气系统时，其室外排气口应采取避风、防雨、防止污染墙面等措施。

4. 电气和智能化

（1）装配式钢结构住宅建筑电气和智能化系统设计应符合现行标准《住宅设计规范》（GB 50096—2011）、《住宅建筑规范》（GB 50368—2005）、《住宅区和住宅建筑内光纤到户通信设施工程设计规范》（GB 50846—2012）、《住宅区和住宅建筑内通信设施工程设计规范》（GB/T 50605—2010）、《住宅建筑电气设计规范》（JGJ 242—2011）的规定。

（2）电气和智能化系统设计应符合下列规定。

① 电气和智能化设备与管线宜与主体结构分离。

② 电气和智能化系统的主干线应在公共区域设置。

③ 套内应设置家居配电箱和智能化家居配线箱。

④ 楼梯间、走道等公共部位应设置人工照明，并应采用高效节能的照明装置和节能控制措施。

⑤ 套内应设置电能表，共用设施宜设置分项独立计量装置。

⑥ 电气和智能化设备应采用模数化设计，并应满足准确定位的要求。

⑦ 隔墙两侧的电气和智能化设备不应直接连通设置，管线连接处宜采用可弯曲的电气导管。

（3）防雷及接地设计应符合下列规定。

① 防雷分类应符合现行国家标准《建筑物防雷设计规范》（GB 50057—2010）的规定，并应按防雷分类设置防雷设施。电子信息系统应符合现行国家标准《建筑物电子信息系统防雷技术规范》（GB 50343—2012）的规定。

② 防雷引下线和共用接地装置应利用建筑及钢结构自身作为防雷接地装置。部（构）件连接部位应有永久性明显标记，预留防雷装置的端头应可靠连接。

③ 外围护系统的金属围护部（构）件、金属遮阳部（构）件、金属门窗等应有防雷措施。

④ 配电间、弱电间、监控室、各设备机房、竖井和设洗浴设施的卫生间等应设等电位连接，接地端子应与建筑物本身的钢结构金属物连接。

六、内装系统设计

1. 一般规定

（1）装配式钢结构住宅建筑内装系统设计、部品与材料选型应符合抗震、防火、防水、防潮与隔声等规定，并应满足生产、运输和安装等要求。

（2）内装系统设计应遵循模数协调的原则，并应与结构系统、外围护系统、设备与管线系统进行集成设计。

（3）内装系统设计应满足内装部品的连接、检修更换和管线使用年限的要求。

（4）装配式钢结构住宅建筑宜采用工业化生产的集成化、模块化的内装部品进行装配式内装设计。

（5）内装系统设计应进行环境空气质量预评价，室内空气污染物的活度和浓度应符合现行国家标准《住宅设计规范》（GB 50096—2011）的规定。

（6）内装系统设计应符合现行标准《建筑内部装修设计防火规范》（GB 50222—2017）、《住宅室内装饰装修设计规范》（JGJ 367—2015）、《民用建筑工程室内环境污染控制标准》（GB 50325—2020）和《民用建筑隔声设计规范》（GB 50118—2010）的规定。

（7）内装系统设计时，对可能引起传声的钢构件、设备管道等应采取减振和隔声措施，对钢构件应进行隔声包覆，并应采取系统性隔声措施。

2. 内装部品

（1）装配式钢结构住宅建筑设计阶段应对装配式隔墙、吊顶和楼地面等集成化部品、集成式或整体厨房、集成式或整体卫浴和整体收纳等模块化部品进行设计选型。

（2）内装部品应与套内设备与管线进行集成设计，并宜满足装配式装修的要求。

（3）内装部品应具有标准化和互换性，其内装部品与管线之间、部品之间的连接接口应具有通用性。

3. 隔墙、吊顶和楼地面

（1）装配式钢结构住宅建筑设计应采用免抹灰的装配式隔墙、吊顶和楼地面，并宜选用成品墙板等集成化部品进行现场装配。

（2）隔墙设计应符合下列规定。

① 内隔墙应选用轻质隔墙，且应满足防火、隔声等要求，卫生间和厨房的隔墙应满足防潮要求，其与相邻房间的隔墙应采取有效的防水措施。

② 分户墙的隔声性能应符合现行国家标准《住宅设计规范》（GB 50096—2011）的规定。

③ 隔墙材料的有害物质限量应符合现行国家标准《建筑用墙面涂料中有害物质限量》（GB 18582—2020）的规定。

④ 墙体应经过模数协调确定基本板、洞口板、转角板和调整板等隔墙板的规格、尺寸和公差。

⑤ 构造设计应便于室内管线的敷设和维修，并应避免管线维修更换对结构墙体造成破坏。

⑥ 不同材质墙体间的板缝应采用弹性密封，门框、窗框与墙体连接应满足可靠、牢固、安装方便的要求，并宜选用工厂化门窗套进行门窗收口。

⑦ 隔墙应设置龙骨或螺栓与上下楼板或梁柱拉结固定。

⑧ 抗震设防烈度 7 度以上地区的内嵌式隔墙宜在钢梁、钢柱间设置变形空间，分户墙的变形空间应采用轻质防火材料填充。

⑨ 隔墙上布置空调、电视、画框等常用部位应设置加强板或可靠的固定措施。

（3）装配式吊顶设计宜选用成品吊顶部品进行现场装配，吊顶内管线接口、设备管线集中的部位应设置检修口。

（4）楼地面设计应符合下列规定。

① 住宅分户楼板及分隔住宅和非居住用途空间楼板的空气声隔声评价量应符合现行国家标准《住宅设计规范》（GB 50096—2011）的规定。

② 外围护系统与楼板端面间的缝隙应采用防火隔声材料填塞。

③ 钢构件在套型间和户内空间易形成声桥的部位，应采用隔声材料或混凝土材料填充、包覆。

④ 楼地面宜采用干式工法施工，也可采用可敷设管线的架空地板的集成化部品。

⑤ 架空地板系统宜设置减振构造。

⑥ 架空层架空高度应根据管径尺寸、敷设路径、设置坡度等确定，并应设置检修口。

⑦ 地板采暖时宜采用干式低温地板辐射的集成化部品。

4. 厨房、卫浴和收纳

（1）装配式钢结构住宅建筑集成式厨房或整体厨房部品应符合下列规定。

① 厨房部品宜模数化、标准化、系列化。

② 部品应预留厨房电器设施设备的位置和接口。

③ 给水排水、燃气管线等应集中设置、合理定位，并应设置检修口。

④ 应设置热水器的安装位置及预留孔，燃气热水器应预留排烟口。

（2）集成式卫浴或整体卫浴部品应符合下列规定。

① 卫浴部品宜选用模数化、标准化、系列化部品，可采用干湿分离的布置方式。

② 宜统筹考虑设置洗衣机、排气扇（管）、暖风机等。

③ 给水排水、通风和电气等管道、管线应在其预留空间内安装完成，预留的管线接口处应设置检修口。

④ 应进行等电位连接设计。

⑤ 应符合干法施工和同层排水的要求。

⑥ 采用防水底盘时，防水底盘的固定安装不应破坏结构防水层。

（3）收纳空间设计宜选用标准化、系列化的整体收纳部品。

第三节 ▶▶

多高层建筑全螺栓连接装配式钢结构技术标准

一、结构设计

1. 一般规定

（1）多高层建筑全螺栓连接装配式钢结构的安全等级和设计使用年限应符合现行国家标准《建筑结构可靠性设计统一标准》（GB 50068—2018）和《工程结构可靠性统一标准》（GB 50153—2008）的规定。

（2）多高层建筑全螺栓连接装配式钢结构建筑体型、建筑立面、竖向剖面规则程度应符合现行标准《建筑抗震设计规范（2016年版）》（GB 50011—2010）、《高层民用建筑钢结构技术规程》（JGJ 99—2015）的规定。

（3）多高层建筑全螺栓连接装配式钢结构宜采用框架结构、框架-支撑结构、框架-消能减震结构（如中间柱型阻尼器、钢板剪力墙等）。当确有依据时，可采用其他结构形式。其中框架-支撑结构中包括普通支撑和屈曲约束支撑，支撑宜采用跨层X形支撑或连接偏于柱节点处的偏心支撑形式。

（4）多高层建筑全螺栓连接装配式钢结构的高宽比不宜大于表 2-4 的规定。

表 2-4　多高层建筑全螺栓连接装配式钢结构适用的最大高宽比

抗震设防烈度	6度、7度	8度	9度
最大高宽比	6.0	5.5	5.0

注：1. 计算高宽比的高度一般从室外地面算起；

2. 当塔形建筑底部有大底盘时，计算高宽比的高度从大底盘顶部算起；

3. 计算最大高宽比时，当结构平面在宽度方向存在凹凸时，可采用等效宽度。

（5）多高层建筑全螺栓连接装配式钢结构的竖向荷载、风荷载、雪荷载等取值及组合应符合现行国家标准《建筑结构荷载规范》（GB 50009—2012）的规定，高层建筑尚应符合现行行业标准《高层民用建筑钢结构技术规程》（JGJ 99—2015）的规定。

（6）多高层建筑全螺栓连接装配式钢结构抗震设防烈度和设计地震动参数的确定，应符合现行国家标准《建筑抗震设计规范（2016年版）》（GB 50011—2010）的规定，高层建筑尚应符合现行行业标准《高层民用建筑钢结构技术规程》（JGJ 99—2015）的规定。

（7）地下室和基础应符合下列规定。

① 当建筑高度超过 50m 时，宜设置地下室；当采用天然地基时，其基础埋置深度不宜小于房屋总高度的 1/15；当采用桩基时，桩承台埋深不宜小于房屋总高度的 1/20。

② 设置地下室时，竖向连续布置的支撑、延性钢板剪力墙等抗侧力构件应延伸至基础。

③ 当地下室不少于两层，且嵌固端在地下室顶板时，延伸至地下室底板的钢柱脚可采用铰接或刚接。

2. 材料

（1）多高层建筑全螺栓连接装配式钢结构应结合构件的重要性、荷载特征、结构形式、连接方法、应力状态以及工作环境等因素，选用钢材牌号、质量等级及其性能要求，并应在设计文件中完整地注明钢材的技术指标。

（2）钢材宜采用 Q235、Q355、Q390、Q420、Q460 和 Q345GJ 等钢材，其质量应分别符合现行推荐性国家标准《优质碳素结构钢》（GB/T 699—2015）、《低合金高强度结构钢》（GB/T 1591—2018）和《建筑结构用钢板》（GB/T 19879—2015）的规定。

（3）钢材强度设计指标、物理性能应符合现行标准《钢结构设计标准》（GB 50017—2017）、《高强钢结构设计标准》（JGJ/T 483—2020）的规定。

（4）高强度螺栓的强度设计值、设计预拉力以及高强度螺栓连接的钢材摩擦面抗滑移系数应符合现行标准《钢结构设计标准》（GB 50017—2017）、《钢结构高强度螺栓连接技术规程》（JGJ 82—2011）的规定。

（5）钢结构用大六角高强度螺栓的性能应符合现行推荐性国家标准《钢结构用高强度大六角头螺栓》（GB/T 1228—2006）、《钢结构用高强度大六角螺母》（GB/T 1229—2006）、《钢结构用高强度垫圈》（GB/T 1230—2006）、《钢结构用高强度大六角头螺栓、大六角螺母、垫圈技术条件》（GB/T 1231—2006）的规定。扭剪型高强度螺栓的性能应符合现行国家标准《钢结构用扭剪型高强度螺栓连接副》（GB/T 3632—2008）的规定。

（6）单向高强螺栓连接副性能应符合现行协会标准《矩形钢管构件自锁式单向高强螺栓连接设计标准》（T/CECS 605—2019）的规定。

（7）多高层建筑全螺栓连接装配式钢结构工厂用焊接材料应符合下列规定。

① 手工焊接所用的焊条应符合现行推荐性国家标准《非合金钢及细晶粒钢焊条》（GB/T 5117—2012）的规定，所选用的焊条型号应与主体金属力学性能相适应。

② 自动焊或半自动焊用焊丝应符合现行推荐性国家标准《熔化焊用钢丝》（GB/T 14957—94）、《熔化极气体保护电弧焊用非合金钢及细晶粒钢实心焊丝》（GB/T 8110—2020）、《非合金钢及细晶粒钢药芯焊丝》（GB/T 10045—2018）、《热强钢药芯焊丝》（GB/T 17493—2018）的规定；

③ 埋弧焊用焊丝和焊剂应符合现行推荐性国家标准《埋弧焊用非合金钢及细晶粒钢实心焊丝、药芯焊丝和焊丝-焊剂组合分类要求》（GB/T 5293—2018）、《埋弧焊用热强钢实心焊丝、药芯焊丝和焊丝-焊剂组合分类要求》（GB/T 12470—2018）的规定。

3. 结构分析与构件设计

（1）在竖向荷载、风荷载以及多遇地震作用下，全螺栓连接装配式钢结构的内力和变形宜采用弹性分析法计算；罕遇地震作用下，全螺栓连接装配式钢结构的弹塑性变形宜采用弹塑性时程分析法计算。弹性设计及弹塑性设计应符合现行行业标准《高层民用建筑钢结构技术规程》（JGJ 99—2015）的规定。

（2）计算全螺栓连接装配式钢结构的内力和变形时，可假定楼盖在其自身平面内为无限刚性，设计时应采取相应的技术措施保证楼盖平面内的整体刚度。当楼盖可能产生较明显的面内变形时，计算时应采用楼盖平面内的实际刚度。

（3）在整体结构分析时，芯柱式法兰连接节点宜按刚接节点计算；不设置芯柱的法兰连接节点应按实际刚度进行计算。

（4）在风荷载或多遇地震标准值作用下，按弹性方法计算的楼层层间最大水平位移与层高之比不应大于 1/300。

（5）罕遇地震作用下薄弱层或薄弱层部位弹塑性层间位移角不应大于 1/50。

（6）钢梁、钢柱、支撑、延性钢板剪力墙等结构构件的设计应符合现行国家标准《建筑抗震设计规范（2016 年版）》（GB 50011—2010）、《钢结构设计标准》（GB 50017—2017）的规定，高层建筑尚应符合现行行业标准《高层民用建筑钢结构技术规程》（JGJ 99—2015）的规定。

（7）钢框架梁柱节点处的抗震承载力验算，应符合现行国家标准《建筑抗震设计规范（2016 年版）》（GB 50011—2010）的规定。

二、连接设计

1. 一般规定

（1）全螺栓连接装配式钢结构的连接应进行弹性设计和极限承载力验算。弹性设计时应按现行国家标准《钢结构设计标准》（GB 50017—2017）的有关规定执行。极限承载力验算时连接的极限承载力应大于构件的全塑性承载力。抗震构造措施要求应按现行标准《建筑抗震设计规范（2016 年版）》（GB 50011—2010）和《高层民用建筑钢结构技术规程》（JGJ 99—2015）的有关规定执行。

（2）抗震设防烈度 8 度及以上地区多高层建筑全螺栓连接装配式钢结构闭口截面柱应采用芯柱式法兰连接形式，7 度及以下地区多高层建筑全螺栓连接装配式钢结构闭口截面柱可采用芯柱式法兰连接及法兰连接。多高层建筑全螺栓连接装配式钢结构每 2 层或 3 层钢柱作为一个安装单元进行现场连接，其他在工厂加工的梁柱节点宜采用柱贯通型连接，连接应符合现行行业标准《高层民用建筑钢结构技术规程》（JGJ 99—2015）的规定。

（3）框架梁应设置悬臂梁段与柱刚性连接，梁的现场拼接可采用翼缘及腹板全螺栓连接，7 度及以下地区亦可采用 Z 形全螺栓的连接形式。

2. 柱与柱连接与节点计算

（1）法兰连接及芯柱式法兰连接弹性设计时应符合下列规定（图 2-11～图 2-17）。

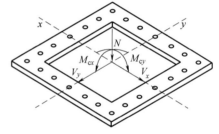

图 2-11 法兰和高强度螺栓受力计算简图

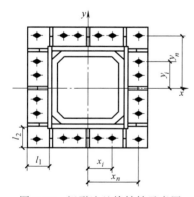

图 2-12 矩形法兰旋转轴示意图

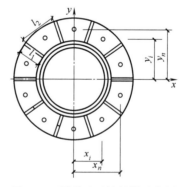

图 2-13 圆形法兰旋转轴示意图

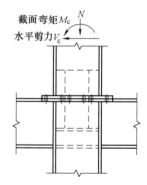

图 2-14 箱形柱（矩形柱）
节点受力计算简图

① 法兰板上不设加劲肋时，上、下法兰板厚度应按下式验算：

$$\sigma = 2.5 \times \frac{R_{\mathrm{f}} a}{s t^2} \leqslant f$$

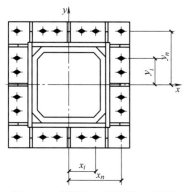

图 2-15 箱形柱（矩形柱）弹性
阶段旋转轴示意图

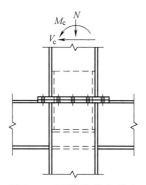

图 2-16 圆管柱节点受力
计算简图

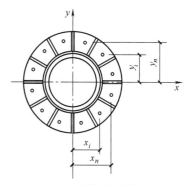

图 2-17 圆管柱弹性阶段
旋转轴示意图

$$\tau = 1.5 \times \frac{R_f}{ts} \leqslant f_v$$

$$R_f = T_b \frac{b}{a}$$

$$T_b = \frac{1}{n} \times \left(\frac{M_{cx}}{2W_x} B_y t_c + \frac{M_{cy}}{2W_y} B_x t_c \right) + \frac{N}{n_0}$$

式中　R_f——法兰板之间相互作用力，N；

$\quad\quad T_b$——高强度螺栓所对应的管壁段中的拉力，N；

$\quad\quad N$——与弯矩同一组合的柱轴力设计值，N；

M_{cx}，M_{cy}——柱绕 x 轴、y 轴的多遇地震作用组合弯矩值，N·mm；

$\quad\quad \sigma$——法兰板正应力，N/mm²；

$\quad\quad \tau$——法兰板剪应力，N/mm²；

$\quad\quad f$——法兰受力极限值，N/mm²；

$\quad\quad f_v$——高强螺栓受力极限值，N/mm²；

W_x、W_y——法兰板 x 向、y 向截面矩，mm²；

$\quad x_i$、y_i——第 i 个高强度螺栓到 y 轴、x 轴的距离，mm；

B_x，B_y——柱截面沿 x 轴、y 轴的长度，mm；

$\quad\quad t$——法兰板厚度，mm；

$\quad\quad t_c$——柱壁厚度，mm；

$\quad\quad n$——法兰板上受拉侧高强度螺栓数，个；

$\quad\quad n_0$——法兰板上高强度螺栓总数，个；

$\quad\quad a$——高强度螺栓孔中心距法兰板边缘距离，mm；

$\quad\quad b$——高强度螺栓孔中心距柱壁板的距离，mm；

$\quad\quad s$——高强度螺栓间距的最小值，mm。

② 设置加劲肋时，上、下法兰板厚度应按下式计算：

$$t \geqslant \sqrt{\frac{5M_{max}}{f}}$$

$$M_{max} = m_b q l_2^2$$

$$q = \frac{N_{\max}}{l_1 l_2}$$

$$N_{\max} = \frac{M_{cx} y_n}{\sum y_i^2} + \frac{M_{cy} x_n}{\sum x_i^2} + \frac{N}{n_0}$$

式中　$N_{\max}$——单个高强度螺栓最大拉力设计值，N；

　　　N——与弯矩同一组合的柱轴力设计值，N；

　　　$M_{\max}$——单位板宽法兰板弯矩，N·mm/mm；

M_{cx}，M_{cy}——柱绕 x 轴、y 轴的多遇地震作用组合弯矩设计值，N·mm；

　　　f——法兰受力极限值，N/mm²；

　　　m_b——弯矩计算系数，按表 2-5、表 2-6 取值；

　　　l_1——法兰区格内加劲板边长，mm；

　　　l_2——法兰区格内柱壁边长，mm；

　　　x_i——第 i 个高强度螺栓到旋转轴 y 的距离，mm；

　　　y_i——第 i 个高强度螺栓到旋转轴 x 的距离，mm；

　　　x_n——第 n 个受拉侧高强度螺栓到旋转轴 x 的距离，mm；

　　　y_n——第 n 个受拉侧高强度螺栓到旋转轴 y 的距离，mm；

　　　t——法兰板厚度，mm；

　　　q——作用在法兰区格内均布荷载值，N/mm²；

　　　n_0——法兰板上高强度螺栓总数。

表 2-5　均布荷载下有加劲肋法兰（邻边固结板）弯矩计算系数 m_b

l_1/l_2	0.40	0.50	0.60	0.70	0.80	0.90	1.00	1.10	1.20	1.30	1.40
m_b	0.454	0.421	0.387	0.346	0.306	0.267	0.235	0.263	0.290	0.320	0.340
l_1/l_2	1.50	1.60	1.70	1.80	1.90	2.00	2.10	2.20	2.30	2.40	2.50
m_b	0.359	0.376	0.390	0.400	0.411	0.421	0.429	0.436	0.442	0.448	0.454

表 2-6　均布荷载下有加劲肋法兰（一边简支，两边固结板）弯矩计算系数 m_b

l_1/l_2	0.35	0.40	0.45	0.50	0.55	0.60	0.65	0.70	0.75	0.80	0.85
m_b	0.0785	0.0834	0.0874	0.0895	0.0900	0.0901	0.0900	0.0897	0.0892	0.0884	0.0872
l_1/l_2	0.90	0.95	1.00	1.10	1.20	1.30	1.40	1.50	1.75	2.00	>2.00
m_b	0.0860	0.0848	0.0843	0.0840	0.0838	0.0836	0.0835	0.0834	0.0833	0.0833	0.0833

　　③ 下法兰板厚度应按下式进行全截面和主要受力区等强验算。

全截面等强：　　　　　　　　　　$kN_f \leqslant N_{p1}$

主要受力区等强：　　　　　　　　$\gamma N_f \leqslant N_{p2}$

式中　N_{p1}——与钢梁翼缘连接处，去除高强度螺栓孔洞的下法兰板净截面承载力，N；

　　　N_f——翼缘板承载能力，N；

　　　k——全截面超强系数，取 1.8；

　　　N_{p2}——与钢梁翼缘连接处，沿翼缘 45°角扩散过程中的净截面承载力，N；

　　　γ——应力不均匀系数，取 1.1。

　　④ 连接处的高强度螺栓同时承受剪力和拉力时，高强度螺栓受拉、受剪承载力应满足下式要求：

$$\frac{N_v}{N_v^b} + \frac{N_t}{N_t^b} \leqslant 1$$

式中 N_v，N_t——单个高强度螺栓的剪力、拉力设计值，N；

N_v^b，N_t^b——单个高强度螺栓的抗剪、抗拉承载力设计值，N。

⑤ 高强度螺栓最大拉力设计值应按下式计算：

$$N_t = \frac{M_{cy} x_n}{\sum x_i^2} + \frac{M_{cy} y_n}{\sum y_i^2} + \frac{N}{n_0}$$

式中 M_{cx}，M_{cy}——柱绕 x 轴、y 轴的多遇地震作用组合弯矩值，N·mm；

N——与弯矩同一组合的柱轴力设计值，N；

N_t——高强度螺栓所承受的最大拉力设计值，N；

x_i——第 i 个高强度螺栓到 y 轴的距离，mm；

y_i——第 i 个高强度螺栓到 x 轴的距离，mm；

x_n——第 n 个受拉侧高强度螺栓到旋转轴 x 的距离，mm；

y_n——第 n 个受拉侧高强度螺栓到旋转轴 y 的距离，mm；

n_0——法兰板上高强度螺栓总数。

⑥ 单个高强度螺栓承受剪力应按下式计算：

$$N_v = \sqrt{\frac{V_x^2 + V_y^2}{n_0}}$$

式中 V_x，V_y——柱 x 向、y 向同一工况的剪力设计值，N；

n_0——法兰板上高强度螺栓的总数；

N_v——单个高强度螺栓的剪力设计值，N。

（2）钢结构抗侧力构件连接的承载力设计值，不应小于与之连接构件的承载力设计值，高强度螺栓连接不得出现滑移。

（3）钢结构抗侧力构件连接的极限承载力应大于与之连接构件的屈服承载力，应按下式进行验算：

$$M_{ux}^j \geqslant \eta_j M_{pcx}$$
$$M_{uy}^j \geqslant \eta_j M_{pcy}$$

式中 M_{ux}^j，M_{uy}^j——连接的 x 向、y 向极限受压（拉）弯承载力，N·mm；

M_{pcx}，M_{pcy}——考虑轴力影响时柱的 x 向、y 向塑性受弯承载力，N·mm；

η_j——连接系数，母材牌号为 Q235 时取 1.45，Q355 及以上强度钢材取 1.35。

连接处芯柱全塑性受弯承载力、高强度螺栓极限受弯承载力和连接极限受弯承载力计算应符合下列规定。

① 连接极限受压（拉）弯承载力应按下式计算：

$$M_{ux}^j = M_{pox} + M_{ubtx}$$
$$M_{uy}^j = M_{poy} + M_{ubty}$$

式中 M_{ux}^j，M_{uy}^j——连接的 x 向、y 向极限受压（拉）弯承载力，N·mm；

M_{pox}，M_{poy}——芯柱 x 向、y 向全塑性受弯承载力，N·mm，当为法兰连接时，不考虑芯柱作用；

M_{ubtx}，M_{ubty}——高强度螺栓群 x 向、y 向极限受弯承载力，N·mm。

② 芯柱塑性受弯承载力按下式计算：

$$M_{pox} = f_y W_{pox}$$
$$M_{poy} = f_y W_{poy}$$

式中　M_{pox}，M_{poy}——芯柱 x 向、y 向全塑性受弯承载力，N·mm；

　　　　W_{pox}，W_{poy}——芯柱 x 向、y 向塑性截面模量，mm^3；

　　　　f_y——钢材的屈服强度，N/mm^2。

③ 当芯柱式法兰连接进入塑性阶段时，高强度螺栓极限受弯承载力按下式计算（图 2-18）：

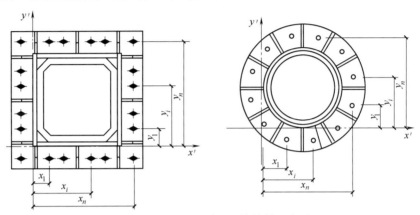

图 2-18　塑性阶段时法兰旋转轴示意图

$$M_{ubty} = N_{tu}^b \sum_i^n x_i$$

式中　M_{ubtx}，M_{ubty}——高强度螺栓群 x 向、y 向极限受弯承载力，N·mm；

　　　　N_{tu}^b——单个高强度螺栓极限抗拉强度设计值，N；

　　　　x_i——第 i 个高强度螺栓到旋转轴 y' 的距离，mm。

（4）连接极限受剪承载力应按下式验算：

$$V_{uco} + V_{ubt} \geqslant 1.2 V_{pc}$$

式中　V_{uco}——芯柱的极限受剪承载力，N；

　　　　V_{ubt}——高强度螺栓群极限受剪承载力，N；

　　　　V_{pc}——柱的塑性受剪承载力，N。

3. 柱与柱连接构造要求

（1）闭口截面柱应采用法兰连接（图 2-19）和芯柱式法兰连接（图 2-20）形式。芯柱式法兰连接根据计算可不设置加劲肋。当不设置加劲肋的芯柱式法兰连接的法兰板厚度大于柱壁板厚度 1.5 倍时，应按照设置加劲肋的法兰板进行设计。

（2）法兰连接及芯柱式法兰连接中下法兰板与梁上翼缘的下表面应平齐（图 2-21）。法兰板宽度应满足高强度螺栓受力及安装要求，法兰板厚度不应小于梁翼缘厚度加 2mm。法兰板宽厚比不应大于 $18\sqrt{235/f_y}$（f_y 为钢材的屈服强度，N/mm^2）。

（3）芯柱式法兰连接法兰板上加劲肋的布置应依据柱截面和法兰板尺寸综合确定。加劲肋底边宽度 c，应与法兰板宽度相同，加劲肋靠近柱壁端高度应保证不露出楼面，加劲肋顶边宽度可取底边宽度 c_1 的 1/2［图 2-22（c）］，加劲肋远离柱壁端高度应不小于 50mm；加

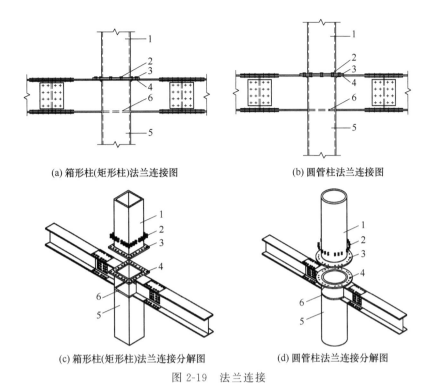

(a) 箱形柱(矩形柱)法兰连接图   (b) 圆管柱法兰连接图

(c) 箱形柱(矩形柱)法兰连接分解图 (d) 圆管柱法兰连接分解图

图 2-19 法兰连接

1—上柱；2—高强度螺栓群；3—上法兰板；4—下法兰板；5—下柱；6—隔板

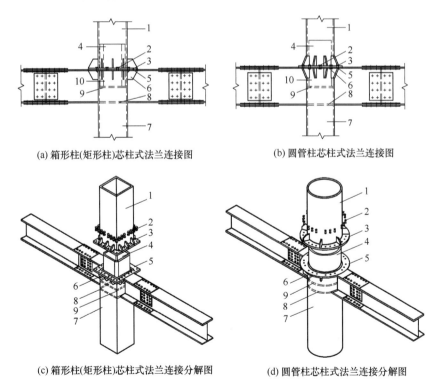

(a) 箱形柱(矩形柱)芯柱式法兰连接图 (b) 圆管柱芯柱式法兰连接图

(c) 箱形柱(矩形柱)芯柱式法兰连接分解图 (d) 圆管柱芯柱式法兰连接分解图

图 2-20 芯柱式法兰连接

1—上柱；2—高强度螺栓群；3—上法兰板；4—上芯柱；5—下法兰板；
6—加劲肋；7—下柱；8—隔板；9—安装隔板；10—下芯柱

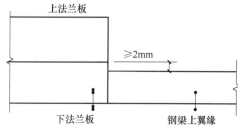

图 2-21 法兰与梁翼缘厚度示意图

劲肋的厚度 t 除应满足支撑法兰板的受力要求及焊缝传力要求外，不宜小肋长的 1/15，并不宜小于 10mm [图 2-22 (a)]。

（4）法兰连接及芯柱式法兰连接中法兰板宜与钢柱外壁焊接，焊缝应采用全熔透一级焊缝。

（5）芯柱式法兰连接中加劲肋与法兰板、加劲肋与柱壁之间宜采用双面角焊缝连接或坡口全熔透焊缝连接，质量等级应为二级。

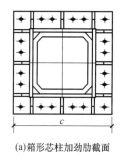
(a)箱形芯柱加劲肋截面

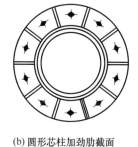
(b) 圆形芯柱加劲肋截面

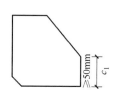
(c) 加劲肋构造局部放大

图 2-22 加劲肋示意图

（6）法兰连接及芯柱式法兰连接中高强度螺栓（铆钉）群宜采用紧凑布置，宜设置成单排，其连接中心宜与被连接构件截面的重心相一致，高强度螺栓（铆钉）的间距、边距和端距容许值应符合现行国家标准《钢结构设计标准》（GB 50017—2017）的规定。

（7）根据框架柱截面的不同，芯柱可采用八边形、十字形或圆形。八边形芯柱可按整体式或分离式制作，当采用分离式芯柱时，宜采用圆管冷弯成型的方式，也可采用八块钢板焊接而成；圆形和十字形芯柱宜按分离式制作。当为钢管混凝土柱时，应采用八边形芯柱。

（8）八边形芯柱截面尺寸应按直板与钢柱紧密贴合进行设计，斜板向柱壁的投影宽度不应小于 60mm，与柱壁板夹角应为 135°；十字形芯柱截面尺寸应按焊接工字钢和 T 形钢的翼缘与钢柱紧密贴合设计，T 形钢整体向柱壁的投影宽度应大于 60mm；圆形芯柱截面的外径应与钢管柱截面内径相同（图 2-23）。

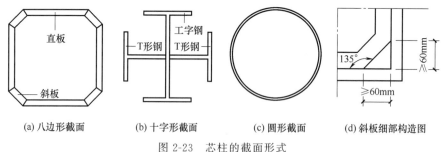

(a) 八边形截面　　(b) 十字形截面　　(c) 圆形截面　　(d) 斜板细部构造图

图 2-23 芯柱的截面形式

（9）芯柱壁厚或板件厚度除应满足芯筒受力及焊缝传力要求外，不应小于柱壁厚度，且不应大于柱壁厚度的 1.5 倍。

（10）箱形柱或矩形柱中芯柱上部长度不应小于 350mm 和柱截面边长的 50% 的较大值，圆管柱中芯柱上部长度，不应小于 350mm 和柱截面直径的 50% 的较大值；当节点处最大梁高小于 300mm 时，芯柱底面宜延伸至梁下翼缘对应隔板上表面；当节点处最大梁高大于

300mm 时，芯柱底面可不延伸至梁下翼缘对应隔板上表面，但下半部芯柱长不应小于 200mm，并宜设置安装隔板。

（11）整体式芯柱的斜板、直板和下柱柱壁之间应采用部分熔透焊进行连接，芯柱与下柱内隔板应采用角焊缝进行连接。

（12）当采用芯柱式法兰连接且芯柱与下柱壁采用塞焊连接时，塞焊孔的最小直径不得小于开孔板厚度加 8mm，最大直径应为最小直径加 3mm 和开孔件厚度的 2.25 倍两值中较大者，塞焊焊缝的最小中心间隔应为孔径的 4 倍（图 2-24）。

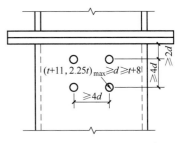

图 2-24　塞焊间距与孔径示意图

（13）分离式芯柱下部设置塞焊时可采用焊条电弧焊、气体保护电弧焊及药芯焊丝保护焊等方法。芯柱壁板之间的拼接焊缝应采用全熔透二级焊缝。

（14）法兰连接及芯柱式法兰连接中与梁下翼缘对应的隔板应符合国家现行标准对一般柱内隔板的规定（图 2-25），其中心线应与梁下翼缘的中心线齐平，其厚度不应小于梁下翼缘厚度加 2mm。

（15）芯筒式法兰连接节点芯筒底部的安装隔板与相邻隔板之间净距不应小于 100mm，厚度不小于 10mm，并应设置透气孔，透气孔孔径不宜小于 25mm；当为钢管混凝土柱时，还应设置混凝土浇筑孔，混凝土浇筑孔孔径不应小于 200mm。

（16）当采用芯柱式法兰连接且芯柱与柱壁采用自攻螺栓或自锁式单向高强螺栓连接时（图 2-26），自攻螺栓的直径与间距应符合现行国家标准《钢结构高强度螺栓连接技术规程》（JGJ 82—2011）的规定，自锁式单向高强螺栓直径与间距可按现行协会标准《矩形钢管构件自锁式单向高强螺栓连接设计标准》（T/CECS 605—2019）的要求选取。

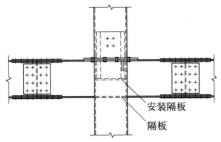

图 2-25　隔板和安装隔板示意图

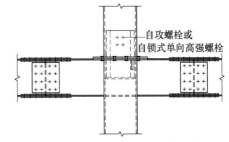

图 2-26　设置自攻螺栓或自锁式单向高强螺栓

4. 梁与梁计算与构造

（1）悬臂梁段的高强度螺栓连接设计（图 2-27、图 2-28）应符合国家现行标准《建筑抗震设计规范（2016 年版）》(GB 50011—2010)、《高层民用建筑钢结构技术规程》（JGJ 99—2015）的规定。

（2）Z 形全螺栓连接拼接节点计算简图见图 2-29，其计算应符合下列规定。

① 连接受弯承载力设计值和受剪承载力设计值应按下式验算：

$$M_R = M$$
$$M_R = \min\{M_{S1}, M_{S2}\}$$
$$M_{S1} = 0.9 \frac{l}{l_3} n_{bf} P \mu h$$

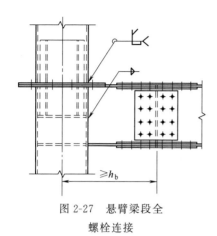

图 2-27 悬臂梁段全
螺栓连接

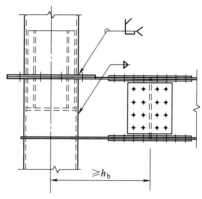

图 2-28 悬臂梁段隔板
贯通式全螺栓连接

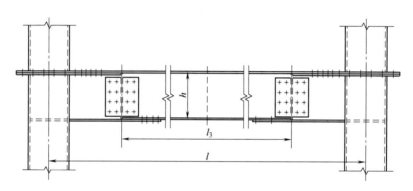

图 2-29 Z形全螺栓连接拼接节点计算简图

$$M_{S2} = \frac{l}{l_3}[(b-2d_0)t_f f + P\mu]h$$

$$V_R \geq 1.2V$$

$$V_R = 0.9 n_f n_{bt} \mu P$$

式中　　l——梁的计算跨度，mm；

　　　　l_3——梁拼接区中心线间的距离，mm；

　　　　b——梁翼缘宽度，mm；

　　　　d_0——高强度螺栓孔直径，mm；

　　　　n_{bf}——梁翼缘拼接一侧的高强度螺栓数；

　　　　n_{bt}——拼接一侧腹板高强度螺栓的个数；

　　　　n_f——腹板高强度螺栓剪切面的个数；

　　　　P——高强度螺栓的预拉力，N；

　　　　μ——抗滑移系数；

　　　　h——梁截面全高，mm；

　　　　M_R——节点受弯承载力设计值，N·mm；

　　　　M——梁柱中心线交点处梁端弯矩设计值，N·mm；

　　　　M_{S1}——梁翼缘高强度螺栓连接的滑移承载力设计值，N·mm；

M_{S2}——通过螺栓梁柱中心线交点处，梁净截面折算抗弯承载力设计值，N·mm；

f——钢材的抗拉强度设计值，N/mm²；

t_f——梁翼缘厚度，mm；

V_R——梁腹板高强度螺栓连接抗剪承载力设计值，N；

V——设计荷载下的梁端剪力，N。

② 连接的极限受弯承载力和极限受剪承载力应按下式验算：

$$M_u > \eta_i M_{np}$$

$$M_{np} = W_{np} f_y$$

$$M_u = \min\{M_{u1}, M_{u2}, M_{u3}\}$$

$$M_{u1} = \frac{l_n}{l_3} n_{bf} t_f d f_{cu}^b h$$

$$M_{u2} = \frac{l_n}{l_3} n_{bf} 0.58 A^b f_u^b h$$

$$M_{u3} = \frac{l_n}{l_3} (b - 2D) t_f f_u h$$

$$V_u \geqslant 1.2 (2\eta_i M_p / l_n)$$

$$V_u = \min\{V_{u1}, V_{u2}\}$$

$$V_{u1} = 0.58 n_f n_{bt} A^b f_u^b$$

$$V_{u2} = n_f n_{bt} (t_w d f_{cu}^b + P \alpha_1 \mu)$$

式中　f_u——钢材的极限抗拉强度，N/mm²；

l_n——梁的净跨度，mm；

l_3——梁拼接区中心线间的距离，mm；

f_u^b——高强度螺栓的极限抗拉强度，N/mm²；

A^b——剪切面处高强度螺栓杆公称面积或者有效面积，mm²；

d——栓杆直径，mm；

D——两边搭接柱的直径，mm；

b——梁翼缘宽度，mm；

h——梁截面全高，mm；

P——高强度螺栓的预拉力，N；

V_u——梁腹板连接极限抗剪承载力，N；

V_{u1}——折算至梁端的孔壁承压控制的连接极限受剪承载力，N；

V_{u2}——折算至梁端的栓杆抗剪控制的连接极限受剪承载力，N；

W_{np}——梁去掉上翼缘高强度螺栓孔截面的塑性抵抗矩，mm³；

f_y——钢材的屈服强度，N/mm²；

f_{cu}^b——高强度螺栓孔壁局部承压强度设计值，N/mm²；

M_{np}——梁去掉上翼缘高强度螺栓孔截面的塑性受弯承载力，N·mm；

M_p——高强度螺栓的弯矩，N/mm²；

n_f——腹板高强度螺栓剪切面的个数；

n_{bt}——拼接一侧腹板高强度螺栓的个数；

$n_{\rm bf}$——梁翼缘翼拼接一侧螺栓数数量，个；

$t_{\rm f}$——梁翼缘厚度，mm；

$\eta_{\rm i}$——连接系数，对 Q235 钢取 1.30，Q355 钢取 1.25；

α_1——偏差角值；

μ——抗滑移系数；

$M_{\rm u}$——连接的极限受弯承载力，N·mm；

$M_{\rm u1}$——折算至梁端的孔壁承压控制的连接极限受弯承载力，N·mm；

$M_{\rm u2}$——折算至梁端的栓杆抗剪控制的连接极限受弯承载力，N·mm；

$M_{\rm u3}$——折算至梁端的梁高强度螺栓孔削弱处控制的连接极限受弯承载力，N·mm。

（3）悬臂段与柱宜采用翼缘坡口、腹板角焊缝等强焊接，也可采用翼缘、腹板坡口等强焊接。对于全螺栓连接装配式钢结构，焊缝处梁上下翼缘应局部加宽或加厚，加宽或加厚后，总宽度或厚度不小于梁翼缘宽度或厚度的 11.2 倍。

5. 消能减震装置与主体结构计算与构造

（1）消能减震装置与主体结构连接设计，应符合现行行业标准《建筑消能减震技术规程》（JGJ 297—2013）的规定。

（2）全螺栓连接装配式钢结构宜采用中间柱型消能器和延性钢板剪力墙等消能减震装置。其中中间柱及钢板剪力墙中心线应位于两侧柱轴线 1/3～1/2 的范围内（图 2-30）。

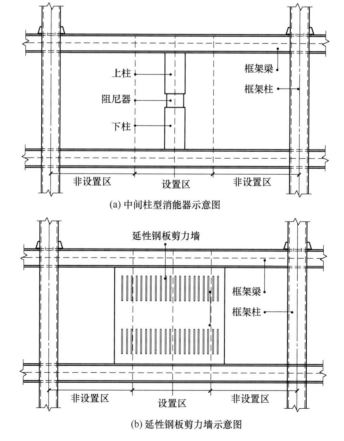

图 2-30　消能减震装置示意图

（3）消能减震装置与主体结构宜采用高强度螺栓连接，在罕遇地震作用下高强度螺栓不应产生滑移。

（4）消能减震装置中梁、柱构件宜按重要构件设计，并应考虑罕遇地震作用效应和其他荷载作用标准值的效应，其值应小于构件极限承载力。

（5）位移型消能器示意图见图 2-31。中间柱型消能器上、下中间柱与主体结构连接的高强度螺栓群应符合下列规定。

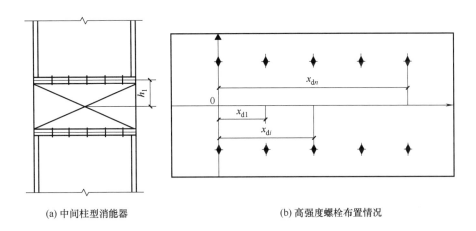

(a) 中间柱型消能器　　　　　　　　(b) 高强度螺栓布置情况

图 2-31　位移型消能器示意图

① 高强度螺栓群的剪力设计值和弯矩设计值应按下式计算：

$$V = 1.2F_d$$
$$M = Vh_1$$

式中　V——高强度螺栓群的剪力设计值，N；

　　　M——高强度螺栓群的弯矩设计值，N·mm；

　　　F_d——消能减震装置屈服力，N；

　　　h_1——中间柱型消能器中心到高强度螺栓群中心的距离，mm。

② 最外侧高强度螺栓承受的拉力应按下式计算：

$$N_{1t} = \frac{Mx_{dn}}{m \sum (x_{di})^2}$$

式中　N_{1t}——弯矩作用下高强度螺栓的拉力，N；

　　　m——高强度螺栓的行数；

　　　x_{di}——中间柱型消能器第 i 排高强度螺栓的 x 坐标，取最左边两根高强度螺栓的中心为坐标原点；

　　　x_{dn}——中间柱型消能器距离最远一排高强度螺栓的 x 坐标，取最左边两根高强度螺栓的中心为坐标原点。

③ 单个高强度螺栓剪力应按下式计算：

$$N_v = \frac{V}{n_d}$$

式中　N_v——单个高强度螺栓的剪力值，N；

　　　V——高强度螺栓的剪力设计值，N；

n_d——中间柱型消能器上高强度螺栓的个数。

④ 最外侧高强度螺栓在拉力和剪力的共同作用下，应满足下式要求：

$$\frac{N_{1t}}{N_t^b} \times \frac{N_v}{N_v^b} \leqslant 1$$

式中　N_{1t}——弯矩作用下高强度螺栓的拉力，N；

N_v——单个高强度螺栓的剪力值，N；

N_t^b——高强度螺栓的受拉承载力设计值，N；

N_v^b——高强度螺栓的受剪承载力设计值，N。

⑤ 在极限承载力阶段，高强度螺栓连接的受剪承载力应满足下式要求：

$$N_{vu}^b = 0.58 n_f A_e^b f_u^b$$

$$N_{cu}^b = d \sum t f_{cu}^b$$

$$A_{de} f_y \leqslant n_d \min\{N_{vu}^b, N_{cu}^b\}$$

式中　N_{vu}^b——1 个高强度螺栓的极限受剪承载力，N；

N_{cu}^b——1 个高强度螺栓对应的板件极限承载力，N；

d——螺栓公称直径，mm；

$\sum t$——同一受力方向的钢板厚度之和，mm；

A_{de}——中间柱型消能器端部钢板有效截面面积，mm^2；

A_e^b——高强度螺栓对应的钢板的有效面积，mm^2；

n_f——高强度螺栓受剪面数目；

f_u^b——高强度螺栓的极限抗拉强度，N/mm^2；

f_y——钢材的屈服强度，N/mm^2；

f_u——钢材的极限抗拉强度，N/mm^2；

f_{cu}^b——螺栓连接板件的极限承压强度，N/mm^2，取 $1.5 f_u$；

n_d——高强度螺栓数量。

（6）延性钢板剪力墙与主体结构连接的高强度螺栓群应按下式验算：

弹性阶段　　　　　$A_e f_v \leqslant n_w k_1 k_2 n_f \mu P_i$

极限承载力屈服阶段

$$A_e f_{vy} \leqslant n_w \min \{N_{vu}^b, N_{cu}^b\}$$

式中　k_1——系数，应取 0.9；

k_2——孔型系数，标准孔取 1.0；大圆孔取 0.85；内力与槽孔长向垂直时取 0.7；内力与槽孔长向平行时取 0.6；

n_f——传力摩擦面数目；

μ——摩擦面的抗滑移系数；

P_i——单个高强度螺栓的预拉力设计值，N；

A_e——钢板剪力墙有效截面面积，mm^2；

f_{vy}——钢材抗剪屈服强度设计值，N/mm^2；

f_v——螺栓的抗剪强度设计值，N/mm^2；

n_w——剪力墙上高强度螺栓的个数。

三、楼（屋）面板设计

1. 一般规定

（1）全螺栓连接装配式钢结构建筑的楼（屋）面板宜采用压型钢板组合楼板、钢筋桁架楼承板，抗震设防烈度为 6 度、7 度且房屋高度不超过 50m 时，也可采用干法施工全预制式楼板。

（2）当采用钢筋桁架楼承板时，楼（屋）面板配筋设计时应采用分离式配筋方法，并应采用合理的构造措施保证各板之间的钢筋可靠连接。

（3）楼（屋）面板应进行施工阶段和正常使用阶段的承载力和变形验算，并且应符合现行国家标准《混凝土结构设计规范（2015 年版）》（GB 50010—2010）和现行协会标准《组合楼板设计与施工规范》（CECS 273：2010）的规定。

2. 楼（屋）面板的设计与构造

（1）压型钢板组合楼板、钢筋桁架楼承板及可拆除底模的钢筋桁架楼承板的构造应符合现行协会标准《组合楼板设计与施工规范》（CECS 273：2010）的规定。

（2）钢筋桁架楼承板的构造应符合现行国家标准《混凝土结构设计规范（2015 年版）》（GB 50010—2010）的规定。

（3）钢筋桁架楼承板在接缝处的设计与构造应符合现行行业标准《装配式混凝土结构技术规程》（JGJ 1—2014）的规定；可拆除底模的钢筋桁架楼承板板缝连接应可靠，板缝连接可采用间断式的连接件，其间距不宜大于 1200mm。

（4）楼（屋）面板厚度大于 150mm 时，其支承长度不应小于 75mm；钢筋桁架楼板在钢梁上的支承长度不应小于下弦钢筋直径的 5 倍，且不应小于 50mm。

（5）楼（屋）面板有高差处应保证钢筋伸入降板支座与钢梁上翼缘形成的高差内，钢筋桁架在高差不足以全部伸入支座时，可将其切断，并应设置高差处的顶底附加钢筋。

（6）全螺栓连接装配式钢结构的梁拼接位置，采取合理的构造措施保证楼板的整体性，弦杆受力钢筋直径不应小于 6mm，腹杆钢筋直径不应小于 4mm，上部连接钢筋不少于 $\phi 8@200$，跨内的延伸长度不小于 1/4 净跨，下部连接钢筋不少于 $\phi 8@200$，跨内的延伸长度不小于 300mm 的锚固长度。当桁架高度不大于 100mm 时，水平钢筋不应小于 10mm，竖直钢筋不应小于 12mm，当桁架高度大于 100mm 时，水平钢筋不应小于 12mm，竖直钢筋不应小于 14mm。

（7）全螺栓连接装配式钢结构建筑的楼板在柱拼接位置应保持整体性。并应采取补强措施（图 2-32、图 2-33）。

四、围护结构设计

1. 外墙围护结构设计

（1）外墙围护结构的性能应满足抗风、抗震、耐撞击、防火等安全性要求，并应满足水密、气密、隔声、热工、防腐等功能性和耐久性要求。

（2）外墙围护结构应能满足主体结构变形要求。

（3）外墙围护结构及其配套材料及部品的设计使用年限宜与主体结构设计使用年限相适应。

（4）外墙围护结构应采用构造防水、材料防水相结合的防排水措施，并应满足防潮、防开裂等性能要求。

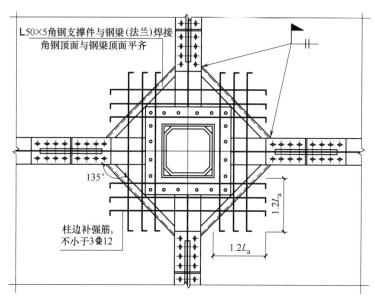

图 2-32　箱形柱拼接位置处楼板的补强做法

L_a—钢筋锚固长度

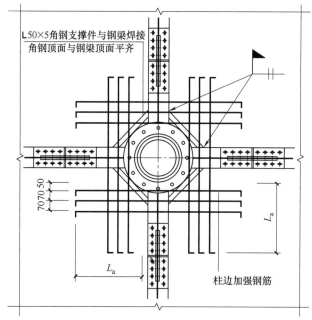

图 2-33　圆管柱拼接位置处楼板的补强做法

L_a—钢筋锚固长度

（5）外墙围护结构及其连接，应按现行国家标准《建筑结构荷载规范》（GB 50009—2012）进行风荷载作用及组合计算；外墙围护结构及其连接，应按现行行业标准《非结构构件抗震设计规范》（JGJ 339—2015）进行地震作用及组合计算。

（6）外墙围护结构与主体结构的连接宜采用外挂式、嵌挂结合式等，并宜分层悬挂或承托。外墙围护结构宜采用预制外墙、现场组装骨架外墙、建筑幕墙等，预制外墙可选用预制混凝土外墙板、拼装大板和建筑条板。

（7）外挂墙板与主体钢结构的连接应安全、可靠，当遭遇多遇地震时，外挂墙板及其接缝不应损坏；当遭遇设防烈度地震时，节点连接件不应损坏；当遭遇罕遇地震时，外挂墙板不应脱落，节点连接件不应失效。

（8）外墙围护结构板与主体结构应采用柔性连接，连接的承载力安全等级应提高一级。

（9）预制外墙围护结构与主体结构采用柔性连接时，可忽略其对主体结构刚度的影响。

（10）当外墙围护结构板采用蒸压加气混凝土（AAC）条板时，应符合现行行业标准《蒸压加气混凝土制品应用技术标准》（JGJ/T 17—2020）和现行协会标准《蒸压加气混凝土墙板应用技术规程》（T/CECS 553：2018）的规定。

（11）外挂墙板采用预制混凝土墙板时，应符合下列规定。

① 构件及连接设计应符合现行行业标准《预制混凝土外挂墙板应用技术标准》（JGJ/T 458—2018）的有关规定。

② 宜采用轻骨料型预制混凝土外挂墙板。

（12）金属外墙部分采用金属幕墙夹芯板时，应符合现行国家标准《建筑用金属面绝热夹芯板》（GB/T 23932—2009）的相关规定。

2. 内隔墙设计

（1）内隔墙宜采用能适应主体结构变形要求、轻质化、装配化的技术及产品。

（2）内隔墙宜采用板材隔墙、骨架隔墙；根据建筑各部位功能要求，设计应明确其防火、隔声、防潮、防水、保温、防裂、抗震、吊挂重物等技术要求，并采取相关措施。

（3）板材隔墙设计应符合现行行业标准《建筑轻质条板隔墙技术规程》（JGJ/T 157—2014）、《蒸压加气混凝土制品应用技术标准》（JGJ/T 17—2020）的规定；骨架隔墙设计应符合现行行业标准《轻钢龙骨式复合墙体》（JG/T 544—2018）的规定。

（4）当隔墙用于有防潮、防水要求的环境时，应采取防潮、防水构造措施。对于附设水箱、水池、洗手盆等设施的隔墙，墙面应做防水处理，且防水高度不宜低于1.8m。

（5）当采用含石膏或石膏基材料时，隔墙不宜用于潮湿环境及有防潮、防水要求的环境。上述材质的隔墙，用于无地下室的首层时，宜在隔墙下部采取防潮措施。

（6）板材隔墙设计应满足下列规定。

① 应根据使用功能和使用部位，选择单层隔墙或双层隔墙。

② 板材应竖向排列，排板应采用标准板；当隔墙端部尺寸不足一块标准板宽时，可采用补板，且补板宽度不应小于200mm。

③ 当在隔墙上横向开槽、开洞敷设各类管线时，隔墙厚度不应小于90mm，开槽长度不应大于板材宽度的1/2，不得在隔墙两侧同一部位开槽、开洞，板面开槽、开洞应在隔墙安装7d后进行。

④ 当门、窗框板上部墙体高度大于600mm或门窗洞口宽度超过1.5m时，应采用配有钢筋的过梁板或采取其他加固措施，过梁板两端支撑处不应小于100mm。

（7）骨架隔墙设计应满足下列规定。

① 当采用轻钢龙骨骨架时，竖龙骨间距宜为600mm、400mm或300mm。

② 当骨架隔墙采用石膏板面板时，其厚度不应低于12mm，采用纤维增强水泥板或纤维增强硅酸钙板面板时，其厚度不应低于8mm。

③ 机电设计应结合隔墙内的空腔，排布各类管线及末端，并应做好相应的加固、封堵处理。

第三章

装配式建筑的集成模块设计

第一节 ▶▶

设计模数协调

一、模数

模数是指选定的尺寸单位，作为尺寸协调中的增值单位。其概念包括基本模数、导出模数和模数数列。

（1）基本模数是模数协调中的基本尺寸单位，用字母 M 表示。建筑基本模数采用国际标准值，即：1M＝100mm。

（2）导出模数分为扩大模数和分模数。

扩大模数是导出模数的一种，其数值为基本模数的倍数。扩大模数一般按 2M、3M、6M、9M、12M 等选用。

分模数是导出模数的另一种，其数值为基本模数的分数倍。分模数按 M/2（50mm）、M/5（20mm）、M/10（10mm）进行选用。

（3）模数数列是以基本模数、扩大模数、分模数为基础扩展成的一系列尺寸，应根据功能性和经济性原则确定。

装配式建筑部品部件应综合安装部位、节点接口类型、加工制作及施工精度等要求以及制作尺寸的变异性等来确定公差系统，实现部品部件的模数协调，如图 3-1 和图 3-2 所示。

二、模数协调

模数协调是指应用模数实现尺寸协调及安装位置的方法和过程。

装配式建筑的模数协调设计是以建筑为基础，为设计提供"比例标准化"，即在装配式建筑的设计和建造过程中，推动结构、外围护、内装、设备管线等系统中所采用的各种部品部件，在满足建筑功能要求的前提下，实现与建筑功能空间的相互位置及尺度的有效协调。

装配式建筑的标准化设计应采用模数协调的方法，应符合现行国家标准《建筑模数协调标准》（GB/T 50002—2013）的有关规定。

面对规模大、速度快的建设任务，我国住宅结构体系不断在发生变化和发展。由于新结

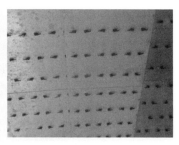

(a) 梁柱隔板贯通式节点　　　　(b) 防火涂料和纤维水泥板复合防火策略　　　　(c) 底板可拆卸的刚接桁架楼层板

(d) 无支撑处采用断桥轻钢龙骨灌浆墙体　　　　(e) 有支撑处采用砌块墙体

图 3-1　包头万郡大都城项目

(a) 内隔板梁柱节点　　　　(b) 支撑处的轻型条板排布　　　　(c) 支撑与梁的节点构造

(d) 建筑外饰面　　　　(e) 嵌挂结合式外墙的室内效果

图 3-2　乌鲁木齐西山农牧场钢结构住宅小区项目

构体系的出现、科学技术的进步和建筑新材料的涌现，促成了 20 世纪 80 年代以后对模数协调标准的修订和编制，到目前，已初步形成了我国的建筑模数协调标准体系。

目前，建筑模数协调标准体系大约分成四个层次：《建筑模数协调标准》（GB/T 50002—2013）属最高层次，它规定了数列、定义、原则和方法；第二个层次《厂房建筑模数协调标准》（GB/T 50006—2010）、《工业化住宅尺寸协调标准》（JGJ/T 445—2018）为专业的分类标准［原《住宅建筑模数协调标准》（GB/T 50100—2001）已废止］；第三个层次《住宅厨房模数协调标准》（JGJ/T 262—2012）、《住宅卫生间模数协调标准》（JGJ/T 263—

2012）是专门部品的标准；第四个层次《建筑门窗洞口尺寸系列》（GB/T 5824—2021）是
建筑构配件和各种产品或零部件的标准，可用产品分类目录的统一规格尺寸加以指定。

对于装配式建筑而言，要实现结构系统、外围护系统、设备和管线系统、内装系统的集
成设计，需要各大系统建立在模数协调的基础上（图 3-3）。要把建筑模数协调体系落实到
新型工业化建筑生产的全过程、全专业和集成设计上。模数和模数协调是建筑工业化的基
础，用于建造过程的各个环节，在装配式建筑中显得尤其重要。没有模数和尺寸协调，就不
可能实现标准化。因此装配式建筑标准化设计的基本环节是建立一套适应性的模数与模数协
调原则。模数协调是进行标准化设计的基础条件，通过协调主体结构部件、外围护部品、内
装部品、设备与管线部品之间的模数关系，优化部件部品的尺寸，保证部件部品标准化，满
足通用性与互换性的要求，并通过标准化接口连接各部分内部与外部组合，从而实现大规模
的工厂化生产，有效降低成本，提高施工安装效率。同时，模数协调对部件的生产、定位和
安装，后期维护和管理，乃至建筑拆除后的部件再利用都有积极意义。

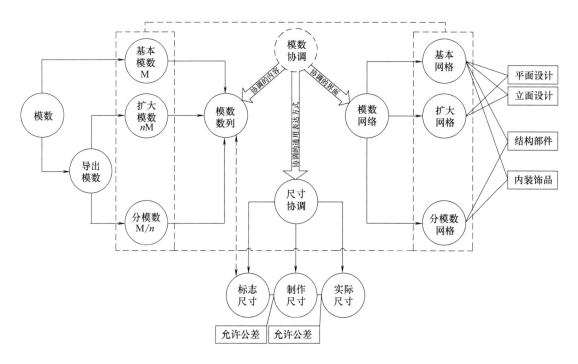

图 3-3　模数协调基本概念关系

三、优先尺寸和尺寸协调

1. 优先尺寸

优先尺寸是指从模数数列中事先排选出的模数或扩大模数尺寸，在使用中被选为优先于
其他模数的尺寸。

装配式建筑功能空间、部品部件优先尺寸的确定应符合功能性和经济性原则，并满足模
数与人体工学的相关要求。部件的优先尺寸应由部件中通用性强的尺寸系列确定，并应指定
其中若干尺寸作为优先尺寸系列，部件基准面之间的尺寸应选用优先尺寸。

优先尺寸应包括网格优先尺寸和部件优先尺寸两类，前者是后者得以实施的基础。网格

优先尺寸是指建筑支撑体空间网格、内部空间网格和平面网格等各层级网格的最优化的参数数列；部件优先尺寸是指建筑专业部位或部件的最优化的参数数列。网格优先尺寸和部件优先尺寸的根本区别在于，前者的参数是指相邻网格线之间的尺寸，后者的参数是指部件三个维度上的外缘尺寸。

优先尺寸与地区的经济水平和制造能力密切相关。优先尺寸越多，则设计的灵活性越大，部品部件的可选择性越强，但制造成本、安装成本和更换成本也会增加；优先尺寸越少，则部件的标准化程度越高，但实际应用受到的限制越多，部品部件的可选择性越低。

住宅、宿舍、办公、医院病房等规则性强、使用空间标准化程度高的各类建筑，宜采用装配式建筑设计与建造，并根据不同建筑的自身特点确定模块空间及选用的优先尺寸。

2. 尺寸协调

装配式建筑设计在遵循模数协调的基础上，通过提供通用的尺度"语言"，实现设计与安装之间尺寸的配合协调，打通设计文件与制造之间的数据转换。

尺寸协调的过程就是采用模数协调尺寸作为确定部品部件制造尺寸的基础，使设计、制造和施工的整个过程均彼此相容，并与其他相关制造业的部品部件彼此相容，从而降低造价。

装配式建筑的尺寸协调可分为两个层级：建筑层级和构件层级。装配式建筑的尺寸协调可分为三个阶段：设计阶段、制作阶段和施工阶段。

部品部件协调应符合以下原则。

（1）填充用部品应避让承重部件。

（2）设计使用年限短的部品部件应避让设计使用年限长的部品部件。

（3）后安装的部品部件应避让先安装的部品部件。

（4）灵活度大的部品部件避让灵活度小的部品部件。

3. 部品部件的尺寸关系

在指定领域中，部品部件的基准面之间的距离，可采用标志尺寸、制作尺寸和实际尺寸来表示，对应部件的基准面、制作面和实际面。

部品部件先假设的制作完毕后的面，称为制作面，部品部件实际制作完成的面称为实际面。

部品部件的尺寸在设计、加工和安装过程中的关系如图3-4所示。正确确定部品部件的标志尺寸、制作尺寸和实际尺寸，是模数协调中的重要工作，设计者应清晰地认清三种尺寸的区别和各自的用途。

（1）标志尺寸应符合模数数列的规定，用以标注建筑物定位或基准面之间的距离，包括水平距离和垂直距离以及部品、部件安装基准面之间的尺寸。国际标准中称之为协调尺寸。

（2）制作尺寸是制作部品、部件所依据的设计尺寸。用于标明经与模数功能空间协调，并考虑了相关节点、接口所需的尺寸及其偏差（特定条件时此偏差可为零）后，部品、部件理想的制作尺寸。国际标准中称之为目标尺寸或工作尺寸。

（3）实际尺寸是部品、部件经生产制作后实

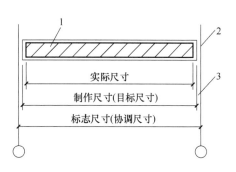

图 3-4　部品部件的尺寸
1—部品部件；2—基准面；3—装配空间

际测得的尺寸，它包括了在制作过程中产生的偏差。实际尺寸的数值可以通过测量得到。必要时，已知的校正，例如对于物理条件的校正，应包括在测量中。

对设计人员而言，更关心部品部件的标志尺寸。设计师根据部品部件的基准面及其接口来确定部品部件的标志尺寸。

必须保证制作尺寸符合基本公差的要求，以保证部品部件之间的安装协调。对建设方而言，则关注部品部件的实际尺寸、安装完成后的效果。

部品部件的标志尺寸应根据部件安装的互换性确定，并应采用优先尺寸系列协调。标志尺寸应利用模数数列，依此模数协调来调整建筑与部品部件之间的尺寸关系，达到减少部品部件种类、优化其尺寸的目的。

部品部件的安装应根据部品部件的标志尺寸以及接口要求，规定部品部件安装中的制作尺寸、实际尺寸和允许公差之间的尺寸关系。

在部品部件所占用的模数空间中，尚应结合部品部件之间的节点、接口进行尺寸协调。部品部件的制作尺寸应从标志尺寸中扣减节点、接口所需的空间。

四、部品部件的定位和接口

1. 定位

应利用空间参考系统，使部品部件与其所坐落的空间相互关联在一起。

应采用模数网格形成一个正交的三维空间模数参考系统，将其作为部品部件在施工现场就位的依据，并据此规定部品部件的安装基准面。

模数空间参考系统中，三个方向的模数参考平面所采用的扩大模数可以是各自不同的。部品部件置于此空间参考系统的模数网格内进行模数协调，使设计、施工及安装等各个环节的配合简单、明确，获得高效率和经济性。

部品部件的定位应以空间参考系统中的水平模数网格构成基本参考平面，建筑中部件部品的水平定位应与此水平模数网格相关联，部件部品的垂直定位应以楼层平面作为基本参考平面。

确定部品部件的位置时，应根据工程项目特定的目的，选定模数网格的优选尺寸；每一个部品部件都应被置于模数网格内；部品部件所占用的模数空间尺寸应包括部品部件的尺寸、公差以及节点接口所需的净空。

部品部件定位方法的选择应符合部品部件受力合理、生产简便、尺寸优化和减少部品部件种类的需要，满足部品部件的通用性和可置换性的要求。

装配式建筑功能空间宜采用界面定位法（图3-5）。部品部件的水平定位可采用界面定位法、中心线定位法（图3-6），或者中心线定位法与界面定位法混合使用的方法。

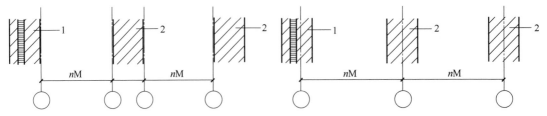

图 3-5 采用界面定位法的模数基准面   图 3-6 采用中心线定位法的模数基准面
　　　　1—外墙；2—柱、墙等部件　　　　　　　　　　1—外墙；2—柱、墙等部件

宜根据部品部件在建筑空间中水平模数协调的要求，采用不同的水平定位法。

（1）对于采用湿式连接的装配整体式混凝土建筑的部件的定位，宜采用中心线定位法。

（2）对于采用干式连接的装配式混凝土建筑的部件的定位以及内装部品的定位，宜采用界面定位法。

（3）对于外围护部品的定位，宜采用中心线定位法与界面定位法混合使用的方法。例如，装配式住宅建筑中厨房、卫生间、电梯井、过道、电梯厅等的尺寸模数采用界面定位法（净空尺寸），客厅、卧室、走廊、阳台、楼梯间等的尺寸模数采用中心线定位法（轴线尺寸）。

（4）水平部品部件中洞口的定位，例如门窗的安装洞口宜采用界面定位法。

（5）洞口的水平标志尺寸宜符合模数。洞口中需安装的部品的制作尺寸，应计入接口和公差的影响。

（6）建筑沿高度方向的部品部件的定位，应根据不同的条件确定其基准面，具体如下。

① 建筑层高和室内净高宜满足模数层高和模数室内净高的要求。

② 楼层的基准面宜定位在楼面完成面或顶棚表面上，应根据部品部件的安装工艺、顺序和功能要求确定基准面。

③ 模数楼盖厚度应包括在楼面和顶棚两个对应的基准面之间。当楼板厚度的非模数因素不能占满模数空间时，余下的空间宜作为技术空间使用。

2. 公差与配合

公差是指部件或分部件在制作、放线或安装时允许偏差的数值。部件的制作尺寸应由标志尺寸和安装公差决定；部件的实际尺寸与制作尺寸之间的偏差应满足制作公差的要求。

部品部件的加工或装配应符合基本公差的规定。基本公差应包括制作公差、安装公差、几何公差和连接公差，并应按其重要性和尺寸大小进行确定，并宜符合表 3-1 规定。

表 3-1　部件和分部件的基本公差　　　　　　　　　　　单位：mm

部件尺寸级别	<50	≥50 <160	≥160 <500	≥500 <1600	≥1600 <5000	≥5000
1 级	0.5	1.0	2.0	3.0	5.0	8.0
2 级	1.0	2.0	3.0	5.0	8.0	12.0
3 级	2.0	3.0	5.0	8.0	12.0	20.0
4 级	3.0	5.0	8.0	12.0	20.0	30.0
5 级	5.0	8.0	12.0	20.0	30.0	50.0

部件的安装位置与基准面之间的距离（d）应满足公差与配合的状况，且应大于或等于接口空间尺寸，并应小于或等于制作公差（t_m）、安装公差（t_e）、几何公差（t_s）和连接公差（e_s）的总和，且连接公差（e_s）的最小尺寸可为 0（图 3-7）。公差应根据功能部位、材料、加工等因素选定。在精度范围内，宜选用大的基本公差。

装配式建筑部品部件应综合安装部位、节点接口类型、加工制作及施工精度等要求，以及制作尺寸的变异性等来确定公差系统，实现部品部件的模数协调。

根据关键部品和构配件的尺寸、边界条件及其接口的性能，并考虑被纳入时每个部件的尺寸和位置的实际限制，确定部件与准备将其纳入的空间之间尺度的相互关系，均应计入公差的影响。

实现部品和构配件及其接口的标准化、模数化、系列化，促进部品和构配件之间的通用性和可置换性，同时应该不限制设计的自由，通过少规格多组合，实现多样化。

公差系统应包括制作偏差和安装偏差，并应合理地确定允许偏差上限和允许偏差下限。

可采用概率统计的方法计算和分析公差，并在统计学的基础上采用概率的概念，确定部品部件尺度的变异性，建立部品部件合理的公差系统。也可根据所积累的实践经验，确定部品部件尺寸的公差。

可仅考虑部品部件在制作、放线和安装过程中，由于采用不同的测量和定位方法导致的诱发偏差。可不考虑由于自然环境、荷载和其他条件的改变引起材料的变形和尺度的变化导致的固有偏差。

现行相关的国际标准，已有足够的经验和大量的案例证明部品部件在制作、放线、安装等过程中，产生的各种尺度偏差均符合正态分布或者高斯分布曲线（图 3-8），同时，也证明了概率统计学的方法可以作为分析不同尺寸偏差及公差的数学工具。

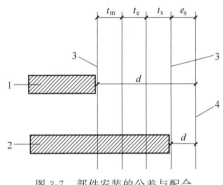

图 3-7　部件安装的公差与配合

1—部件的最小尺寸；2—部件的最大尺寸；3—安装位置；4—基准面

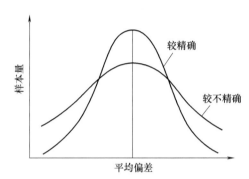

图 3-8　公差的高斯分布曲线

3. 节点和接口

装配式建筑部品部件之间的节点、接口应进行标准化、系列化和模数化设计，减少尺寸不协调的部品部件的数量。

节点是指部件在安装时，为保证部件相互连接或将部件连接到它所附着的结构上时所需要的空间。节点设计应考虑各种允许偏差的累积效应。

接口（间隙）是指系统、模块或部品、部件之间，在一定技术空间尺寸内，为实现规定的性能要求，采用某种形式相互连接、彼此作用的部分。

装配式建筑的节点、接口应满足使用功能与结构安全、防火、防水、保温等要求，并满足安装组合的便利性要求。

节点或接口的尺寸应能包容部品部件制作和安装过程中产生的各种偏差以及各种预期的变形的尺寸要求。

当节点、接口需要封闭时，封闭材料应满足节点、接口所必须具备的各种物理性能的要求以及耐久性能的要求。节点、接口的尺寸尚应满足封闭时施工的可行性要求。

处于外立面的节点、接口尚应满足建筑立面的美学要求。

接口界面需考虑生产和安装公差的影响及各种预期变形，如挠度、体积变化等。

对于建筑模块化来说，空间的"断面"便是模块的接口。不同模块通过空间组合连接在一起。部品之间的连接也要注意余量的设置，制造精度高的余量就小，制造精度低的余量也应相应放宽。

装配式建筑部品的标准化安装应重点解决部品接口的标准化问题。标准化接口是指具有统一的尺寸规格与参数，并满足公差与配合要求及模数协调要求的接口。接口标准化易于实现部品部件的通用性与互换性。

五、集成模数协调设计案例

1. 某公寓楼设计

公寓楼建筑平面呈一字形布置，由 4 个标准单元拼接而成，每单元以一个交通核为中心，连接两个成镜像对称的两室一厅户型（图 3-9）。

该项目设计在保证采光、通风效果好等之外，结合墙板的模数，充分考虑宽度标准，减少了墙板的现场切割量，保证墙板切割后宽度不小于 200mm，降低了材料损耗率。该项目充分考虑钢结构空间跨度大、可灵活分割的特点，力求使得户型在未来可进行调整。

2. 某公租房项目设计案例

本项目设计为建筑、结构、机电设备及室内装修一体化设计，采用统一模数协调尺寸，并依据现行国家标准《建筑模数协调标准》（GB/T 50002—2013）的有关规定进行设计，做到标准化、模块化，有利于后续的建筑构件工业化加工。

本项目的 1-10 号、1-11 号楼，地下 1 层为自行车库、地上 18 层为住宅，住宅层高 2.9m，分 D1、D2、D3 三种户型，占总建筑面积的比例为 94.7%；1-12 号、2-10 号、2-11 号楼，地下 1 层为自行车库、地上 1 层为商铺、2～18 层为住宅，住宅层高 2.9m，分 D1、D2、D3 三种户型，占总建筑面积的比例为 89.4%。每栋单体住宅建筑中重复使用量最多的三个基本户型，即 D1、D2、D3 的面积之和占总建筑面积的比例均不低于 70%。

本项目为 18 层公租房（图 3-10），采用钢框架支撑结构体系，建筑类别为二类高层住宅，耐火等级地上二级、地下一级，抗震设防烈度 7 度，设计使用年限 50 年。每栋两个单元，每单元设疏散楼梯 1 部、电梯 2 部（1 部兼无障碍电梯、1 部兼消防电梯），楼梯直通屋面疏散平台。单元入口均设置无障碍坡道，每单元 6 户，每户均设置了厨房、卫生间、卧室、起居室或兼起居的卧室等功能房间，满足居住要求。整栋楼空间布置紧凑合理、规则有序，符合建筑功能及结构抗震安全要求。

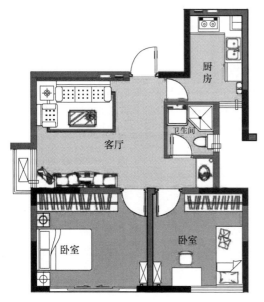

图 3-9　两室一厅户型图

图 3-10　建筑外形图

户型及方案设计时考虑钢结构的特点，采用大柱网，避免户内钢柱影响使用，降低用钢量，减少构件数量，减少加工成本和安装成本。按传统户型设计，采用钢结构框架支撑结构体系，用钢量为 $100\sim110kg/m^2$，通过建筑设计按钢结构的特点优化结构布置，本项目的用钢量降至约 $75kg/m^2$，用钢量节约 25% 左右，构件数量减少 16%。由于本项目是公租房，户型均为小于 $50m^2$ 的小户型，相对普通住宅，并不能充分发挥钢结构的优点。

本项目在做到模数化的基础上，为保证装配率，同时为更好地实现建筑工业化，对于楼梯构件、阳台等部品部件全部实现标准化、模块化（图 3-11、图 3-12），显著提高了构配件的生产效率，有效地减少材料浪费，节约了资源，节能降耗。

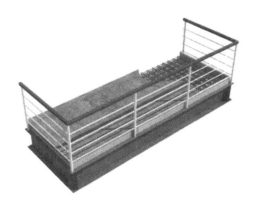

图 3-11　标准楼梯构件　　　　　　　　　图 3-12　标准空调板构件

第二节 ▶▶

钢结构建筑的平面、立面与空间设计

一、模块

1. 模块的设计要求

模块化是标准化设计的一种方法。模块具有可组合、可分解、可更换的功能，能满足模数协调的要求，应采用标准化和通用化的部件部品，为尺寸协调、工厂生产和装配施工创造条件，由标准化的部件部品通过标准化的接口组成的功能单元，并满足功能性和通用性的要求。

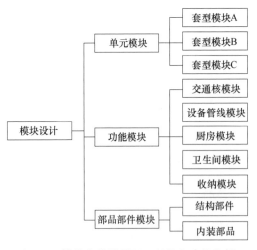

图 3-13　模块的设计层级（以住宅建筑为例）

模块的设计层级见图 3-13。从装配式建筑的角度界定模块，应考虑以下几个要素。

（1）模块是工程的子系统。模块是构成系统的单元，也是一种能够独立存在的、由一些零部件组装而成的部件单元。它不仅可以自成一个小系统。而且可以组合成一个大系统。模块还具备可从一个系统中拆卸、分拆和更替的特点。如果一个单元不能够从系统中分离出来，那么它就不能被称为模块。模块可以根据需要不断扩充子模块的数量及功能，可以形成一个模块的数据库，并不断进行更新和管理。通用的模块不断被延展扩充，是解决工业化定制生产的重要前提。

（2）模块具有明确的功能单元。虽然模块是系统的组成部分，但并不意味着模块是对系统任意分割的产物。模块应该具有独特的、明确的功能，同时这一功能能够不依附于其他功能而相对独立地存在，也不会受到其他功能的影响而改变自身的功能属性。模块可以单独进行设计、分析、优化等。

（3）模块是一种标准化形式。模块与一般构件的区别在于模块的结构具有典型性、通用性和兼容性，并可以通过合理的组织构成系统，能满足模数协调的要求，是采用标准化和通用化的部件部品，为尺寸协调、工厂生产和装配施工创造了条件。

（4）模块通过标准化的接口组成。可根据不同功能建立模块，并满足功能性和通用性的要求。

对于住宅建筑来说，套型模块的设计可由标准模块和可变模块组成。

标准模块是在对套型的各功能模块进行分析研究的基础上，用较大的结构空间满足多个并联度高的功能空间的要求，通过设计集成、灵活布置功能模块，建立标准模块（如客厅＋卧室的组合等）。

可变模块是补充模块。平面尺寸相对自由，可根据项目需求定制，便于调整尺寸进行多样化组合（如厨房＋门厅的组合等）。

可变模块与标准模块组合成完整的套型模块。

套型模块应进行精细化、系列化设计，同系列套型间应具备一定的逻辑及衍生关系，并预留统一的接口。

2. 模块化设计的应用

以下是几种模块化和模块组合方法在装配式建筑不同层级尺度下的应用。

（1）部品部件模块化装配式建筑很多部品构件可以进行模块化设计，例如楼梯各类部件、阳台板模块、空调板模块等，这些尺寸可以根据实际需要，同时遵循模数协调原则，实现模块化生产和施工作业，做到空间和功能的集成化。

结构构件中的墙板、梁、柱、楼板、楼梯等，可以做成标准化的产品，在工厂内进行批量规模化生产，应用于不同的建筑楼栋。内装部品，如住宅的架空地板、轻质隔墙等，可采用标准化设计，形成具有一定功能的建筑系统。

（2）核心筒模块化将住宅建筑中的楼电梯、管井组件为功能模块——核心筒模块。在核心筒模块方面，将非标准设计调整成标准化的核心筒模块，包括楼梯的标准化、电梯井的标准化及机电管井和走道的标准化。

核心筒模块主要由楼梯间、电梯井、前室、公共走道、候梯厅、设备管道井、加压送风井等功能组成，应根据使用需求进行标准化设计。核心筒设计应满足《住宅设计规范》（GB 50096—2011）、《建筑设计防火规范（2018年版）》（GB 50016—2014）防火安全疏散的相关要求。

（3）厨卫模块化在套型设计中，要重点实现厨房、卫生间的标准化设计。利用住宅厨房、卫生间已有的标准化和部品集成研究成果，不仅可使功能空间的布置更为集成优化，也为整体卫生间的安装和性能提升提供了可能。

厨房设计应遵循模数协调标准，优选适宜的尺寸数列进行以室内完成面控制的模数协调设计，设计标准化的厨房模块，满足功能要求并实现工厂化生产及现场的干法施工。装配式住宅设计应优先选用整体厨房。

卫生间设计应遵循模数协调标准，设计标准化的卫生间模块，满足功能要求并实现工厂化生产及现场的干法施工。装配式住宅设计应遵循现行《装配式钢结构建筑技术标准》（GB/T 51232—2016）的规定，整体卫生间应满足同层排水要求。

（4）功能用房模块的标准化是在部件部品标准化上的进一步集成。建筑中的许多房间功能、尺度基本相同或相似，如住宅套型、医院病房、学校教室、旅馆标间等，这些功能模块均适合采用标准化设计。

对住宅来说，住宅套型设计的本质是创造良好的空间，提高居住品质。这不仅是传统设计的原则，更是装配式住宅设计的出发点。在装配式住宅设计中，目的始终都是使套型更优化，创造更为宜居的居住空间。

套型平面规整、没有过大凹凸变化，符合结构抗震安全要求。由这种户型为模块，可组合出多种楼栋平面。另外，模块化可以实现标准化，模块组合则可以实现多样化组合，实现建筑功能、空间、立面的丰富性。

（5）楼栋模块化、个性化和多样化是建筑设计的两个重要命题。两者并非对立关系，可以巧妙地将其整合在一起，实现标准化前提下的多样化和个性化。可以用标准化的套型模块结合核心筒模块组合出不同的平面形式和建筑形态，创造出多种平面组合类型，为满足规划的多样性和场地适应性要求提供设计方案。

许多建筑具有相似或相同的体量和功能，建筑楼栋或组成楼栋的单元同样可以采用标准化的设计方式。楼栋单元的标准化是大尺度的模块集成，适用于规模较大的建筑群体。住宅楼、教学楼、宿舍、办公、酒店、病房等建筑物，大多具有相同或相似的体量、功能，采用标准化设计可以大大提高设计的质量和效率，有利于规模化生产，合理控制建筑成本。

楼栋应由不同的标准套型模块组合而成，通过合理的平面组合可形成不同的平面形式并控制楼栋的体型。楼栋模块化是运用套型模块化的设计，从单元空间、户型模块、组合平面、组合立面四个方面，对楼栋单元进行精细化设计。以住宅为例，楼栋组合平面设计应优先确定标准套型模块及核心筒模块，平面组合形式要求得越清楚，其模块设计实现的效率越高。组合设计可以优先考虑相同开间或进深便于拼接的套型模块进行组合，结合规划要求利用各功能模块的变化组合形成标准套型模块基础上的多样化。模块组合住宅群体的设计关注建筑和环境的协调、标准化的单体建筑及丰富多样的绿化和小品之间不同层次的组合，用相似的模块组合出多变的群体空间。

二、模块组合

系统是由若干子系统和系统模块组成的，模块组合的过程是一个解构及重构的过程（图3-14）。简言之就是将复杂的问题自上而下地逐步分解成简单的模块，被分解的模块又可以通过标准化接口进行动态整合，重构成一个独立模块，被分解的模块具备以下的特征。

（1）独立性模块可以单独进行设计、分析、优化等。

（2）可连接性模块可以通过标准化接口进行相互联系，通过组织骨架的联系界面，重新构建一个新的系统。接口的可连接性往往是通过逻辑定位来实现的，逻辑定位可以理解为模块的内部特征属性。

（3）系统性模块是系统的一个组成部分，在系统中模块可以被替代、被剥离、被更新、被添加等，但是无论在什么情形下，模块与系统间仍然存在内在的逻辑联系。

图 3-14　某南非模块化住宅楼由 140 个集装箱组成

（4）可延展性模块可以根据需要不断扩充子模块的数量及功能，可以形成一个模块的数据库，并不断进行更新和管理。通用的模块不断被延展扩充，是解决工业化定制生产的重要前提。

模块是复杂产品标准化的高级形式，无论是组合式的单元模块还是结构模块，都贯穿一个基本原则，就是用型式和型式尺寸数目较少、经济合理的统一化单元模块，组合成大量具有各种不同性能、复杂的非标准综合体，这一原则称为模块化原则。

模块与模块组合可以实现不同部件部品之间的互换，使部件部品可以满足不同建筑产品的需求。为了实现模块间的组合，保证模块组成的产品在尺寸上的协调，必须建立一套模数系统，对产品的主尺度、性能参数以及模块化的外形尺寸进行约束。模块应考虑系列化，同系列模块间应具备一定的逻辑及衍生关系，并预留统一的标准化接口。

对划分出来的模块单元，应设定它应有的耐用性能。这里所说的耐用性能，不只是物理上的耐久性，还包括使用功能上的耐久性和社会耐久性等，是一个综合性的标准。原则上，耐用年数短的模块，相对于耐用年数长的模块，在设计上定为"滞后"，必须采用维修更换时不能让对方受损伤的连接方式和构成方法。不但对每个模块单元都要进行耐用性能的设定，而且必须考虑相应的模块之间的连接和构造方式。

对于装配式建筑而言，根据功能空间的不同，可以将建筑划分为不同的空间单元，再将相同属性的空间单元按照一定的逻辑组合在一起，形成建筑模块。单个模块或多个模块经过再组合，就构成了完整的建筑。

装配式建筑的设计，应将标准化与多样化两者巧妙结合并协调设计，在实现标准化的同时，兼顾多样化和个性化。比如住宅建筑用标准化套型模块和核心筒模块，组合出不同平面形式和建筑形态的单元模块。为满足规划多样性和场地适应性等要求，楼栋可由不同单元模块组合而成。

模块在进行模块组合时，应符合以下原则。

① 按模块的相对位置及空间等组合成模块单元。

② 功能、尺度基本相同或相似的模块可归纳为模块单元。

③ 按拆除后的再循环利用的可能性划分模块单元。

④ 按生产、运输、施工等组织要求划分模块单元。

三、平面标准化

1. 平面规整

装配式建筑的平面应规整，合理控制楼栋的体形。平面设计的规则性有利于结构的安全，符合建筑抗震设计规范的要求；并可以减少部件部品的类型，可以降低生产安装的难度，有利于经济的合理性。因此在建筑设计中要从结构安全和经济性的角度优化设计方案，尽量减少平面的凸凹变化，避免不必要的不规则和不均匀布局。合理规整的平面会使建筑外表面积得到有效控制，可以有效减少能量流失，有利于满足建筑节能减排、绿色环保的要求。

2. 大开间大进深的布置方式

大开间大进深的布置方式，可提高空间的灵活性与可变性，满足功能空间的多样化使用需求，有利于减少部件部品的种类，提高生产和施工效率，节约造价。以居住建筑为例，传统建造方式的住宅多为砌体和剪力墙结构，其承重墙体系严重限制了居住空间的尺寸和布局，不能满足使用功能的变化和对居住品质的更高要求，而大开间大进深布置方式满足了居住建筑空间的可变性、适应性要求。室内空间划分可采用轻钢龙骨石膏板等轻质隔墙进行灵活的空间划分，轻钢龙骨石膏板隔墙内还可布置设备管线，方便检修和改造更新。

3. 功能模块组合

如图 3-15 所示，平面标准化设计是对标准化模块的多样化系列组合设计，即通过平面划分，形成若干独立的、相互联系的标准化的模块单元（简称标准模块），然后将标准模块组合成各种各样的建筑平面。套型模块内，又可分为卫生间模块、厨房模块、卧室模块、起居室模块、门厅模块、餐厅模块等基本模块，见图 3-16～图 3-18。

图 3-15　某装配式钢结构住宅单元室内

图 3-16　摆放家具后的住宅单元室内

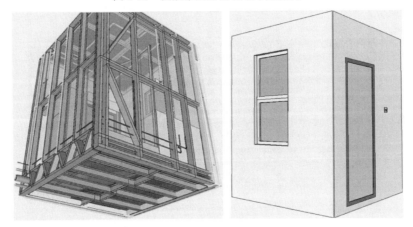

图 3-17　卫生间模块

图 3-18　厨房模块

四、立面标准化

　　装配式建筑立面标准化是在平面标准化的基础上形成的，也是建筑外围护系统的重要组成要素的标准化，主要涉及外墙板、门窗构件、阳台和空调板等，相互叠合形成完整且富有韵律的立面体系。装配式建筑立面设计很好地体现了标准化和多样化的对立统一关系，既不能离开标准化谈多样化，也不能片面追求多样化而忽视了标准化。装配式建筑标准化平面往往限定了结构体系，相应也固化了外墙的几何尺寸，但立面要素的色彩、光影、质感、纹理搭配、组合能够产生多样化的立面形式，如图 3-19～图 3-21 所示。

图 3-19 某装配式钢结构建筑设计南立面图

图 3-20 某装配式钢结构建筑设计北立面图

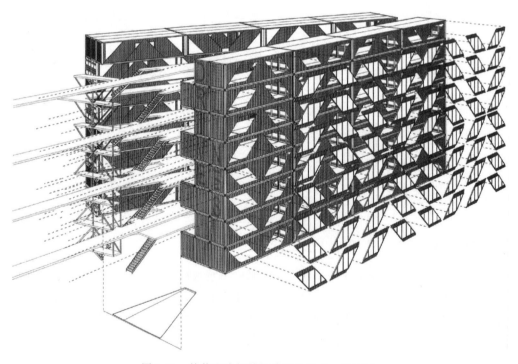

图 3-21 某装配式钢结构建筑设计立、侧面图

1. 外墙板

装配式建筑预制外墙板的饰面可选用装饰混凝土、清水混凝土、涂料、面砖、石材等具有耐久性和耐候性的建筑材料。结合考虑外立面分格、饰面颜色与材料质感等细部设计进行排列组合，实现装配式建筑特有的形体简洁、工艺精致、工业化属性的立面效果。

2. 门窗构件

考虑构件生产加工的可能性，根据装配式建造方式的特点，在满足正常通风采光的基础上，减少门窗类型、统一尺寸规格，形成标准化门窗构件。同时，适度调节门窗位置和饰面色彩等，结合不同的排列方式、窗框分隔样式可增强门窗围护系统的韵律感，丰富立面效果。

3. 阳台和空调板

阳台和空调板等室外构件在满足功能的情况下，有较大的立面设计自由度。通过装饰构件的色彩、肌理、光影、组合等虚实变化，可实现多元化的立面效果，满足差异化的建筑风格要求和个性化需求。同时，空调板、阳台栏板的材质也需要选择具有耐久性和耐候性的材料。

五、空间标准化

装配式建筑功能空间的标准化设计应根据功能选择开间、进深、层高的优先尺寸。优先尺寸是装配式建筑设计中考虑功能空间的适应性、部品部件生产工艺及材料规格、各系统尺寸协调关系等因素优先选用的尺寸。

以装配式居住建筑为例，住宅建筑由套型模块和核心筒模块组成。套型模块由起居室（厅）、卧室、门厅、餐厅、厨房、卫生间、收纳和阳台等功能模块组成，应根据使用需求提供适宜的空间优先尺寸。核心筒模块主要由楼梯间、电梯井、前室、公共走道、候梯厅、设备管道井、加压送风井等功能组成，应根据使用需求进行标准化设计。

1. 套型模块

（1）起居室（厅）、卧室及餐厅起居室（厅）模块应按照套型的定位，满足居住者日常起居、娱乐、会客等功能需求，应注意控制开向起居室（厅）的门的数量和位置，保证墙面的完整性，便于各功能区的布置。

卧室模块按照使用功能一般分为双人卧室、单人卧室以及卧室与起居室（厅）合并的三种类型。卧室与起居室（厅）合为一室时，应不低于起居室（厅）的设计标准，并适当考虑空间布局的多样性；餐厅模块应分为独立餐厅及客厅就餐区域。

过去，我国住宅的开间、进深轴线尺寸多采用3M的整数倍，后来由于受房地产市场化的影响，基本上对住宅模数没有强制规定，这不利于装配式居住建筑实现标准化和多样性的统一。根据工程实践经验，装配式居住建筑开间、进深平面尺寸选择 2M、3M 的整数倍，可满足平面功能布局的灵活性及模数协调的要求，也适合内装部品的工业化生产。

装配式居住建筑中起居室（厅）、卧室、餐厅等功能空间，水平方向宜优先采用扩大模数，条件受限时也可采用基本模数。竖向宜采用基本模数。

（2）集成式厨房、集成式卫生间及收纳空间。装配式居住建筑在套型设计时，应进行厨房、卫生间及收纳的精细化设计，考虑其在功能空间中的尺寸协调。

应优先采用集成式厨房和集成式卫生间。厨房模块中的管道井应集中布置并预留检修口；卫生间模块应采用标准化集成式卫生间部品，应根据套型定位及一般使用频率和生活习惯进行合理布局；收纳模块分为独立式及入墙式。

依据人体工程学，对于厨房、卫生间、收纳等较小的功能空间，使用时对其内部几何尺寸变化比较敏感，宜优先采用1M的整数倍，也可采用1M的整数倍与其1/2的组合（如150mm）的平面模数网格形成灵活的空间。

集成式厨房的平面布局应符合炊事活动的基本流程，集成式厨房平面优先净尺寸是在住宅厨房设计经验总结的基础上提炼的合理适用的尺寸。

集成式卫生间的平面布局应符合盥洗、便溺、洗浴、洗衣/家务等功能的基本需求，盥洗、便溺、洗浴等功能可单独使用，也可将任意两项（含两项）以上功能进行组合。

集成式卫生间平面优先净尺寸是在住宅卫生间设计经验总结的基础上提炼的合理适用的尺寸，集成式卫生间平面优先净尺寸可根据表3-2选用。

收纳间分为独立式收纳空间和入墙式收纳空间，平面优先净尺寸可根据表3-3和表3-4选用。

表3-2　集成式卫生间平面优先净尺寸　　　　单位：mm×mm

平面布置	宽度×长度
便溺	1000×1200，1200×1400（1400×1700）
洗浴（淋浴）	900×1200，1000×1400（1200×1600）
洗浴（淋浴＋盆浴）	1300×1700，1400×1800（1600×2000）
便溺、盥洗	1200×1500，1400×1600（1600×1800）
便溺、洗浴（淋浴）	1400×1600，1600×1800（1600×2000）
便溺、盥洗、洗浴（淋浴）	1400×2000，1500×2400，1600×2200，1800×2000（2000×2200）
便溺、盥洗、洗浴、洗衣	1600×2600，1800×2800，2100×2100

注：括号内的尺寸为建议尺寸。

表3-3　独立式收纳空间平面优先净尺寸　　　　单位：mm×mm

平面布置	宽度×长度
L形布置	1200×2400，1200×2700，1500×1500，1500×2700
U形布置	1800×2400，1800×2700，2100×2400，2100×2700，2400×2700

表3-4　入墙式收纳空间平面优先净尺寸　　　　单位：mm

项目	优先净尺寸
深度	350，400，450，600，900
长度	900，1050，1200，1350，1500，1800，2100，2400

（3）门厅是套内空间与公共空间的过渡空间，既是交通要道，又是进入室内换鞋、更衣和临时搁置物品的功能空间。门厅模块应结合收纳部品进行精细化设计。门厅的尺寸均来自工程实践的经验总结。根据《住宅设计规范》（GB 50096—2011）的要求：套内入口过道的净宽不宜小于1.20m。门厅平面优先净尺寸宜根据表3-5选用。

表3-5　门厅平面优先净尺寸　　　　单位：mm

项目	优先净尺寸
宽度	1200，1600，1800，2100
深度	1800，2100，2400

（4）阳台按照使用功能，可分为生活阳台和服务阳台。阳台的设施和空间安排都要切合实用，同时注意安全与卫生。住宅常用的开间尺寸应兼顾结构安全和使用功能。阳台平面优先净尺寸宜为扩大模数2M、3M的整数倍，且阳台宽度优先尺寸宜与主体结构开间尺寸一致。阳台平面优先净尺寸宜根据表3-6选用。

表 3-6　阳台平面优先净尺寸 单位：mm

项目	优先净尺寸
宽度	阳台宽度优先尺寸宜与主体结构开间尺寸一致
深度	1000,1200,1400,1600,1800

注：深度尺寸是指阳台挑出方向的净尺寸。

2. 核心筒模块

（1）结合《建筑设计防火规范（2018年版）》（GB 50016—2014）、《民用建筑设计统一标准》（GB 50352—2019）、《住宅设计规范》（GB 50096—2011）等相关规范，住宅楼梯间的优先尺寸应符合下列规定。

① 楼梯间开间及进深的轴线尺寸应采用扩大模数 2M、3M 的整数倍。

② 楼梯梯段宽度应采用基本模数 1M 的整数倍。

③ 楼梯踏步的高度不应大于 175mm，宽度不应小于 260mm，各级踏步高度、宽度均应相同。

④ 楼梯间轴线与楼梯间墙体内表面距离应为 100mm。

⑤ 建筑层高为 2800mm、2900mm、3000mm 时，双跑楼梯间、单跑剪刀楼梯间和单跑楼梯间的优先尺寸应根据表 3-7～表 3-9 选用。

表 3-7　双跑楼梯间开间、进深及楼梯梯段宽度优先尺寸 单位：mm

层高	开间轴线尺寸	开间净尺寸	进深轴线尺寸	进深净尺寸	梯段宽度尺寸	每跑梯段踏步数
2800	2700	2500	4500	4300	1200	8
2900	2700	2500	4800	4600	1200	9
3000	2700	2500	4800	4600	1200	9

表 3-8　单跑剪刀楼梯间开间、进深及楼梯梯段宽度优先尺寸 单位：mm

层高	开间轴线尺寸	开间净尺寸	进深轴线尺寸	进深净尺寸	梯段宽度尺寸	两梯段水平净距离	每跑梯段踏步数
2800	2800	2600	6800	6600	1200	200	16
2900	2800	2600	7000	6800	1200	200	17
3000	2800	2600	7400	7200	1200	200	18

注：表中尺寸确定均考虑住宅楼梯梯段一边设置靠墙扶手。

表 3-9　单跑楼梯间开间、进深、楼梯梯段、楼梯水平段优先尺寸 单位：mm

层高	开间轴线尺寸	开间净尺寸	进深轴线尺寸	进深净尺寸	梯段宽度尺寸	水平段宽度尺寸	每跑梯段踏步数
2800	2700	2500	6600	6400	1200	1200	16
2900	2700	2500	6900	6700	1200	1200	17
3000	2700	2500	7200	7000	1200	1200	18

注：表中尺寸确定均考虑住宅楼梯梯段一边设置栏杆扶手。

考虑到建筑高度不大于 18m 的住宅中楼梯使用率高，将其相关尺寸与建筑高度大于 18m 的住宅楼梯相关尺寸统一，以减少楼梯梯段规格。为了使楼梯梯段宽度符合基本模数要求，将楼梯梯段最小宽度增加 50mm，由此也能双侧设置扶手，满足未设电梯的多层住宅适老化的要求。

装配式建筑的楼梯间不采用抹灰装修面层，可采用清水混凝土墙等。建议楼梯间与采暖房间之间的保温层结合装配式内装修设在采暖房间一侧，楼梯间一侧不考虑设置保温层。

（2）公共管井和电梯井。公共管井的净尺寸应根据设备管线布置需求确定，宜采用1M的整数倍。

电梯井道优先尺寸应符合下列规定。

① 住宅电梯宜采用载重 800kg、1000kg、1050kg 的三类电梯。

② 电梯井道开间及进深的轴线尺寸应采用扩大模数 2M、3M 的整数倍。

③ 电梯井道开间、进深优先尺寸应根据表 3-10 选用。

表 3-10 　电梯井道开间、进深优先尺寸

平面尺寸载重/kg	开间轴线尺寸/mm	开间净尺寸/mm	进深轴线尺寸/mm	进深净尺寸/mm
800	2100	1900	2400	2200
1000	2400	2200	2400	2200
1000	2200	2000	2800	2600
1050	2200	2000	2400	2200

注：住宅用担架电梯可采用1000kg深型电梯，轿厢净尺寸为1100mm宽、2100mm深；也可采用1050kg电梯，轿厢净尺寸为1600mm宽、1500mm深或1500mm宽、1600mm深。

（3）电梯厅根据《住宅设计规范》（GB 50096—2011）的要求：电（候）梯厅深度不应小于多台电梯中最大轿厢的深度，且不小于 1.5m，同时考虑装修，净尺寸要求为 1600mm。电梯厅轴线与走道电梯厅墙内表面距离为 100mm。均按墙体厚度为 200mm 确定。

《建筑设计防火规范（2018 年版）》（GB 50016—2014）规定：楼梯的共用前室与消防电梯的前室合用（简称三合一前室）短边最小净尺寸不应小于 2400mm。

因此，电梯厅深度净尺寸应不小于 1500mm，优先尺寸宜为 1500mm、1600mm、1700mm、1800mm、2400mm（三合一前室电梯厅）。

（4）走道。根据《住宅设计规范》（GB 50096—2011）的要求：走廊通道的净宽不应小于 1.2m。走道轴线与走道墙内表面距离为 100mm。均按墙体厚度为 200mm 确定。因此，走道宽度净尺寸不应小于 1200mm，优先尺寸宜为 1200mm、1300mm、1400mm、1500mm。

六、部品部件标准化

部品部件设计应符合标准化、通用化的原则，采用标准化接口，提高其互换性和通用性。

标准化的模数部品部件的使用，可以减少尺寸不协调的部品部件的数量，提高安装和组合的便利性，提高生产效率，实现部品部件的经济性，也为系统地进行节点接口设计、提高部品和构配件等的连接性能与互换性提供条件，满足用户使用需求且便于维修。最终通过部品部件的工业化的集成生产，改进设计方法，达到改善建筑建造质量的目的。

1. 构件标准化

（1）装配式建筑应采用标准化设计的结构构件，结构构件除满足结构设计要求外，尚应符合下列规定。

① 构件尺寸应符合模数数列的要求。

② 构件的标志尺寸应满足安装互换性的要求，构件及其连接宜具有通用性和互换性。

③ 构件的截面设计及布置应符合建筑功能空间组合的系列化和多样性要求。

④ 构件宜与建筑部品、装修及设备等进行尺寸协调。

⑤ 构件设计应满足构件生产制作和施工安装相关的尺寸协调要求，构件的实际尺寸与制作尺寸之间应满足制作公差的要求。

（2）对于装配式混凝土结构，预制混凝土构件尚宜满足下列要求。

① 预制构件配筋采用焊接网片和成型钢筋时，钢筋间距宜采用分模数：M/2 的整数倍数。

② 预制构件配筋应与预埋件、预留孔洞和设备管线等进行尺寸协调。

③ 预制构件之间采用后浇混凝土连接时，后浇混凝土部分的宽度尺寸宜采用基本模数的整数倍数，并宜与生产和施工模板尺寸进行协调。

④ 预制外墙板及其连接设计应与建筑外装饰和室内装修等进行尺寸协调。

2. 部品标准化

装配式建筑将厨房卫浴和收纳等部品模块化，将地板、吊顶、墙体等部品集成化。这些部品应以标准化为基础，并具有系列化和通用化的特性。部品标准化可以实现生产施工的高效便捷。

装配式建筑的部品标准化可以从产品的设计构思入手，依照以下原则。

（1）确保部品模数协调装配式建筑的设计以模数协调为基础，结合部品化的特点，综合考虑分模数的应用。通过模数协调，为建筑设计、生产、施工等各个环节提供依据。相应专业人员遵循一个统一的标准去进行协调配合。

（2）保障部品通用性。通过某些实用功能或尺寸相近的部品达到部品标准化，可以实现不同系列模块之间部品的通用，使部品间可以互换使用。SI 体系的理念中。骨架体的使用寿命是 100 年，而部品设备通常仅有 20～30 年，保障部品通用性，实现部品的互换，可以为建筑后期使用过程中的更新改造提供保障。

（3）实现部品多样性、标准化的制定。在确保了各专业协调统一的同时，也决定了在相当长周期内标准的相对不变。标准化的制定要考虑成本之和最小，满足建筑的多样性，这就要求标准的数量、精细度的设定要适当。

（4）促进连接节点标准化。部品与部品及部品与骨架体之间连接部位的结构、尺寸和参数需要标准化，以保证骨架体与填充体两部分连接可靠，并且其结构设计与施工工艺需满足灵活衔接的要求，即在施工完成后，对填充体进行拆装，以便于后期更新维护。促进连接节点标准化，可以有效实现装配式建筑体系内结构体与填充体的有机整合。

（5）推动工艺标准化部品构件种类的划分要具有生产和施工的可行性和独立性，做到构造简单，安装方便。

施工单位的建造标准和施工工艺要实行标准化，以达成与设计部门和部品生产商之间技术标准的一致性，并在流水施工作业中力争效率最优。推动工艺标准化可以有效实现产业链内多环节的整合，从根本上提高住宅建设水平。

部品标准化要通过设计集成，用功能部品组合成若干"小模块"，再组合成更大的模块。小模块划分主要是以功能单一部品部件为原则，并以部品模数为基本单位，采用界面定位法确定装修完成后的净尺寸；部品、小模块、大模块以及结构整体间的尺寸协调通过"模数中断区"实现。

部品本身实现标准集成化的成套供应，多种类型的小型部品进行不同的排列组合，以增加大部品的自由度和多样性。如整体厨房和整体卫浴两大部品体系即是通过小部品不同的排列组合以满足多样化的需求。

整体卫生间与传统卫生间最大的区别在于标准化与模块化的整体设计、部品工厂化生产、现场装配式施工安装。整体卫生间的设计遵循模数协调原则，设计与生产均建立在标准化与模数化之上，规范控制每一部件的尺寸、接口，大大减少安装与后期使用过程中的误差，减少了后期需要调整的工作量。

七、接口标准化

传统建筑的部件部品及其接口的标准化程度较低，各生产企业根据自身部件部品特性及工艺确定所采用的接口种类繁多、不具备通用性和互换性，长期以来未能在全社会范围内实现量产，严重阻碍了装配式建筑的发展。

节点是指部件部品在安装时，为保证其相互连接，或将部件部品连接到所附着的结构上时所需要的空间。接口（间隙）是指系统、模块或部品、部件之间，具有统一的尺寸规格与参数，并满足公差与配合要求及模数协调。装配式建筑部件部品之间的节点和接口应在满足使用功能与结构安全、防火、防水、保温等要求的基础上，进行标准化设计，其模数与规格满足通用化和多样性的要求，并且接口的技术标准与工艺要与施工方一致，减少尺寸不协调的部件部品的数量，具有可建造性，提高其安装组合的便利性、互换性和通用性。

接口的性能、接口的形式和接口的尺寸是接口三要素，彼此之间相互影响、相互制约。

接口形式和尺寸的设计是以实现相应的接口性能为目标的，而接口的性能要求和连接形式又会对尺寸产生直接影响。在三要素中，接口尺寸是标准化接口的重要因素，预先规定连接的形状，可实现不同厂家产品的互换与装配。接口形式可按多种方式分类。按连接类型，可分为点连接、线连接和面连接；按所连接部件部品的相互位置关系，可分为并列式和嵌套式；按连接强度，可分为固定（强连接）、可变（弱连接）和自由（无连接）；按连接技术手段，可分为粘接式、填充式和固定式。从实践来看，部品接口标准化的途径是指各类接口应按照统一协调的标准设计，做到位置固定、连接合理。

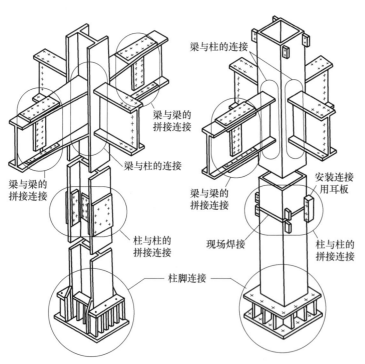

图 3-22　钢结构连接节点图

设计阶段决定了所有部件部品的构造，确保部件部品的可建造性是设计阶段的主要任务，也是设计与其他建设流程之间接口协调的关键。部品的设计必须依据技术接口标准化原则，其模数与规格满足通用化和多样性的要求，与整个系统配套、协调。接口的技术标准与工艺要与施工方一致，具有可建造性。部品的连接节点设计遵循标准化，确保部品吊装就位和装配成型。预制部品的设计需要对重要节点与细部、部品制作材料以及部品结构参数分别做具体说明。以便后续的部品生产方和施工方能够全面清晰地了解部品的尺寸和规格，确保技术接口的准确度。

当节点接口需要封闭时，封闭材料应满足节点、接口所必须具备的各种物理性能和耐久性能的要求。节点接口的尺寸尚应满足封闭时施工的可行性。处于外立面的节点接口尚应满足建筑立面的美学要求。接口界面需考虑生产和安装公差的影响及各种预期变形，如挠度、体积变化等。对于建筑模块化来说，空间的"断面"便是模块的接口。不同模块通过空间组合连接在一起。部品之间的连接也要注意余量的设置，制造精度高的余量就小，制造精度低的余量也应相应放宽。

某装配式钢结构模块化设计主体连接如图3-22所示。

八、装配式钢结构建筑设计模块化设计案例

1. 某住宅建筑

（1）在住宅建筑中，户型设计是建筑系统集成设计的基础，考虑到本项目的特点，我们确定了以下原则。

① 首先，必须解决现有户型的"硬伤"。

② 其次，要符合钢结构工业化、模数化、模块化、标准化、系列化的要求。

③ 最后，相同面积、相同居室、相似布局条件下，户型优于原方案。

（2）通过系统集成设计，实现了以下目标。

① 去掉或优化南侧开缝，优化采光、通风，提升居住品质。

② 利用钢结构优势，将柱网设置在外墙和分户墙上，户内无柱，大空间灵活分隔（图3-23）。

③ 模数化、模块化、部品化、序列化。4栋高层住宅共计847户，采用14种户型，实现了户型的多样化（图3-24、图3-25）。

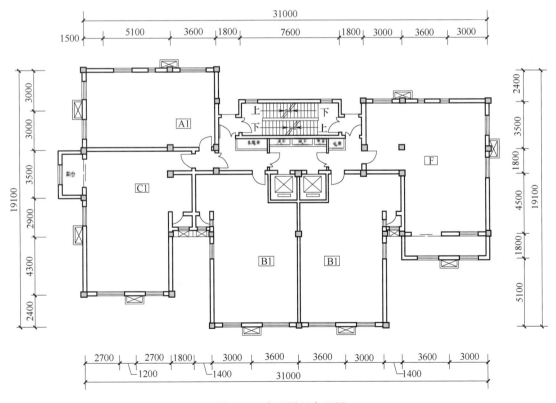

图 3-23　户型平面布置图

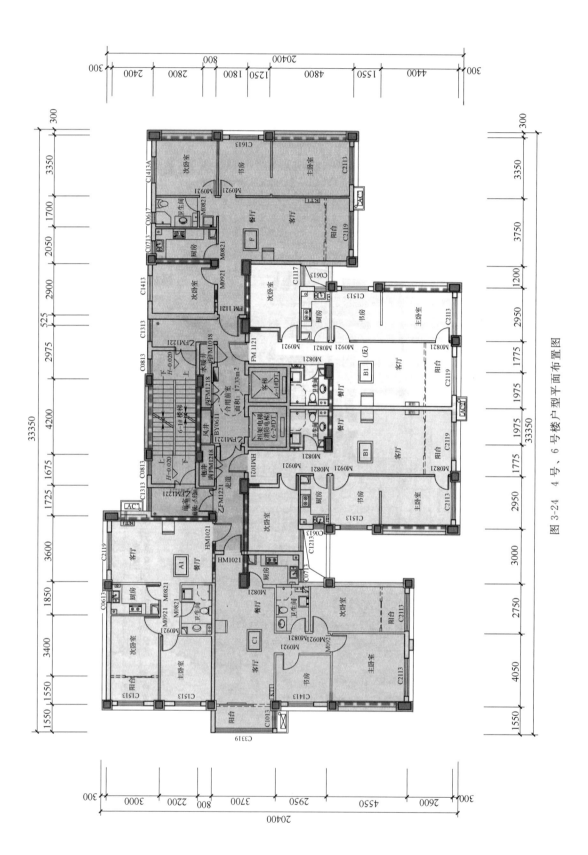

图 3-24 4 号、6 号楼户型平面布置图

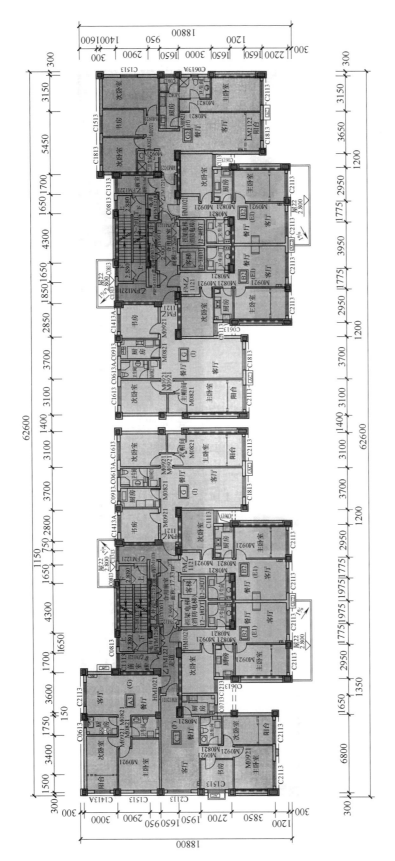

图 3-25　12 号楼户型平面布置图

（3）立面系统的多样化表达。

建筑工业化不等于千篇一律，不是千城一面，而是可以提供多样化的系统解决方案。本项目在坚持"标准化设计"的同时，力求实现"立面多样化"（图 3-26）。

图 3-26　立面系统的多样化效果图示例

（4）本工程高层住宅楼均采用钢框架-中心支撑结构体系，钢结构房屋抗震等级为一级。建筑抗震设防类别为丙类（4 号楼局部乙类），按抗震设防烈度 8 度（0.20g）计算地震作用，按抗震设防烈度 8 度采取抗震措施。

① 平面规则性：本工程为满足建筑工程需要、采光、通风等需求，建筑平面布置规则性较差，部分位置钢柱难以布设在同一轴线上，导致钢梁难以拉齐，影响结构受力。

② 竖向规则性：本项目 4 号有三层商业裙房、6 号有二层商业裙房，在商业裙房以上，结构无缩进，竖向刚度连续。

③ 结构体系选取：本项目采用钢管混凝土柱框架-中心支撑结构体系，框架柱采用方钢管混凝土柱，钢梁采用窄翼缘 H 型钢梁，支撑为箱型钢支撑，梁柱选取适当的截面形式，使之受力更为合理，节点构造更加简单。本结构体系的选择更多地是从"系统最优"的角度来确定和决策，针对建筑平面规则性较差的情况，有针对性地选取方钢管混凝土柱、框架中心支撑、大板体系等结构分系统来协调建筑功能需求和结构体系的合理性。同时，将钢管混凝土柱外移，钢柱内皮与住宅外墙内皮平齐，钢梁外刷防火涂料加外敷 5cm 厚 ALC 防火板及填充保温隔声板，并与主要居室的外墙和内墙表面平齐，做到了柱子外凸、梁内藏，满足了建筑的功能需求。

第三节 ▶▶

装配式钢结构建筑的协同设计

一、产品化

长期以来，功能与形式占据建筑设计的重要地位，但在装配式建筑系统集成面前，显得渺小。正如前文所述，技术所向和需求所向催生并确定了建筑工业化与装配式建筑的发展。

装配式建筑是以用户体验为中心，最终完成的是建筑产品。因此需要以产品化思维在系统集成的层面统筹项目，通过产业整合和技术集成，实现装配式建筑项目的系统解决方案。从装配式建筑产业链的角度思考，就需要整合资源、实现一体化成品交付的建筑产品，才能真正实现当代装配式建筑区别于早期装配式建筑且具有面向未来可持续发展建设的崭新转型和升级。

二、集成化

"协同"一词，在装配式建筑领域的复现率极高。协同思维突破传统项目分散局部的思路，以一种具有连续完整的思维方式覆盖项目实施全流程。"协同"分为两个层级的协同：第一层级是管理协同；第二层级是技术协同。"协同"的关键是参与各方都要有"协同"意识，在各个阶段都要与合作方实现信息的互联互通，确保落实到工程上所有信息的正确性和唯一性。各参与方通过一定的组织方式建立协同关系，互提条件、互相配合，通过"协同"最大限度地达成建设各阶段任务的最优效果。

"协同"有多种方法，当前比较先进的手段是通过协同工作软件和互联网等手段提高协同的效率和质量。比如运用 BIM 技术，从项目技术策划阶段开始，贯穿设计、生产、施工、运营维护各个环节，保证建筑信息在全过程的有效衔接。由于装配式建筑设计的参与者众多，为了确保在实施过程中有效地进行系统集成，需要以装配式建筑协同思维在三个维度上给予约定，即理念认知、设计实施与管控体系。

三、技术集成

装配式建筑以建筑工业化生产建造为基础，以建筑产品为最终形态，因而装配式建筑从设计思维到流程都不同于一般建筑项目，且更准确地来讲，不再是以设计思维主导建筑设计，而是以集成思维主导项目。集成思维体现在两个方面，产品化思维和协同思维。

中建设计集团有限公司总建筑师赵中宇，在中建科技福建闽清构件厂综合管理用房、合肥湖畔新城一期工程等多个项目的实践过程中，提出了让装配式建筑从"标准化"走向"产品化"的设计理念，并逐渐建立起具有独立知识产权的装配式建筑技术体系。基于模数模块化设计、标准化设计，实现建筑机电设备、装配式部品部件的产品设计，进而实现产品化的整体厨卫设计、户型设计、单元设计和建筑设计。

装配式建筑的协同思维主要体现在三个维度：理念认知维度、设计实施维度和管控体系维度（图 3-27）。在设计院协同设计层面，各专业密切联系，在不同设计阶段各专业协同设计有不同的参与内容。图 3-28 展示的是建筑专业协同各专业设计的主要内容。

1. 开放性建筑体系

装配式建筑的集成设计对于建筑师的综合能力是一个巨大的考验，因为集成设计是一个开放性的平台体系，体系内部各系统随设计进程解体、重构，从而优化内部关系。同时，被动式新技术、新方法的不断涌现，对于集成设计体系内部的关系产生新的变因，系统通过对这些变因的梳理和整合，实现更新、优化、升级换代。例如：功能的复合化趋势颠覆了传统某种类型建筑的单一空间功能模式，取而代之的是灵活多变、复合大量多元化功能的复合空间模式，这既是集成设计策略发展的机遇，也是其挑战。开放性体系也要求建筑师不断地吸纳新的装配式建筑的集成设计策略以及与策略关联的其他方面的设计革新，对于装配式建筑

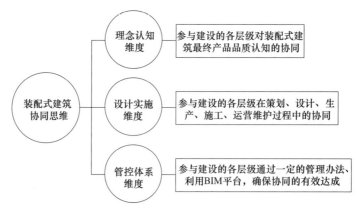

图 3-27　装配式建筑协同思维

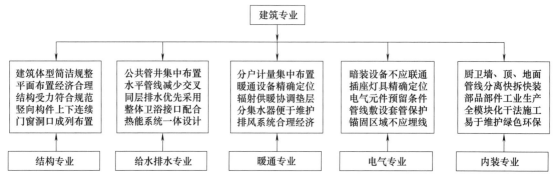

图 3-28　建筑专业协同各专业设计的主要内容

集成设计不能因循守旧，应采取更灵活、开放的态度应对建筑的发展和变革。

2. 技术集成

集成设计的系统性策略和开放性体系落实到实践中，都需要转化为对集成性技术的创造和应用，利用创新技术研发综合解决设计问题。过去传统的设计模式将建筑设计的创造性过多地倾注于建筑方案设计阶段，而忽视技术手段的重要性。特别是对于装配式建筑的集成设计来说，四大系统的系统整合需要集成性技术作为支撑。

四、部品集成-部品选型

集成化部品设计包括结构系统部品、外围护系统部品、内装系统部品和设备管线系统部品的集成。这里主要讨论外围护系统部品和内装系统部品的集成。

外围护系统部品主要包括外墙、屋面和门窗三个方面，它们各自在当前市场可选择的产品和集成技术见表 3-11。

建筑内装部品应采用标准化设计，尺寸应符合模数协调的规定，部品接口应具有通用性和互换性。

内装部品应具有通用性和互换性，设计应满足内装部品装配化施工和后期更新的要求。装配式内装部品互换性指年限互换、材料互换、样式互换、安装互换等，实现内装部品互换的主要条件是确定构件与内装部品的尺寸和边界条件。年限互换主要指因为功能和使用要求发生变化，要对空间进行改造利用，或者内装部品已达到使用年限，需要用新的内装部品更换。

表 3-11　外围护系统部品的选型

部品		类型
外墙	预制外墙	蒸压加气混凝土外墙板
		复合夹芯保温外墙板
		轻质混凝土复合外墙挂板
		预制混凝土夹心保温外墙挂板
	现场组装骨架外墙	轻质高强灌浆墙
		CCA 板整体灌浆墙
	建筑幕墙	玻璃幕墙
		金属与石材幕墙
		人造板材幕墙
屋面		桁架钢筋叠合屋面板
		预应力带肋底板混凝土叠合屋面板
		预制预应力混凝土叠合屋面板
		预应力空心屋盖板
		木桁架、檩条屋盖
门窗		铝合金门窗
		塑料门窗
		木门窗

采用标准化接口的内装部品，可有效避免出现不同内装部品系列接口的不兼容；在内装部品的设计上，应严格遵守标准化、模数化的相关要求，提高部品之间的兼容性。设计人员和工程采购人员应选择符合标准化接口要求的相关内装部品。生产企业也应以采用标准化接口为前提进行内装部品的研发与生产，满足接口兼容性的相关要求。

内装系统部品主要包括吊顶、内隔墙、地面、整体收纳和集成式厨卫等方面，它们各自在当前市场可选择的产品和集成技术见表 3-12。

表 3-12　内装系统部品的选型

部品	类型
吊顶	轻钢龙骨石膏板吊顶
	轻钢龙骨扣板吊顶
	搭接式集成吊顶
	轻膜天花吊顶
内隔墙	轻钢龙骨板材轻质隔墙
	夹芯板隔墙
地面	架空地面
	干式地暖架空地面
整体收纳	墙面整体收纳
	吊顶收纳
	整体橱柜
	整体卫浴收纳
	顶柜收纳
	楼梯收纳
	床下收纳
集成式厨卫	集成式厨房(平面布局)：岛形、U 形、走廊形、一字形、L 形
	集成式卫浴(面板材料)：SMC、彩钢板、复合瓷砖和硅酸钙板类

第四章

装配式建筑结构主体体系的设计

第一节 ▶▶

钢结构体系的设计选型

一、低层冷弯薄壁型钢结构体系

该体系为轻钢龙骨体系（图 4-1），适用于不大于 3 层且檐口高度不大于 12m 的建筑。我国在 20 世纪 80 年代末开始引进欧美及日本的轻型装配式小住宅技术。此类住宅以镀锌轻钢龙骨作为承重体系，板材起围护结构和分隔空间作用。在不降低结构可靠性及安全度的前提下，可以节约钢材用量约 30％。

图 4-1　装配式轻钢龙骨结构住宅

二、钢框架结构体系

该体系适用于高度较低的建筑。钢框架是由水平杆件（钢梁）和竖向杆件（钢柱）连接形成。地震区的高楼采用框架体系时，框架纵、横梁与框架钢柱的连接一般采用刚性连接。钢框架体系能够提供较大的内部使用空间，建筑平面布置灵活，能适应多种类型的使用功能；同时具有构造简单、构件易于标准化和定型化、施工速度快、工期短等优点。该结构体系技术比较成熟、应用广泛，但是因该体系抗侧移刚度仅由框架提供，当房屋层数较多或地震烈度较高时，采用纯框架结构时会使构件截面较大而不够经济。

【钢框架结构体系案例】

1. 概况

本文以 3 号楼为例，进行该项目的装配式建筑技术介绍。最高建筑为 3 号楼：该楼平面尺寸为 33m×13.2m，平面布置图见图 4-2；其中建筑总高度为 49.05m，地上 16 层，地下共 3 层，首层层高 4.5m，其余层高 2.9m。根据建筑功能和业主要求，采用钢框架-钢板剪力墙结构体系，楼盖采用钢筋桁架楼承板，外墙采用预制混凝土外墙挂板、蒸压加气混凝土条板。本项目单体建筑面积 6875m^2。

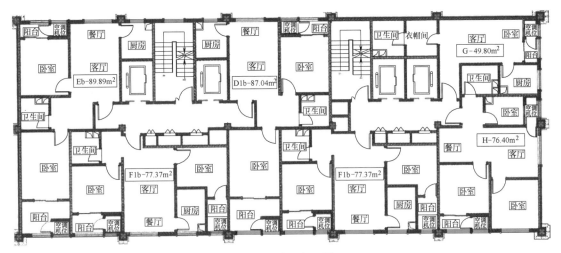

图 4-2　平面布置图

2. 柱网设计

本项目本着钢结构装配化理念进行户型设计，住宅的柱网统一为 6.6m×6.6m，这样的设计大大缩短了钢结构加工周期，工厂预制率达到 100%。

3. 结构设计

本项目的标准化户型见图 4-3，结构形式采用钢框架-钢板剪力墙或阻尼器结构形式，结构模型见图 4-4。

（1）柱网采用标准柱网 6.6m×6.6m。

（2）钢柱主要采用□400、□350 方管柱/箱型柱并内灌 C50 自密实混凝土。

（3）钢梁主要采用 H350×150 焊接 H 型钢梁，并将梁偏心布置，以保证室内无梁无柱。

（4）抗侧力构件采用阻尼器和钢板剪力墙。

（5）楼板采用钢筋桁架楼承板及钢筋桁架叠合楼板。

（6）外墙体系采用砂加气条板＋保温装饰一体板及预制混凝土挂板。

4. 抗震设计

结构设计使用年限：50 年。

结构安全等级：二级。

抗震设防类别：标准设防类，丙类。

抗震设防烈度：8 度，设计地震基本加速度值 0.2g，地震分组为第一组。

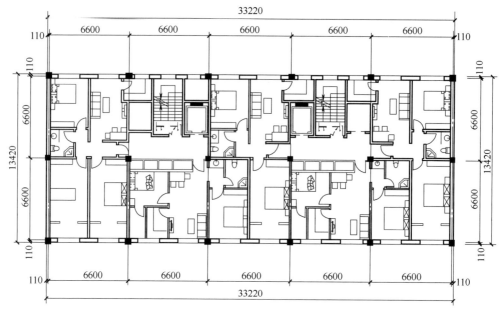

图 4-3　标准化户型

场地类别：Ⅲ类。

基本风压：$0.45kN/m^2$。地面粗糙度类别：B类。

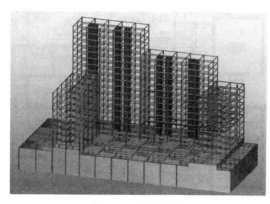

图 4-4　结构模型

基本雪压：$0.40kN/m^2$。

基础设计等级：甲级。

建筑防火分类：二类。建筑防火等级：二级。

框架柱抗震等级：一级。钢梁、组合钢板剪力墙抗震等级：三级。

抗浮设计水位：绝对标高 32.00m（相当于相对标高 7.20m）。

基础持力层为粉细砂，地基承载力标准值为 260kPa。

5. 结构特点及装配化设计

所有楼屋面均采用钢筋桁架楼承板（图 4-5），无底模、免支撑，大大提高了楼屋面板的施工效率，比传统脚手架支模现浇楼板节省 40％以上的工期。

工程 1 号楼和 4 号楼采用墙板式阻尼器（图 4-6）这一新技术，既提高了结构的安全性，又避免了对住宅户型的影响，建筑空间可以灵活分割；2 号楼和 3 号楼采用组合钢板剪力墙这一抗侧力体系，既有效地解决了结构的抗侧力问题，提高了结构延性和抗震性能，也降低了结构用钢量。

本工程采用装配化全钢结构，所有钢柱、钢梁及钢筋桁架楼承板均为工厂化生产（图 4-7），现场装配化安装，比传统现浇混凝土结构缩短工期 50％以上。

本工程框架梁柱连接节点采用高强螺栓和焊接结合的复合形式，既照顾了装配化施工的要求，相比全螺栓连接也降低了造价。

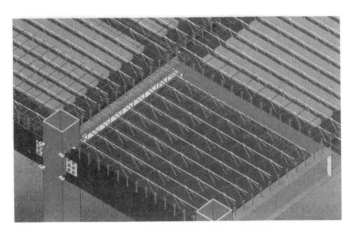

图 4-5 BIM 模型中的钢筋桁架楼承板

图 4-6 墙板式阻尼器（实物）

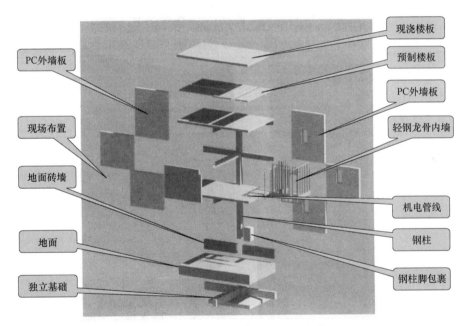

图 4-7 装配化钢结构住宅部品部件

三、钢框架-支撑结构体系

该体系由钢框架和支撑构成，支撑包括中心支撑、偏心支撑和屈曲约束支撑。中心支撑具有较大的侧向刚度，减小了结构的水平位移、改善了结构的内力分布；但支撑斜杆反复压曲后，其抗压承载力急剧降低。偏心支撑因有耗能梁段，与中心支撑相比具有较大的延性。屈曲约束支撑既能提高结构的刚度，又具有耗能能力。抗震等级为一级、二级的钢结构房屋，宜设置偏心支撑和屈曲约束支撑；抗震等级三级、四级且高度不大于 50m 的钢结构宜采用中心支撑，也可采用偏心支撑和屈曲约束支撑等。

采用钢框架支撑体系可以减小钢柱的截面尺寸，降低用钢量，并能够在一定程度上解决钢结构建筑室内空间的露梁露柱问题。

【钢框架-支撑结构体系案例】

1. 建筑设计技术应用概况

本项目采用建筑、结构、设备、装修一体化设计，采用统一模数协调尺寸，做到标准化和模块化，有利于部品部件的产业化生产。

本项目的其中 5 栋楼均为装配式钢结构建筑，总建筑面积 34156.3m²，均为高层住宅建筑；地上 17 层＋架空层为住宅，每个单元 6 户，分三种户型，每个单元双楼梯双电梯，共一个单元，层高 2.9m，架空层层高 2.20m，为储藏室；地下一层为储藏室；每栋单体住宅建筑中重复使用量最多的三个基本户型的面积之和占总建筑面积的比例均不低于 70％。

此项目为 17 层公租房，采用钢框架-支撑结构体系，建筑类别为二类高层住宅，耐火等级为一级，抗震设防烈度 6 度，屋面防水等级为一级，设计使用年限 50 年。每栋一个单元，每单元设疏散楼梯 2 部、电梯 2 部（一部为客梯兼担架电梯、一部兼消防电梯），楼梯直通屋面疏散平台。单元入口均设置无障碍坡道，每单元 6 户，每户均设置了厨房、卫生间、卧室、起居室或兼起居的卧室等功能房间，满足居住要求。建筑空间布置紧凑合理、规则有序，符合建筑功能及结构抗震安全要求。

户型及方案设计时考虑钢结构的特点，采用异型钢管柱，避免户内露梁露柱的现象，增加户内使用空间，降低用钢量，减少加工成本和安装成本。按传统户型设计，采用钢结构框架支撑结构体系，用钢量为 100～110kg/m²，通过建筑设计按钢结构的特点优化结构布置，本项目的用钢量约 85kg/m²，用钢量节约 25％ 左右。由于本项目是公租房，户型均为小于 50m² 的小户型，相对普通住宅，并不能充分发挥钢结构的优点。

2. 基础

本项目采用传统做法设计基础，由于上部结构为钢结构，相比传统现浇混凝土结构，建筑总重量减轻了约 1/3。

（1）基坑采用土钉墙支护。

（2）复合地基处理采用 CFG 桩，长螺旋方式成孔，施工结束 28d 后进行 CFG 桩单桩静载试验及复合地基检验（图 4-8）。

图 4-8　CFG 桩单桩静载试验

（3）基础采用平板式筏板基础，施工缝处止水带采用 3mm 厚钢板止水带。

3. 上部结构

主体结构采用钢管混凝土异型柱-H 型钢梁-钢框架支撑体系，技术可靠，并且户内不露柱，最大限度地利用空间、优化户型。采用钢管混凝土异型柱可有效避免室内露梁柱等住宅通病，梁柱节点设计在清华大学土木工程系进行的组织节点模型抗震性能试验基础上，采用外套管连接方式，构造简单，传力可靠。本工程采用 Z 形、T 形、L 形三种形状的钢管柱。钢管柱调直校正后，内灌免振捣混凝土；钢管柱按照每两层一个单位进行安装，在层高 1/3 处连接；制作时在钢柱上焊接支架，方便快速固定及调直；钢管内侧不焊接，构件整体计算不考虑其参与，作为加劲肋和强度储备；楼板钢筋在异型柱处采用焊接处理方式。典型异型柱详细分解如图 4-9、图 4-10 所示。

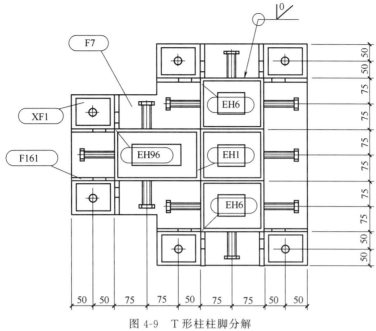

图 4-9　T 形柱柱脚分解

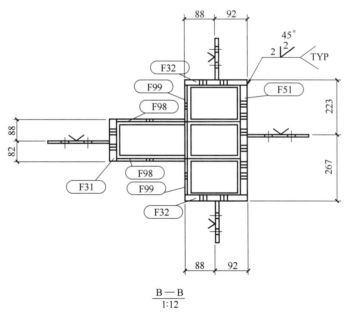

$$\frac{B-B}{1:12}$$

图 4-10　T 形柱分解

异型钢管柱加工技术要求：原材料对接、牛腿焊接、坡口焊缝质量等级严格按照设计图纸质量要求确定；图中未注明处倒角为 20×20，未注明处圆角为 $R30$；构件表面采用喷砂抛丸方式处理，达到 sa2.5 级（图 4-11～图 4-13）。

梁采用热轧 H 型钢及少量焊接 H 型钢，支撑采用冷弯矩形钢管，倒"V"字形布置。每一节钢柱调直后临时固定，然后吊装梁，梁吊装完毕后，集中对需要焊接处进行焊接、防锈处理（图 4-14、图 4-15）。

图 4-11　异型钢管柱产业化生产

图 4-12　钢管柱安装快速固定

图 4-13　钢管柱内浇筑免振捣混凝土

图 4-14　钢结构柱、梁现场安装

楼盖采用可拆模式钢筋桁架楼承板，钢筋桁架和底模通过手卡连接，浇筑完混凝土，待混凝土初凝后拿下手卡，拆除底模。底模采用钢桁架支撑，拆装方便，在节约模板的同时，可采用不同吊顶方式使室内顶棚装饰多样化。

采用预制混凝土楼梯，在工厂生产养护完毕后运至现场安装。

上部结构构件全部采用塔吊吊装，快捷方便。PC楼梯与钢结构部分采用可滑动的销轴节点构造方式（图4-16）。

图 4-15　倒 "V" 字形支撑连接

图 4-16　预制楼梯吊装

四、钢框架-钢筋混凝土核心筒结构体系

该体系是由钢框架和混凝土核心筒构成。核心筒的内部应尽可能布置电梯间、楼梯间等公用设施用房，以扩大核心筒的平面尺寸，减小核心筒的高宽比，增大核心筒的侧向刚度。该体系的主要优点为：侧向刚度大于钢框架结构；结构造价介于钢结构和钢筋混凝土结构之间；施工速度比钢筋混凝土结构有所加快，结构面积小于钢筋混凝土结构。

【钢框架-钢筋混凝土核心筒结构体系案例】

1. 概况

本工程总建筑面积：$169685m^2$，其中地上 $141957m^2$，地下 $27730.00m^2$，共包括 10 栋

单体住宅和 1 个连体车库，项目整体效果见图 4-17。其中 4 栋楼属于商住楼，地上 11～30 层，混凝土剪力墙结构。水平构件采用预制构件；4 号楼为新型装配式钢结构住宅示范楼，地上 22 层，外墙板采用混凝土预制墙体；6 号楼为商住楼，地上 28 层，混凝土剪力墙结构，整体采用铝模板；7 号楼为商住楼，地上 11/27 层，混凝土剪力墙结构，外墙板采用预制混凝土剪力墙；其他三栋分别为 8

图 4-17　项目整体效果

号、9 号、10 号楼，地上 2～3 层，其中 8 号、9 号楼为商业。

2. 钢-混凝土板柱结构体系应用

结构体系采用钢框架支撑-剪力墙结构体系，楼板采用装配式叠合空心楼板，5～22 层剪力墙采用预制，楼盖三维图见图 4-18。剪力墙抗震等级为一级，钢结构抗震等级为二级。采用天然地基，基础形式为筏板基础。多高层住宅的钢-混凝土板柱结构体系，解决了常规住宅结构小开间、小空间的问题，实现了梁柱不外露，室内无柱，大空间、户型可自由分割灵活布置，显著提升了住宅使用性能（图 4-19）。

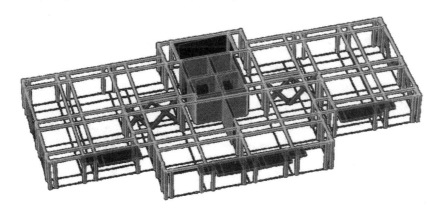

图 4-18　楼盖三维图

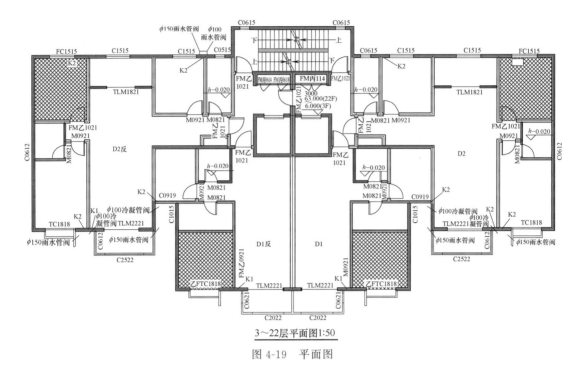

3~22层平面图1:50

图 4-19　平面图

3. 与墙板一体化的钢管混凝土联肢柱技术应用

与墙板一体化的钢管混凝土联肢柱，既提高了钢柱的抗侧力能力，又解决了住宅中钢柱外露的难题（图 4-20）。

图 4-20　与墙板一体化的钢管混凝土联肢柱技术应用照片

4. 双向叠合空心楼板组合扁梁楼盖技术应用

双向叠合空心楼板组合扁梁楼盖技术降低了楼盖高度，提升了楼盖刚度和使用舒适度，解决了住宅中钢梁外露的难题（图 4-21～图 4-23）。

5. 结构构件-保温-装饰一体化围护墙板技术应用

结构构件-保温-装饰一体化围护墙板技术既解决了外挂墙板与钢结构变形协调的问题，又解决钢构件冷桥问题（图 4-24、图 4-25）。

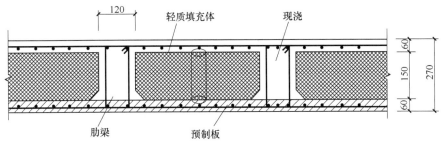

图 4-21　双向叠合空心楼板组合扁梁楼盖构造详图

图 4-22　双向叠合空心楼板组合扁梁楼盖施工过程（钢梁安装完成）

图 4-23　双向叠合空心楼板组合扁梁楼盖施工过程（密肋叠合板安装于钢梁下翼缘）

图 4-24　结构构件-保温-装饰一体化围护墙板技术应用实例

图 4-25　结构构件-保温-装饰一体化围护墙板接缝处理

6. 基于钢筋搭接连接的装配整体式混凝土剪力墙技术应用

基于钢筋搭接连接技术的 PC 装配式混凝土剪力墙结构成套技术，竖向钢筋在后浇段内实现搭接连接，后浇区域采用等标号混凝土浇筑，实现整体竖向连接，通过注浆孔可实现同层混凝土一次性浇筑（图 4-26）。该项技术具有以下优势：

① 钢筋连接质量检查直观、可靠；

② 不使用套筒，生产成本减少；

③ 安装快速精准、调整方便，施工效率高；

④ 可同层浇筑，施工进度有保证；

⑤ 构件采用工厂平模制作质量可控、后浇混凝土模板定型程度高。

7. 钢管混凝土隔板贯通节点技术应用

联肢梁与多肢柱采用隔板贯通节点（图 4-27），以减少隔板外露对建筑使用的影响，实现了节点区隔板不外露的效果。

图 4-26　核心筒装配整体式混凝土剪力墙施工照片　　　　图 4-27　钢管混凝土隔板贯通节点照片

五、钢框架-延性墙板（阻尼器）结构体系

该体系是由钢框架和延性墙板（阻尼器）构成，延性墙板包括钢板剪力墙、钢板组合剪力墙、内填竖缝混凝土剪力墙等；阻尼器包括金属阻尼器、摩擦阻尼器、黏滞阻尼器、黏弹性阻尼器等。延性墙板（阻尼器）的作用与屈曲约束支撑相似，既能提高刚度，又具有耗能能力，因而同样能够减小构件截面尺寸。但是钢框架-延性墙板（阻尼器）结构体系对建筑功能有更好的适应性，并且更有利于内外墙板的装配。

六、交错桁架结构

该结构体系是在钢框架结构体系的基础上，通过取消框架结构体系中间的柱子来增大结构的使用空间。同时为了不增大各个构件的截面尺寸，在框架的隔层增设腹杆形成桁架与钢框架组合的结构体系。由于在钢框架中增设腹杆形成桁架结构，进一步增强了结构的侧向刚度和竖向刚度，同时提高了结构的整体工作性能，进而实现了结构的大跨度。适用于各种具有内廊的住宅、旅馆和办公楼等建筑。

不同高度的钢结构住宅，可按照下列要求选择适宜的结构体系：

① 1～3 层钢结构住宅，可选择钢框架体系或冷弯薄壁型钢结构体系；

② 9 层及以下多层钢结构住宅，可选择钢框架结构体系、钢框架-支撑结构体系、钢框架-钢筋混凝土核心筒结构体系；

③ 10 层及以上钢结构住宅，可选择钢框架-支撑结构体系、钢框架-屈曲约束支撑或延

性墙板结构体系、钢框架-钢筋混凝土核心筒结构体系。

七、巨型结构

该体系是由巨型梁和巨型柱所组成的主结构与常规结构构件组成的次结构共同工作的一种高层建筑结构体系，包括巨型框架和巨型桁架等结构形式。该体系整体刚度大，体系灵活多样，有利于满足抗震需要。其中的次结构只是传力结构，故次结构中的柱子仅承受巨型梁间的少数几层荷载，截面可以做得很小，给灵活布置房间创造了有利条件。

八、筒体结构体系

该体系就是由若干片纵横交接的"密柱深梁型"框架或抗剪桁架所围成的筒状封闭结构。根据筒体的组成、布置和数量的不同，可将筒体结构分为框筒、筒中筒、桁架筒、束筒等。筒体结构是将密柱框架集中到房屋的内部和外围而形成的空间封闭式的筒体。其特点是抗侧刚度大，可以获得较大的自由分割空间，适用于层数较多的高层建筑。

第二节 ▶▶

钢结构构件的设计选型

装配式钢结构建筑选型设计应充分考虑装配式建筑的特点，宜实现标准化设计、工厂化生产、装配化施工、一体化装修、信息化管理、智能化应用。其中，构件选型重点关注模数化、标准化、产品化及成本最优化，对相似构件进行合理归并，实现标准化设计、标准化制作、标准化安装，以大批量的标准化构件来降低成本。

一、框架柱的设计

框架柱有多种：方钢管（或矩形管）、圆钢管、H 型钢、异型柱（L 形、T 形、十字形）等，可综合考虑建筑功能、布局方案、建筑效果、施工便利性、经济性等因素确定。

为实现经济性，也可选择填充混凝土的钢管柱，但需重点关注内灌混凝土的脱黏问题（图 4-28）。钢管混凝土受压柱内混凝土脱黏率大于 20％或脱黏空隙厚度大于 3mm 时，不宜考虑钢管对混凝土的约束作用。因此，选用钢管混凝土柱时应采取合理的措施保证质量，可采用的措施有：构造（管内设加劲肋、栓钉）；自密实混凝土的合理配比；采用微膨胀混凝土；试样先行。

装配式钢结构住宅建筑为避免露梁露柱，可采用隐式钢框架-支撑或延性墙板结构体系，将钢柱全部隐藏在建筑隔墙中。隐式钢框架结构是指框架

图 4-28　脱黏钻孔检测

柱采用长宽比 2～5 的矩形钢管混凝土柱的一种结构形式，钢柱截面宽度可取 150～200mm，截面长宽比不宜大于 5，截面较长时，应设置加劲肋、栓钉。隐式钢框架柱示意见图 4-29，典型隐式框架体系平面布置案例见图 4-30。

框架柱也可选用 H 型钢，其具有加工、安装方便的特点，但其弱轴方向侧向刚度较差，

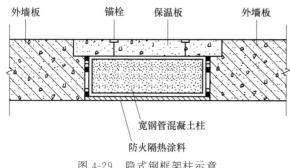

图 4-29 隐式钢框架柱示意

外墙板　锚栓　保温板　外墙板

宽钢管混凝土柱

防火隔热涂料

可以采用增设支撑的方式或在钢柱布置时进行强、弱轴的交替平衡。

二、框架梁的设计

钢框架梁宜选用窄翼缘的热轧 H 型钢。采用 H 型钢施工工艺简单、效率高，尽量避免设计异型的焊接 H 型钢，以免增加成本。

在低层和多层钢结构住宅中，采用高频焊接薄型 H 型钢具有较大的经济效益，其重量比普通热轧 H 型钢轻 20%～30%，其抗弯模量 W 值可增加 15%～25%。因此具有较好的力学特征，翼缘板平直，易于施工连接，节约钢材，降低了成本。

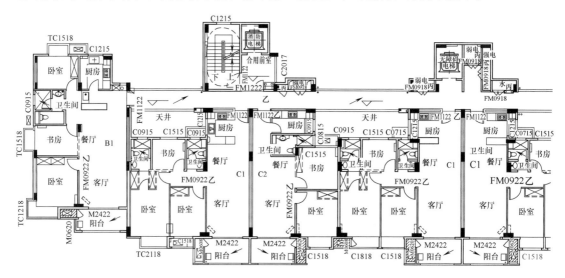

图 4-30　典型隐式框架体系平面布置案例

装配式钢结构住宅建筑为避免露梁，多采用窄翼缘 H 型钢或下翼缘窄、上翼缘宽的 H 型钢，通常梁的下翼缘取 150～200mm，保证钢梁可以隐藏在隔墙内，典型隐式框架梁柱节点参见图 4-31、图 4-32。

对于高端钢结构住宅项目，业主对室内净空的要求非常高，在楼面体系上遵循净高和结构安全性至上、经济性其次的原则，该情况下可采用梁板一体式钢结构体系，典型节点见图 4-33。

三、抗侧力构件的设计

装配式钢结构建筑的抗侧力构件可分为普通钢支撑、屈曲约束支撑、钢筋混凝土筒体（或剪力墙）、双层钢板内填混凝土组合剪力墙、纯钢板剪力墙、防屈

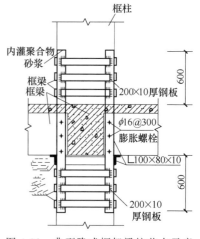

框柱

内灌聚合物砂浆

框梁

框梁

200×10厚钢板

φ16@300

膨胀螺栓

L100×80×10

200×10厚钢板

600

600

图 4-31　典型隐式框架梁柱节点示意

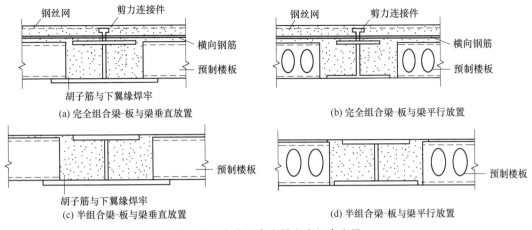

（a）完全组合梁-板与梁垂直放置
（b）完全组合梁-板与梁平行放置
（c）半组合梁-板与梁垂直放置
（d）半组合梁-板与梁平行放置

图 4-32　完全组合扁梁和半组合扁梁

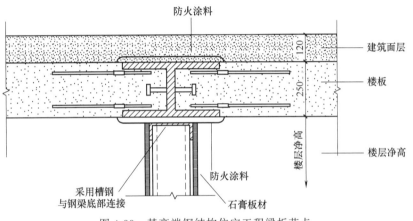

图 4-33　某高端钢结构住宅工程梁板节点

曲钢板剪力墙、黏滞阻尼器、黏滞阻尼墙等，可根据钢结构体系的需求进行选用。

1. 钢支撑与屈曲约束支撑

常见钢框架-支撑体系包括普通支撑框架、偏心支撑框架、屈曲约束支撑框架等。普通支撑框架宜采用交叉支撑，也可采用人字支撑或者单斜杆支撑，不宜采用 K 形支撑，支撑框架间的楼盖长宽比不宜大于 3。偏心支撑应形成有效的消能梁段，在弹性阶段应有足够的刚度，在弹塑性阶段有良好的耗能作用，是适合强震区采用的支撑。屈曲约束支撑框架在结构中部分或者全部采用防屈曲约束支撑，宜采用人字支撑或者成对布置的单斜杆支撑，可以灵活地调整支撑强度和刚度的相对关系，并具有更稳定的承载能力和良好的耗能性能。

偏心支撑具有弹性阶段刚度接近中心支撑框架，弹塑性阶段的延性和消能能力接近于延性框架的特点，是一种良好的抗震结构。偏心支撑框架的设计原则是强柱、强支撑和弱消能梁段，即在大震时消能梁段屈服形成塑性铰，且具有稳定的滞回性能，即使消能梁段进入应变硬化阶段，支撑斜杆、柱和其余梁段仍保持弹性（图 4-34）。

在弹性阶段，屈曲约束支撑与普通支撑相当。进入中大震阶段时，屈曲约束支撑首先屈服耗能，起到"第一道防线"的作用，屈服顺序为：屈曲约束支撑-框架梁、普通支撑-框架柱，从而建立了更为合理的屈服耗能机制。在整个过程中，整体结构刚度有序逐步退化，保证了关键构件的性能，充分发挥了耗能构件的耗能作用，从而也体现了钢结构的延性优势。

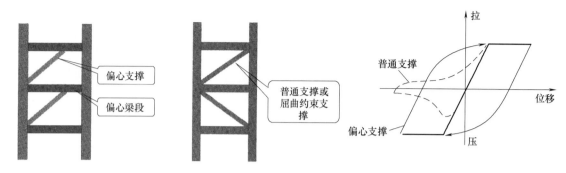

图 4-34　偏心支撑与普通支撑的滞回性能比较

钢支撑的布置原则如下。

（1）钢支撑应双向布置，但住宅建筑平面单元布置复杂，门窗开洞较多，且应考虑用户对隔墙灵活分隔的要求，支撑宜布置在楼梯、电梯间。

（2）12 层及以下的住宅钢结构可采用中心支撑，当采用钢管柱时，尚应注意支撑通过节点板时对钢管壁产生拉力，管壁局部存在较大的拉应力区，应采取加强环等可靠措施。

（3）12 层以上的住宅钢结构宜采用偏心耗能支撑，且应注意在耗能梁段上下翼缘设置可靠支撑措施。

（4）支撑形式可采用人字形支撑，或者单斜杆支撑，后者应按不同倾斜方向对称布置。

图 4-35　屈曲约束支撑

屈曲约束支撑是通过钢材的轴向拉压来消耗能量的元件，由内芯和约束部件构成。屈曲约束支撑既可以避免普通支撑拉压承载力差异显著的缺陷，又具有优良的耗能能力，充当主体结构中的"保险丝"，使得主体结构基本处于弹性范围内，可以全面提高传统的支撑框架在中震和大震下的抗震性能。对于有耗能需求的建筑，屈曲约束支撑一方面需要有足够的层间变形，另一方面需要有布置空间。屈曲约束支撑的基本构造如图 4-35 所示。支撑的中心是钢芯，钢芯在工作时仅承担拉、压力，截面形式一般有一字形、十字形、H 形、工字形以及矩形等，常见的为十字形。为避免钢芯受压时整体屈曲，即在受拉和受压时都能达到屈服，钢芯被置于一个钢套管内，然后在套管内灌注混凝土或砂浆。在芯材和砂浆之间设有一层无黏结材料或非常薄的空气层，允许钢芯在外包材料中伸缩。屈曲约束支撑利用低屈服和特种钢材性能在平面内的剪切变形及塑性累积，通过合理构造从而显著耗散地震动输入结构的能量，具有性能稳定、耐久性好、环境适应性强、维护费用较低等优点。

2. 双层钢板内填混凝土组合剪力墙

双层钢板内填混凝土组合剪力墙是钢板剪力墙的一种形式（图 4-36），其提高钢板剪力墙延性的途径是利用混凝土来约束钢板的屈曲变形。与钢支撑相比，钢板剪力墙刚度大、延性好，与建筑设计易协调，因此在高抗震设防烈度区，已经有部分钢结构住宅项目开始尝试采用钢板剪力墙作为抗侧力构件。但钢板剪力墙用钢量大，且加工制作要求高、施工难度大，多用于高层或超高层公共建筑。

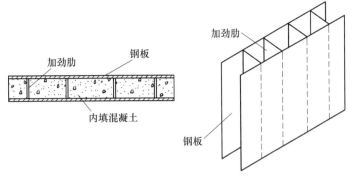

图 4-36　双层钢板内填混凝土组合剪力墙

3. 纯钢板剪力墙

纯钢板剪力墙是钢板剪力墙的一种形式，为防止钢板过早屈曲，可在钢板中开竖缝（图4-37），把墙板的变形由剪切转化为弯曲，以提高墙板的延性，目前这种剪力墙已成功应用于多个装配式住宅项目，比如某公寓项目（图4-38）。

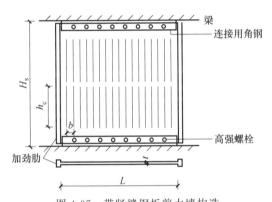

图 4-37　带竖缝钢板剪力墙构造

H_s—钢板高度；h_c—钢板加劲筋高度；

b—加劲筋间宽度；L—钢板长度；t—钢板厚度

图 4-38　带竖缝钢板剪力墙（某公寓）

4. 防屈曲钢板墙

钢板剪力墙是一种可内嵌在框架结构中的抗侧力构件，在正常使用情况下，它只承受水平剪力作用。普通钢板墙在水平剪力作用下易发生面外凸起形式的屈曲，屈曲后形成斜向拉力场，以拉力场中的拉力带来平衡水平力。由于拉力带只能承受拉力，另一斜向压力场中压力带的受压屈曲临界荷载一般远低于其屈服承载力，因此压力场很容易就会发生面外屈曲。而当反向作用时，需要先将之前已经发生面外屈曲的钢板带拉平后，才能形成拉力带，此时另一个斜向压力带也会同时产生面外屈曲，由于在这个过程中钢板剪力墙的抗侧刚度很小，因此滞回曲线会存在明显的捏拢。

防屈曲钢板墙指不会发生面外屈曲的钢板剪力墙，由承受水平荷载的钢芯板和防止在板面外发生屈曲的部件组合而成，是针对普通钢板剪力墙易发生面外屈曲而改进的新型抗剪力耗能构件。它的基本组成如图4-39所示，主要依靠钢板的面内整体弯剪变形来平衡水平剪力。作为核心抗侧力构件，以钢板制成，通过剪力键与面外约束部件相连，防止芯板面外屈曲，使钢板墙的受剪屈曲临界荷载大于其抗剪屈服承载力，从而钢板墙只会发生剪切屈服而不是剪切屈曲，大大改善了其抗震耗能能力。同时面外约束板件还可以作为钢板墙的防火保护。提高钢板的屈曲承载力，可以在芯材面外设置约束板，或在芯板上焊接加劲肋。通过合理的参数设计，可保证钢板墙在达到极限承载力之前都不会发生面外屈曲，此时钢板优先发生剪切屈服而耗能。相对于普通钢板剪力墙易整体剪切屈曲、滞回曲线捏拢严重的特点，防屈曲钢板墙不会发生整体剪切屈曲。滞回曲线饱满，耗能能力强。实验研究表明，防屈曲钢板墙与不设面外约束板件的普通钢板墙相比，初始刚度可提高 30％以上，承载力可提高 50％以上。典型防屈曲钢板墙的滞回曲线如图 4-40 所示。图 4-41 为上下两边连接防屈曲钢板墙的等效双支撑模型原理图。

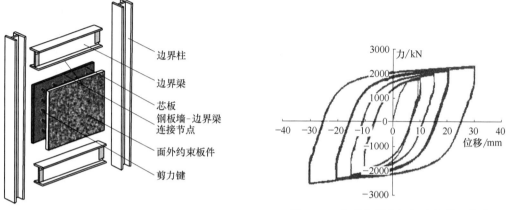

图 4-39　防屈曲钢板墙的基本组成　　　　图 4-40　典型防屈曲钢板墙的滞回曲线

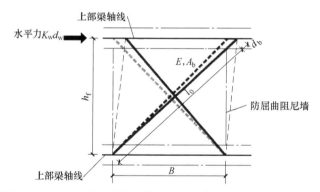

图 4-41　上下两边连接防屈曲钢板墙的等效双支撑模型原理图
阻尼墙参数（虚线部分）：K_w—阻尼墙抗剪切刚度；d_w—阻尼墙水平
位移；h_f—阻尼墙上下侧钢梁之间的轴线距离（层高）；B—阻尼墙宽度
等效交叉支撑简化模型参数（灰线部分）：l_0—支撑长度；d_b—支撑
轴向变形位移；A_b—支撑等效面积；E—支撑材料弹性模量

等效原则：交叉支撑形成的水平剪力-水平位移关系曲线与阻尼墙的剪力-位移关系曲线一致。

等效方法：用两个相互交叉的参数完全相同的支撑（BRW）模拟，BRW 的等效截面面积为：

$$A_b = \frac{K_w(h_f^2 + B^2)^{3/2}}{2EB^2}$$

式中各参数意义见图 4-41。

若进行弹塑性分析，则可根据原理图确定关键力的参数，如支撑的屈服力 N_{yb} 为：

$$N_{yb} = \frac{Q_y \sqrt{h_f^2 + B^2}}{2B}$$

式中 Q_y——为阻尼墙的屈服剪力；

其他参数意义见图 4-41。

确定了力、刚度等参数，支撑模型和阻尼墙的屈服位移、极限位移均可保持一致，即简化模型理论上与阻尼墙的输出效果一致。与普通防屈曲钢板墙不同的是，等效交叉杆模型拉压杆应力应变曲线无强化段（图 4-42）。

该类型防屈曲钢板剪力墙造价适当、性能可靠、平面布置灵活，在装配式钢结构体系中的应用具有广阔前景。

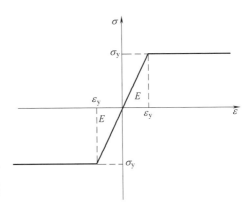

图 4-42　等效交叉杆模型拉压杆
应力应变关系曲线

σ—应力；ε—应变；σ_y—剪应力；

ε_y—剪应变；E—刚度（弹性模量）

5. 黏滞阻尼器

建筑结构中筒式黏滞阻尼器需设置在相对速度较大的位置，适用于高烈度区变形较大的钢结构体系。黏滞阻尼器是根据流体运动的机理，特别是根据当流体通过节流孔时会产生黏滞阻力的原理而制成的，是一种刚度、速度相关型消能器。一般由油缸、活塞、活塞杆、衬套、介质、销头等部分组成，活塞可以在油缸内作往复运动，活塞上设有阻尼结构，油缸内装满流体阻尼介质。当外部激励（地震或风振）传递到结构中时，结构产生变形并带动消能器运动，在活塞两端形成压力差，介质从阻尼结构中通过，从而产生阻尼力并实现能量转变（机械能转化为热能），以此达到减小结构振动反应的目的。黏滞阻尼器具有速度相关性，可不改变结构刚度分布，具有耗能能力强、外形美观等诸多优点，在建筑工程领域得到广泛运用。筒式黏滞阻尼器的组成见图 4-43，黏滞阻尼器的墙式安装方式如图 4-44 所示。

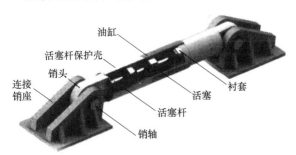

图 4-43　筒式黏滞阻尼器组成

6. 黏滞阻尼墙

黏滞阻尼墙（图 4-45）主要由悬挂在上层楼面的内钢板、固定在下层楼面的两块外钢板、内外钢板之间的高黏度黏滞液体组成。地震时上下楼层产生相对运动，从而使得上层内钢板在下层外钢板之间的黏滞液体中运动，产生阻尼力。黏滞阻尼墙具有如下特点：

① 耗能减震效率高，并且对风振和地震作用均能发挥作用；

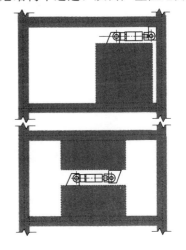

图 4-44　黏滞阻尼器的墙式安装方式

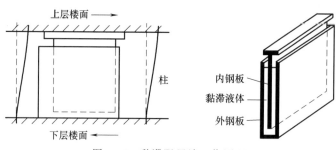

图 4-45 黏滞阻尼墙工作原理

② 安装简便，施工误差对耗能减震效果影响小，其他类型的阻尼墙由于需要附加支撑，增加了施工难度；并且施工误差会显著降低耗能减震效果；

③ 厚度较小，形状规则，安装后不影响建筑物美观；

④ 耐久性好，几乎不需要维护。

黏滞阻尼墙的安装方式如图 4-46 所示。

7. 墙板阻尼器

墙板阻尼器（图 4-47）主要用于减震设计，在日本已得到广泛的应用。上海宝钢 2014 年从日本引进，其工作原理是通过竖向钢管束之间的摩擦增大阻尼，减小地震作用。该产品减震效果较明显，成寿寺 3 号楼（地上 16 层高 49m，8 度抗震，Ⅲ类场地）采用了该技术，最大水平位移减少约 20%；该产品体积小，施工安装方便，宽度较小，易与建筑布局相协调。该产品的缺点是部分材料需要国外进口，价格较高。

图 4-46 黏滞阻尼墙安装

图 4-47 墙板阻尼器（成寿寺 B5 项目）

综合来看，该产品要在我国未来的高层建筑市场中占有一席之地，还需要做到以下 3 个方面：

① 设计理论和计算软件应尽快完善；

② 生产标准和施工验收规范应尽快配套；

③ 实现完全国产化，降低成本。

第三节 ▶▶

楼盖的设计选择

楼盖相当于水平隔板，提供足够的平面内刚度，可以聚集和传递水平荷载到各个竖向抗侧力结构，使整个结构协同工作。特别是当竖向抗侧力结构布置不规则或各抗侧力结构水平变形特征不同时，楼盖的这个作用更显得突出和重要。楼板用于连接水平构件和竖向构件，维系整个结构，保证结构具有很好的整体性及结构传力的可靠性。显然，楼盖对于建筑结构设计具有重要意义。

装配式钢结构建筑的楼盖可选用叠合楼板、不可拆底模钢筋桁架楼承板、可拆底模钢筋桁架楼承板、支模现浇楼板，在保证楼板与钢梁可靠连接的前提下，可考虑建筑功能、施工要求、成本控制等因素综合确定。各种楼板的优缺点见表4-1。装配式钢结构住宅宜采用可拆底模钢筋桁架楼承板。

表 4-1　各种楼板的优缺点

类型	优点	缺点
叠合楼板	整体性好，刚度大，节省模板，上下表面平整	竖向吊装多，占用起重机；拼缝常用吊模方式支模，地面平整度难保证；拼缝处支模费工费时；拆除难
免拆底模钢筋桁架楼承板	可实现立体交叉作业；节省拆模时间和人工成本；大量减少模板及脚手架用量	楼板底面是镀锌钢板，需二次装修；常发生梁面预焊栓钉与桁架筋冲突的情况；静电屏蔽
可拆底模钢筋桁架楼承板	大量减少现场钢筋绑扎；底模可回收利用；可立体交叉作业，多层楼板同时施工；大量减少模板及脚手架用量	底模拆除时比较费时费力；常发生梁面预焊栓钉与桁架筋冲突的情况

第四节 ▶▶

节点构造

国外装配式钢结构体系发展早于我国，国外人工费高，更多情况下，钢结构连接节点通常选用全螺栓式连接，较少选用焊接连接方式，日本和欧洲钢结构常用连接方式如图4-48、图4-49所示。

图 4-48　日本全螺栓式连接钢结构体系

图 4-49　欧洲全螺栓式连接钢结构体系

从结构角度讲，焊接和螺栓连接两种构造的主要差别是：
① 构造不同，传力方法不同，计算方法不同；
② 安装方式有很大的差别，螺栓连接快，且易拆卸；
③ 现场焊接受制约因素很多，质量不稳定；
④ 螺栓连接便于大批量工厂化生产，质量稳定；

⑤ 焊接连接的刚度较大，但其延性相对较差，地震中容易撕裂，抗震性能不如高强螺栓好。

梁柱连接可采用带悬臂梁段连接、翼缘焊接腹板栓接或全焊接形式；抗震等级为一、二级时，梁与柱的连接宜采用加强型连接；当有可靠依据时也可采用端板螺栓连接的形式。钢框架梁柱节点连接形式宜采用全螺栓连接，也可采用栓焊混合式连接或全焊接连接。梁柱连接采用带悬臂梁段连接、翼缘焊接腹板栓接的典型节点如图 4-50、图 4-51 所示（图中 h_f 为梁高），钢框架梁柱栓焊混合式连接节点如图 4-52 所示。

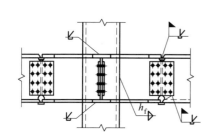

图 4-50　梁与箱形柱刚性连接

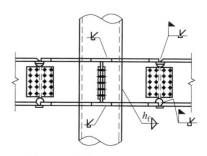

图 4-51　梁与圆形柱刚性连接

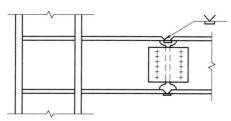

图 4-52　钢框架梁柱栓焊混合式连接节点

国外绝大多数现场安装采用螺栓连接，我国多采用栓焊混合连接方式，主要有以下原因。

① 中国人力资源相对便宜，焊接造价相比螺栓连接便宜。

② 中国焊接技术工人多，在实际工程中可以靠人多来弥补焊接速度慢的短板。

③ 螺栓连接对施工精度要求高，如精度不高很难保证螺栓 100% 穿孔，相对来说焊接容错性更高，堆焊缝总能连接上。但随着中国人力成本的逐年提高以及施工技术的提高，全螺栓连接应用呈逐年增加的趋势。

北京建筑大学张艳霞教授团队经过多年研发，提出了箱型柱内套筒式全螺栓节点（图 4-53），实现了竖向构件全螺栓连接、高效装配，且力学性能优异，具体设计方法见中国钢结构协会协会标准《多高层建筑全螺栓连接装配式钢结构技术标准》（T/CSCS 012—2021）。该新型全螺栓装配节点成功应用于首师大附中通州校区教学楼项目，典型工程照片见图 4-54。

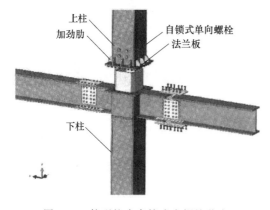

图 4-53　箱型柱内套筒式全螺栓节点

图 4-54　箱型柱内套筒式全螺栓节点实景图

第五节 ▸▸

钢结构的防护

钢结构工程在自然环境下会发生腐蚀，进而影响钢结构的承载力和耐久性，因此必须对钢结构进行防腐蚀涂装防护。钢结构除了应重视前期防腐设计外，尚应高度关注后期防腐蚀维护。建筑钢结构防腐蚀设计、施工、验收和维护应符合现行行业标准《建筑钢结构防腐蚀技术规程》（JGJ/T 251—2011）及国家现行有关标准的规定。

钢结构涂料涂装防腐设计流程一般为：涂装工艺设计（含钢材表面处理工艺）→涂层配套体系设计（包括腐蚀环境分析、防腐寿命确定、材料选用、工况条件、经济成本）→外观色彩设计。当同时存在防腐和防火要求时，涂层组合建议从里往外分别为"底漆→中间漆→防火涂料→封闭漆→面漆"或"底漆→防火涂料→封闭漆→面漆"。在防腐使用年限内应根据定期检查和特殊检查情况判断钢结构和其腐蚀是否处于正常状态。

建筑钢结构应根据其重要性、使用功能等与业主共同确定防腐设计使用寿命。防腐设计使用寿命见表4-2。

表4-2　防腐设计使用寿命

等级	防腐设计使用寿命/年	等级	防腐设计使用寿命/年
短期	2～5	长期	>15
中期	5～15		

建筑钢结构可根据所处环境及已选定的防腐设计寿命按表4-3选用涂装防腐设计配套。常用防腐涂层配套见表4-3。

表4-3　常用防腐涂层配套

使用范围	防腐设计寿命等级	除锈等级	涂层	涂料品种	干膜厚度/μm（涂装遍数）各涂层厚度	总厚	说明
一般城市环境	短期（如临时建筑等）	Sa2	底漆	（铁红）醇酸底漆	80（2遍）	160	涂装方案1（厚浆型漆也可一道成膜）
			面漆	醇酸面漆	80（2遍）		
		Sa2	底漆	（铁红）环氧底漆	60（1遍）	200	涂装方案2（较涂装方案1的性能更好）
			中间漆	环氧云铁	80（1遍）		
			面漆	聚氨酯	60（2遍）		
	中期	Sa2	底漆	环氧磷酸锌	60（1遍）	200	涂装方案3
			中间漆	环氧云铁	80（1遍）		
			面漆	聚氨酯	60（2遍）		
		Sa2 $\frac{1}{2}$	底漆	环氧富锌	50（1遍）	210	涂装方案4（较涂装方案3的性能更好）
			中间漆	环氧云铁	100（1遍）		
			面漆	聚氨酯或氟碳漆或聚硅氧烷面漆	60（2遍）		
	长期	Sa2 $\frac{1}{2}$	底漆	环氧富锌	70（1遍）	280	涂装方案5
			中间漆	环氧云铁	130（1遍）		
			面漆	聚氨酯或氟碳或聚硅氧烷面漆	80（2遍）		
		Sa3	底漆	无机富锌	70（1遍）	280	涂装方案6（较涂装方案5的性能更好）
			封闭漆	环氧涂料	30（1遍）		
			中间漆	环氧云铁	100（1～2遍）		
			面漆	聚氨酯或氟碳漆或聚硅氧烷面漆	80（2遍）		

使用范围	防腐设计寿命等级	除锈等级	涂层	涂料品种	干膜厚度/μm(涂装遍数)		说明
					各涂层厚度	总厚	
用水房间、干湿交替、游泳池等	短期	Sa2$\frac{1}{2}$	可采用涂装方案3,4				
	中期	Sa3	可采用涂装方案5,6				
	长期	Sa3	底漆	无机富锌	80(1遍)	360	涂装方案7
			封闭漆	环氧涂料	30(1遍)		
			中间漆	环氧云铁	170(2遍)		
			面漆	聚氨酯或氟碳漆或聚硅氧烷面漆	80(2遍)		
沿海(海边2公里内)或海岛等	短期	Sa3	可采用涂装方案5,6				
	中期	Sa3	可采用涂装方案7				
	长期	Sa3	底漆	热喷锌/铝	150	340	涂装方案8
			封闭漆	环氧树脂	30(1遍)		
			中间漆	环氧云铁	100(2遍)		
			面漆	聚氨酯或氟碳漆或聚硅氧烷面漆	60(2遍)		

注：表中防腐配套涂装方案给出的为典型示例，具体可根据工程特点调整。

钢结构防火设计包括：确定建筑的耐火等级及其构件的耐火极限；确定典型构件的荷载条件；根据防护条件选择防火保护措施（包括防火涂料、防火板材、水泥砂浆或混凝土等类型）；明确所选防火材料性能指标，非膨胀型防火涂料可用等效热阻（R_i）或等效热传导系数（λ_i）表征其性能，膨胀型防火涂料采用等效热阻（R_i）表征其性能，非轻质防火涂料或材料需要注明质量密度（ρ）、比热容（c）、导热系数（λ）等；对非膨胀型防火涂料应注明其设计膜厚（d_i）；还应注明防火保护措施的施工误差和构造要求等。

钢结构常用防火方法有喷涂（抹涂）防火涂料、包覆防火板、包覆柔性毡状隔热材料和外包混凝土、金属网抹砂浆或砌筑砌体等，详见表4-4。

钢结构住宅当要求梁柱不外露时，宜优先选择包封法进行防火保护。

表4-4 钢结构常用防火方法

类别	做法及原理	保护材料	适用范围
喷涂法	用喷涂机将防火涂料直接喷涂到构件的表面	各种防火涂料	任何钢结构
包封法	用耐火材料把构件包裹起来	防火板材、混凝土、砖、砂浆（挂钢丝网、耐火纤维网）、防火卷材	钢柱、钢梁
屏蔽法	把钢构件包裹在耐火材料组成的墙体或吊顶内	防火板材（注意接缝处理，防止蹿火）	钢屋盖

第六节 ▸▸

装配式钢结构建筑工业厂房体系的设计（案例说明）

工业建筑是指从事各类工业生产及直接为生产服务的房屋，一般称为厂房。工业建筑生产工艺复杂多样，在设计配合、使用要求、室内采光、屋面排水及建筑构造等方面，具有如下特点。

（1）厂房的建筑设计是在工艺设计人员提出的工艺设计图的基础上进行的，建筑设计应首先适应生产工艺要求。

（2）厂房中的生产设备多、体量大，各部分生产联系密切，并有多种起重运输设备通行，厂房内部应有较大的通畅空间。

（3）厂房宽度一般较大，或对多跨厂房，为满足室内、通风的需要，屋顶上往往设有天窗。

（4）厂房屋面防水、排水构造复杂，尤其是多跨厂房。

（5）单层厂房中，由于跨度大，屋顶及起重机荷载较重，多采用钢结构承重；在多层厂房中，由于荷载较大，广泛采用钢结构承重；特别高大的厂房或地震烈度高的地区厂房宜采用钢骨架承重。

（6）厂房多采用预制构件装配而成，各种设备和管线安装施工复杂。

一、项目概况

以某汽车部件项目工程为例，建筑内容包括一个厂房和一个门卫室。其中厂房东南侧布置 2 层的钢筋混凝土框架结构辅楼，作为办公楼。在厂房的西北侧布置 1 层的钢筋混凝土框架辅楼，作为设备用房。

单体厂房局部 2 层框架结构，钢板墙面局部砖墙围护及生产配套设施，钢柱和钢梁均为 H 型钢截面，屋面系统采用博思格产镀铝锌优耐板 AZ150 光板，强度 G300，厚度 ≥ 0.6mm，板型采用 470 型 360。卷边直立缝暗扣板，屋面坡度 5%。保温棉采用欧文斯科宁，厚度 100mm 超细玻璃棉 VR 贴面 [屋面加设多股镀锌钢丝网，密度为 16kg/m³，导热系数为 0.038W/(m·℃)]。外墙采用博思格产优压型钢板（白灰色），高肋板肋高 ≥ 25mm，肋间距 180~210mm，覆盖宽度 780~800mm。内墙板：博思格钢铁苏州产优耐型钢板（白灰色），多肋板肋高 12~15mm，肋间距 200~250mm，覆盖宽度 800~1000mm。

二、结构情况

（1）主体：基础工程、主体结构（钢结构）、砖墙围护（含外墙面及部分内墙面饰面装修）、门窗安装、室内外地坪、消防给排水工程、避雷接地。

（2）室外附属工程：室外排水、绿化用地平整、室外道路工程（含侧石及停车位）、污水系统及化粪池、管线预埋、卫生间内给排水、围墙工程等。

三、图纸会审

（1）先熟悉建筑图纸，建筑图从建筑设计说明开始，然后是建筑的平立剖和局部节点放大图，每一张图纸中任意一个节点要求详细、认真在电脑中建立起建筑模型。该工程包括一个厂房、一个门卫室。厂房为门式刚架，檐口建筑高度为 9m，屋面双坡，坡度 5%，厂房内 15t 起重机，屋面为单层彩钢板加采光板，门卫室为单层彩钢板弧形屋面等。这些信息都要从建筑图纸读取。

（2）熟悉结构图纸。结构图要求和建筑图一样，也是从结构设计说明开始，接着是结构平立剖、节点大样图等。结构设计说明包括如下内容。

① 工程概况：工程地点、地理情况、面积、跨度、起重机吨位和起重机工作制。

② 结构设计依据。

③ 图纸说明。

④ 建筑分类等级。

⑤ 一系列说明中提到的内容。结构图是钢结构深化设计的主要依据，也是车间加工和

安装构件数据的主要来源，包括所用材料的截面形式、材质、规格尺寸等。该公司为 H 型钢梁柱，材质为 Q345B，共 8 榀刚架，屋面选用 $\phi25$ 圆钢支撑、$\phi127\times4.0$ 圆管系杆、[$280\times70\times20\times2.5$ 屋面墙面檩条、双角钢柱间支撑、部分圆钢柱间支撑。

⑥ 轴外侧 6.55m×67.5m 大雨篷等部分信息由结构图中读出。

（3）熟悉施工合同。对于施工合同中的某些设计构件要求的条款，拆图人员一定要了解，合同中有些要求可能会与设计图纸不符，要按照合同要求做。该公司要求刚架及起重机梁喷两道环氧富锌底漆，漆膜总厚度 $65\mu m$，其余次钢采用镀锌处理，镀锌含量 $275g/m^2$，屋面采用单层博思格板、欧文斯科宁玻璃棉、VR 贴面、镀锌钢丝网现场复核屋面以及胶、自攻钉等都有指定的品牌。如有特殊的要求都会在合同中约定。

（4）进行图纸会审。图纸会审主要是拆图人员对图纸中的疑问提问，设计人员给予解答。主要包括结构图中表达不清的，位置尺寸矛盾的，结构和建筑中不一致的，都要在图纸会审中提出，由设计人员进行纸面的确认回复后方可进行下一步，如图 4-55 所示。另外若结构图纸的某些节点在加工或安装时无法施工或施工较困难，可以在图纸会审中提出，设计认可便可以修改。

图纸会审或审核记录

×××× 年××月××日　第1页

工程名称	×××	设计单位	×××	建设单位	×××
图纸名称图号	主要内容			解决问题	
结施	1.基础图上抗剪键不详细，是否按照刚架图中柱脚所示放置抗剪键？ 2.J轴柱脚锚栓布置图与钢柱图中不一致，①～⑳轴外侧孔距离，布置图为110，刚架图为60，⑳轴上孔的数量及位置都对应不上，应如何调整？ 3.桥架预留牛腿在钢柱腹板方向的节点是何种形式？槽钢交角处节点？ 4.GJ-7连接H450×300×8×12的剖面2-2是否应该为3-3？ 5.GJ-8屋面梁如何分段，分段位置及节点？			1.是，抗风柱也设置抗剪键 2.都以钢架为准 3.如附图一 4.是 5.参考GJ-1	
建设单位签章		设计单位签章			
施工单位签章		监理单位签章			

图纸会审或审核记录

×××× 年××月××日　第2页

工程名称	×××	设计单位	×××	建设单位	×××
图纸名称图号	主要内容			解决问题	
	6.屋面檩条双檩连接节点，可否修改为单面檩条开槽连接？ 7.①轴墙面⑪～⑫之间距洞口4698mm是否应该为4800mm？⑳轴标高-0.2m是否应该为-0.3m？ 8.①轴墙面小门的位置建筑与结构不符应该以哪个为准？ 9.Ⓐ轴⑨～⑩轴之间小门建筑与结构不符应该以哪个为准？ 10.雨篷拉杆的高度3200mm调整为2700mm？			6.可以 7.是 8.以建筑为准 9.以建筑为准 10.是 11.另外上吊车钢梯改为直爬梯；吊车车挡实测后进行加工；钢结构小门雨篷取消；⑬～⑳轴交Ⓗ～Ⓖ轴桥架取消，⑬轴防火墙两侧增加两道桥架	
建设单位签章		设计单位签章			
施工单位签章		监理单位签章			

图 4-55　图纸会审或审核记录

四、设计模型

建模采用 Xsteel 软件，Xsteel 是芬兰 Tekla 公司开发的钢结构详图设计软件，该软件先创建三维模型然后自动生成钢结构详图和各种报表。

（1）建轴线：根据结构图中（图 4-56）给出的轴线，在模型中输入数据，进行轴线的建模，如图 4-57 所示。

（2）刚架建模。该公司一期项目有 GJ-3 刚架 8 榀，GJ-6 刚架有 7 榀，其余刚架各 1 榀。

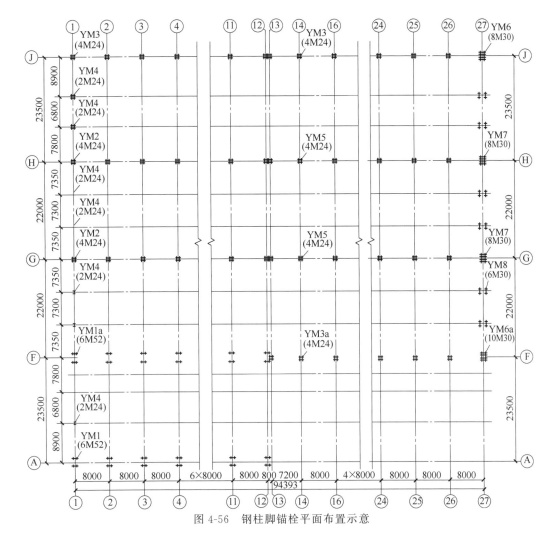

图 4-56　钢柱脚锚栓平面布置示意

GJ-1 比 GJ-2 多一排抗风柱，GJ-3 比 GJ-2 多屋面刚架，因此建模时由 GJ-2 开始建模。地脚锚栓、地胶垫片、钢柱、钢梁及相关节点都要在模型中 1：1 建好，标号和颜色进行区分。例如：钢柱构件编号为 Gz～＊，翼缘腹板零件编号为 ZH，其余零件编号为 ZP，钢梁也是类似编号。对于编号没有固定要求，只要能区分便可以，一般我们编号为构件的首字母，这样可以直观地判断出是哪部分的构件，另外地脚锚栓或地脚垫片等可以在模型中只见一种，然后在出图时进行数量的修改，但最好是按照实际用量建模，这样可以省去手动计算数量的步骤，省时省力。值得注意的是，钢柱和钢梁连接的节点，有部分加劲肋或者是连接板规格虽是一样的，但是也要加以区分编号，钢柱上焊接的

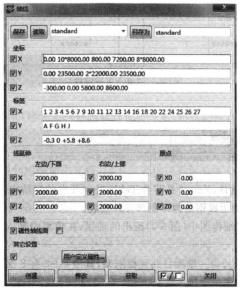

图 4-57　Xsteel 软件轴线命令

命名为 ZP，钢梁上焊接的命名为 LP，这样在出小件图时就不会出现钢柱的小件包含了钢梁的小件，两种零件在颜色上也要加以区分，这样就可以直观地看出编号的名称是否已经修改，不需要进一步点击审核。一般结构图在刚架图中会给出檩托板的布置，但是在建刚架模型时不要建檩托板，檩托板在建檩条时再建模。钢柱钢梁在建模过程中也要将构件按照出图的要求焊接好。对于一榀刚架检查无误后，包括板厚、截面大小、连接节点、零件构件编号

图 4-58　刚架建模

及焊接情况都检查好，对相同刚架进行复制，对不同刚架复制后进行修改。比如 GJ-2 建好后，复制到 GJ-1 的位置，在 GJ-1 上增加抗风柱的连接节点即可，其余刚架也按照同样的方式进行建模。刚架建模见图 4-58。

（3）起重机梁、水平支撑及柱间支撑的建模。一般刚架建模完成就要进行柱间支撑的建模，因为工期紧张时可能会要求分批出图，不能等到全部建完模以后再出图，柱间支撑连接板作为钢柱的一部分，要在钢柱出图时焊接在钢柱上。支撑和起重机梁建模时基本同刚架建模，严格按照设计图纸进行放样，编号一定要加以区分，焊在钢柱上的零件按照钢柱零件编号，其余构件重新编号。支撑为圆钢支撑时，要在钢梁或者钢柱腹板上开孔，建模孔时一般不用切割命令，而是用打螺栓的方式进行开孔。开孔为长圆孔，大小为 2 倍孔大小。圆钢支撑连接用花篮螺栓，在建模时不体现，在生成报表时录入。另外，在打螺栓时，如果是高强螺栓则需要两个垫片，在建模时在长度选项中将两个垫片的选项都勾选上，以保证螺栓列表中的长度准确。柱间支撑建模如图 4-59 所示。

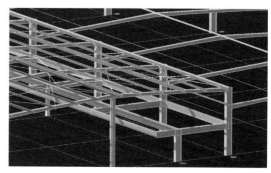

图 4-59　柱间支撑建模

（4）屋面檩条（图 4-60）、墙面檩条建模，屋面板、墙面板、天沟及采光板建模（图 4-61）。檩条在建模时应注意开孔的位置，一般与檩托板连接的孔采用长圆孔，而檩托板上的开孔仍然为圆孔，在建模时应注意区分。在檩条上要开孔连接拉条与斜拉条，开孔一般选用打螺栓的形式，拉条在建模时长度一定要满足要求，以便在出清单时准确无误。

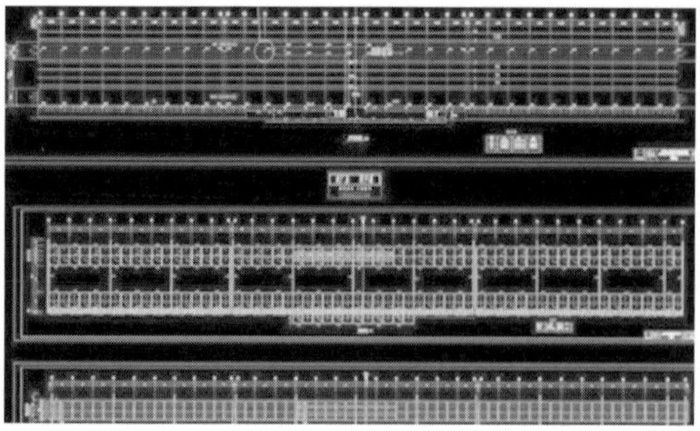

屋面板墙面板在建模时由一端向另一端进行，宽度为压型后的板宽，要充分考虑压型件的做法，彩板的长度一定要满足要求。采光板在建模时要考虑与压型钢板的搭接，按照实际情况进行建模。

五、设计详图

出图时也要分部进行，一般按结构部位

图 4-60　屋面檩条建模

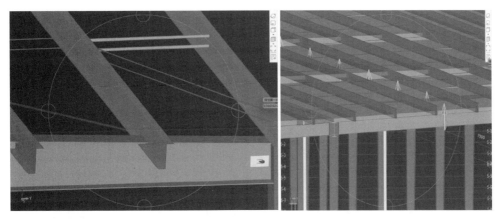

图 4-61 屋面板、墙面板、天沟及采光板建模

分为钢柱、钢梁、系杆、水平支撑、柱间支撑、起重机梁、檩条等分别出图，进行编号和碰撞校核，检查焊接情况。出图内容包括构件图、零件图及布置图，例如图 4-62～图 4-64 所示。

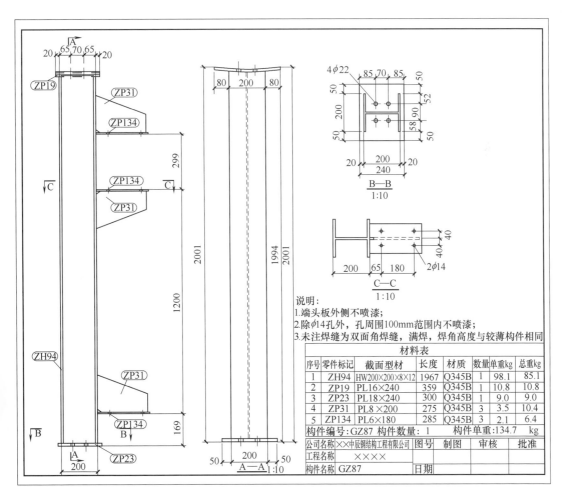

说明:
1.端头板外侧不喷漆;
2.除φ14孔外,孔周围100mm范围内不喷漆;
3.未注焊缝为双面角焊缝,满焊,焊角高度与较薄构件相同

材料表

序号	零件标记	截面型材	长度	材质	数量	单重kg	总重kg
1	ZH94	HW200×200×8×12	1967	Q345B	1	98.1	85.1
2	ZP19	PL16×240	359	Q345B	1	10.8	10.8
3	ZP23	PL18×240	300	Q345B	1	9.0	9.0
4	ZP31	PL8×200	275	Q345B	3	3.5	10.4
5	ZP134	PL6×180	285	Q345B	3	2.1	6.4

构件编号: GZ87	构件数量: 1		构件单重:134.7		kg
公司名称	××中辰钢结构工程有限公司	图号	制图	审核	批准
工程名称	××××				
构件名称	GZ87	日期			

图 4-62 钢柱详图

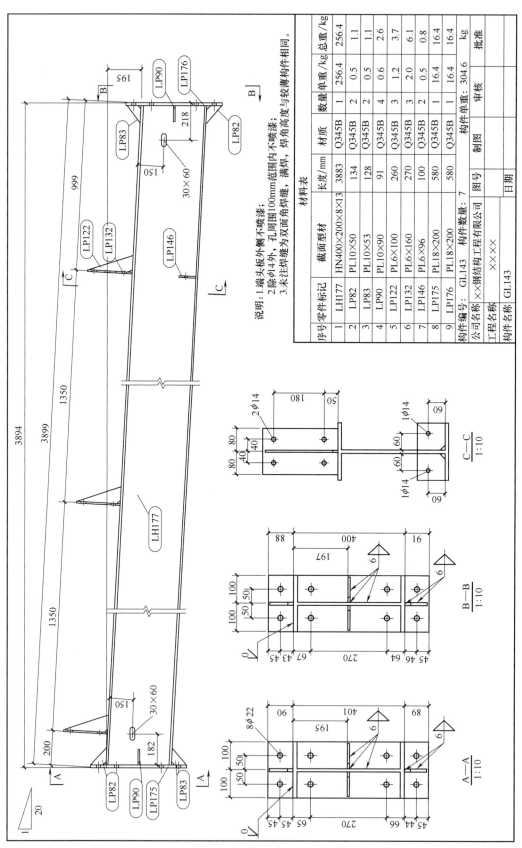

图 4-63　钢梁详图

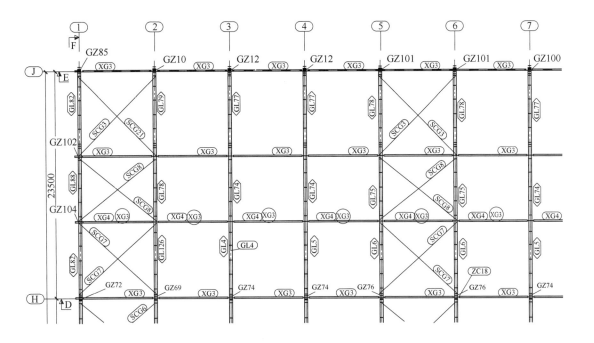

图 4-64　屋面结构布置图（局部）

第七节 ▶▶

装配式钢结构民用建筑体系的设计（案例说明）

　　民用建筑包括居住建筑（住宅、宿舍、公寓）及公共建筑（办公楼、商场、展览馆、旅馆、教育建筑、体育建筑、影剧院、博物馆等）。装配式钢结构民用建筑将结构系统、外围护系统、设备与管线系统、内装系统集成，实现建筑的完整功能和优良性能。装配式钢结构民用建筑遵循建筑全寿命期的可持续性原则，采取标准化设计、工厂化生产、装配化施工、一体化装修、信息化管理及智能化应用。

　　钢结构建筑具有安全、高效、绿色、节能减排、可循环利用的优势，具有便于实现标准化、部品化、工业化生产等特点。发展钢结构建筑是推进建筑业转型升级发展的有效路径。

　　钢结构与其他结构相比，在使用功能、设计、施工以及综合经济效益方面都具有优势，在民用建筑中应用钢结构的优势主要体现在以下几个方面。

　　（1）安全（提高建筑防灾减灾能力）。钢结构有较好的延性，在动力冲击荷载作用下能吸收较多的能量，可降低脆性破坏的危险程度，因此其抗震性能好，尤其在高烈度震区，使用钢结构更为有利。

　　（2）钢结构建筑产业化程度高，有利于推动我国建筑行业的现代化发展，促进生产力进步。产业生产关联度高，能够带动冶金、机械、建材以及其他相关行业的发展。

　　（3）建筑领域钢结构建筑是建设"资源节约型、环境友好型、循环经济、可持续发展社会"的有效载体，优良的钢结构建筑是"绿色建筑"的代表。

　　① 节能：钢结构部件及制品均轻质高强，建造过程大幅减少运输、吊装能源消耗。

② 节地：钢结构"轻质高强"的特点，易于实现高层建筑，可提高单位面积土地的使用效率。

③ 节水：钢结构建筑以现场装配化施工为主，建造过程中可大幅减少用水及污水排放，节水率80%以上。

④ 节材：钢结构高层建筑自重为$900\sim1000kg/m^2$，传统混凝土为$1500\sim1800kg/m^2$，其自重减轻约40%。可大幅减少水泥、沙石等资源消耗；降低地基及基础技术处理难度，同时减少地基处理及基础费用约30%。

⑤ 环保：装配化施工，降低施工现场噪声扰民、废水排放及粉尘污染，绿色建造，保护环境。

⑥ 主材回收与再循环利用：建筑拆除时，钢结构建筑主体结构材料回收率在90%以上，较传统建筑垃圾排放量减少约60%（建筑垃圾约占全社会垃圾总量的40%）。并且钢材回收与再生利用可为国家作战略资源储备；同时减少建筑垃圾填埋对土地资源占用和垃圾中有害物质对地表及地下水源的污染等。

⑦ 低碳建造：实际统计，建造钢结构建筑CO_2排放量约为$480kg/m^2$，较传统混凝土碳排放量$740.6kg/m^2$降低35%以上。

装配式钢结构民用建筑具有强度高、质量轻、工期短、抗震性能好、工业化程度高等明显优势，是未来装配式建筑发展的理想载体。

一、装配式钢结构民用建筑主体结构设计

装配式钢结构民用建筑指由在工厂制造加工的钢构件作为基础结构构件，选用组合楼板或预制叠合楼板，并附加内、外墙板，在现场完成组装的建筑结构，结构部分主要由主体结构体系、楼板结构体系、围护结构体系构成。

1. 主体结构体系

钢结构建筑主体结构体系选型，可根据实际情况选用。

（1）低、多层钢结构体系

① 3层以下：采用钢框架、轻钢龙骨（冷弯薄壁型钢）体系。

② 4～6层：采用钢框架结构体系。

③ 7～10层（28m以下）：采用钢框架或钢框架-支撑体系，优先采用交叉支撑。

（2）高层钢结构体系

① 钢框架-支撑结构体系。

② 筒体结构体系：框-筒体系、筒中筒体系、桁架筒体系、束筒体系等。鉴于国内建设量最多的为多、高层建筑，结构体系多采用框架体系、钢框架-支撑体系及框架-筒结构体系。

（3）结构构件选型。结构构件（梁、柱、支撑）宜选用能高效利用截面刚度、代替焊接截面的各类高效率结构型钢（冷弯或热轧各类型钢），如热轧H型钢、冷弯矩型钢管等。

（4）梁柱连接节点形式。梁柱连接时推荐采用柱横隔板贯通式连接，相对于内隔板式连接节点，避免了柱壁内外两侧施焊引起柱壁板变脆的缺陷，柱壁不会发生层状撕裂，提高了节点的抗震性能（图4-65）。同时解决柱壁板较薄时（<16mm），内隔板式连接节点的制作难题，同时利于梁柱节点实现工业化生产。

2. 楼板结构体系

随着钢结构的应用发展，与主体结构相适用的楼板结构体系不断丰富，除压型钢板组合楼板外，近年来，钢筋桁架组合楼板应用越来越普遍。同时，根据各地实际情况，装配整体式钢筋混凝土叠合楼板也在钢结构上得到应用。

钢筋桁架组合楼板体系（图 4-66）的主要特点为：

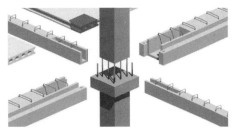

图 4-65　梁柱连接节点

① 不需模板，施工安装方便、快捷，节约工期 30％；

② 现场钢筋绑扎量减少 50％～70％；

③ 楼板双向刚度相近，提高整体抗震性能；

图 4-66　钢筋桁架组合楼板体系

④ 实现多层楼板同时施工；

⑤ 钢筋排列均匀提高施工质量。

3. 围护结构体系

围护结构体系包括内隔墙和外围护墙。

内隔墙应根据隔声、防火要求及综合造价等因素合理选用，常用种类包括蒸压加气混凝土条板、蒸压加气混凝土砌块、轻质混凝土条板、轻钢龙骨隔墙等。

相比内隔墙，外围护墙对外墙的耐久、隔声、防火、密闭性、保温等功能要求更高。严寒地区，由于单一墙体材料难以满足外墙的全部要求，如保温隔热、防水隔汽、隔声等性能要求，常常需要复合一些功能材料，以辅助提高外墙的整体性能。

二、详图设计

结构工程师在进行结构设计时，首先要看懂建筑施工图，了解建筑师的设计意图以及建筑各部分的功能与做法，并且与建筑、水、暖、电、勘察等各专业密切配合。不管是混凝土结构，还是钢结构或其他结构工程，建筑的建造均要经过两个阶段：设计阶段、施工阶段。为施工服务的图样称为施工图。

由于专业的分工不同，一套完整的施工图一般分为建筑施工图（简称建施）、结构施工图（简称结施）、设备施工图（简称设施）、电气施工图（简称电施）、给水排水施工图（简称水施）、采暖通风施工图（简称暖施）。其中，各专业的图纸应按图纸内容的主次关系、逻辑关系，并且遵循"先整体、后局部"以及施工的先后顺序进行排列。图纸的编号通常称为图号，其编号方法一般是将专业施工图的简称和排列序号组合在一起，如建施-1、结施-2 等。

图纸目录应包括建设单位名称、工程名称、图纸的类别及设计编号，各类图纸的图号、图名及图幅的大小等，其目的是便于查阅。

1. 设计的内容及要求

建筑结构设计内容包括计算书和结构施工图两大部分。计算书以文字及必要的图表详细记载结构计算的全部过程和计算结果，是绘制结构施工图的依据。结构施工图以图形和必要的文字、表格描述结构设计结果，是工厂深化设计及加工制作构件、施工单位现场结构安装的主要依据。结构施工图一般有基础图（含基础详图）、上部结构的布置图和结构详图等。具体地说包括结构设计总说明、基础平面图、基础详图、柱网布置图、各层（包括屋面）结构平面图、框架图、楼梯（雨篷）图、构件及节点详图等。

结构施工图主要表达结构设计的内容，它是表示建筑物各承重构件（如基础、承重墙、柱、梁、板、屋架等）布置、形状、大小、材料、构造及其相互关系的图样。它还要反映其他专业（如建筑、给水排水、暖通、电气等）对结构的要求。结构施工图主要用来作为施工放线、挖基槽、支模板、绑扎钢筋、设置预埋件和预留孔洞、浇捣混凝土，安装梁、板、柱等构件以及编制预算和施工组织设计等的依据。

钢结构的施工图数量与工程大小和结构复杂程度有关，一般十几张至几十张乃至几百张。施工图的图幅大小、比例、线型、图例、图框以及标注方法等要依据《房屋建筑制图统一标准》（GB/T 50001—2017）和《建筑结构制图标准》（GB/T 50105—2010）进行绘制，以保证制图质量，符合设计、施工和存档的要求。图面应清晰、简明、布局合理、看图方便。

（1）结构设计总说明。结构设计总说明是结构施工图的前言，一般包括结构设计概况、设计依据和遵循的规范，主要荷载取值（风、雪、活荷载以及抗震设防烈度等），材料（钢材、焊条、螺栓等）的牌号或级别，加工制作、运输、安装的方法、注意事项、操作和质量要求，防火与防腐，图例以及其他不易用图形表达或为简化图面而改用文字说明的内容（如未注明的焊缝尺寸、螺栓规格、孔径等）。

结构设计总说明要简要、准确、明了，要用专业技术术语和规定的技术标准，避免漏说、含糊及措辞不当。否则，会影响钢构件的加工、制作与安装质量，影响编制预决算进行招标投标和投资控制以及安排施工进度计划。

（2）基础平面图。基础平面图是表示建筑物室内地面以下基础部分的平面布置和详细构造的图样，它是施工时放线、开挖基坑和施工基础的依据。基础平面图通常包括基础平面图和基础详图。

① 基础平面图。基础平面图是表示基础在基槽未回填时平面布置的图样，主要用于基础的平面定位、名称、编号以及各基础详图索引号等。基础平面图中必须标明基础的大小尺寸和定位尺寸。基础代号注写在基础剖切线的一侧，以便在相应的基础断面图中查到基础底面宽度。基础的定位尺寸也就是基础墙、柱的轴线尺寸。基础平面图的主要内容如下。

a. 图名、比例。

b. 纵横定位轴线及其编号。

c. 基础的平面布置，即基础墙、构造柱、承重墙以及基础底面的形状、大小及其与轴线的关系。

d. 基础梁的位置和代号。

e. 断面图的剖切线及其编号。

f. 轴线尺寸、基础大小尺寸和定位尺寸。

g. 施工说明。

h. 当基础底面标高有变化时，应在基础平面图对应部位的附件画出一段基础垫层的垂直剖面图，来表示基底标高的变化，并标注相应的基底标高。

② 基础详图。基础详图一般采用垂直断面图来表示，主要绘制各基础的立面图、剖

（断）面图，内容包括基础组成、做法、标高、尺寸、配筋、预埋件、零部件（钢板、型钢、螺栓等）编号，基础详图的主要内容如下。

  a. 图名、比例。

  b. 基础断面图中轴线及其编号。

  c. 基础断面形状、大小、材料、配筋。

  d. 基础梁和基础拉梁的截面尺寸及配筋。

  e. 基础拉梁与构造柱的连接做法。

  f. 基础断面详细尺寸，锚栓的平面位置及其尺寸和室内外地面、基础垫层底面的标高。

  g. 防潮层的位置和做法。

  h. 施工说明。

  （3）结构平面图。结构布置图是表示房屋上部结构布置的图样。在结构布置图中，采用最多的是结构平面图的形式。它是表示建筑物室外地面以上各层平面承重构件布置的图样，是施工时布置或安放各层承重构件的依据。

  从 2 层到屋面，各层均需绘制结构平面图。当有标准层时，相同的楼层可绘制一个标准结构平面图，但需注明从哪一层至哪一层及相应标高。楼层结构平面图的内容包括梁柱的位置、名称、编号、连接节点的详图索引号，混凝土楼板的配筋图或预制楼板的排板图，有时也包括支撑的布置。

  （4）屋顶结构平面图。屋顶结构平面图是表示屋面承重构件平面布置的图样，其内容和图示要求与楼面结构平面图基本相同。由于屋面排水的需要，屋面承重构件可根据需要按一定的坡度布置，并设置天沟板。此外，屋顶结构平面图中常附有屋顶水箱等结构以及上人孔等。

  （5）钢结构其他详图。构件图和节点详图应详细注明各构件的编号、规格、尺寸，包括加工尺寸、拼装定位尺寸、孔洞位置等。

  楼梯图和雨篷图分别用来绘制楼梯和雨篷的结构平、立（剖）面详图，包括标高、尺寸、构件编号（配筋）、节点详图等。

  材料表用于配合详图进一步明确各构件的规格、尺寸，按构件（并列出构件数量）分别汇列其编号、规格、长度、数量、质量和特殊加工要求，为下一步深化设计提供依据，为材料准备、零部件加工、保管以及技术指标统计提供资料和方便。

  （6）施工图绘制。多层钢结构设计施工图主要包括结构设计总说明、柱平面布置图、结构平面布置图、支撑布置图、柱梁截面选用表和节点详图等。

  2. 施工详图设计基本原则

  （1）施工详图设计必须符合原设计图纸，根据设计单位提出的有关设计要求，对原设计不合理内容提出合理化建议，所做修改意见经原设计单位书面认可后方可实施。

  （2）钢结构施工详图设计单位出施工详图必须以便于制作、运输、安装和降低工程成本为原则。

  （3）原设计单位要求详图设计单位补充设计的部分，如节点设计等，详图设计单位需出具该部分内容设计计算书或说明书，并通过原设计单位签字认可。

  （4）钢结构施工详图为直接指导施工的技术文件，其内容必须简单易懂，尺寸标注清晰，且具有施工可操作性。

  3. 施工详图设计的内容

  （1）节点设计。详图设计时参照相应典型节点进行设计；若结构设计无明确要求时，同种形式的连接可以参照相应典型节点；若无典型节点，应提出由原设计确定计算原则后由施工详图设计单位补充完成。

（2）施工详图设计。详图基本由图纸目录、相关说明、平面定位图、构件布置图、节点图、预埋件图、构件详图、零件图等几部分组成，其中还应包括材料统计表和汇总表（包括高强度螺栓、栓钉统计表）、标准做法图、索引图和图表编号等。

① 施工详图上的尺寸应以 mm 为单位，标高单位为 m，标高为相对标高。

② 在设计图没有特别指明的情况下，高强度螺栓孔径按现行《钢结构高强度螺栓连接技术规程》（JGJ 82—2011）选用。

（3）构件布置图。构件布置图主要提供构件数量位置及指导安装使用。施工详图中的构件布置图方位一定要与结构设计图中的平面图一致。构件布置图主要由总平面图、纵向剖面图、横向剖面图组成。

（4）构件详图，至少应包含以下内容：

① 构件细部、质量表、材质、构件编号、焊接标记、连接细部和锁口等；

② 螺栓统计表、螺栓标记、直径、长度、强度等级，栓钉统计表；

③ 轴线号及相应的轴线位置；

④ 布置索引图；

⑤ 方向；构件的对称和相同标记（构件编号对称，此构件也应视为对称）；

⑥ 图纸标题、编号、改版号、出图日期；

⑦ 加工厂、安装单位所需要的信息。

（5）根据施工要求，对于下述部位应选取节点绘制：

① 较复杂结构的安装节点；

② 安装时有附加要求处；

③ 有代表性的不同材料的构件连接处，当连接方法不相同或不类似时，需一一表示；

④ 主要的安装拼接接头，特别是有现场焊接的部位。

（6）整个结构和每根构件的紧固螺栓清单，应包括：

① 螺栓（直径、长度、数量、强度等级），螺栓长度的确定方法必须严格遵循现行《钢结构高强度螺栓连接技术规程》（JGJ 82—2011）；

② 构件编号、详图号。

（7）图纸清单内容如下。

① 应注明构件号、详图号、数量、质量、构件类别、改版号、提交日期。

② 图纸上书写的文字、数字和符号等均应清晰、端正、排列整齐，标点符号应清楚正确，所有文字、资料、清单、图纸均使用简体中文。

（8）构件清单。应注明构件编号、数量、净重和类别。

4. 图纸提交与验收

（1）施工详图设计单位提供给钢结构安装单位的施工详图必须经过自己单位内部自审、互审和专业审核，再由技术负责人批准后才能提交给钢结构安装单位，经过钢结构安装单位审查后，整理并报审设计院及业主。送审图纸一般提供电子档和 A3 白图 1 套。

（2）钢结构安装单位根据钢结构设计图、相关标准对详图设计单位的施工详图进行审核；审核时如发现问题，应通知详图设计单位及时予以修改。

（3）钢结构施工详图设计工期：施工详图的提交必须满足工程实施的现场施工进度和加

工厂制作、连续供货要求。

（4）钢结构施工详图的提交：详图设计单位按照施工单位、设计院及业主意见对详图进行修改，并经设计单位签字确认后，向钢结构施工单位提供正式版蓝图以及相关技术文件资料。钢结构施工单位确认无误后签收。

5. 设计修改

施工详图的设计必须完全依据原钢结构设计图，不得随意更改。如原结构设计中发生了修改或者详图在设计中出现错误、缺陷和不完善等问题，其详图必须进行相应修改，修改以设计修改（变更）通知单或升版图的形式发放。

（1）无论何种原因需对原详图进行修改，均按以下方式进行。

① 所绘图纸必须填写版本号，初版为 0 版本，对于图纸的每一次升版，都应加上云线与版次，目录和构件清单也做相应的升版，在同一张图中进行第二次升版时，应删除前一版的云线。

② 在修改记录栏内写明修改原因、修改时间，并应有修改和校审人员签名。

③ 更改版本号。

（2）图纸目录必须与同时发放的图纸一致，若图纸升版，目录也必须相应升版。

（3）所有图纸均按最新版本进行施工。

（4）图纸换版后，旧版图纸自动作废。

6. 常用软件

钢结构详图设计软件发展迅速且不断改进，目前常用软件有 AutoCAD，Xsteel（Tekla Structures）等。

（1）AutoCAD 软件。AutoCAD 是现在较为流行、使用很广的计算机辅助设计和图形处理软件。首先，按建筑轴线及结构标高进行杆件中心线空间建模；其次，杆件断面进行实体空间建模，并按杆件受力性能划分主次，使次要杆件被主要杆件裁切，从而自动生成杆件端口的空间相交曲线；最后形成施工详图。

（2）Xsteel 软件。Xsteel（Tekla Structures）是一套多功能的详图设计软件，具有三维实体结构模型与结构分析完全整合、三维钢结构细部设计、三维钢筋混凝土设计、项目管理、自动生产加工详图、材料表自动产生系统的功能。三维模型包含了设计、制作、安装的全部资讯需求，所有的图面与报告完全整合在模型中产生一致的输出文件，可以获得更高的效率与更好的结果，让设计者可以在更短时间内做出更正确的设计。

强化了细部设计相关功能的标准配置，用户可以创建任意完整的三维模型，可以精确地设计和创建出任意尺寸的、复杂的钢结构三维模型，三维模型中包含加工制作及现场安装所需的一切信息，并可以生成相应的制作和安装信息，供所有项目参与者共享。

钢结构施工详图设计由 Xsteel 软件建立三维实体模型后，生成 CAD 的构件和零件图，用 CAD 正式出图。

7. 施工详图设计管理流程

施工详图设计一般由总工程师负责具体安排施工详图设计工作，由总工办进行综合协调和控制，以确保设计的完整、优质、对接良好等。施工详图设计单位应在整个施工详图设计开始之前充分理解原设计意图和具体要求，并与设计单位、业主、监理等充分沟通和协商，达成一致后才进行正式的施工详图设计。

8. 施工详图设计审查

钢结构施工详图设计要严格执行"二校三审"制度，各级审查人员承担相应的责任。

【某装配式钢结构住宅项目】

1. 工程概况

×××市钢结构住宅项目，为一栋高层住宅，地上 25 层、地下 2 层。小区鸟瞰图见图 4-67，单体外立面见图 4-68。地上标准层层高为 2.9m，地下层高为 2.9m。总计建筑面积约 2.10 万平方米。

图 4-67　小区鸟瞰图

图 4-68　单体外立面

抗震设防烈度 8 度，设计基本地震加速度 0.20g，基本风压 0.45kN/m²，基本雪压 0.4kN/m²，地面粗糙度类别为 B 类。

2. 工程承包模式

本工程采用设计施工总承包模式（EPC），总承包方为中国建筑标准设计研究院。

3. 建筑体系设计

（1）户型设计。本项目要求在报规阶段将其中一栋楼改为装配式钢结构示范住宅。在进深、面宽、套型面积均已受限制的条件下，将原剪力墙体系设计的户型调整为适用于钢结构的框架体系户型。项目位于寒冷地区，原方案明厨明卫，优化后的户型体形系数减小，更为节能，同时尽可能做到多数厨卫有窗（图 4-69）。

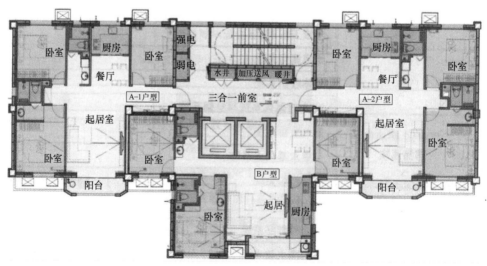

图 4-69　户型设计

（2）技术方案。根据《装配式钢结构建筑技术标准》（GB/T 51232—2016）规定，本工程按照结构系统、外围护系统、设备与管线系统和内装系统四大体系协同设计并制订技术方案（表4-5～表4-8）。

表4-5　建筑长寿化

类　别	内　容
主体耐久性	结构系统使用年限50年设计
	围护结构的基层及连接件与结构系统同寿命
立面装修耐久性	高耐久性涂料
	门、窗、遮阳的耐久性
	窗下披水板
长期维护性	设备管线长期维护更新便捷
	综合检修系统

表4-6　建造工业化

类　别			内　容
主体工业化			冷弯薄壁型钢柱
			热轧工字钢梁
			钢筋桁架楼承板技术
			预制楼梯、阳台板、空调板
外围护系统工业化			屋面保温防水一体化
			成品蒸压加气混凝土板
内装工业化	七大内装分离与集成技术		局部架空地板集成技术
			轻钢龙骨吊顶集成技术
			树脂螺栓双层墙面与内保温集成技术
			轻钢龙骨隔墙集成技术
			双层墙面与复合耐久性内保温集成技术
			干式地暖集成技术
			单立管同层排水技术
			管线分离与集成技术
	产业化、模块化部品系统		集成卫浴系统
			集成厨房系统
			整体收纳系统
			24小时新风系统与空调系统
			烟气直排系统
			分集水器供水系统
			故障检修系统
			洗衣机托盘
			适老性部品系统
			户内净水软水系统
科学化管理			工业化样板间先行提供技术整体解决方案
			工法展示区
			内装设计同步深化

表4-7　品质优良化

类　别		内　容
适用性能	室外环境性能优化技术	全气候室外步行系统设计与技术
		环境空间综合设计与集成技术
		智慧社区（小区广播系统；视频安防监控系统；周界安防系统；电子巡查系统；建筑设备监控系统）
	户内空间性能优化技术	大空间结构体系
		智慧家居（灯光、窗帘、背景音乐、空调温度等远程控制）
		分体空调的设置与安装

类 别		内 容
户内安全性能		入侵报警;紧急求助报警;可燃气体报警系统
适老化通用性能	公共空间适老性技术	无障碍室外场所与通道系统
		无障碍单元入口与通道系统
		无障碍停车系统
		通用性健身场所系统
		通用性垂直交通系统
	套内空间适老性技术	适老化通用型入口
		适老化通用型带收纳功能门厅
		通用型可开敞式厨房
		适老化通用型卫生间
		无高差室内地面
		充分方便的收纳
		开关插座适老化
		起居空间适老化
		应急呼叫设备系统

表 4-8 绿色低碳化

类 别		内 容
节能与可再生能源利用	节能技术	体形系数与窗墙比控制技术
		节能外窗
		外窗遮阳百叶节能集成技术
		公共区域节能灯具的应用
		分项计量(用水、用电、用气、采暖)技术
		被动节能技术
	可再生能源	太阳能光伏发电利用集成技术
		太阳能热水集成技术
		户式空气源热泵热水
节水与水能源利用	节水技术	设备管线集约化集成技术
		节水器具选用
	水资源利用	分质排水与中水利用技术
		雨水回收利用(收集、处理和供给)技术
		环保性透水地砖应用技术
		景观水循环利用技术
节能与室外环境利用		地下空间合理利用技术(光导纤维照明)
节材与材料资源利用		土建装修一体化整合家居解决技术
		废弃材料利用解决技术(用于景观道路铺装等)

4. 结构系统设计

(1) 项目的整体指标如下。

① 层间位移角为:

地震作用下 X 向最大层间位移角 1/393;

地震作用下 Y 向最大层间位移角 1/447;

风作用下 X 向最大层间位移角 1/1595;

风作用下 Y 向最大层间位移角 1/530。

② 周期比为:

第 1 扭转周期(2.5994)/第 1 平动周期(3.0501)=0.85。

③ 层刚度比相邻层侧移刚度比等计算信息为:

X 方向最小刚度比为 1.0000(25 层 1 塔);

Y 方向最小刚度比为 1.0000：（25 层 1 塔）。

④ 刚重比为：

X 向刚重比＝2.646；

Y 向刚重比＝3.591。

该结构刚重比大于 0.7，能够按照现行《高层民用建筑钢结构技术规程》（JGJ 99—2015）整体稳定验算。

⑤ 位移比为：Y 向（考虑偶然偏心）最大位移比为 1.27。

（2）结构形式。结构选型采用钢框架-钢板剪力墙结构。钢板剪力墙采用非加劲肋纯钢板剪力墙，壁厚 8mm。钢板剪力墙与框架连接形式为两边连接。为减少构件对建筑功能的影响，钢板剪力墙优先布置在分户墙位置，其次布置在外墙标准层。钢板剪力墙布置图见图 4-70。

钢板剪力墙结构进行整体分析时，非加劲两边连接钢板剪力墙可通过刚度等代简化为交叉杆模型，模型中杆件为拉压杆，拉压杆的截面可由刚度等公式计算。详细算法可参考《钢板剪力墙技术规程》（JGJ/T 380—2015）附录 A。

钢板剪力墙与上下层钢梁两边连接，施工时，先施工框架部分，待框架承受竖向荷载后，再安装钢板剪力墙，以避免钢板剪力墙承受竖向荷载。钢板剪力墙立面图见图 4-71。

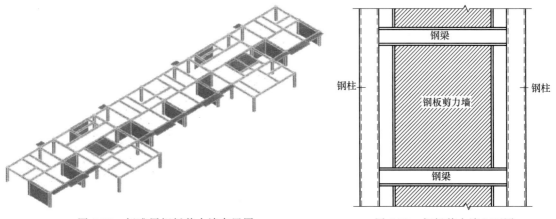

图 4-70　标准层钢板剪力墙布置图　　　　图 4-71　钢板剪力墙立面图

（3）结构构件及节点。

① 结构柱网。本工程经过户型优化后，柱网较规整，各构件传力途径明确。X 向轴网最大柱距为 9.5m，Y 向轴网最大柱距为 5.7m。柱网布置图如图 4-72 所示。

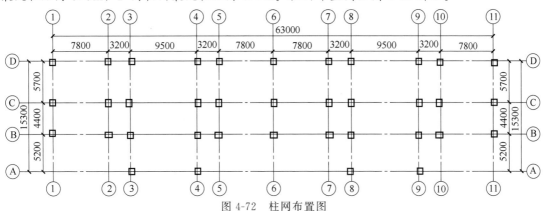

图 4-72　柱网布置图

② 钢构件。钢柱采用矩形截面，由下到上保持钢柱截面大小不变，仅改变钢柱壁厚。当壁厚≥14mm 时，采用焊接箱型截面，当壁厚＜14mm 时，采用冷弯矩形钢管，其截面见图 4-73。钢柱内灌注混凝土，以提高钢柱强度，提高承载力，减小钢柱截面（图 4-73）。

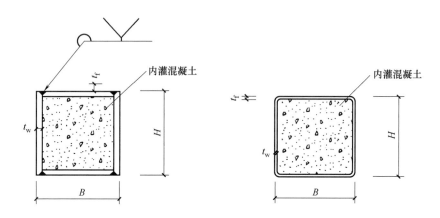

图 4-73　焊接箱型截面及冷弯矩形截面

梁采用焊接 H 型钢，为提高构件的标准化程度，减少墙板规格，主梁高度统一采用 350mm，钢梁规格有：H350×200×14×22、H350×150×12×20、H350×150×8×10 等。

③ 节点做法。梁柱连接节点主要有两种：当钢柱为焊接箱型截面时，采用内隔板式梁柱节点（图 4-74）；当钢柱为冷弯矩形截面时，采用横隔板贯通式梁柱节点（图 4-75）。隔板中心开直径 200mm 的灌浆孔，四角开直径 20mm 的排气孔。因建筑功能需要，住宅室内不宜有外露构件，故不设置隔撑，通过在梁端设置加劲肋来防止受压翼缘失稳。

梁柱节点采用高强螺栓与焊接相结合的方式，摩擦型连接的高强度螺栓强度级别为 10.9S，在高强螺栓连接范围内，构件摩擦面采用喷丸处理，抗滑移系数≥0.40。此连接方式减少了高空焊接作业，施工方便、快捷，质量更容易保证。

钢板剪力墙与梁采用焊接，钢板需与梁腹板对齐，典型节点如图 4-76 所示。

④ 钢结构的防腐防火做法。本工程钢结构的防腐按使用年限大于 15 年的规定，使用下述做法：防腐涂料部位总膜厚不小于 280μm，底漆采用环氧富锌底漆 2 遍 70μm，中间漆采用厚浆型环氧云铁中间漆 2 遍 110μm，面漆采用丙烯酸聚氨酯面漆一道 3 遍 100μm。本工程的耐火等级为一级，钢管混凝土柱、钢梁采用防火板包裹。柱的耐火极限不小于 3 小时，梁的耐火极限不小于 2.5 小时。防火涂料的厚度可根据《建筑设计防火规范（2018 年版）》（GB 50016—2014）及国家建筑标准设计图集 06SG501《民用建筑钢结构防火构造》的要求，再进行二次专业设计。

（4）楼板。楼板采用钢筋桁架楼承板，对于客厅等设置吊顶的区域，钢筋桁架楼承板底模可不拆除，对于卧室等不设置吊顶的区域，底模需拆除（实践中可采用可拆底模的钢筋桁架楼承板）。钢筋桁架楼承板工厂制作，产业化水平高，施工速度快，且不需要支模板。

（5）楼梯。本工程楼梯采用预制混凝土楼梯，全部在工厂预制完成，在现场进行吊装安装。楼梯采用清水混凝土工艺，楼梯面即为建筑完成面，不需要再另行进行抹灰等工序。楼梯梯板厚度为 200mm。

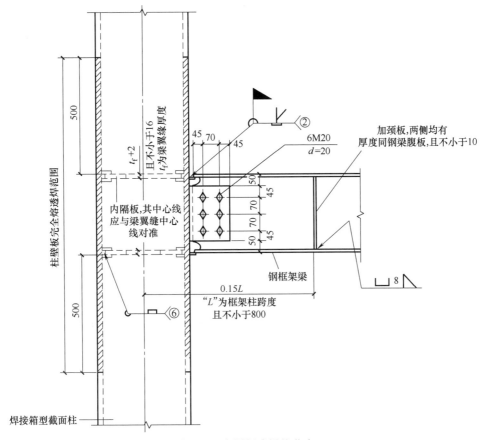

图 4-74　内隔板式梁柱节点

t_f—梁翼缘厚度；d—螺栓直径

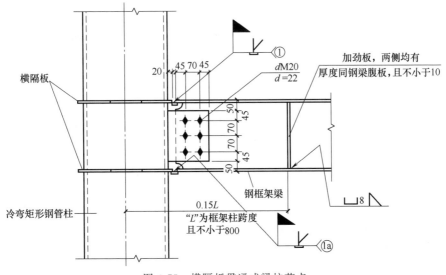

图 4-75　横隔板贯通式梁柱节点

根据计算要求，预制楼梯与钢梁采用滑动连接。

5. 信息化技术应用

（1）钢梁预留孔洞优化。

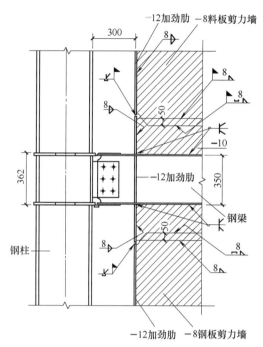

—12加劲肋 —8料板剪力墙

300

—12加劲肋

362 350

钢梁

钢柱

—12加劲肋 —8钢板剪力墙

图 4-76　钢板剪力墙典型节点

① 目的和意义。本项目作为钢结构装配式住宅，为了满足装配式建筑评分标准中"管线和结构分离"的要求，所有机电管线需在吊顶内铺设，多专业交叉，施工难度大，钢梁预留孔洞需要更严格地进行设计，并进行施工合理性校核。

利用 BIM 的协调性服务功能，本项目在建造前期对机电管线与钢梁预留孔洞的碰撞问题进行协调，生成协调数据，解决设计与施工理念不统一造成的功能不合理与结构设计浪费。运用 BIM 技术确保预留孔洞不漏设、不错设，位置、数量、尺寸大小符合设计及后期施工使用要求，大大提升设计方案的准确率。

② 数据准备。各专业模型、本项目机电深化设计实施标准。

③ 优化成果如下。

a. 调整后的各专业模型。

b. 优化报告。报告汇总详细记录了调整前结构钢梁模型与机电模型之间的冲突和碰撞，记录冲突检测及预留孔洞优化的基本原则，并提供冲突和碰撞的解决方案，对空间冲突、预留孔洞优化的前后状况进行对比说明。

c. 配合设计单位通过 BIM 模型导出钢梁预留洞优化图，针对修改较大的区域，应当提供管线排布平面图和结构钢梁节点详图，详细说明各专业模型间的位置关系。

（2）钢结构节点优化。

① 目的和意义。利用 BIM 技术对钢结构主体进行三维实体建模以及详图深化设计，利用 BIM 软件进行构件拼装，模拟钢结构实际建筑的建造过程。钢结构 BIM 模型包含了整个工程的节点、构件、材料、螺栓焊缝等信息。通过钢结构深化模型可以直接导出用钢量、节点用螺栓数等材料清单，使工程造价一目了然。其次，利用三维投影可以自动生成包括布置图、构件图、节点图等的所有施工详图，用于指导工厂制造加工。

② 数据准备包括：结构施工图纸、钢结构二次深化设计任务书。

③ 优化成果如下。

a. 优化后的钢结构节点模型。

b. 加工详图：包括布置图、构件图、零件图等。

c. 材料统计清单：按照构件类别、材质、构件长度进行用钢量统计，同时还可输出构件数量、单重、总重及表面积等统计信息。

6. 外围护系统深化设计

（1）目的和意义。本项目外墙采用双层蒸压加气混凝土板（ALC 板），存在协同难度大、质量要求高、设计复杂等特点，采用 BIM 技术通过可视化、协同化、参数化三方面优化外围护系统，达到指导构件拆分的目的。

BIM 技术将传统的二维构件设计用三维可视化设计替代，保证外围护构件之间的位置准确，内外墙错缝、洞口连贯，并制定标准化构件族插入模型中直接应用，保证构件平、立、剖视图间的一一对应关系，最终可按照实际需求进行构件的工程量统计。

在完成初步拆分的基础上，本项目采用 BIM 技术对拆分细节及构件连接节点进行优化，极大提升了本项目的建筑品质。

（2）数据准备应遵循建筑及结构模型、外围护系统构件拆分原则、ALC 板节点优化原则。

（3）优化成果如下。

① 调整后的外围护系统模型，标准化连接节点模型。

② 各构件的工程量统计数据。

③ 外围护系统构件拆分图，连接节点详图等（图 4-77）。

7. 针对整体厨卫的设备管线优化

（1）目的和意义。本项目将采用标准化的整体卫浴及整体厨房。整体厨卫产品具有功能性、观赏性、便捷性、专业性和经济性等特点，但国内尚无成熟的设计、施工工艺标准和针对性的验收规范，在住宅建筑中存在一些需要克服的问题。

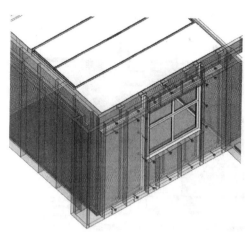

图 4-77　项目 ALC 外墙板节点示意图

为了保证本项目整体厨卫的设计质量，从设计阶段开始，EPC 管理团队就强调设计人员和整体厨卫厂家的配合，通过 BIM 技术提前优化户型布局、提前考虑给水、排水、通风及电气线路排布，深化了整体厨卫和外环境的衔接，校核了整体厨卫产品的定位，实现了本项目整体厨卫的标准化设计和批量生产。

（2）数据准备包括：各专业模型、整体厨卫厂商提供的产品数据信息。

（3）优化成果如下。

① 调整后的整体厨卫模型。

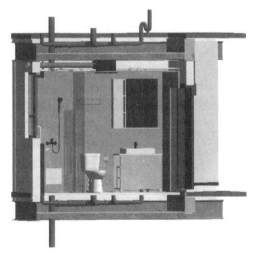

图 4-78　整体卫浴模型剖面

② 整体厨卫平面图、立面图、剖面图（图 4-78）、管线排布及特殊部位节点详图。

8. SI 干式内装技术优化

（1）目的和意义。

本项目将采用新型装配式内装技术，针对本项目集成地面系统、集成墙面系统、集成吊顶系统、集成设备和管线系统等，采用 BIM 技术优化内装方案，对建筑最终的室内设计空间进行检测分析。

（2）数据准备内容为：冲突检测和三维管线综合调整后各专业模型，精装修方案。

（3）优化成果如下。

① 调整后的各专业模型、精装修模型。

② 深化后的精装修图纸：包含户型墙体定位图、户型地面尺寸定位图、户型顶棚尺寸定位图及精装剖面图等。

第五章

装配式钢结构建筑外围护系统的设计

第一节 ▶▶

外围护系统设计的原则及方法

一、基本要求

外围护系统是由建筑外墙、屋面、外门窗及其他部品部件等组合而成，用于分隔建筑室内外环境的部品部件的整体。

应根据项目所在地区的气候条件、使用功能等，综合确定外围护系统的抗风性能、抗震性能、耐撞击性能、防火性能、水密性能、气密性能、隔声性能、热工性能和耐久性能等要求。屋面系统尚应满足结构性能要求。

装配式建筑的外围护系统设计，应符合标准化与模数协调的要求。在遵循模数化、标准化原则的基础上，坚持"少规格、多组合"的要求，实现立面形式的多样化。

二、设计集成原则

外围护系统应选用在工厂生产的标准化系列部品，外墙板、外门窗、幕墙、阳台板、空调板及遮阳部件等进行集成设计，成为具有装饰、保温、防水、采光等功能的集成式单元墙体。

外围护系统应提高各个部品部件性能的构造连接措施，任何单一材料不应成为该部品性能的薄弱环节。

外围护系统主要部品的设计使用年限应与主体结构相同，不易更换部品的使用寿命应与主体结构相同。

三、立面设计方法

外围护系统设计要结合方案立面设计，充分实现造型特点。

立面设计要合理选择在水平和竖直两个方向上的基本模数与组合模数，同时兼顾外围护墙板等构件的单元尺寸。外墙、阳台板、空调板、外窗、遮阳设施及装饰等部件部品宜进行标准化设计。

外围护系统应简洁、规整，并在遵循模数化、标准化原则的基础上，坚持"少规格、多组合"的要求，通过建筑体量、材质肌理、色彩等变化，形成丰富多样的立面效果（图 5-1）。

立面构成应避免大量应用装饰性部品部件，尤其是与建筑不同寿命的装饰性部品部件，以免影响建筑使用的可持续性，不利于节材节能。

立面设计要根据立面表现的需要，选用合适的建筑装饰材料，结合节点设计与墙板受力点位，并充分考虑预制构件工厂的生产运输条件，设计好墙面分格，确定外墙合理的墙板组合模式。

图 5-1 郭公庄公租房立面效果

装配式混凝土居住建筑的标准化设计往往限定了几何尺寸不变的户型和结构体系，相应也固化了外墙的几何尺寸。但立面模块可以通过色彩、光影、质感、纹理、组合及建构方式和顺序的变化，形成多样化的立面形式。

为了与建筑尺寸对接，并实现材料生产的工业化，外围护系统应遵循一定的模数和尺寸。以蒸压加气混凝土条板（ALC 板）为例，ALC 板单块预制条板的宽度多采用 600mm。

在立面设计中可遵循 6M 的设计模数，完成墙板的组合设计。如图 5-2 所示，选取 3000mm、3600mm、4200mm 三个开间大小，搭配不同尺寸的窗户进行排版设计，即可得到多种立面的可能性。这种通用化的模式可以实现预制构件的大规模批量生产，满足多个项目的需要。

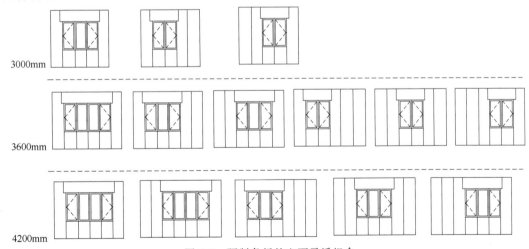

3000mm

3600mm

4200mm

图 5-2 预制条板的立面灵活组合

外围护系统的模数选择，还需考虑构件的制作工艺、运输及施工安装的条件。

基本模数过大，会出现大量大尺寸构件不便生产、运输、吊装的情况。

基本模数过小，会使构件过多、连接节点数量增加，造成施工难度增加、冷热桥与防水节点处理工作量增大的情况。

合理选择模数可以有效提高工作效率，保证施工质量。

第二节 ▶▶

外围护系统的设计选择

一、考虑因素

外围护系统材料选择应充分尊重方案设计的立面效果，考虑性能、安全、造价及施工难度等问题，合理选用部品体系配套成熟的轻质墙板或集成墙板等。

应根据不同的建筑类型及结构形式，选择适宜的系统类型。进行外墙材料的选用时，需要统筹考虑地区温度的差异、材料的性能和稳定性、材料对建筑外观的作用。优先考虑使用轻质材料，方便施工和装配。

外围护材料的选择应考虑耐擦洗、耐沾污、良好通风等要求，便于维护。如重工业重污染的工厂避免使用抗污染能力较差的材料，还应考虑当地的气候条件，如严寒地区要考虑建筑材料的抗寒性能。

二、外围护设计系统分类

外墙围护系统按照部品内部构造分为预制混凝土外挂墙板系统、轻质混凝土墙板系统、骨架外墙板系统、幕墙系统等四类。表 5-1 为常见外墙板的特点比较。

表 5-1　常见外墙板的特点比较

种类	单板类	钢筋混凝土夹芯复合墙板	钢丝网架水泥夹芯板	现场组装复合板	复合墙板	
代表产品	ALC 板(175mm 厚)	预制混凝土夹芯板(200mm 厚)	太空板(150mm 厚)	CCA 板整体灌浆墙(200mm 厚)	钢框架复合外墙板	轻钢龙骨复合外墙板
施工速度	★★★★★	★★★★☆	★★★★☆	★★☆☆☆	★★★☆☆	★★★☆☆
	需吊装、施工安装快	需吊装、施工安装快	需吊装、施工安装快	需现场组装，并需要现浇，工作量较大	需现场组装，吊装施工，施工速度较快	需现场组装，吊装施工，施工速度较快
外墙保温性能	★☆☆☆☆	★★★☆☆	★★☆☆☆	★★★☆☆	★★★☆☆	★★★★☆
	单一材质，保温效果不佳	在板的端部及接缝处均形成冷桥	易形成冷桥	易形成冷桥，虽然采用了开孔龙骨，但仅能起到缓解的作用	易形成冷桥，且冷桥较多	可实现保温层连续贯通，保温效果较好
防渗漏性能	★★★☆☆	★★★☆☆	★★★☆☆	★★★★☆	★★☆☆☆	★★★★☆
	板材接缝处需做重点构造处理	板材接缝处需做重点构造处理	板材接缝处需做重点构造处理	构造层错缝拼接	内嵌式连接，板缝较多，构造节点难处理	构造防水和材料防水，防水性能较好

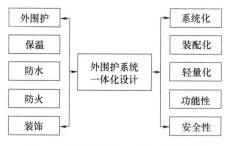

图 5-3　外围护系统一体化设计分析

（1）装配式钢结构建筑外围护系统应考虑保温、防水、防火与装饰等功能，进行集成设计，实现系统化、装配化、轻量化、功能性和安全性的要求（图 5-3）。

（2）装配式钢结构建筑的外围护系统可采用内嵌式、外挂式、嵌挂结合等形式，宜分层承托或悬挂，应根据建筑类型和结构形式选择适宜的系统类型（图 5-4）。

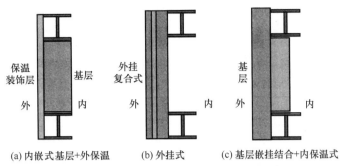

图 5-4 外围护系统与结构系统的相对位置关系

(a) 内嵌式基层+外保温　　(b) 外挂式　　(c) 基层嵌挂结合+内保温式

（3）装配式钢结构建筑在选择外围护系统时，需考虑使用、构造和性能等要求，具体要求参见表 5-2。

表 5-2　外墙板的要求

使用要求	构造要求	性能要求
厚度薄,少占空间,提高使用率 成本可接受 易维护,易更换 对室内空间影响小,不影响内装	轻型,易安装,简单可靠 构造层次明确,安装施工简便 连接节点性能良好,安全可靠	保温良好 防火性好(无机材料) 适应结构变形和温度变形 防水性能好(构造防水与材料防水结合) 美观,适用性和表现力强 耐久(耐紫外线、水、污、酸、碱,不开裂) 气密性好,接缝少 质量大,少孔隙,隔声好

三、外门窗及幕墙的性能要求

外门窗及幕墙应按表 5-3 的规定选用。

表 5-3　外门窗及幕墙的性能要求

类别	性能	外门	外窗	透光	封闭式	开缝式
安全性	抗风压性能	◎	◎	◎	◎	◎
	层间变形性能	◎	—	◎	◎	◎
	耐撞击性能	◎	○	◎	◎	◎
	抗风携碎物冲击性能	○	○	○	○	○
	抗爆炸冲击波性能	○	○	○	○	○
	耐火完整性	○	○	—	—	—
适用性	气密性能	◎	◎	◎	◎	
	保温性能	◎	◎	◎	◎	
	遮阳性能	○	○	◎		
	启闭力	○	○			
	水密性能	◎	◎	◎	◎	○
	隔声性能	◎	◎	◎	○	
	采光性能	○	◎	◎		
	防沙尘性能	○	○	○		
	耐垂直荷载性能	○	○	—	—	—
	抗静扭曲性能	○				
	抗扭曲变形性能	○				

类　别	性　　能	外门	外窗	幕墙		
				透光	不透光	
					封闭式	开缝式
适用性	抗对角线变形性能	○	—	—	—	—
	抗大力关闭性能	○	—	—	—	—
	开启限位		○	○	—	—
	撑挡试验		○	○	—	—
耐久性	反复启闭性能	◎	◎	◎	—	—
	热循环性能	—	—	○	○	—

注："◎"为必需性能；"○"为选择性能；"—"为不要求。

第三节 ▶▶

外围护系统构造节点的设计

一、安全性设计

外围护系统节点的设计，应首要保证其安全性能，确保其与结构系统可靠连接，保温装饰等材料有效固定。

外围护系统与主体结构连接用节点连接件和预埋件应采取可靠的防腐蚀措施。

所采用的黏结、固定材料需具有合理的耐久性，避免老化脱落造成安全隐患。

幕墙系统中所用结构胶、耐候胶等其他材料按规定同步进行使用前检测，在幕墙构件安装之前进行。

装配式混凝土建筑的外墙板采用石材或面砖饰面时，宜采用反打成型工艺。反打工艺在工厂内完成。应使用背面设有黏结后防止脱落措施的材料。

对于外挂墙板的安装来说，一般有以下三种方法：插入钢筋法、钩头螺栓法和 NDR 摇摆工法。

（1）插入钢筋法：用于钢结构和钢筋混凝土结构外墙，墙体整体性较好（图 5-5）。

（2）钩头螺栓法：用于钢结构和钢筋混凝土结构，多用于外墙横装和竖装，节点强度大（图 5-6）。

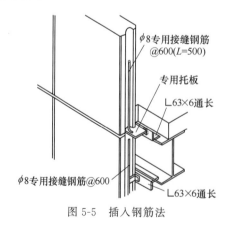

图 5-5　插入钢筋法

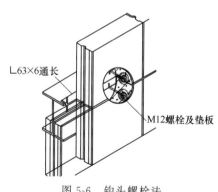

图 5-6　钩头螺栓法

（3）NDR（原 ADR）摇摆工法：用于钢结构和钢筋混凝土结构外墙，特别适合于层间变位大的钢结构，节点强度高，变形能力强，抗震性好（图5-7）。

外墙挂板节点安装可以按几种基本安装方法灵活变换组合成多种安装方法，并根据技术经济比较确定，但必须保证连接节点有足够强度，R_j（节点破坏强度）$/S_k$（节点荷载标准值作用效应）不小于2，以保证安全可靠。同时这几种连接节点在平面内各具有不同的可转动性，保证墙体在不同设防烈度下满足主体结构层间变形的要求。

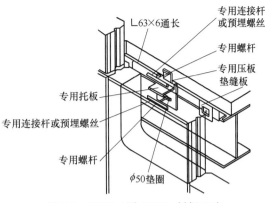

图 5-7　NDR（原 ADR）摇摆工法

二、防火设计

非承重外围护系统应满足建筑的耐火等级要求，遇火灾时在一定时间内能够保持承载力及其自身稳定性，防止火势穿透和沿墙蔓延，且应满足以下要求。

（1）外围护系统部品的各组成材料的防火性能满足要求，其连接构造也应满足防火的要求。

（2）外围护系统与主体结构之间的接缝应采用防火封堵材料进行封堵，防火封堵部位的耐火极限不应低于楼板的耐火极限要求。

（3）外围护系统部品之间的接缝应在室内侧采用防火封堵材料进行封堵，防止蹿火。

（4）外门窗洞口周边应采取防火构造措施。

（5）外围护系统节点连接处的防火封堵措施不应降低节点连接件的承载力、耐久性，且不应影响节点的变形能力。

（6）外围护系统与主体结构之间的接缝防火封堵材料应满足建筑隔声设计要求。

三、保温设计

外墙的保温材料耐久性能不如主体材料，需得到良好的保护，或采用易维护易更换的构造形式。推荐采用夹心保温、内保温做法，温暖地区可采用外墙板自身保温。

采用夹心保温墙板时，内外叶墙板之间的拉结件宜选用强度高、抗腐蚀性好、耐久性高、导热系数低的金属合金连接件、FRP连接件等，同时满足持久、短暂地震状况下承载能力极限状态的要求，避免连接件形成冷桥，或连接件腐蚀造成墙体安全隐患。

预制外墙板的板缝处应保持墙体保温性能的连续性，在竖向后浇段，将预制构件外叶墙板延长段作为后浇混凝土的模板。

四、防水设计

预制外墙板的板缝处要做好防水节点构造设计，需有材料防水和构造防水两道防水措施，主要连接节点形式有T形和一字形。

双面叠合外墙板"以堵为主"：在双面叠合墙板中间的空心层浇筑混凝土，形成连续的现场混凝土立面层，阻挡雨水侵入，起到可靠的防水效果，可做到防水与建筑同寿命。

预制外挂墙板"以导为主，以堵为辅"：采用材料防水和结构防水相结合的原理，从外向内依次为建筑密封胶、泡沫条、防水密封胶条和耐火接缝材料。水平板缝中间的空腔通常做成高低缝、企口缝等形式，可有效避免雨水流入（图 5-8）。十字接头处需增加一道防水，避免因墙板相互错动导致漏水。一般每隔 3 层左右会增设一处排水管，将减压空腔中的水分有效排出室外。该防水构造对墙板安装精度要求高，且密封胶的使用寿命有效期一般为15～25 年，过期需要更换。

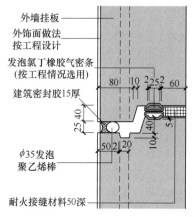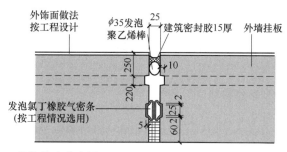

图 5-8　接缝构造节点图

第四节 ▶▶

外围护系统的设计集成

一、结构设计的集成

外围护系统应具备在自重、风荷载、地震作用、温度作用、偶然荷载等各种工况下保证安全的能力，并根据抗风、抗震、耐撞击性能等要求合理选择组成材料、生产工艺和外围护系统部品内部构造。

外围护系统与主体结构的连接节点、各部品之间的连接应传力路径清晰、安全可靠，满足持久设计状况下的承载能力、变形能力、裂缝宽度、接缝宽度要求，及短暂设计状况下的承载能力要求。宜避开主体结构支承构件在地震作用下的塑性发展区域，且不宜支承在主体结构耗能构件上。

预制混凝土外挂墙板系统采用夹芯保温墙板时，内外叶墙板之间的拉结件应满足持久设计状况下和短暂设计状况下承载能力极限状态的要求，并应满足罕遇地震作用下承载能力极限状态的要求。

二、设备管线设计的集成

部品中的预留预埋应满足相关专业要求。

应充分考虑各类管线及幕墙、泛光照明、内装等专业需求。预留预埋位置应准确，不得在安装完成后的外围护系统部品上进行剔凿沟槽、打孔开洞等操作。

三、屋面设计的集成

装配式建筑的屋面围护系统应采用与外墙围护系统协调统一的模数网格，并宜与结构系统相协调。

构件尺寸应以满足防水、排水和保温、隔热要求为主，兼顾建筑装饰效果。

当屋面设置太阳能光伏系统和太阳能热水系统时，其采用的集电、集热部品设计安装位置及尺寸应与结构系统相协调。

装配式建筑存在缝隙，在屋面设计中需格外关注防水材料的选择与防水构造做法，避免屋面漏水，影响建筑质量与使用感受。

四、部品部件设计的集成

详图设计要解决好外墙板与外门窗、雨篷、栏板、空调板、装饰格栅等构件的构造连接节点，处理好保温、防火、防水等问题。外围护系统部品应成套供应，部品安装施工时采用的配套件也应明确其性能要求。

1. 门窗

门窗系统应选择合理的安装方式。节点设计时需采取相应断桥措施，避免形成冷桥，并考虑室外窗台滴水和披水的设置位置。当采用后装法，在双面叠合混凝土剪力墙上进行安装时，安装部位应预埋经防火处理的木砖。门窗系统需根据项目所处地区节能要求及窗户朝向，选择相应的遮阳形式。分为固定遮阳和活动遮阳。固定遮阳设施可与外墙板统一设计生产，但需考虑构件形状对运输便捷性的影响。也可在外墙上预埋螺栓等连接构件，遮阳构件另行生产，施工时进行后装。

2. 阳台及空调机位

预制阳台与空调机位属于悬挑构件，选择采用的形式与尺寸时，需考虑受力的合理性，与结构系统可靠连接。空调室外机搁板宜与预制阳台组合设置。

预制空调机位含预制混凝土空调机位和预制金属空调机位。预制混凝土空调机位又分为叠合板式和全预制式。预制金属空调机位重量更轻。被动房中常采用轻质金属空调板与点式固定的方式，避免冷桥风险。

3. 女儿墙

装配式建筑的女儿墙可预制，也可现浇。预制混凝土女儿墙应用较广泛，可通过套筒灌浆连接，也可采用外挂板形式，与顶层墙板统一设计生产。女儿墙需根据高度及是否上人等条件，预先确定墙顶是否需设防护栏杆，并对防护栏杆的固定方式进行预留。

4. 外装饰

装配式建筑立面设计中，应尽量减少不必要的纯装饰构件，并尽可能将其与装配式墙板的划分相结合。外装饰构件应尽可能选用轻质材料，如金属、保温材料等。外装饰构件与主体结构件应有可靠连接，避免脱落造成安全隐患。也可通过在预制外墙板上预埋焊接件的形式固定。当外墙采用幕墙系统时，装饰构件荷载通过幕墙系统中的幕墙龙骨传递至主体结构。

五、装配式墙面与墙体

1. 预制外墙

（1）蒸压加气混凝土（ALC）外墙板（图 5-9）。蒸压轻质加气混凝土外墙板，简称ALC（Autoclaved Lightweight Concrete）外墙板，是以水泥、石灰、硅砂等为主要原料，再根据结构要求配置添加不同数量经防腐处理的钢筋网片的一种轻质多孔新型的绿色环保建筑材料。经高温高压、蒸汽养护的具有多孔状结晶的 ALC 外墙板，其密度较一般水泥质材

图5-9 ALC外墙板外观图

料小，具有良好的耐火、隔声、隔热、保温等性能。

ALC外墙板具有以下特性。

① 保温隔热（导热系数0.11W/(m·℃)）：其保温、隔热性是玻璃的6倍、黏土的3倍、普通混凝土的10倍。

② 轻质高强：密度0.5g/cm³，为普通混凝土的1/4、黏土砖的1/3，比水还轻，和木材相当；立方体抗压强度≥4MPa。特别是在钢结构工程中采用ALC板作围护结构，就更能发挥其自重轻、强度高、延性好、抗震能力强的优越性。

③ 耐火、阻燃（4h耐火）：ALC外墙板为无机物，不会燃烧，而且在高温下也不会产生有害气体；同时，ALC外墙板导热系数很小，这使得热迁移慢，能有效抵制火灾，并保护其结构不受火灾影响。

④ 可加工：可锯、可钻、可磨、可钉，更容易体现设计意图。

⑤ 吸声、隔声：以其厚度不同可降低噪声30～50dB。

⑥ 承载能力：能承受风荷载、雪荷载及动荷载。

⑦ 耐久性好：ALC外墙板是一种硅酸盐材料，不存在老化问题，也不易风化，是一种耐久的建筑材料，其正常使用寿命完全可以和各类永久性建筑物的寿命相匹配。

⑧ 绿色环保：ALC外墙板在生产过程中，没有污染和危险废物产生。使用时，即使在高温下和火灾中，也绝没有放射性物质和有害气体产生。各个独立的微气泡，使ALC外墙板产品具有一定的抗渗性，可防止水和气体的渗透。

⑨ 经济性佳：因为厚度较小能增加使用面积，降低造价，缩短建设工期，减少暖气、空调成本，达到节能效果。

⑩ 施工方便：因为加气混凝土产品尺寸准确、重量轻，可大大减少人力物力投入。板材在安装时多采用干式施工法，工艺简便、效率高，可有效地缩短建设工期。

（2）复合夹芯保温外墙板。复合夹芯保温外墙板种类很多，主要有以下几种。

① 钢筋混凝土类夹芯复合板。钢筋混凝土类夹芯复合板使用岩棉代替聚苯乙烯泡沫塑料作保温隔热材料。钢筋混凝土类夹芯复合板总厚为250mm；其中内侧起承重作用的混凝土结构层厚为150mm，岩棉保温层厚为50mm，外侧的混凝土保护层厚为50mm。250mm厚的钢筋混凝土类夹芯复合板可达到490mm厚砖墙的保温效果，具有降低建筑采暖能耗的作用。

钢筋混凝土类夹芯复合外墙板一般自承重，兼有隔热、防水、装修等多种功能，因而大都采用高效保温材料（如聚苯乙烯泡沫塑料、矿棉等）与钢筋混凝土的复合板（或夹层板）和容重低于1200kg/m³的轻集料混凝土板。生产多采用固定式平模、平模流水和机组流水等工艺，同时采用多种方式使外饰面达到装饰要求。钢筋混凝土类夹芯复合板在楼板与屋面板基本上可以通用，大都采用标号为200～300号的混凝土实心或空心板。生产工艺基本上与外墙板相似。对这些板材还要注意节点接缝的构造处理。

② 钢丝网水泥类夹芯复合板。钢丝网水泥类夹芯复合板是一类半预制与现场复合相结合的墙体材料，这类复合板可用于各种自承重墙体，在低层建筑中也可用作承重墙体。

它以两片钢丝网将聚氨酯、聚苯乙烯、脲醛树脂等泡沫塑料、轻质岩棉或玻璃棉等芯材夹在中间，两片钢丝网间以斜穿过芯材的"之"字形钢丝相互连接，形成稳定的三维桁架结构，然后再用水泥砂浆在两侧抹面，或进行其他饰面装饰。

钢丝网水泥夹芯复合板材充分利用了芯材的保温隔热和轻质的特点，两侧又具有混凝土的性能，因此在工程施工中具有木结构的灵活性和混凝土的表面质量。

③ 聚氨酯夹芯复合板。聚氨酯复合板也称 Pu 夹芯板。聚氨酯夹芯复合板通常以彩色镀锌钢板为外表面用材，经过数道辊轧，使其成为压型板，然后与液体聚氨酯发泡复合而成。

聚氨酯为芯材的复合板由上下层彩钢板加中间发泡聚氨酯组成，采用世界上先进的六组分在线自动操作混合浇注技术，可在线一次性完成相关配料混合工艺，并可根据温度在线随意调整，从而生产出与众不同的高强度、节能型、绿色环保的建筑板材。

由于其防火防潮性能好，也常用于其他材料复合板的封边芯材，聚氨酯封边复合板采用高品质彩色涂层钢板为面材，连续岩棉、玻璃丝棉为芯材，高密度硬质发泡聚氨酯为企口填充，经过高压发泡固化，自动密实布棉并由超长双覆带控制成型复合而成，与传统挂棉围护材料相比，防火、保温效果更佳，性能更持久，安装便捷，外观雅致，是优秀的钢结构建筑围护材料。一般用于建筑物的屋面外层板，该板具有良好的保温、隔热、隔声效果，并且聚氨酯不助燃，符合消防安全要求。上下板加聚氨酯的共同作用，具有很高的强度和刚度，下层板光滑平整，线条明朗，增加室内美观度、平整度。安装方便，工期短，美观，是一种新型的建筑材料。

④ GRC 复合外墙板。GRC 复合外墙板是以低碱度水泥砂浆为基材，耐碱玻璃纤维做增强材料，制成板材面层，内置钢筋混凝土肋，并填充绝热材料内芯，以台座法一次制成的新型轻质复合墙板。由于采用了 GRC 面层和高热阻芯材的复合结构，因此 GRC 复合墙板具有高强度、高韧性、高抗渗性、高防火与高耐候性，并具有良好的绝热和隔声性能。

生产 GRC 复合外墙板的面层材料与其他 GRC 制品相同。芯层可用现配、现浇的水泥膨胀珍珠岩拌合料，也可使用预制的绝热材料（如岩棉板、聚苯乙烯泡沫塑料板等）。一般采用反打成型工艺，成型时墙板的饰面朝下与模板表面接触，故墙板的饰面质量效果较好。墙板的 GRC 面层一般用直接喷射法制作。内置的钢筋混凝土肋由焊好的钢筋骨架与用硫铝酸盐早强水泥配制的 C30 豆石混凝土制成。按所用绝热材料分类，有水泥珍珠岩复合外墙板、岩棉板复合外墙板或聚苯乙烯泡沫板复合外墙板等。

（3）轻质混凝土复合外墙挂板。钢结构住宅外墙围护部品的材料需考虑满足轻质、抗渗、抗冻等性能要求。因此，需要对外墙板用混凝土的配合比进行调整，从而提出了轻质混凝土的高性能要求：

① 表观密度 1900kg/m³ 以下；

② 外墙板强度 30MPa 以上；

③ 抗渗等级 P10 级以上；

④ 抗冻等级 F100 级以上。

根据混凝土的组成材料（胶凝材料、细骨料、粗骨料、水等），需采用降低浆体密度、砂浆材料表观密度和骨料密度等的方式进行轻质混凝土材料配合比的适配调整。

高性能外墙围护部品集成性能主要考虑与保温、门窗、内外装饰等方面的集成设计。在保温集成方面，考虑轻质混凝土外墙板空腔设置，可通过空腔位置填充挤塑板与外墙板一体浇筑成型，起到一定的保温作用，同时利用连接件将岩棉或挤塑聚苯等保温层固定在外墙板的内侧以实现保温一体成型。在内外装饰集成方面，外墙围护部品内装饰面则通过轻钢龙骨

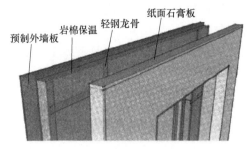

图 5-10　内装饰板与外墙板的一体成型

与外墙板预留接口固定，实现内装饰板与外墙板的一体成型，见图 5-10。

（4）预制混凝土夹芯保温外墙挂板。预制混凝土夹芯保温外墙挂板是指在预制工厂加工完成的混凝土构件，由外叶墙板、保温层、内叶墙板通过专用连接件组合而成，具有建筑外围护墙功能且能满足保温性能要求，采用墙体预埋件以外挂形式与主体结构连接，简称外墙挂板。

外墙板的保温材料采用挤塑式聚苯乙烯隔热保温板。外墙挂板的外装饰材料可以采用石材、面砖、饰面砂浆及真石漆等。

2. 现场组装骨架外墙

（1）CCA 板灌浆墙。CCA 板整体灌浆墙体是以 CCA 板（Chromated Copper Arsenate：压蒸无石棉纤维素纤维水泥平板）为面板、以轻钢龙骨为立柱，在其空腔内泵入混凝土而形成的复合整体式实心墙体。墙体构造及剖面节点如图 5-11 所示。

该墙体主要有四方面的优点。

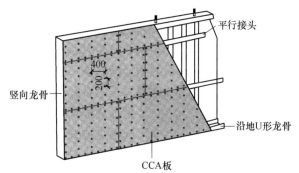

图 5-11　CCA 板整体灌浆墙体构造及剖面节点

① 节能环保。墙体主要原材料是黄砂、粉煤灰、EPS 颗粒（胶粉聚苯颗粒）、水泥等，材料开采和利用不会造成生态资源破坏，不含有害物质，绿色环保，并且龙骨可以回收，灌浆料也可粉碎处理循环利用。

② 省地节材。墙体耗材少，节约资源。在室内，分室墙仅 90mm 厚，与传统墙（厚150～200mm）相比材料节约很多，为室内空间增加了使用面积（4%～8%）。

③ 性价比高。外墙外侧采用 10mm 厚高密度 CCA 板，内侧采用 8mm 厚的中密度 CCA 板，两层板之间灌 200mm 厚的 EPS 混凝土。经检测，该外墙（厚约 200mm）的承压保温等性能与 600mm 厚的普通黏土砖墙相似。另外，墙体因为是实心墙，吊挂能力强；又因为是轻质墙体，可以减轻基础和结构造价。

④ 施工速度快。CCA 板灌浆墙体施工操作简单，无须抹灰外饰面，速度快。又因为CCA 板幅较大，减少了拼接接缝数量，节约时间和人力成本。

在保温性能方面，经研究发现，在 CCA 板灌浆墙中只要合理地调整 EPS 混凝土的配比，就可以获得较低的导热系数，实现很好的保温效果。研究人员对相应配比的 EPS 混凝土试块进行导热系数检测，检测结果 K 值为 0.106～0.136。上海建筑科学院对 CCA 板灌浆墙进行了传热系数试验，测得 220mm 厚的 CCA 板灌浆墙体的 K 值为 1.03，其 K 值相当于 600mm 厚砖墙的 K 值指标。

（2）纤维水泥板轻质灌浆墙。纤维水泥板轻质灌浆墙系统是以优质轻钢龙骨为框架，用纤维水泥板为覆面板，在龙骨框架与纤维水泥板之间所形成的隔墙空腔中灌入轻质混凝土浆料而形成的实心轻质墙体，是一种新型的墙体。广泛应用于对防火、耐撞击有较高要求的建筑物的外墙及非承重内隔墙中。饰面需在灌浆施工完成后 28 天后进行。墙体构造见图 5-12。

3. 建筑幕墙

（1）玻璃幕墙。玻璃幕墙（re-flection glass curtainwall）是指其支承结构体系相对主体结构有一定位移能力、不分担主体结构所受作用的建筑外围护结构或装饰结构。墙体有单层玻璃和双层玻璃两种。

玻璃幕墙按支撑类型可分为如下四种。

① 框架支撑。框支撑玻璃幕墙是玻璃面板周边由金属框架支撑的玻璃幕墙，主要包括明框玻璃幕墙和隐框玻璃幕墙。

明框玻璃幕墙是金属框架构件显露在外表面的玻璃幕墙。它以特殊断面的铝合金型材为框架，玻璃面板全嵌入型材的凹槽内。其特点在于铝合金型材本身兼有骨架结构和固定玻璃的双重作用。明框玻璃幕墙是最传统的形式，应用最广泛，工作性能可靠。相对于隐框玻璃幕墙，更易满足施工技术水平要求。

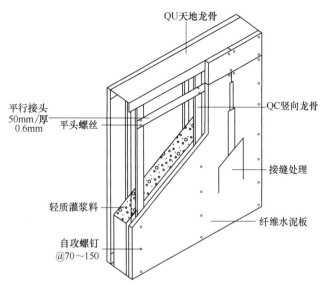

图 5-12　纤维水泥板轻质灌浆墙构造图

隐框玻璃幕墙的金属框隐蔽在玻璃的背面，室外看不见金属框。隐框玻璃幕墙又可分为全隐框玻璃幕墙和半隐框玻璃幕墙两种，半隐框玻璃幕墙可以是横明竖隐，也可以是竖明横隐。隐框玻璃幕墙的构造特点是：玻璃在铝框外侧，用硅酮（聚硅氧烷）结构密封胶把玻璃与铝框黏结起来。幕墙的荷载主要靠密封胶承受。

② 全玻幕墙。全玻幕墙是由玻璃肋和玻璃面板构成的玻璃幕墙。

全玻璃幕墙面板玻璃厚度不宜小于 10mm；夹层玻璃单片厚度不应小于 8mm；玻璃幕墙肋截面厚度不小于 12mm，截面高度不应小于 100mm。当玻璃幕墙单块宽度尺寸超过 4m（玻璃厚度 10mm，12mm）、5m（玻璃厚度 15mm）、6m（玻璃厚度 19mm）时，全玻璃幕墙应悬挂在主体结构上。吊挂全玻璃幕墙的主体构件应有足够刚度，采用钢桁架或钢梁作为受力构件时，其中心线与幕墙中心线相互一致，椭圆螺孔中心线应与幕墙吊杆锚栓位置一致。吊挂式全玻璃幕墙的吊夹与主体结构之间应设置刚性水平传力结构。所有钢结构焊接完毕，应进行隐蔽工程验收，验收合格后再涂刷防锈漆。全玻璃幕墙玻璃面板的尺寸一般较大，宜采用机械吸盘安装。全玻璃幕墙允许在现场打注硅酮（聚硅氧烷）结构密封胶。全玻璃的板面不得与其他刚性材料直接接触。板面与装修面或结构面之间的空隙不应小于 8mm，且应采用密封胶密封。

③ 点支撑。点支撑玻璃幕墙是由玻璃面板、点支撑装置和支撑结构构成的玻璃幕墙。其支撑结构形式有玻璃肋支撑，单根型钢或钢管支撑，桁架支撑及张拉杆索体系支撑结构。

④ 单元式幕墙。单元式幕墙是指由各种墙面与支撑框架在工厂制成完整的幕墙结构基本单位，直接安装在主体结构上的建筑幕墙。单元式幕墙主要可分为单元式幕墙和半单元式幕墙（又称竖梃单元式幕墙），半单元式幕墙又可分为立梃分片单元组合式幕墙和窗间墙单元式幕墙。

（2）金属与石材幕墙。金属幕墙是一种新型的建筑幕墙形式，是将玻璃幕墙中的玻璃更

换为金属板材的 一种幕墙形式，但由于面材的不同，两者之间又有很大的区别，所以设计施工过程中应对其分别进行考虑。由于金属板材优良的加工性能、色彩的多样性及良好的安全性，能完全适应各种复杂造型的设计，可以任意增加凹进和凸出的线条，而且可以加工成各种形式的曲线线条，给建筑师以巨大的发挥空间，备受建筑师的青睐，因而获得了突飞猛进的发展。金属幕墙所使用的面材主要有以下几种：铝复合板、单层铝板、铝蜂窝板、防火板、钛锌塑铝复合板、夹芯保温铝板、不锈钢板、彩涂钢板、珐琅钢板等。

石材幕墙通常由石材面板和支撑结构（横梁立柱、钢结构、连接件等）组成，是不承担主体结构荷载与作用的建筑围护结构。

石材幕墙的连接方式一般有以下三种。

① 背栓式石材幕墙。

连接形式：采用不锈钢胀栓无应力锚固连接，安全可靠。

安装结构：采用挂式柔性连接，抗震性能高。多向可调，表面平整度高，拼缝平直、整齐。

② 托板式石材幕墙。

连接形式：铝合金托板连接，黏结在工厂内完成，质量可靠。

安装结构：采用挂式结构，安装时可三维调整。使用弹性胶垫安装，可实现柔性连接，提高抗震性能。

③ 通长槽式石材幕墙。

连接形式：通长铝合金型材的使用，可有效提高系统安全性及强度。

安装结构：安装结构可实现三维调整，幕墙表面平整，拼缝整齐。

石材幕墙的面板一般选择天然材质、坚硬典雅、耐冻性较好、抗压强度较高的石材。但一般天然石材做高层建筑外墙有一定安全隐患，另外石材幕墙防火性能一般较差，防火等级高的建筑不宜采用。

（3）人造板材幕墙。人造板材幕墙（artificial panel curtainwall）是面板材料为人造外墙板（除玻璃和金属与天然石材板以外）的建筑幕墙，包括瓷板幕墙、陶板幕墙、微晶玻璃幕墙、石材蜂窝板幕墙、高压热固化木纤维板幕墙和纤维增强水泥板幕墙。

这些新型幕墙材料，是进入 21 世纪以来主要由欧洲传入我国。该类产品在欧洲建筑幕墙上的应用，主要采取产品的应用技术认证，如英国的 BBA 认证和法国的 CSTB 认证等。这些面板材料在建筑外墙工程上应用的成套技术信息，在板材生产厂家的产品应用技术手册中可以查到。

人造板材幕墙适用于抗震设防烈度不大于 8 度地震区的民用建筑；应用高度不宜大于 100m。

六、装配式屋面

1. 桁架钢筋叠合屋面板

钢筋桁架楼承板（图 5-13）属于第三代钢结构配套楼承板，与普通的非组合压型钢板及组合压型钢板的板型有较大区别，是将混凝土楼板中的受力钢筋在工厂中加工成钢筋桁架，然后再与压型钢板电阻点焊为一体的钢楼承板产品。钢筋桁架采用高频电阻点焊组合，形成结构稳定的三角桁架，底部压型钢板板肋明显减小，只有 2mm，几乎等于平板。

受力特点：作为较新一代钢楼承板，其受力模式更为合理，不再单纯依靠钢板提供施工阶段的强度及刚度，其施工阶段强度和刚度由受力更为合理的钢筋桁架提供。在使用阶段，由钢筋桁架和混凝土一起共同工作。镀锌底板仅作施工阶段模板作用，不考虑结构受力，但在正常的使用情况下，钢板的存在增加了楼板的刚度，改善了楼板下部混凝土的受力性能。

图 5-13　钢筋桁架楼承板

2. 预应力带肋底板混凝土叠合屋面板

常用的钢结构住宅楼板为普通现浇混凝土楼板和压型钢板组合楼板。现浇混凝土楼板成本低，需现场支设模板和脚手架，现场污染严重且工期较长，不易形成钢结构住宅装配化；压型钢板组合楼板可节省模板和脚手架，但因压型钢板需涂刷防火涂料，并加设吊顶，成本较高，不利于钢结构住宅的良性发展。而新型的 PK 预应力混凝土叠合板（以下简称"PK 板"）则克服了以上两种楼板的不足，具有免模板、整体性好、施工方便、工期短、成本低的优势。

与传统的平板预应力叠合板相比，PK 预应力混凝土叠合板的优点主要体现在以下几点。

① PK 预应力混凝土叠合板的预制构件为倒 T 形带肋预制薄板。由于设置了板肋，使得预制构件在运输及施工过程中不易折断，且可有效控制预应力反拱值。试验结果表明，叠合后的双向楼板具有整体性、抗裂性好，刚度大，承载力高等优点。

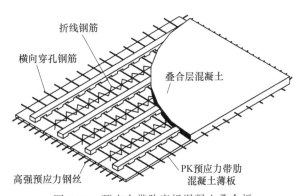

折线钢筋
横向穿孔钢筋
叠合层混凝土
高强预应力钢丝
PK预应力带肋混凝土薄板

图 5-14　预应力带肋底板混凝土叠合板

② 预制薄板板肋上预留长方形孔。孔内设置横向钢筋后形成双向受力楼板，同时叠合层混凝土浇筑后，肋上孔洞内混凝土可形成"销栓抗剪"效应（图 5-14），大大增强了叠合楼板的整体性。此外，预留孔洞还可方便布置楼板内的预埋管线。

③ PK 预应力混凝土叠合板底板可实现工厂化制作、规模化生产，施工阶段无须铺设模板，仅需设置少量支撑，可有效节省木模板和支撑，减少现场作业量，施工简便、快捷，施工工艺容易掌握，可有效缩短工期。

④ 综合经济效益高。通过对已推广使用的工程项目统计，PK 预应力混凝土叠合板可比普通现浇板缩短 1/3 以上工期，同时每平方米可节约钢材 4kg，总体降低工程造价约 30%，经济效益十分明显。

3. 预制预应力混凝土叠合屋面板

预应力混凝土空心板如图 5-15 所示。空心板截面高度的优化和材料的有效使用使其成为建筑行业中最可持续发展的产品之一。预制混凝土板具有沿着板体全长的管状空腔，使得板材比相同厚度或强度的块状实心混凝土楼板轻得多。在空心板的横截面中，仅在实际需要

图 5-15　预应力混凝土空心板

的部位使用混凝土，大部分被空腔所代替。例如，在 200mm 厚空心板中，横截面的 49.9% 由空腔构成。在 400mm 厚空心板中，空腔比例可能高达 55.6%。这既节省了混凝土材料成本，同时节约了竖向结构、基础和钢筋。

预应力空心板在工作负载时不会产生裂缝。与普通钢筋混凝土结构相比，也减少了楼板的挠度，因为整个空心楼板截面部分都有助于抵抗荷载。裂缝被消除后，钢筋可以更好地被包裹起来，从而防止腐蚀，延长结构寿命。

预应力空心楼板与传统的大量小跨度楼板相比重量更轻、跨度更大，为设计方案提供了更多的可能性。当住宅使用预应力空心楼板时，室内的隔墙通常采用是非承重墙，这为每套住宅平面的个性化设计提供了自由。

七、装配式外门窗

我国不同的地区气候条件相差很大，当地门窗市场上的节能产品也多种多样。目前市场上常见的节能门窗主要有以下几种。

1. 断桥铝合金门窗

隔热断桥铝又叫断桥铝、隔热铝合金、断桥铝合金，其两面为铝材，中间用塑料型材腔体做断热材料，依其连接方式不同可分为穿条式及注胶式。断桥铝合金型材传热系数是普通铝合金型材 1/3 左右，大大降低了热量传导。这种门窗比普通门窗热量散失减少一半。隔声量达 30dB 以上，水密性、气密性良好，保温性、抗风压性都得到很大的提高。型材剖面及实物见图 5-16 和图 5-17。

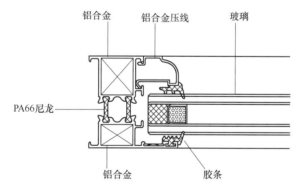

图 5-16　穿条式断桥隔热铝合金窗型材剖面大样图及实物图

断桥铝合金门窗的优点如下。

（1）保温隔热性好。隔热条和铝合金框分开的设计形成了断桥，传热系数 K 值为 3W/$(m^2 \cdot K)$ 以下。

（2）因为采用了空腔设计，配合中空玻璃，断桥铝合金的隔声效果优秀。

（3）断桥铝型材可实现门窗的三道密封结构，显著提高门窗的水密性和气密性，保证门窗的密封性能。窗台处应有泄水孔，实现等压平衡，遵循内扇外孔、外扇内孔的原则。

（4）防火性能优于普通铝合金门窗。

（5）断桥铝是一种绿色能源，生产和制作过程中不产生污染，型材可以回收。

（6）具备极强的防盗性能。因断桥铝合金门窗是由强度较高的铝合金材料组成，其中设置了防盗功能较好的配件和零部件等，可以有效地提升门窗的防盗功能，加强对使用居民的人身财产和生命安全的保护。

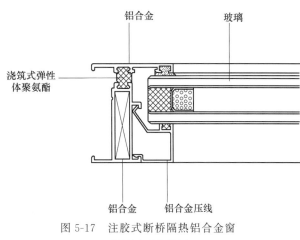

图 5-17　注胶式断桥隔热铝合金窗
型材剖面大样图

2. 塑钢门窗

塑钢门窗是以聚氯乙烯（UPVC）树脂为主，添加辅助材料后，挤出成型材，并在需要时在型材空腔中增加钢材以增加刚性的一种节能门窗。塑钢门窗的型材剖面图见图 5-18。

塑钢门窗的特性如下。

（1）塑料的热导率比铝合金低，塑钢门窗的保温性能优于铝合金门窗。

（2）配合胶条、结构胶水，塑钢门窗可以形成密闭的系统。塑钢门窗气密、水密性能优秀。

由于 PVC 材料强度较低，门窗的高度不能做大，因而塑钢不适合大型门窗。当用于较大的门窗时，需要在空腔内增加衬钢，增加成本而且影响保温性能。塑钢门窗防火性能比铝合金门窗差，不能使用在防火要求高的地方。塑钢窗材料燃烧时会排放有毒物质，不环保。塑钢框材用久了容易透风，接口处空隙太大无法黏合。虽然塑钢门窗随着腔体的增加，塑料型材本身的传热系数也相应地降低，但是腔体的增加是有限的，节能效果的提高有瓶颈。

图 5-18　塑钢门窗型材剖面示意图

3. 铝木复合门窗

铝木复合门窗是将铝合金材料和纯实木通过机械方式连接而形成窗框窗扇型材的一种门窗。铝木复合门窗型材剖面见图 5-19。

铝木复合门窗是将隔热（断桥）铝合金型材和实木通过机械方法复合而成的框体。同时因为由两种材料组成，所以拥有两种材料的优点。铝木复合门窗内侧采用高级木材，既保持了木材天然的纹理，还可以根据不同的需求喷涂各种颜色的油漆，具有很好的观赏性和装饰性。而且木材的热导率低，人体触感好，比断桥隔热型铝合金更为舒适。但是因为木材是不可再生的材料，所以铝木复合门窗并不环保。

4. 聚氨酯铝合金门窗

聚氨酯铝合金门窗的型材是由玻璃纤维与聚氨酯共挤的复合材料，以无纺玻璃纤维为增强相，聚氨酯为基体，通过拉挤工艺成型。

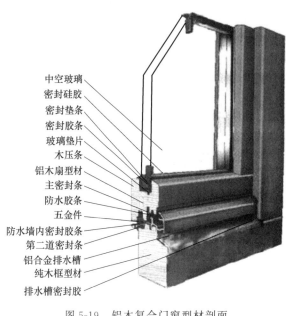

中空玻璃
密封硅胶
密封垫条
密封胶条
玻璃垫片
木压条
铝木扇型材
主密封条
防水胶条
五金件
防水墙内密封胶条
第二道密封条
铝合金排水槽
纯木框型材
排水槽密封胶

图 5-19　铝木复合门窗型材剖面

聚氨酯铝合金门窗有如下特点：聚氨酯节能玻璃门窗框的核心聚氨酯的传热系数比铝小，节能效果比塑钢和铝合金门窗更好。其门窗型材系统是由玻璃纤维和聚氨酯树脂通过拉挤工艺而制得的一种复合材料。聚氨酯复合材料的生产速度快、有害物质挥发少，生产过程更加环保。聚氨酯铝合金门窗型材有较高的强度，不需要像塑钢门窗一样加衬钢，同时有着和PVC型材相近的保温性能，不需要使用隔热断桥；聚氨酯材料的线性热膨胀系数和玻璃接近，与玻璃、胶条之间的连接更加紧密，且变形较小，热胀冷缩或者风压变形不会造成漏气传热，因而气密性、水密性更好。

第五节 ▶▶

外围护系统设计实例

一、概况

××市××家园公共租赁住房住宅项目位于××大道以西，××路以南，共8栋楼，其中24层1栋，25层2栋，18层5栋，地下室层高4.7m，一层3.6m，二层3.3m，标准层层高为2.9m，总建筑面积13.07万平方米，小区住宅总套数1602套。

二、工程承包模式

本项目工程采用施工总承包模式，由××××集团股份有限公司总承包施工。

三、楼板

楼板部分采用钢筋桁架楼承板，部分采用了混凝土现浇板。钢筋桁架楼承板工厂制作，产业化水平高，施工速度快，但是底部铁皮对住宅建筑处理稍显困难。现浇混凝土楼板，相比钢筋混凝土结构施工简单，可以利用H型梁下缘作为支撑，楼板配筋也比较简单，板底平整度高。

四、墙板

外墙及内墙部分采用砂加气混凝土墙板（以下简称"AAC板"），AAC板主要由水泥、硅砂、石灰和石膏为原料，以铝粉（膏）为发气剂制作而成，具有轻质、高强、防火、自保温、节能、环保、省工省料、施工便捷等特点。该墙板轻质高强、保温隔热、防水抗渗、安全耐久、隔声防火性能良好、绿色环保、经济适用、安装方便，表面平整程度高，无须抹灰，可直接粉刷墙体涂料。该材料具有一定的承载能力，其立方体抗压强度大于3.5MPa，抗震性能良好，具有较大变形能力，允许层间位移角达1/150，是一种性能优越的新型建材（图5-20）。

墙板与结构采用钩头螺栓和专用直角钢件连接。隔墙顶部为混凝土时，用射钉或膨胀螺栓将直角钢件固定于楼板顶部，直角钢件与隔墙通过空心钉锚固，隔墙顶部为钢构件时，将直角钢件同钢构件焊接，隔墙板底部采用直角钢件固定；隔墙门洞口采用扁钢加固，隔墙转角、丁字墙等位置采用销钉加强，每道隔墙靠柱一侧第一块板材采用管卡和直角钢件双重固定（图5-21、图5-22）。

图 5-20　砂加气混凝土墙板安装照片

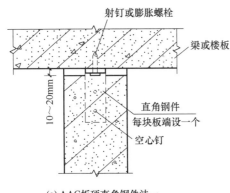

(a) AAC板顶直角钢件法一

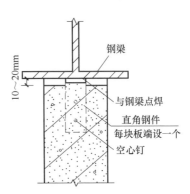

(b) AAC板顶直角钢件法二

图 5-21　AAC 内墙板顶部安装做法

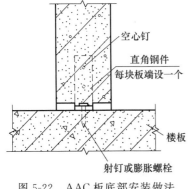

图 5-22　AAC 板底部安装做法
（AAC 板底直角钢件法）

外墙与结构连接采用钩头螺栓法进行内嵌或外挂，当 AAC 板底部坐在混凝土楼板上时，板底加设导向角钢，导向角钢用金属锚栓固定于楼板上（图5-23）。

五、设备管线、装修技术

厨卫、管线布置同传统建筑设计，利用 BIM 技术优化管线布置，墙体部位线管采用剔槽暗埋方式敷设。

内墙装饰采用 2～3mm 厚粉刷石膏面层两遍压光，板缝之间剔 V 形槽，用 AAC 板专用胶黏剂勾缝，表面压入一层 100mm 宽耐碱玻璃纤维网防裂（图5-24）。

厨卫间墙体用 15mm 厚 M10 混合砂浆分两遍找平，粘贴 300mm×450mm 面砖。

六、信息化技术应用

运用 BIM 技术制作钢结构信息模型，利用模型对钢结构图纸进行优化设计，有利于构

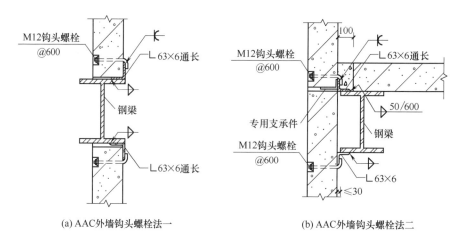

(a) AAC外墙钩头螺栓法一   (b) AAC外墙钩头螺栓法二

图 5-23　AAC 外墙板安装做法

图 5-24　内墙装饰做法

件的加工制作；利用 BIM 模型进行管线综合、碰撞检查、安装工序模拟、进度模拟，有助于控制施工质量和进度；利用 BIM 模型储存的构件详细信息，生成构件信息记录文件，为后期运维、可视化管理提供依据（图 5-25、图 5-26）。

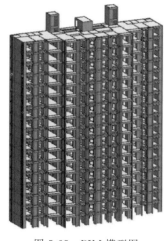

图 5-25　BIM 模型图

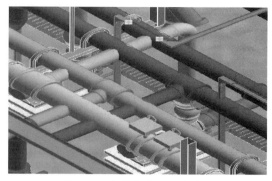

图 5-26　管线综合和碰撞检查

第六章

装配式钢结构建筑的设备和管线设计

第一节 ▶▶

设备与管线设计的特点及原则

一、装配式钢结构建筑机电系统的特点

与传统建筑相比，装配式建筑机电系统在系统选择及设备管材选型上更应考虑节能环保的要求。为保证主体结构的长寿命，机电系统应考虑在建筑全生命周期内管线设备的使用、维护以及更换等问题。设计上需要考虑管材设备如何在结构主体上预留预埋、管线设备如何与精装修结合进行管线分离布置等，同时管线设备宜选用使用年限较高的产品。为了和结构主体相一致，还应考虑机电系统的标准化、模数化、一体化设计。

二、设备与管线设计的原则

由于装配式钢结构建筑本身的特性，其机电系统应满足集成化、标准化、模数化等要求。根据《装配式钢结构建筑技术标准》（GB/T 51232—2016）中 5.4.1 要求，装配式钢结构建筑设备与管线设计应满足以下原则。

（1）装配式钢结构建筑机电系统设备与管线应合理选型、准确定位（图 6-1）。为了合理利用空间，对各类设备与管线设计时，应综合设计，尽量减少平面交叉。设计中可以采用包含 BIM 技术在内的多种技术手段开展三维管线综合设计，对各专业管线在钢构件上预留的套管、开孔、开槽位置尺寸进行综合及优化，做好精细设计以及定位，避免错漏碰缺，降低生产及施工成本，减少现场返工。平面管线尽量减少交叉，交叉时按照小管让大管等原则；竖向管线尽量集中布置。

图 6-1　管线布置

（2）装配式钢结构建筑机电系统设备与管线安装应满足结构专业相关要求。避免在预制

构件安装后剔凿沟槽、开孔、开洞等，提前做好预留预埋。钢构件上的管线、设备及其吊挂配件预留的孔洞、沟槽宜选择对构件受力影响最小的部位。设备与管线应方便检查、维修、更换。且在维修更换时不影响主体结构。竖向管线宜集中布置于管井中。设计过程中各设备专业应与建筑结构专业密切配合，避免遗漏。

（3）装配式钢结构建筑机电系统采用管线分离设计，设备与管线宜在架空层、集成墙面以及吊顶内设置。公共管线、阀门、检修配件、计量仪表、电表箱、配电箱、智能化配线箱等应设置在公共区域。

（4）设备与管线宜进行模块化设计。

（5）装配式钢结构建筑的设备与管线宜采用集成化技术，选用便于现场安装、装配化程度高的设备管线成套系统，设备、管线、阀门、仪表等宜集成预制。例如：对于装配式钢结构住宅，宜采用装配式集成给水系统。

（6）装配式钢结构建筑内装宜采用管线、装修部品与主体结构分离的方式，利于后期住户根据实际使用情况变更维修；装配式装修工程应实现建筑结构、装修、设备一体化设计，结构、装修、设备安装施工有序衔接。

第二节 ▶▶

设备管线的预留预埋

图 6-2　钢结构住宅管线预留孔洞

设备与管线安装应满足装配式钢结构建筑结构的安全性要求，对必须在预制构件上安装的设备与管线，应提前预留预埋（图 6-2），避免在预制构件安装后剔凿沟槽、开孔、开洞等。与外围护系统相关的设备管线不应影响外围护系统的整体热工性能及水密、气密、抗风等性能要求，在检修更换时，不应影响外围护系统的性能及使用寿命。

一、管线的预留预埋

对于装配式钢结构建筑，管线预留预埋包括管线穿越楼板、横梁等内容。

1. 楼板预留孔洞

钢结构建筑楼板多为现浇形式。由于城市发展，现多为高层及多层建筑，因此有大量的竖向管线需要穿越楼板。包括：给水排水立管、消防水系统立管、雨水立管等。管道穿越楼板应满足以下要求。

（1）给水、消防管线穿越楼板。当穿越空调板等无防水要求的楼板时，采用普通钢套管；穿越屋面、卫生间、阳台等有防水要求的楼板时，采用刚性防水套管。预埋套管尺寸均应比管道大两号。给水、消防管道预埋刚性防水套管尺寸详见表 6-1。

表 6-1　给水、消防管道预埋刚性防水套管尺寸　　　　　　　　　单位：mm

管道公称直径 DN	15	20	25	32	40	50	65	80	100	125	150	200
刚性套管外径 DN_1	83	83	83	83	114	114	121	140	159	180	219	273

（2）排水管线穿越楼板。排水管道穿越楼板时，塑料排水管可用塑料套管或刚性防水套管，金属排水管用刚性防水套管，止水环或者密封圈安装在现浇层内，预留孔洞尺寸按套管外径尺寸确定，套管和预留尺寸详见表6-2、表6-3。

表6-2　塑料排水管穿越楼板预埋套管和预留孔洞尺寸　　　　　　单位：mm

管道外径 DN	50	75	110	160	200	备注
预留圆洞直径 ϕ	120	150	180	250	300	
套管外径 DN_1	110	125	160	200	250	带止水环或橡胶密封圈

表6-3　金属排水管穿越楼板预埋套管和预留孔洞尺寸　　　　　　单位：mm

管道公称直径 DN	50	75	100	150	200	备注
预留圆洞直径 ϕ	120	150	180	250	300	
套管外径 DN_1	114	140	168	219	273	带止水环或橡胶密封圈

2.（钢）横梁

对于钢结构住宅，若在梁底敷设管道占用层高较多时，一般多采用钢横梁。

（1）给水、消防管道穿越钢梁等时，采用普通钢套管，钢套管比管道直径大一号；穿越壁池、地下室外墙等有防水要求的楼板时，采用刚性防水套管，预埋套管尺寸均应比管道大两号。给水、消防管道预埋普通刚性防水套管尺寸详见表6-4。

表6-4　给水、消防管道预埋普通刚性防水套管尺寸　　　　　　单位：mm

管道公称直径 DN	15	20	25	32	40	50	65	80	100	125	150	200
刚性套管外径 DN_1	50	50	50	50	83	83	114	121	140	159	180	219

（2）排水管道穿越地下室外墙应采用刚性防水套管，穿内墙或者钢梁时应采用普通套管，刚性套管比管道直径大两号。排水管穿越钢梁预埋套管尺寸详见表6-5。

表6-5　排水管穿越钢梁预埋套管尺寸　　　　　　单位：mm

管道公称直径 DN	50	75	100	150	200	备注
刚性套管外径 DN_1	114	140	168	219	273	带止水环或橡胶密封圈

3. 建筑电气管线与预制构件的关系

（1）低压配电系统的主干线宜在公共区域的电气竖井内设置；终端线路较多时，宜考虑采用桥架或线槽敷设，较少时可考虑统一预埋在预制板内或装饰墙面内，墙板内竖向电气管线布置应保持安全间距，居住建筑每户的管线应户界分明。

（2）凡在预制墙体上设置的终端配电箱、开关、插座及其必要的接线盒、连接管等均应由结构专业进行预留预埋，并应采取有效措施，满足隔声及防火要求，不宜在围护结构安装后剔凿沟、槽、孔、洞。

（3）电线电缆应穿金属管暗敷设在楼板或墙体内，应结合钢结构特点采用模数化设计，在预制墙板、楼板中预制金属穿线管及接线盒，钢构件的穿孔宜在工厂内制作，其位置及孔径应与相关专业共同确定。墙体内现场敷管时，不应损坏墙体构件。现场施工有管线连接处，宜采用可挠管（金属）电气导管（图6-3）。

二、设备的预留预埋

1. 太阳能集热系统

太阳能集热系统及储水罐都是在建筑主体安装完成后，再由太阳能设备厂家安装到位。

图 6-3 电气管线预留预埋

剔槽预制构件难以避免，因此规定需要做好预埋件。这就要求在太阳能系统施工中一定要考虑与建筑一体化建设。为保证在建筑使用寿命期内安装牢固可靠，集热器和储水罐等设备在后期安装时不允许使用膨胀螺栓。

2. 卫生间通风设备

（1）卫生间应采用有效的通风设施，卫生间排气可通过设置在外墙或外窗的排气扇直接排向室外，排气扇出口管道上应设止回阀。

（2）如采用整体卫浴（图6-4），排气孔应预留在整体卫浴吊顶高度以上。如采用非整体卫浴。排气孔宜预留在窗上或者梁上，采用壁式排气扇。

（3）穿预制外墙的排风口应预留孔洞及安装位置。孔洞尺寸应根据产品确定。孔洞应考虑模数，避开预制结构外墙的钢筋，避免断筋，其高度、位置应根据吊顶高度确定。

图 6-4 整体卫浴安装

（4）严寒和寒冷地区，壁式排气扇外侧应装联动密闭百叶。

3. 散热器安装

（1）散热器安装应牢固可靠，安装在轻钢龙骨隔墙上时，可采用隐蔽支架固定在实体结构上。

（2）当外墙采用预制外墙板时，散热器供暖要与土建密切配合，需要在预制外墙板上准确预埋安装散热器使用的支架或挂件。散热器挂件预留孔洞的深度不应小于120mm。

（3）安装在预制复合墙体的散热器，散热器挂件需要满足刚度要求。

4. 电气设备

（1）住户强弱电箱应尽量避免安装在预制墙体上，若无法避免，应根据建筑的结构形式合理选择电气设备的安装方式。

（2）预埋电箱、电箱预留洞及预埋套管的布置应紧密结合建筑结构专业，避开钢筋密集、结构复杂的区域。

（3）电气设备在预制隔墙中安装时，配电箱的位置预留比箱体尺寸略大的洞口，一般要求箱体左右距墙体50～100mm，上下距墙体150～200mm。配电箱进出线较多且施工不便时，应沿箱体留洞进出线处增加安装操作口。强弱电箱安装操作口的尺寸根据进出该操作口的线管数量进行预留，一般安装操作口高度为250～300mm，深度为80～100mm。

5. 防雷接地

（1）防雷接地宜与电源工作接地、安全保护接地等共同接地布置，防雷引下线和共用接地装置应充分利用建筑及钢结构自身作为防雷接地装置。

（2）钢结构基础可作为自然接地体，在其不满足要求时，设人工接地体。

（3）电源配电间和设有洗浴设施的卫生间应设等电位联结的接地端子，该接地端子应与建筑物本身的钢结构金属物联结。金属外窗应与建筑物本身的钢结构金属物联结。

（4）所有需与钢结构做电气连接的部位，宜在工厂内预制连接件，现场不宜在钢结构本身上直接焊接。

第三节 ▶▶

设备与管线设计

一、架空地面中设备管线的布置

1. 架空地面

架空地面由地板、支座、防震垫、螺钉组成，地板放置在带有防震垫的钻头支座上，螺钉穿过地板四周的角锁孔直接连接在自身高度可调的钻头支座上，支撑间距不宜大于400mm。室内给水管道宜采用干式施工，布置在架空地板内或者地暖管线的绝热层内，拆除装饰面材和基层板之后，所有管线一览无遗，有利于保养维修和后期改造。为解决架空地板对上下楼隔声的负面影响，在地板和墙体的交界处应留出3mm左右的缝隙，保证地板下空气流动，达到隔声目的。架空地面是替代吊顶内敷设管线的一种新型技术。敷设于架空地板下的管线应与地板系统相协调，安装牢固，并应采取措施避免由于踩踏、家具重物等引起的管线不均匀受力或震动。

2. 架空地面管线布置

（1）给水排水管线布置。一般在架空地面敷设给水、中水、热水以及排水等管道。

给水、中水、热水管径较小，路径较长，布置时应尽量避免交叉。另可将分集水器布置在架空地面内，在分水器安装位置应设置检修口，便于定期进行检查及维修。

卫生间采用同层排水可减少对其他住户的影响，同时利于后期改造。

（2）供暖管线布置。地板辐射供暖系统包括预制沟槽保温板地面辐射供暖系统和预制轻薄供暖板地面辐射供暖系统。预制沟槽保温板地面辐射供暖系统是将加热管敷设在预制沟槽保温板的沟槽中，加热管与保温板沟槽尺寸吻合且上皮持平，不需要填充混凝土即可直接敷设面层的地面辐射供暖形式。预制轻薄供暖板地面辐射供暖系统是由保温基板、塑料加热管、铝箔、二次分集水器等组成，并在工厂制作的一体化的一种地暖部件。

（3）电气设备管线布置。在架空地面可敷设强弱电管线。

在地板架空空间内敷设管线，设计过程中水、暖、电专业应紧密配合，因架空地面空间高度有限，电气管线以及水暖管线应做好管线综合布置，尽量避免管线交叉（图6-5）。

设备管线的布置应集中紧凑、合理使用空间。竖向管线等宜集中设置，集中管井宜设置在共用空间部位。厨房、卫生间的管线宜采取集中布置，并设置专用管道井或管道夹墙。管道井或管道夹墙应设置检修门，并应开向公共空间。

图 6-5　架空地板管线敷设

管道井宜设置在核心筒或剪力墙旁边，管道夹墙宜结合分户墙设置；装配式钢结构建筑宜采用建筑内装体、管线设备等与建筑结构体分离的设计方法。

二、吊顶中设备管线的布置

在吊顶中敷设设备管线是传统的一种敷设方式（图6-6）。通过吊顶的掩蔽，实现管线分离。在层高有限的区域，特别是住宅内，可通过管线集中敷设在墙角等位置的方法减少吊顶区域，保证室内净高需求。

图6-6 吊顶区域管线敷设

三、集成等墙面中设备管线的布置

架空地面和吊顶解决横向管道布置，而集成墙面解决管线的竖向布置。集成墙面有多种形式。

双层贴面墙是墙体表面采用树脂螺栓、轻钢龙骨等架空材料，通过调节树脂螺栓高度或选择合适的轻钢龙骨，控制墙面厚度，再外贴石膏板。墙体和架空材料之间的间隙可用来敷设管线。电气设备应主要在双层贴面墙体内龙骨及树脂螺栓支撑预埋件的位置分布，根据龙骨及预埋件位置进行电气设备定位。

轻质墙体：装配式隔墙宜采用有空腔的墙体。轻质隔墙用于室内非承重内隔墙，分为轻质条板隔墙和轻钢龙骨隔墙。在墙体空腔内可敷设管径较小的给水支管，减少在传统墙体中管线的开槽预埋（图6-7）。

四、设备与管线标准化设计标准化原则

装配式钢结构建筑设备选型及管线设计应在满足使用功能的前提下，实现标准化、系列化、模块化，应满足以下要求。

（1）设备管线系统的部品部件应采用标准化、系列化尺寸，满足通用性及互换性要求。

（2）模数协调是装配式建筑的基本原则，装配式钢结构建筑设备与管线设计应符合模数化协调要求，便于进行工业化生产和装配。

（3）设备与管线应采用界面定位法定位。当装配式建筑的主体结构、装饰面确定时，采用界面定位法更容易控制定位。

图6-7 墙面管线敷设

五、设备管线使用空间的模数化

装配式钢结构建筑设备与管线的使用空间包括：设备机房、管道井、吊顶、架空地板和集成墙面等，设备与管道空间使用应与建筑空间协调。

水泵水箱、空调机组、配电柜等机电部品应优先选用符合工业化尺寸模数的标准化产品并满足自身功能要求，同时应留有一定的操作空间和维护空间。

管道井内一般包括各类管道立管、控制阀门、计量水表及支管等，设备管线较多且复杂。

设计应集成布置，合理利用空间。当管道井门前空间作为检修空间使用时，管道井进深可为300~500mm。宽度根据管道数量和布置方式确定。公共管道井的优先尺寸宜根据表6-6选用。

表6-6 公共管道井的优先尺寸 单位：mm

项目	优先尺寸
宽度	400、500、600、800、900、1000、1200、1500、1800、2100
深度	300、350、400、450、500、600、800、1000、1200

管线布置在本层吊顶空间、架空地板下空间、装饰夹层内时，管线定位尺寸应结合空间尺寸确定，并宜采用分模数 M/5 的整数倍；垫层暗埋敷设的管线数量较多，需要在较小空间内精确定位。因此当给水、供暖水平管线暗敷于本层地面的垫层中时，管线定位尺寸宜采用分模数 M/10 的整数倍。敷设于楼地面的架空层、吊顶空间、隔墙内的空调及新风、给水、供暖、电气及智能化等设备与管线应便于检修，检修口宜采用标准化尺寸。

六、设备管线接口标准化

机电系统设备管线复杂，设备与管线系统部品与配管、配管与主管网、部品之间等存在众多接口连接。这些接口应标准化，以方便安装及后期维护与更新。

（1）对于居住建筑，设备与管线系统的公共部分与套内部分应界限清晰。专用配管和公用配管的结合部位和公用配管的阀门部位检修口宜采用标准尺寸。

（2）安装于墙体和吊顶的灯具、开关插座面板、控制器、显示屏等部件的位置与尺寸宜标准化，并应采取隔声、防火及可靠的固定措施。

（3）集成式厨房、集成式卫生间的管道应在预留的安装空间内敷设，与外围护系统、内装部品相关时，其位置尺寸应标准化。当采用整体厨房、整体卫浴时，给水排水、通风和电气等管线应与产品相配套，且应在管道预留的接口连接处设置检修口（图6-8）。

（4）安装在预制墙体上的燃气热水器，其挂件或可连接挂件的预埋件应预埋在预制墙体上，位置尺寸应标准化。

图6-8 检修口

（5）户内集中空调及分体空调系统的室外机应采用与建筑外墙一体的标准化设计，安装在预制的空调板或设备阳台上，冷媒管及凝结水管穿墙孔的位置及孔径应标准化。

（6）建筑电气与智能化管线应进行标准化设计，并符合下列规定。

① 沿现浇层暗敷的电气与智能化管线，应在预制楼板灯位处预埋深型接线盒。

② 当沿预制墙体预埋的接线盒及其管路与现浇相应电气管路连接时，应在墙面与楼板交界的墙面部位预埋接线盒或接线空间。

③ 消防线路预埋暗敷在预制墙体上时，应采用穿导管保护，并应预埋在不燃烧体的结构内，其保护层厚度不应小于30mm。

④ 沿叠合楼板现浇层暗敷的照明管路，应在预制楼板灯位处预埋深型接线盒。

⑤ 沿叠合楼板、预制墙体预埋的电气灯头盒、接线盒及其管路与现浇相应电气管路连

接时，墙面预埋盒下（上）宜预留接线空间，便于施工接管操作。

⑥ 暗敷的电气管路宜选用有利于交叉敷设的难燃可挠管材。

为了满足装配式钢结构建筑的集成建造方式，设备与管线系统宜进行模数化设计，同时选用便于现场安装、装配化程度高的设备管线成套系统，设备、管线、阀门、仪表等宜集成预制。

预制结构构件中宜预埋管线，或预留沟、槽、孔、洞的位置，预留预埋应遵守结构设计模数网格，不宜在围护结构安装后剔凿沟、槽、孔、洞。装配式钢结构卫生间宜采用同层排水方式；给水、采暖水平管线宜暗敷于本层地面下的垫层中；空调水平管线宜布置在本层顶板吊顶下。户内配电盘与智能家居布线箱位置宜分开设置，并进行室内管线综合设计。

七、装配式整体卫生间管线设计

1. 装配式整体卫生间概况

装配式整体卫生间是一种新型工业化生产的卫浴间产品的类别统称，产品具有独立的框架结构及配套功能，一套成型的产品即是一个独立的功能单元，可以根据使用需要装配在任何环境中。装配式整体卫生间可采用现场装配或整体吊装的安装方式。

整体卫生间是在有限的空间内实现洗面、淋浴、如厕等多种功能的独立卫生单元。以工厂化生产的方式来提供即装即用的卫生间系统。

整体卫生间的产品首先包括顶板、壁板、防水底盘等构成产品主要形态的外框架结构，其次是卫浴间内部的五金、洁具、照明以及水电系统等能够满足产品功能性的内部组件。

装配式整体卫生间框架大都采用 FRP/SMC 复合型材料制成，具有材质紧密、表面光洁、隔热保温、防老化及使用寿命长等优良特性。

2. 装配式整体卫生间的优点

装配式整体卫生间相比传统普通卫浴间墙体不易吸潮，表面容易清洁，卫浴设施均无死角结构，具有施工省事省时、结构合理、材质优良等优点。

3. 装配式整体卫生间设计要点

整体卫生间产品应满足模数化要求，选用型号特别是特殊型号需进行市场调查。

装配式整体卫生间按照给水、排水、暖通及电气管线应预留足够的操作空间。

（1）整体卫生间内壁与建筑墙体之间的预留安装空间：无管线时宜≥50mm；包含给水或电气管线时宜≥70mm；包含洗面器墙排水管时宜≥90mm，如图6-9所示。

（2）整体卫生间地面完成面与卫生间结构面的安装空间：采用异层排水方式宜≥130mm；采用同层排水方式，墙排式坐便器宜≥180mm，下排式坐便器宜≥280mm；如图6-10所示。

（3）整体卫生间顶板内壁与建筑顶部楼板最低点之间的距离宜≥250mm，如图6-10所示。

八、其他设备与管线

1. 泵箱一体化泵房概况

由工厂预制金属板，经现场装配成整体结构箱体，并在箱体内安装消防水泵、连接管道与附件、智能控制系统及其附属设施，而构成用于消防给水系统的加压（稳压）泵站，称为泵箱一体化泵房（图6-11），简称一体化泵站。一体化泵站包括水泵、环保材料房体、管路、阀门、控制系统、监控系统、安防系统等，目前已经比较成熟地用于消防泵站、二次给水泵房以及雨污水泵房等。

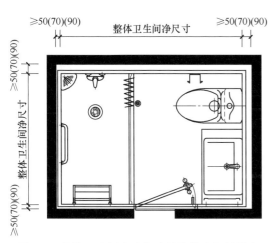

图 6-9　整体卫生间内壁与建筑墙体之间的距离

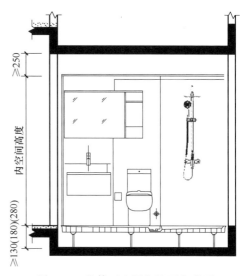

图 6-10　整体卫生间与地面完成面
及结构楼板的关系

2. 泵箱一体化泵房的优点

一体化成套设备由工厂统一组织后运至现场安装交钥匙泵房。与传统泵房相比一体化泵房土建工程很少，制造安装工期短，可以节省施工工时。同时一体化泵房占地面积小，智能化程度高，是传统泵房的理想替代品。

3. 泵箱一体化智慧泵房设计要点

（1）设备管线布置要合理，充分考虑后期使用和检修的要求。例如《装配式箱泵一体化消防给水泵站技术规程》（T/CECS 623—2019）规定，泵房应在侧面或顶部至

图 6-11　泵箱一体化泵房

少设置一个检修门或检修孔，检修门或检修孔的尺寸应满足泵房内设备通过的空间要求；埋地式泵站的泵房检修孔的平面尺寸不应小于 2.0m×2.0m。

（2）与土建配合设计，做好预留预埋，避免后期剔槽、开孔。

（3）水泵设备以及水泵控制设备等宜采用同一家供应商。

第七章

装配式钢结构建筑项目内装系统的设计

内装系统的设计方法及体系

一、设计原则

1. 模数协调原则

内装系统的隔墙、固定橱柜、设备、管井等部品部件，其尺寸不到 1m 的宜采用分模数 M/2 的整数倍；尺寸大于 1m 的宜优先选用 1M 的整数倍；内装系统的构造节点和部品部件接口等宜采用分模数 M/2、M/5、M/10。

内装部品部件的定位可通过设置模数网来控制，内装部品部件的定位宜采用界面定位法。

内装部品接口的位置和尺寸应符合模数协调的要求，采用标准化的接口。

2. 部品选择原则

内装设计集成和部品选型应按照标准化、模数化、通用化的要求，实现内装系列化和多样化。内装系统应考虑防火要求，选用耐火性能符合要求的内装部品。内装系统的部品和设备安装时，不应破坏其他系统的完整性、稳定性和安全性。

应结合内装部品的特点，采用适宜的施工方式和机具，最大化地减少现场手工制作及影响施工质量和进度的操作；杜绝现场临时开洞、剔凿等对建筑主体结构耐久性有影响的做法。严禁降低建筑主体结构的设计使用年限。

3. 协同原则

内装设计应与结构系统和外围护系统相关构件的深化设计紧密配合，在设计阶段应该明确预制构件的开洞尺寸及定位位置，并提前做好连接件的预埋。同时综合考虑内装系统与外围护系统的划分和接口。

内装设计应与设备管线设计集成，考虑设备管线的敷设方式、检修空间等。采用局部结构降板进行同层排水时，应在初步设计阶段结合项目的特征，合理确定降板的位置和高度。

二、设计体系的选择

1. 整体卫浴体系

整体卫浴是由工厂生产、现场装配的满足洗浴、盥洗和便溺等功能要求的基本单元（图

7-1）。作为模块化部品，配置卫生洁具、设备管线以及墙板、防水底盘、顶板等。

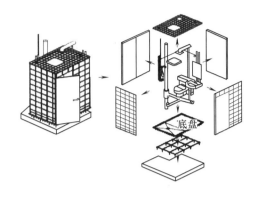
(a) 构成示意图

(b) 实景照片

图 7-1　整体卫浴

　　整体卫浴工厂预制、现场装配，整体模压、一次成型。不同于传统湿作业内装方式，采用整体卫浴系统，需要从住宅设计阶段就开始介入，建设方和设计方要先选定整体卫浴的提供方（部品商）。整体卫浴厂商需对内部空间进行优化，并精细化设计施工图。整体卫浴体系的主要性能特征有以下几点。

　　（1）采用防水盘结构，防水性和耐久性好。

　　（2）采用节水型坐便器、水龙头，节能环保。

　　（3）干净卫生，整洁美观。

2. 集成厨房体系

　　集成厨房是由工厂生产、现场装配的满足炊事活动功能要求的基本单元（图 7-2），也是模块化的部品，配置整体橱柜、灶具、抽油烟机等设备及管线。

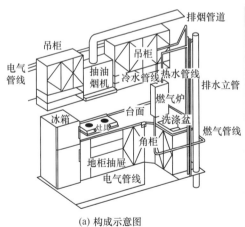
(a) 构成示意图

(b) 实景照片

图 7-2　集成厨房

　　集成厨房通常也称整体厨房。在同为强调"整体"概念时，在卫浴和厨房上存在一定的差别。整体卫浴，是一个完整空间的卫浴模块全部在工厂预制完成之后，到施工现场进行整体模块组装；而整体厨房更突出的是部品、产品，柜体、台面、五金件等在工厂生产，到现场进行统一拼装；以及设备管线的集成，给水排水、燃气、采暖、通风、电气等设备管线集

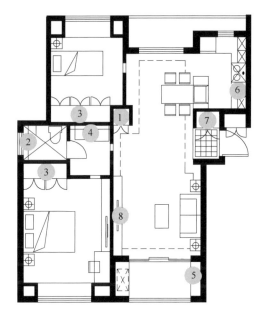

图 7-3　系统收纳示意图
1—过道收纳；2—卫生间收纳；3—卧室收纳；
4—家务间收纳；5—阳台收纳；6—厨房收纳；
7—门厅收纳；8—起居室收纳

中设置、合理定位、统一安装。因此，对于厨房用"集成厨房"一词表述得更为准确。其主要性能特征有以下几点。

（1）集中配置厨房部品、产品，提升便利性。

（2）内装与设备管线集成，避免反复拆改或加改设备管线。

（3）干净卫生，整洁美观。

3. 系统收纳体系

系统收纳是由工厂生产、现场装配的满足不同套内功能空间分类储藏要求的基本单元（图 7-3、图 7-4），也是模块化的部品，配置门扇、五金件和隔板等。

系统收纳采用标准化设计和模块化部品尺寸，便于工业化生产和现场装配，既能为居住者提供更为多样化的选择，也具有环保节能、质量好、品质高等优点。工厂化生产的系统收纳部品通过整体设计和安装，从而实现产品标准化、工业化的建造，可避免传统设计与施工误差造成的各种质量隐患，全面提升了产品的综合效益。设计系统收纳部品时，应与部品厂家协调，满足土建净尺寸和预留设备及管线接口的安装位置要求，同时还要考虑这些模块化部品的后期运维问题。

系统收纳的"系统"一词，突出了其分类储藏、就近收纳的特征，强调系统性。对于住宅项目来说，系统收纳通常分为专属收纳空间模块和辅助收纳空间模块。

系统收纳的主要性能特征如下。

（1）按需设置，便于灵活拆卸和组装。

（2）整洁美观，提升居住品质。

4. 部品选型

内装系统将工业化部品进行集成，部品选型作为非常重要的一个环节，需要在图纸深化设计之前进行。内装系统应优选品质优

图 7-4　系统收纳实景照片

良的内装部品，并通过合理的构造连接保证系统的耐用性，以寿命短的部品更换时不损伤寿命长的部品为原则，将部品进行合理集成，可以通过定期的维护和更换，实现住宅的长期适用和品质优良。内装部品的选型在满足国家现行标准规定的基础上，优选环保性能优、装配化程度高、通用化程度高、维护更换便捷的优良部品，特别是高度集成化的部品和模块化部品。此外，我国已将推行产品认证制度作为提高产品质量的重要手段。认证能指导使用者选购满意的产品，给生产制造者带来信誉，帮助生产企业建立健全有效的质量体系，在建筑工

程领域是确保内装系统质量、保障相关方利益的有效手段。加强产品认证制度的推行，可有效降低工程质量的不确定性，提升内装系统的可靠程度。

第二节 ▶▶

内装系统构造节点的设计

1. 构件预留预埋

内装设计应与结构系统和外围护系统相关部件的深化设计紧密配合，在设计阶段应该明确构件的开洞尺寸及定位位置，并提前做好连接件的预埋（表 7-1），杜绝现场临时开洞、剔凿等对建筑主体结构耐久性有影响的做法，严禁降低建筑主体结构的设计使用年限。

表 7-1 与内装系统配合的构件需考虑的预留预埋

类别	需考虑的预留预埋
墙体	内装连接需要的埋件 预留厨房排烟管出口风帽、厨房止回风口 卫生间止回风口 空调交换机管道孔、空气净化机管道孔 预留给水管、同层排水横支管、同层排水坐便器的孔洞等
楼板	预留内装连接需要的埋件 楼板应根据设计需求和定位预留排水管出口 预制楼板底部预埋热水器吊挂螺栓装置、预制楼板底部预埋中央空调主机吊挂 螺栓装置等情况需要考虑预埋加固点

2. 装配式墙面与隔墙架设计

墙面可采用架空方式，用螺栓或龙骨等形成空腔，满足墙面管线分离和调平要求。墙面架空空间可设置开关线盒，铺设强电线、弱电线等，应在满足需求的基础上尽量少占用室内空间。管线管道垂直穿行于轻钢龙骨隔墙，电气管线平行敷设于轻钢龙骨隔墙（图 7-5）。

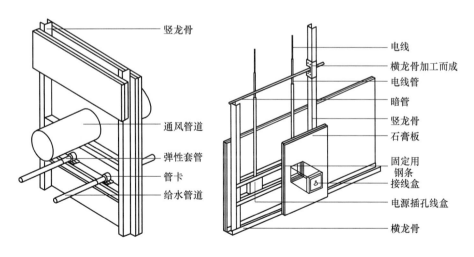

图 7-5 轻钢龙骨隔墙管线敷设示意图

3. 吊顶

吊顶可集成的有电气管线、给水排水管、排烟管、新风空调管线等，可根据需求设置全屋吊顶或局部吊顶。吊顶的高度尺寸应在满足设备与管线正常安装和使用的同时，保证功能空间的室内净高最大化，如图 7-6 所示。

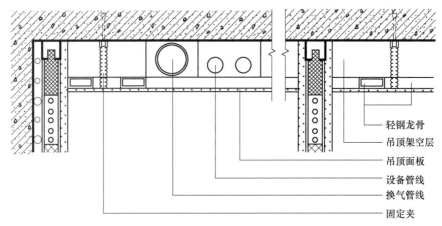

图 7-6　装配式吊顶节点示意图

4. 装配式楼地面

根据不同建筑的特点和需求，装配式楼地面架空层的设置可采用通层设置或局部设置。

通层设置设备管线架空层，即整个平面内设置架空层，设备管线全部同层布置，有利于建筑平面布局的整体改造（厨卫均可移位），其缺点是建筑层高较高。局部设置设备管线架空层，是通过厨卫局部降板来实现管线的同层布置，其优点是节省层高，但厨卫房间要相对固定不能移位，不利于平面布局的整体改造。架空层可以用来敷设排水和供暖等管线，因此架空层高度应根据集成的管线种类、管径尺寸、敷设路径、设置坡度等因素确定。完成面的高度除与架空空腔高度和楼地面的支撑层、饰面层厚度有关外，尚取决于是否集成了地暖以及所集成的地暖产品的规格种类（图 7-7）。

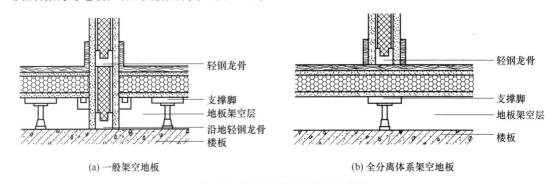

(a) 一般架空地板　　　　　　　　　　　　　(b) 全分离体系架空地板

图 7-7　装配式楼地面节点示意图

第三节 ▶▶

内装系统的设计集成

一、装配式墙面与墙体

目前装配式内装修系统中墙系统一般可分为两类：一类为墙面系统；另一类为墙体系统（内隔墙）。

1. 墙面系统

墙面系统是指在建筑主体施工阶段完成的结构墙体、外围护墙体及分户墙体的基础上，采用架空技术，面层铺设板材，在架空层铺设各类管线、开关插座或内保温材料等（图7-8）。

墙面系统可为结构主体与管线分离提供便利条件，避免装修过程中对墙体进行剔凿等破坏性作业。利用龙骨或螺栓等支撑体系可有效调节主体施工过程中产生的精度误差，减少二次湿作业找平工作。同时架空空间可敷设各类水电管线、开关面板等，便于后期使用过程中的维护检修。目前墙面系统主要应用到的产品主要包括龙骨（木龙骨、轻钢龙骨等）、基层板材（细木工板、石膏板、无机复合板等）、饰面材料（涂料、壁纸等）等。

对于外围护墙体，如果同时采用内保温工艺的话，可以充分利用贴面墙架空空间。与砖墙的水泥找平做法相比，石

图7-8　轻钢龙骨墙面技术

膏板材的裂痕率较低，粘贴壁纸方便快捷。管线与墙体分离技术的做法是可以将住宅室内管线不埋设于墙体内，使其完全独立于结构墙体外，施工程序明了，铺设位置明确，施工易管理，后期易维修。

一般常用的轻钢龙骨隔墙具有重量轻、强度较高、耐火性好、通用性强且安装简易的特性，有防震、防尘、隔声、吸声、恒温等功效，同时还具有工期短、施工简便、不易变形等优点。

目前墙面技术在国内推广中主要应用于住宅项目。由于其施工构造特点，需要在原墙体上进行支撑体系、基层板及面层的多工序干式施工作业。但其可利用架空空间布置管线，实现主体结构与管线的分离，保证主体结构的耐久性（图7-9）。

图7-9　架空墙面的螺栓和管线示意图

2. 墙体系统

墙体系统一般为建筑内分室隔墙，装配式建筑中建筑内分室隔墙一般采用轻质隔墙。目前轻质隔墙有较多可选择产品，每种产品均有各自不同的材料性质、产品特点、施工方法，同时在正常的施工水平操作下，各类产品在投入使用阶段呈现的使用情况及常见的质量问题亦不相同。

综合考虑装配式建筑的需求，轻质隔墙体系不仅应满足隔声、防火、防潮、强度、稳定性等性能要求，还应改变传统内隔墙的作业模式，实现工厂生产、现场装配，便于维护和拆除。现选取轻钢龙骨板材类型、蒸压加气混凝土条板类型及GRC条板类型进行分析。

（1）轻钢龙骨板材轻质隔墙。轻钢龙骨板材类轻质隔墙主要是由轻钢龙骨、纸面石膏板或其他类型板材组成的非承重隔墙系统，具有质轻、防火、隔声、抗震、保温、隔热、节省空间等优点，而且施工方便、加工性能良好、安装拆卸方便。轻钢龙骨板材类轻质隔墙的安装方法见图7-10。

以纸面石膏板为例，轻钢龙骨石膏板隔墙的主要构成部品为轻钢龙骨和石膏板，其工厂

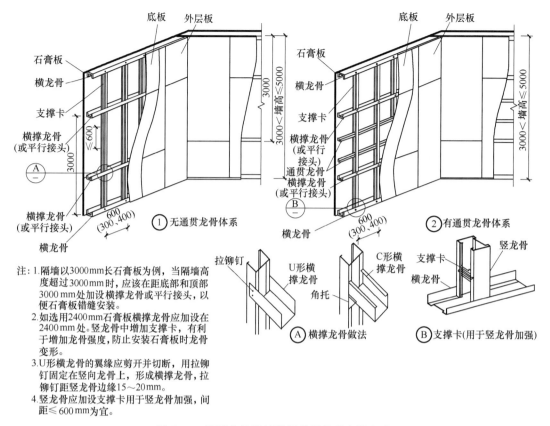

注：1.隔墙以3000mm长石膏板为例，当隔墙高度超过3000mm时，应该在距底部和顶部3000mm处加设横撑龙骨或平行接头，以便石膏板错缝安装。
2.如选用2400mm石膏板横撑龙骨应加设在2400mm处。竖龙骨中增加支撑卡，有利于增加龙骨强度，防止安装石膏板时龙骨变形。
3.U形横龙骨的翼缘应剪开并切断，用拉铆钉固定在竖向龙骨上，形成横撑龙骨，拉铆钉距竖龙骨边缘15～20mm。
4.竖龙骨应加设支撑卡用于竖龙骨加强，间距≤600mm为宜。

图 7-10　轻钢龙骨板材类轻质隔墙的安装方法

化生产程度较高，均可由生产厂家根据项目现场需要定制生产，各构件自重相对较轻，连接简单，现场组装方便，现场作业强度不大，施工综合效率较高。

　　轻钢龙骨石膏板隔墙系统已广泛运用于各种公共建筑和居住建筑中。该隔墙系统可根据使用环境对隔墙体的特殊性能要求选择不同种类的面层石膏板，如耐水系列纸面石膏板、耐火系列纸面石膏板、耐潮系列纸面石膏板等，是国内建筑内装工程中日益运用成熟及广泛的轻质隔墙系统解决方案。但在施工过程中需要注意选用符合标准的龙骨、板材，同时需对板材接缝处进行加强加固等防裂措施，避免后期裂缝的出现。

　　（2）蒸压加气混凝土条板轻质隔墙（ALC 板）。蒸压加气混凝土条板类（ALC）轻质隔墙板是一种节能墙材料，板两侧有公母榫槽，安装时将板材竖立起，公母榫槽涂抹嵌缝砂浆后对拼装起来即可。蒸压加气混凝土条板由无害化磷石膏、轻质钢渣、粉煤灰等多种工业废渣制造，经变频蒸汽加压养护而成。

　　ALC 墙板具有质量轻、强度高、多重环保、保温隔热、隔声、呼吸调湿、防火、快速施工等特点。生产自动化程度高，规格品种多。

　　ALC 板宜用作建筑内隔墙板。不宜用在以下部位：长期处于浸水或化学侵蚀环境；表面温度过高的部位；可能受到大的集中荷载或较大冲击的部位。内墙板主要用于框架结构体系的非承重墙，常见的板厚为 100mm、125mm 和 150mm。

　　我国的加气混凝土是新型墙体材料中发展最早、产能最大的品种，经过近几十年的历程，已形成材料生产、装备制造、配套材料供应和设计科研一套完整的工业体系。不同规格的加气混凝土条板是用大块坯体切割而成的，不存在钢筋混凝土构件模具的制造、折旧和报废问题，这又是对节能减排的贡献。只有把墙板转为使用标准化构件，而不是为特定项目"量身定做"的混凝土构件，才真正做到了标准化、定型化和工业化，而这正是加气混凝土条板的最大优势。

（3）玻璃纤维增强水泥条板轻质隔墙（GRC板）。玻璃纤维增强水泥条板（GRC）轻质隔墙是以特种水泥（水泥块、硬硫铝酸盐）为主要凝结材料，以沙子、膨胀珍珠岩做填充骨料，以耐碱玻璃纤维网格布增强，以立模浇注、震动成型的圆孔条形隔墙板。应用GRC轻质隔墙时，可利用板内中空部分敷设管线（图7-11）可有效减少管线预埋工作。玻璃纤维增强水泥轻质墙板具有轻质、隔声、隔热、防火、可锯、可刨、可钻孔、易粘接等特点，可实现建筑室内的灵活隔断，增加室内使用面积，可根据设计要求加工成任意长度。一般长 2.4～3m，宽 600mm，厚60mm、90mm、120mm。

图 7-11　GRC 条板中空部分可敷设管线

玻璃纤维增强水泥条板（GRC 板）使用时，宜选用机械成型工艺生产，并宜选用耐碱纤维和低碱水泥，双向保证。

隔墙应根据项目的隔声、防火、抗震等性能要求以及管线、设备设施安装的需要明确隔墙厚度和构造方式。应在吊挂空调等设备或画框等装饰品的部位设置加强板或采取其他可靠加固措施。隔墙应在满足建筑荷载、隔声等功能要求的基础上，合理利用其空腔敷设管线。可采用螺栓或龙骨等形成空腔，满足墙面管线分离和调平要求，在管线设备集中的部位宜设检修口。楼电梯间隔墙和分户隔墙应采用复合空腔墙板，采取相应的构造措施满足不同功能房间的隔声要求，墙板接缝处应进行密封处理。墙面的厚度尺寸应考虑标准化要求和构造需求，如免架空调平需求、收纳管线需求、设备集成需求等。

二、装配式楼地面

装配式建筑倡导设备管线与主体结构分离，楼地面宜采用架空地板系统，架空层内敷设排水和供暖等管线。

地面架空系统一般由支撑体系、基层板组成地面装饰的基层系统。支撑体系一般为龙骨、支撑螺栓等；基层板一般为木板、水泥压力板或硅酸钙板等。架空地面实现管线与结构的分离。由于架空地面本身的特点，减少了地面承载力，优化了结构荷载，同时为后期的保养与维修提供了一定的便捷条件。架空地面具有以下优势：方便管线布置、平整度良好、构造轻量化、环保、饰面种类丰富、维修便捷等。

楼地面应满足承载力的要求，并应满足耐磨、抗污染、易清洁、耐腐蚀、防火、防静电等性能要求，厨房、卫生间等房间的楼地面材料和构造还应满足防水、防滑的性能要求。楼地面应与设备管线进行协同设计，架空地板预留检修盖板，并推荐使用柔性防水材料。

架空空腔高度应根据集成的管线种类、管径尺寸、敷设路径、设置坡度等因素确定，同时需考虑楼地面的支撑层、饰面层厚度及地暖产品的规格种类。

架空地面系统一般适用于居住建筑和公共建筑。架空地面具有调平作用，采用螺栓架空

图 7-12　架空地面模块

体系时，根据支撑螺栓的产品特性，可进行高度调节，减少地面找平工作（图 7-12）。目前架空地面应用广泛的空间为各类机房。由于各类机房中管线较多，架空地面能够提供一定的空间满足管线敷设。由于其施工中无湿作业、灵活性较强，因此在装配式建筑中应用得比较广泛。

树脂螺栓架空地面为一种装配式楼地面，其地板下面采用树脂或金属地脚螺栓支撑。架空空间内可铺设设备管线，在安装分水器的地板处设置地面检修口，以方便管道检修。为了解决架空地板对上下楼板隔声的负面影响，可在地板和墙体的交界处留出 3mm 左右缝隙，保证地板下空气的流动，达到隔声目的。

架空地面的做法需要基础地面更加平整，使用树脂螺栓时，应利用专用胶固定夹地面承重层。饰面层直接覆盖装饰。

根据地面材质，架空地面分为瓷砖（石材）地面架空系统、复合木地板地面架空系统、室外木塑地板地面架空系统、地毯（卷材）地面架空系统等，瓷砖地面架空系统构造节点详图如图 7-13 所示。

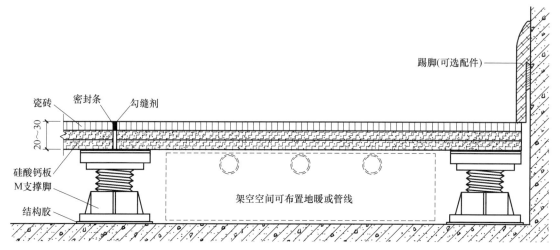

图 7-13　瓷砖地面架空系统构造节点图

在架空地面的基础上，结合干式地暖，形成干式地暖架空地面系统。干式采暖架空地面一般由四部分组成，分别是支撑组件、地暖模块、平衡层和饰面层。

支撑组件的作用是对地暖模块进行支撑。埋设管线时可以适当选择架空部位，有利于施工操作和简化后期维护。支撑组件排布一般情况下可以根据实际情况进行合理调节。地暖模块在室内具有隔热、隔声的作用，可以保持室内恒温，室内空气可以循环流通，对人们身体健康有益。地暖模块内部包含地暖加热管和各种组件，平整铺设在表面。平衡和饰面层选用的板材，在铺设时应严格按照施工要求进行，施工过程中检查是否渗水、破裂和悬空，第一层铺设完成检查无误后方可铺设第二层。

干式地暖架空地面主要应用于各类居住建筑中。无论是何种形式、何种种类的干式地暖，对地面基层平整度都有一定的要求，以便于保证地暖施工后的观感、质量和管材寿命。干式地暖的基层面架空空腔形成的空气层，也能够有效阻止热量下传，达到高效节能的目的。干式地暖架空地面的部品体系较多，厂家对于此类产品的研发思路各不相同，目前在装配式建筑中应用相对广泛。

三、装配式吊顶

吊顶部品的选择，直接影响到吊顶的使用功能和耐久性，应结合室内空间的具体使用情况，合理选用吊顶形式及施工方法。吊顶宜采用集成吊顶，并在适当位置设置检修口（图7-14）。

以下分别介绍常见的几种装配式吊顶形式。

图7-14　架空吊顶与管线结合

1. 轻钢龙骨石膏板吊顶

轻钢龙骨石膏板吊顶是用轻钢龙骨作为受力骨架，以石膏板为面板而成的吊顶体系。饰面一般为涂料或壁纸。轻钢龙骨吊顶按承重可分为上人轻钢龙骨吊顶和不上人轻钢龙骨吊顶。轻钢龙骨按龙骨截面可分为U形龙骨、C形龙骨、L形龙骨。第一种承载龙骨为U形龙骨。这种龙骨的特点是水平龙骨可自由调节高度，吊顶系统高度占用少，占用室内净高较少，且水平龙骨只需要一层。缺点是每个U形卡均需使用膨胀螺栓固定于顶棚，施工效率低，对结构顶的破坏较大。

第二种承载龙骨为吊件式龙骨。这种龙骨的特点是无须很多的吊点，施工速度快，对主体结构的破坏较小，但该吊顶形式需主次两层龙骨，主龙骨在上，次龙骨在下，占用较大的高度空间。

第三种承载龙骨为低空间龙骨。该形式龙骨纵横两方向（可只布置一个方向）龙骨在同一个高度上，两种龙骨均为覆面龙骨，占高度空间少，且纵横两方向均有龙骨分布，适合空间比较低的房间使用。

以上三种龙骨各有特点，项目需针对不同户型的不同空间高度选择不同的吊顶龙骨，以达到具体的效果。如户型层高较低，可选用低空间龙骨体系。对于石膏板的选用，我国目前生产的石膏板种类较多，主要有纸面石膏板、装饰石膏板、石膏空心条板、纤维石膏板、石膏吸声板、定位点石膏板等。其中纸面石膏和装饰石膏最为常见。纸面石膏板是以石膏料浆为夹芯，两面用纸做护面而成的一种轻质板材。纸面石膏板具有质地轻、强度高、防火、防蛀、易于加工、安装简单等特点。

轻钢龙骨石膏板吊顶在居住建筑中的应用非常广泛，是家装工程中居室空间常用的吊顶做法。目前通过改良石膏板的防水性能而生产出的防水防潮石膏板，具有良好的防水性能和耐擦洗性能，也经常应用在厨卫空间内。

2. 轻钢龙骨扣板吊顶

轻钢龙骨扣板吊顶可根据所用板材材料不同分为铝扣板吊顶和矿棉板吊顶。以铝扣板为例，铝扣板是一种特殊的材质，质地轻便耐用，具有良好的装饰性、防潮性、防污性、阻燃性、耐腐蚀性等，被广泛应用于厨房和卫生间，能达到很好的装饰效果。同时由于铝扣板的规格多以300mm×300mm为单元，可集成照明模块、通风模块等形成集成式吊顶。

轻钢龙骨矿棉板吊顶系统一般用于公共空间的吊顶，由于矿棉板具有一定的吸声作用，因而可用于会议室、办公室等有吸声要求的空间。

轻钢龙骨铝扣板（矿棉板）吊顶是较为成熟的吊顶形式，在国内已经有几十年的应用历史。目前铝扣板吊顶仍然是家装工程中最常使用的吊顶形式之一（图7-15）。

3. 搭接式集成吊顶

在厨房、卫生间等空间，吊顶宽度在1800mm以内时，可以选用搭接式集成吊顶，免吊挂，免吊筋，免打孔，易于拆卸，便于对顶部的管线进行维修（图7-16）。

图7-15　轻钢龙骨铝扣板吊顶

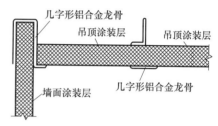

图7-16　搭接式集成吊顶

该种吊顶形式的板材一般采用装饰一体板，目前这种板材在国内的推广处于初期阶段。业主对于装饰一体板的接受程度不一。

4. 软膜天花

软膜天花始创于瑞士，自20世纪引入中国。这是一种近年被广泛使用的室内装饰材料（图7-17）。软膜需要在实地测量出顶棚尺寸后，在工厂里制作完成。透光膜天花可配合各种灯光系统（如霓虹灯、荧光灯、LED灯），营造各种氛围。

图7-17　软膜天花吊顶示意图

软膜采用特殊的聚氯乙烯材料制成。软膜通过一次或多次切割成形，并用高频焊接完成。软膜天花具有防火、节能、防菌、防水、色彩多样、可塑性强、方便安装、抗老化、安全环保及良好的声学效果等。软膜天花主要由软膜、扣边条、龙骨三部分组成，采用干式工法施工。

软膜天花适用于住宅的居室、酒店、客房、办公空间、学校、商场、医院等空间的吊顶。现阶段一般应用在大型公共建筑中，目前一些居住类建筑中也在逐步应用此类产品。

四、内门窗

装配式建筑内门窗系统应选用工厂化生产的集成门窗部品，并且应完成框、扇组装及五金安装后整体出厂，在此基础上进行安装施工，一般在完成洞口的装修后即可装配，降低安装过程的难度。

工业化建筑内门窗的技术要求：在设计阶段，室内门窗预留洞口应符合模数标准，施工时预埋附框等连接件，方便安装工人使用；室内门窗要符合保温、隔声、耐久性能等；内门窗的尺寸、样式、材料、性能参数等信息需要收录到建筑信息模型（BIM）中，并进行统一的编号。

内门窗由套装门窗、集成门窗套、集成垭口组成。

内门窗部品的选用应满足防火、隔声等性能要求，门窗部品收口部位宜采用工厂化门窗套。内门窗洞口宜为1M的整数倍，各功能空间内门洞口的优先尺寸可按表7-2采用。各门窗项目的主要技术内容见表7-3。铝合金门窗截面图如图7-18所示。

图7-18　铝合金门窗截面图

表7-2　各功能空间内门洞口的优先尺寸

单位：mm

项目	优先尺寸	项目	优先尺寸
起居室(厅)门洞口宽度	900	卫生间门洞口宽度	700,800
卧室门洞口宽度	900	考虑无障碍设计的门洞口宽度	1000
厨房门洞口宽度	800,900	门洞口高度	2100,2200

表7-3　各门窗项目的主要技术内容

类别	主要技术内容
铝合金门窗	该产品以隔热铝合金建筑型材作为框、扇、梃等主要受力杆件，与玻璃或面板、五金配件、密封材料等按照一定的构造组合而成，具有质量轻、强度高、便于工业化生产、精度高、立面美观等特点。产品性能应符合现行国家标准《铝合金门窗》(GB/T 8478—2020)的规定
塑料门窗	该产品由塑料型材加装增强型钢作为框、扇、梃等主要受力杆件，与玻璃或面板、五金配件、密封材料等按照一定的构造组合而成，具有保温、水密、气密、隔声、装饰效果好、电绝缘、耐腐蚀、组装效率高、易于回收等特点。产品性能应符合现行国家标准《建筑用塑料门》(GB/T 28886—2012)、《建筑用塑料窗》(GB/T 28887—2012)等规定
复合门窗	该产品由两种或多种材料复合而成的型材作为框、扇、梃等主要受力杆件，与玻璃或面板、五金配件、密封材料等按照一定的构造组合而成，能发挥不同材料特性，提高门窗及构件的相关性能，常见的有铝木复合门窗、聚酯复合门窗、铝塑复合门窗、钢塑复合门窗等。产品性能应符合国家现行相关标准要求
门窗用五金系统	该系统采用锌、铝等合金材料和不锈钢材料制成，传动部件采用冲压成形结构，具有高强度、高承重性和高密封性能。产品性能应符合国家现行相关标准要求
内置百叶中空玻璃	该产品由中空玻璃、内置百叶帘片和磁控手柄组成。隔声性能不小于25dB，遮阳系数 SC 值在0.2～0.6(普通中空玻璃)，收展次数不少于10000次，启闭次数不少于20000次。产品性能应符合现行行业标准《内置遮阳中空玻璃制品》(JG/T 255—2020)的规定
节能型附框	该产品材质主要有木塑复合、聚氨酯、玻璃钢等，采用挤出或者轧制工艺制作而成，具有保温隔热、尺寸精度高、安装牢固、不易变形的特点。产品性能应符合国家现行相关标准要求

五、集成式厨房

集成式厨房是指由工厂生产的楼地面、吊顶、墙面、橱柜和厨房设备及管线等集成并主要采用干式工法装配而成的厨房。厨房是住宅的重要功能空间，其设计与设备设施配备是否合理关系到住宅能否达到宜居目标，因此在住宅建设中应该注重提高厨房的质量与性能，如图7-19所示。集成式厨房集成技术是实现以上目标的重要手段，以标准化设计和工业化生

图 7-19　集成式厨房

产最大化限度利用有限的使用面积，可提高厨房的功能性。因此，应在住宅建设中采用厨房标准化设计，按照模数原则，优化参数，确定厨房的定型设计和成套定型设备与设施，以满足住宅厨房的一系列要求。装配式建筑中应用的集成式厨房宜在建筑设计阶段进行产品选型，选用适当功能及规格的厨房系统，协调各类设备管线的敷设空间。

集成式厨房适用于居住建筑，宜采用经典、适用的厨房设计，提供功能齐备、使用便捷的空间，以最大限度地满足居住者的需求。平面布局可分为单排形、双排形、L形、U形、岛形等。

目前，我国的集成式厨房成套技术正在快速发展，产业标准化程度日趋提升，各类配套设备也开始普及，高度人性化设计的智能化厨房开始崭露头角，由于集成式厨房有功能性和集成性的优势，在越来越多的住宅中开始应用。

集成式厨房应与建筑户型设计紧密结合，在设计阶段即应进行产品选型，确定产品的型号和尺寸。应合理设置洗涤池、灶具、操作台、排油烟机等设施，并预留厨房设施的位置和接口。

厨房内的给水排水、燃气管线等应集中设置、合理定位，与给水排水、电气等系统预留的接口连接处设置检修口。

集成式厨房墙板、顶板、地板宜采用模块化形式，实现快速组合安装。

集成式厨房的橱柜宜符合表 7-4 规定的优先尺寸。

表 7-4　橱柜的优先尺寸　　　　　　　　　　　　　　　　单位：mm

项目	优先尺寸	项目	优先尺寸
地柜台面的完成面高度	800,850,900	吊柜的深度	300,350
地柜台面的完成面深度	550,600,650	吊柜的高度	700,750,800
地柜台面与吊柜底面的净空尺寸	不宜小于 700，且不宜大于 800	洗涤池与灶台之间的操作区域	有效长度不宜小于 600
辅助台面的高度	800,850,900		

六、集成式卫生间

集成式卫生间是由工厂生产的楼地面、墙面（板）吊顶和洁具设备及管线等进行集成设计，并主要采用干式工法装配而成的卫生间。集成式卫生间的产品设计要统筹防水、给水、排水、光环境、通风、安全、收纳以及热工环境等专业，在工厂生产，运抵施工现场后进行组装完成，具有高效防水、质量可靠、干法施工、安装快速、环保安全及超长耐用等特点。

集成式卫生间的壁板从 20 世纪的单色 SMC 壁板和单色钢板，到十几年前的彩色 SMC 壁板，发展到目前的彩钢板壁板以及瓷砖壁板，甚至为适应国内市场需求，大理石壁板也开始出现，另外还有一种壁板为硅酸钙板。集成式卫生间的防水盘的主要形式有 SMC 模压成型，或者在防水盘基础上附加瓷砖、天然石等面材等。

集成式卫生间一般用于居住建筑，目前在新建项目和既有改造类项目中均有应用。但在应用前需结合建筑设计方案进行部品外观、尺寸选型和预留安装空间设计。

　　不同于传统湿作业内装方式，集成式卫生间的应用需要从住宅设计阶段就开始协同介入，建设方和设计方要优先选定集成式卫生间提供方（集成式卫生间厂商）参与设计协同。集成式卫生间厂商参与协同设计后，再对卫浴局部空间进行优化设计和精细化施工图设计。

　　集成式卫生间应与建筑平面设计紧密结合，在初步设计阶段应进行产品选型，确定产品的型号和尺寸。集成式卫生间宜采用干湿分离的布置方式。

　　集成式卫生间的设计应遵循人体工程学的要求，内部设备布局应合理，应进行标准化、系列化和精细化设计，且宜满足适老化的需求。

　　整体卫浴是集成式卫生间的一种类型，以防水底盘、墙板、顶盖构成整体框架，结构独立，配上各种功能洁具形成的独立卫生单元。在具备现场条件时推荐优先选用整体卫浴。整体卫浴的尺寸选型应与建筑空间尺寸协调，内部净尺寸宜为整体模数100mm的整数倍。整体卫浴的尺寸选型和预留安装空间应在建筑设计阶段与厂家共同协商确定。

　　整体卫浴一般采用同层排水方式，当采用结构局部降板方式实现同层排水时，应结合排水方案及检修要求等因素确定降板区域；降板高度应根据防水盘厚度、卫生器具布置方案、管道尺寸及敷设路径等因素确定。

　　整体卫浴防水盘与其安装结构面之间应预留安装尺寸，当采用异层排水方式时，不宜小于110mm；当采用同层排水后排式坐便器时，不宜小于200mm；当采用同层排水下排式坐便器时，不宜小于300mm。整体卫浴的壁板与其外围合墙体之间应预留安装尺寸，当无管线时，不宜小于50mm；当敷设给水或电气管线时，不宜小于70mm；当敷设洗面器排水管线时，不宜小于90mm。

　　整体卫浴的给水排水、通风、电气管线应在其预留空间内安装完成，设计时应考虑预留安装空间，在与给水排水、电气等系统预留的接口连接处设置检修口。整体卫浴内不应安装燃气热水器。

　　集成式卫生间最早在国内生产是20世纪70年代，随着近几年装配式建筑的兴起，作为装配式建筑核心部品之一的集成式卫生间又达到了高速发展期。目前集成式卫生间通常根据壁板的材质分为四类产品，分别为SMC、彩钢板、复合瓷砖和硅酸钙板类。

　　（1）SMC类型。SMC（sheet molding compound）是一种不饱和聚酯树脂材料，常用作航空材料，因此又被称为航空树脂。此类产品一般可作为集成式卫生间的防水底盘、壁板及顶板。通常采用数控压机和精密模具，一次性成型，具有较好的防水性、强度、表面硬度和抗老化性。防水底盘、壁板及顶板表面可复合各种纹路的饰面，如木纹、石材纹等（图7-20）。

　　（2）彩钢板类型。彩钢板类型的集成式卫生间是继SMC类型之后出现的一种新型集成式卫生间形式。壁板以彩钢板为表面材料，彩钢板通过覆膜等技术，可做成各类花纹，如木纹、石纹等。防水底盘及顶板一般采用SMC材质（图7-21）。

　　（3）复合瓷砖类型。复合瓷砖类型的集成式卫生间由于其表面材质为瓷砖或各类石材类产品，市场接受度较强。目前市场上复合瓷砖类的集成式卫生间主要有两种形式，一种为铝蜂窝板为背板，表面复合瓷砖；另一种为细木工板为背板，以方钢管为支撑结构，以聚氨酯为复合材料复合瓷砖。但此类产品由于表面瓷砖的易碎性，在生产、运输、安装过程中需要注意成品保护（图7-22）。

　　（4）硅酸钙板类型。涂装硅酸钙板为壁板的集成式卫生间，防水底盘为复合PE材料，墙面为防水涂装板，饰面颜色可变。

图 7-20　SMC 材质壁板集成式卫生间

图 7-21　彩钢板材质壁板集成式卫生间

　　此类集成式卫生间由于其壁板为涂装硅酸钙板，在各种型号的卫生间中适应性较强，可根据具体尺寸进行裁切，以达到使用要求。但在使用时，需要保证板材的防水性达标，以及拼缝处密封严实（图 7-23）。

图 7-22　复合瓷砖类壁板集成式卫生间

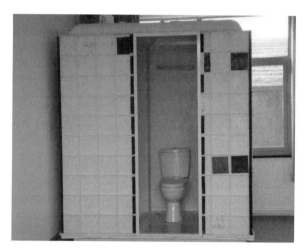

图 7-23　硅酸钙板壁板集成式卫生间

构件制作与施工篇

第八章

钢结构构件制作与施工的基本规定

第一节 ▶▶

构件生产运输与施工安装的基本规定

本节列举的规定基于《装配式钢结构建筑技术标准》（GB/T 51232—2016）。

一、构件及部分生产

1. 一般规定

（1）建筑部品部件生产企业应有固定的生产车间和自动化生产线设备，应有专门的生产、技术管理团队和产业工人，并应建立技术标准体系及安全、质量、环境管理体系。

（2）建筑部品部件应在工厂生产，生产过程及管理宜应用信息管理技术，生产工序宜形成流水作业。

（3）建筑部品部件生产前，应根据设计要求和生产条件编制生产工艺方案，对构造复杂的部品或构件宜进行工艺性试验。

（4）建筑部品部件生产前，应有经批准的构件深化设计图或产品设计图，设计深度应满足生产、运输和安装等技术要求。

（5）生产过程质量检验控制应符合下列规定。

① 首批（件）产品加工应进行自检、互检、专检，产品经检验合格形成检验记录，方可进行批量生产。

② 首批（件）产品检验合格后，应对产品生产加工工序，特别是重要工序控制进行巡回检验。

③ 产品生产加工完成后，应由专业检验人员根据图纸资料、施工单等对生产产品按批次进行检查，做好产品检验记录，并应对检验中发现的不合格产品做好记录，同时应增加抽样检测样本数量或频次。

④ 检验人员应严格按照图样及工艺技术要求的外观质量、规格尺寸等进行出厂检验，做好各项检查记录，签署产品合格证后方可入库，无合格证产品不得入库。

（6）建筑部品部件生产应按下列规定进行质量过程控制。

① 凡涉及安全、功能的原材料，应按现行国家标准规定进行复验，用材单位应见证取

样、送样。

② 各工序应按生产工艺要求进行质量控制，实行工序检验。

③ 相关专业工种之间应进行交接检验。

④ 隐蔽工程在封闭前应进行质量验收。

（7）建筑部品部件生产检验合格后，生产企业应提供出厂产品质量检验合格证。建筑部品应符合设计和国家现行有关标准的规定，并应提供执行产品标准的说明、出厂检验合格证明文件、质量保证书和使用说明书。

（8）建筑部品部件的运输方式应根据部品部件特点、工程要求等确定。建筑部品或构件出厂时，应有部品或构件重量、重心位置、吊点位置、能否倒置等标志。

（9）生产单位宜建立质量可追溯的信息化管理系统和编码标识系统。

2. 结构构件生产

（1）钢构件加工制作工艺和质量应符合现行国家标准《钢结构工程施工规范》（GB 50755—2012）和《钢结构工程施工质量验收标准》（GB 50205—2020）的规定。

（2）钢构件和装配式楼板深化设计图应根据设计图和其他有关技术文件进行编制，其内容包括设计说明、构件清单、布置图、加工详图、安装节点详图等。

（3）钢构件宜采用自动化生产线进行加工制作，减少手工作业。

（4）钢构件与墙板、内装部品的连接件宜在工厂与钢构件一起加工制作。

（5）钢构件焊接宜采用自动焊接或半自动焊接，并应按评定合格的工艺进行焊接。焊缝质量应符合现行国家标准《钢结构工程施工质量验收标准》（GB 50205—2020）和《钢结构焊接规范》（GB 50661—2011）的规定。

（6）高强度螺栓孔宜采用数控钻床制孔和套模制孔，制孔质量应符合现行国家标准《钢结构工程施工质量验收标准》（GB 50205—2020）的规定。

（7）钢构件除锈宜在室内进行，除锈方法及等级应符合设计要求，当设计无要求时，宜选用喷砂或抛丸除锈方法，除锈等级应不低于 Sa2.5 级。

（8）钢构件防腐涂装应符合下列规定。

① 宜在室内进行防腐涂装。

② 防腐涂装应按设计文件的规定执行，当设计文件未规定时，应依据建筑不同部位对应环境要求进行防腐涂装系统设计。

③ 涂装作业应按现行国家标准《钢结构工程施工规范》（GB 50755—2012）的规定执行。

（9）必要时，钢构件宜在出厂前进行预拼装，构件预拼装可采用实体预拼装或数字模拟预拼装。

（10）预制楼板生产应符合下列规定。

① 压型钢板应采用成型机加工，成型后基板不应有裂纹。

② 钢筋桁架楼承板应采用专用设备加工。

③ 钢筋混凝土预制楼板加工应符合现行行业标准《装配式混凝土结构技术规程》（JGJ 1—2014）的规定。

3. 外围护部品生产

（1）外围护部品应采用节能环保的材料，材料应符合现行国家标准《民用建筑工程室内环境污染控制标准》（GB 50325—2020）和《建筑材料放射性核素限量》（GB 6566—2010）的规定，外围护部品室内侧材料尚应满足室内建筑装饰材料有害物质限量的要求。

（2）外围护部品生产，应对尺寸偏差和外观质量进行控制。

（3）预制外墙部品生产时，应符合下列规定。

① 外门窗的预埋件设置应在工厂完成。

② 不同金属的接触面应避免电化学腐蚀。

③ 蒸压加气混凝土板的生产应符合现行行业标准《蒸压加气混凝土建筑应用技术规程》（JGJ/T 17—2008）的规定。

（4）现场组装骨架外墙的骨架、基层墙板、填充材料应在工厂完成生产。

（5）建筑幕墙的加工制作应按现行行业标准《玻璃幕墙工程技术规范》（JGJ 102—2003）、《金属与石材幕墙工程技术规范》（JGJ 133—2001）和《人造板材幕墙工程技术规范》（JGJ 336—2016）的规定执行。

4. 内装部品生产

（1）内装部品的生产加工应包括深化设计、制造或组装、检测及验收，并应符合下列规定。

① 内装部品生产前应复核相应结构系统及外围护系统上预留洞口的位置、规格等。

② 生产厂家应对出厂部品中的每个部品进行编码，并宜采用信息化技术对部品进行质量追溯。

③ 在生产时宜适度预留公差，并应进行标识，标识系统应包含部品编码、使用位置、生产规格、材质、颜色等信息。

（2）部品生产应使用节能环保的材料，并应符合现行国家标准《民用建筑工程室内环境污染控制标准》（GB 50325—2020）的有关规定。

（3）内装部品生产加工要求应根据设计图纸进行深化，满足性能指标要求。

5. 包装、运输与堆放

（1）部品部件出厂前应进行包装，保障部品部件在运输及堆放过程中不破损、不变形。

（2）对超高、超宽、形状特殊的大型构件的运输和堆放应制定专门的方案。

（3）选用的运输车辆应满足部品部件的尺寸、重量等要求，装卸与运输时应符合下列规定。

① 装卸时应采取保证车体平衡的措施。

② 应采取防止构件移动、倾倒、变形等的固定措施。

③ 运输时应采取防止部品部件损坏的措施，对构件边角部或链索接触处宜设置保护衬垫。

（4）部品部件堆放应符合下列规定。

① 堆放场地应平整、坚实，并按部品部件的保管技术要求采用相应的防雨、防潮、防曝晒、防污染和排水等措施。

② 构件支垫应坚实，垫块在构件下的位置宜与脱模、吊装时的起吊位置一致。

③ 重叠堆放构件时，每层构件间的垫块应上下对齐，堆垛层数应根据构件、垫块的承载力确定，并应根据需要采取防止堆垛倾覆的措施。

（5）墙板运输与堆放尚应符合下列规定。

① 当采用靠放架堆放或运输时，靠放架应具有足够的承载力和刚度，与地面倾斜角度宜大于80°；墙板宜对称放置且外饰面朝外，墙板上部宜采用木垫块隔开；运输时应固定牢固。

② 当采用插放架直立堆放或运输时，宜采取直立方式运输；插放架应有足够的承载力和刚度，并应支垫稳固。

③ 采用叠层平放的方式堆放或运输时，应采取防止产生损坏的措施。

二、施工安装

1. 一般规定

（1）装配式钢结构建筑施工单位应建立完善的安全、质量、环境和职业健康管理体系。

（2）施工前，施工单位应编制下列技术文件，并按规定进行审批和论证。

① 施工组织设计及配套的专项施工方案。

② 安全专项方案。

③ 环境保护专项方案。

（3）施工单位应根据装配式钢结构建筑的特点，选择合适的施工方法，制订合理的施工顺序，并应尽量减少现场支模和脚手架用量，提高施工效率。

（4）施工用的设备、机具、工具和计量器具，应满足施工要求，并应在合格检定有效期内。

（5）装配式钢结构建筑宜采用信息化技术，对安全、质量、技术、施工进度等进行全过程的信息化协同管理。宜采用建筑信息模型（BIM）技术对结构构件、建筑部品和设备管线等进行虚拟建造。

（6）装配式钢结构建筑应遵守国家环境保护的法规和标准，采取有效措施减少各种粉尘、废弃物、噪声等对周围环境造成的污染和危害；并应采取可靠有效的防火等安全措施。

（7）施工单位应对装配式钢结构建筑的现场施工人员进行相应专业的培训。

（8）施工单位应对进场的部品部件进行检查，合格后方可使用。

2. 结构系统施工安装

（1）钢结构施工应符合现行国家标准《钢结构工程施工规范》（GB 50755—2012）和《钢结构工程施工质量验收标准》（GB 50205—2020）的规定。

（2）钢结构施工前应进行施工阶段设计，选用的设计指标应符合设计文件和现行国家标准《钢结构设计标准》（GB 50017—2017）等的规定。施工阶段结构分析的荷载效应组合和荷载分项系数取值，应符合现行国家标准《建筑结构荷载规范》（GB 50009—2012）和《钢结构工程施工规范》（GB 50755—2012）的规定。

（3）钢结构应根据结构特点选择合理顺序进行安装，并应形成稳固的空间单元，必要时应增加临时支撑或临时措施。

（4）高层钢结构安装时应计入竖向压缩变形对结构的影响，并应根据结构特点和影响程度采取预调安装标高、设置后连接构件等措施。

（5）钢结构施工期间，应对结构变形、环境变化等进行过程监测，监测方法、内容及部位应根据设计或结构特点确定。

（6）钢结构现场焊接工艺和质量应符合现行国家标准《钢结构焊接规范》（GB 50661—2011）和《钢结构工程施工质量验收标准》（GB 50205—2020）的规定。

（7）钢结构紧固件连接工艺和质量应符合国家现行标准《钢结构工程施工规范》（GB 50755—2012）、《钢结构工程施工质量验收标准》（GB 50205—2020）和《钢结构高强度螺栓连接技术规程》（JGJ 82—2011）的规定。

（8）钢结构现场涂装应符合下列规定。

① 构件在运输、存放和安装过程中损坏的涂层以及安装连接部位的涂层应进行现场补漆，并应符合原涂装工艺要求。

② 构件表面的涂装系统应相互兼容。

③ 防火涂料应符合国家现行有关标准的规定。

④ 现场防腐和防火涂装应符合现行国家标准《钢结构工程施工规范》（GB 50755—2012）和《钢结构工程施工质量验收标准》（GB 50205—2020）的规定。

（9）钢管内的混凝土浇筑应符合现行国家标准《钢管混凝土结构技术规范》（GB 50936—2014）和《钢-混凝土组合结构施工规范》（GB 50901—2013）的规定。

（10）压型钢板组合楼板和钢筋桁架楼承板组合楼板的施工应按现行国家标准《钢-混凝土组合结构施工规范》（GB 50901—2013）执行。

（11）混凝土叠合板施工应符合下列规定。

① 应根据设计要求或施工方案设置临时支撑。

② 施工荷载应均匀布置，且不超过设计规定。

③ 端部的搁置长度应符合设计或国家现行有关标准的规定。

④ 叠合层混凝土浇筑前，应按设计要求检查结合面的粗糙度及外露钢筋。

（12）预制混凝土楼梯的安装应符合国家现行标准《混凝土结构工程施工规范》（GB 50666—2011）和《装配式混凝土结构技术规程》（JGJ 1—2014）的规定。

（13）钢结构工程测量应符合下列规定。

① 钢结构安装前应设置施工控制网；施工测量前，应根据设计图和安装方案，编制测量专项方案。

② 施工阶段的测量应包括平面控制、高程控制和细部测量。

3. 外围护系统安装

（1）外围护部品安装宜与主体结构同步进行，可在安装部位的主体结构验收合格后进行。

（2）安装前的准备工作应符合下列规定。

① 对所有进场部品、零配件及辅助材料应按设计规定的品种、规格、尺寸和外观要求进行检查，并应有合格证和性能检测报告。

② 应进行技术交底。

③ 应将部品连接面清理干净，并对预埋件和连接件进行清理和防护。

④ 应按部品排板图进行测量放线。

（3）部品吊装应采用专用吊具，起吊和就位应平稳，防止磕碰。

（4）预制外墙安装应符合下列规定。

① 墙板应设置临时固定和调整装置。

② 墙板应在轴线、标高和垂直度调校合格后方可永久固定。

③ 当条板采用双层墙板安装时，内、外层墙板的拼缝宜错开。

④ 蒸压加气混凝土板施工应符合现行行业标准《蒸压加气混凝土制品应用技术标准》（JGJ/T 17—2020）的规定。

（5）现场组合骨架外墙安装应符合下列规定。

① 竖向龙骨安装应平直，不得扭曲，间距应符合设计要求。

② 空腔内的保温材料应连续、密实，并应在隐蔽验收合格后方可进行面板安装。

③ 面板安装方向及拼缝位置应符合设计要求，内外侧接缝不宜在同一根竖向龙骨上。

④ 木骨架组合墙体施工应符合现行国家标准《木骨架组合墙体技术标准》（GB/T 50361—2018）的规定。

（6）幕墙施工应符合下列规定。

① 玻璃幕墙施工应符合现行行业标准《玻璃幕墙工程技术规范》（JGJ 102—2003）的规定。

② 金属与石材幕墙施工应符合现行行业标准《金属与石材幕墙工程技术规范》（JGJ 133—2001）的规定。

③ 人造板材幕墙施工应符合现行行业标准《人造板材幕墙工程技术规范》（JGJ 336—2016）的规定。

（7）门窗安装应符合下列规定。

① 铝合金门窗安装应符合现行行业标准《铝合金门窗工程技术规范》（JGJ 214—2010）的规定。

② 塑料门窗安装应符合现行行业标准《塑料门窗工程技术规程》（JGJ 103—2008）的规定。

（8）安装完成后应及时清理并做好成品保护。

4. 设备与管线系统安装

（1）设备与管线施工前应按设计文件核对设备及管线参数，并应对结构构件预埋套管及预留孔洞的尺寸、位置进行复核，合格后方可施工。

（2）设备与管线需要与钢结构构件连接时，宜采用预留埋件的连接方式。当采用其他连接方法时，不得影响钢结构构件的完整性与结构的安全性。

（3）应按管道的定位、标高等绘制预留套管图，在工厂完成套管预留及质量验收。

（4）在有防腐防火保护层的钢结构上安装管道或设备支（吊）架时，宜采用非焊接方式固定；采用焊接时应对被损坏的防腐防火保护层进行修补。

（5）管道波纹补偿器、法兰及焊接接口不应设置在钢梁或钢柱的预留孔中。

（6）设备与管线施工质量应符合设计文件和现行国家标准《建筑给水排水及采暖工程施工质量验收规范》（GB 50242—2002）、《通风与空调工程施工质量验收规范》（GB 50243—2016）、《智能建筑工程施工规范》（GB 50606—2010）、《智能建筑工程质量验收规范》（GB 50339—2013）、《建筑电气工程施工质量验收规范》（GB 50303—2015）和《火灾自动报警系统施工及验收标准》（GB 50166—2019）的规定。

（7）在架空地板内敷设给水排水管道时应设置管道支（托）架，并与结构可靠连接。

（8）室内供暖管道敷设在墙板或地面架空层内时，阀门部位应设检修口。

（9）空调风管及冷热水管道与支（吊）架之间，应有绝热衬垫，其厚度不应小于绝热层厚度，宽度应不小于支（吊）架支撑面的宽度。

（10）防雷引下线、防侧击雷等电位联结施工应与钢构件安装做好施工配合。

（11）设备与管线施工应做好成品保护。

5. 内装系统安装

（1）装配式钢结构建筑的内装系统安装应在主体结构工程质量验收合格后进行。

（2）装配式钢结构建筑内装系统安装应符合现行国家标准《建筑装饰装修工程质量验收标准》（GB 50210—2018）和《住宅装饰装修工程施工规范》（GB 50327—2001）等的规定，并应满足绿色施工要求。

（3）内装部品施工前，应做好下列准备工作。

① 安装前应进行设计交底。

② 应对进场部品进行检查，其品种、规格、性能应满足设计要求和符合国家现行标准的有关规定，主要部品应提供产品合格证书或性能检测报告。

③ 在全面施工前应先施工样板间，样板间应经设计、建设及监理单位确认。

（4）安装过程中应进行隐蔽工程检查和分段（分户）验收，并形成检验记录。

（5）对钢梁、钢柱的防火板包覆施工应符合下列规定。

① 支撑件应固定牢固，防火板安装应牢固稳定，封闭良好。

② 防火板表面应洁净平整。

③ 分层包覆时，应分层固定，相互压缝。

④ 防火板接缝应严密、顺直，边缘整齐。

⑤ 采用复合防火保护时，填充的防火材料应为不燃材料，且不得有空鼓、外露。

（6）装配式隔墙部品安装应符合下列规定。

① 条板隔墙安装应符合现行行业标准《建筑轻质条板隔墙技术规程》（JGJ/T 157—2014）的有关规定。

② 龙骨隔墙系统安装应符合下列规定。

a. 龙骨骨架与主体结构连接应采用柔性连接，并应竖直、平整、位置准确，龙骨的间距应符合设计要求。

b. 面板安装前，隔墙内管线、填充材料应进行隐蔽工程验收。

c. 面板拼缝应错缝设置，当采用双层面板安装时，上下层板的接缝应错开。

（7）装配式吊顶部品安装应符合下列规定。

① 吊顶龙骨与主体结构应固定牢靠。

② 超过3kg的灯具、电扇及其他设备应设置独立吊挂结构。

③ 饰面板安装前应完成吊顶内管道管线施工，并应经隐蔽验收合格。

（8）架空地板部品安装应符合下列规定。

① 安装前应完成架空层内管线敷设，并应经隐蔽验收合格。

② 当采用地板辐射供暖系统时，应对地暖加热管进行水压试验并隐蔽验收合格后铺设面层。

（9）集成式卫生间部品安装前应先进行地面基层和墙面防水处理，并做闭水试验。

（10）集成式厨房部品安装应符合下列规定。

① 橱柜安装应牢固，地脚调整应从地面水平最高点向最低点，或从转角向两侧调整。

② 采用油烟同层直排设备时，风帽应安装牢固，与外墙之间的缝隙应密封。

第二节 ▶▶

部品部（构）件生产、施工安装与质量验收

本节内容基于《装配式钢结构住宅建筑技术标准》（JGJ/T 469—2019）。

一、一般规定

（1）装配式钢结构住宅建筑的部品部（构）件生产应具有国家现行产品技术标准或企业标准以及生产工艺设施；生产和安装企业应具备相应的安全、质量和环境管理体系。

（2）部品部（构）件应在工厂生产制作。部品部（构）件生产和安装前，应编制生产制作和安装工艺方案。钢结构和墙板的安装应编制施工组织设计和施工专项方案。

（3）部品部（构）件生产和施工安装前，应根据施工图的内容进行施工详图设计。

（4）部品部（构）件生产、安装、验收使用的量具应经过统一计量标准标定，并应具有统一精度等级。

二、部品部（构）件的生产

（1）装配式钢结构住宅建筑的部品部（构）件制作用材料应具有合格证和产品质量证明文件，其品种、规格、性能指标应满足部品部（构）件国家现行产品标准或专项技术条件的要求；涉及安全、功能、节能、环保的原材料应进行抽样复验。

（2）钢支撑制孔应在节点板和斜杆制作完成后采用配模套钻工艺制作，首件部品应在工厂进行实体预拼装，拼装后尺寸允许偏差应符合表 8-1 的规定，其质量稳定后可采用实体预拼装或数字化虚拟预拼装的方法。

表 8-1　钢支撑工厂实体预拼装后尺寸允许偏差

项目	允许偏差/mm	项目	允许偏差/mm
同一根梁两端标高差	2.0	柱、支撑杆件接口对边错位	2.0
上下层梁轴线错位	3.0		

（3）柱-梁焊接连接节点的过焊孔宜采用机械切削加工和锁口机加工，梁下翼缘的焊接衬板宜割除且反面应清根、补焊。

（4）外墙板制作前应进行排布置设计，布板板型中的前三类规格的数量应超过同类板型 50％以上；当采用外挂大墙板时，板单元应以单门或单窗为中心、以其开间为宽度、以建筑层高为高度。

（5）每个部品部（构）件加工制作完成后，应在部品部（构）件近端部一处表面打印标识。大型部品部（构）件应在多处易观察位置打印相同标识。标识内容应包括：工程名称、部品部（构）件规格与编号、部品部（构）件长度与重量、日期、质检员工号及合格标识、制造厂名称。

（6）按照国家现行产品标准或产品技术条件生产的部品部（构）件出厂，应提供型式检验报告、合格证及产品质量保证文件。

（7）墙板出厂验收的几何偏差应符合表 8-2 的规定，并不得有损伤、裂缝和缺陷。

表 8-2　墙板出厂验收的几何偏差

项目	几何偏差/mm	项目	几何偏差/mm
长度	−3.0～0	对角线差	4.0
宽度	−2.0～0	表面平整度	2.0
厚度	±2.0	板侧面侧向弯曲	$L/1000$

注：表中 L 为板的长度。

三、部品部（构）件的施工安装

（1）装配式钢结构住宅建筑部品部（构）件安装现场应设置专门的部品部（构）件堆场，应有防止部品部（构）件表面污染、损伤及安全保护的措施，并不得曝晒和淋雨。

（2）原材料或部品部（构）件进场后应进行检查和验收。

（3）部品部（构）件安装施工除应符合本标准第（2）条的规定外，尚应进行施工阶段结构分析与验算以及部品部（构）件吊装验算；施工用临时支撑的拆除应在结构稳定后进行。

（4）当在混凝土中安装预埋件和预埋螺栓时，宜采用定位支架将其与混凝土结构中的主钢筋连接，并应在混凝土初凝前再次测量复校。

（5）钢结构安装应按钢结构工程施工组织设计的要求与顺序进行施工，并宜进行施工过程监测。

（6）预制楼板安装应在专业人员指导下按照产品说明书施工。

（7）内隔墙安装应根据排板图、施工作业指导书或安装指导说明书的要求施工。

（8）当采用集成式或整体厨卫时，应按安装指导说明书的要求进行施工。

四、质量验收

（1）装配式钢结构住宅建筑的质量验收应符合现行国家标准《建筑工程施工质量验收统一标准》（GB 50300—2013）及国家现行工程质量验收标准的有关规定。

（2）装配式钢结构住宅建筑工程质量验收的分部工程应按表8-3划分，相应的分项工程和检验批应按表8-3所列的工程验收标准确定。国家现行标准没有规定的验收项目，应由建设单位组织设计、施工、监理等相关单位共同制定验收要求。

表8-3　装配式钢结构住宅建筑工程质量验收的分部工程划分及验收标准

序号	分部工程	质量验收标准
1	地基与基础	《建筑地基工程施工质量验收标准》（GB 50202—2018）
2	主体结构	《钢结构工程施工质量验收标准》（GB 50205—2020） 《钢管混凝土工程施工质量验收规范》（GB 50628—2010） 《混凝土结构工程施工质量验收规范》（GB 50204—2015）
3	建筑装饰装修	《建筑装饰装修工程质量验收标准》（GB 50210—2018） 《住宅室内装饰装修工程质量验收规范》（JGJ/T 304—2013）
4	屋面及围护系统	《屋面工程质量验收规范》（GB 50207—2012） 《建筑节能工程施工质量验收标准》（GB 50411—2019） 经评审备案的企业产品及其技术标准
5	建筑给水排水及采暖	《建筑给水排水及采暖工程施工质量验收规范》（GB 50242—2002）
6	通风与空调	《通风与空调工程施工质量验收规范》（GB 50243—2016）
7	建筑电气	《建筑电气工程施工质量验收规范》（GB 50303—2015）
8	智能建筑	《智能建筑工程质量验收规范》（GB 50339—2013）
9	建筑节能	《建筑节能工程施工质量验收标准》（GB 50411—2019）
10	电梯	《电梯工程施工质量验收规范》（GB 50310—2002）

（3）部品部（构）件质量应符合国家现行有关标准的规定，并应具有产品标准、出厂检验合格证、质量保证书和使用说明书。同一厂家生产的同批材料、部品，用于同期施工且属于同一工程项目的多个单位工程，可合并进行进场验收。

（4）建筑主体结构分部验收，应符合下列规定。

① 分部工程、子分部工程、分项工程划分应符合表8-4的规定。

表8-4　建筑主体结构的分部工程、子分部工程、分项工程划分

分部工程	子分部工程	分项工程
主体结构	楼板结构	压型金属板、钢筋桁架板、预制混凝土叠合楼板、木模板、钢筋、混凝土、抗剪栓钉
	钢管混凝土结构	钢管焊接、螺栓连接、钢筋、钢管制作、安装、混凝土
	钢结构	钢结构焊接，紧固件连接，钢零部件加工，单层、多层及高层钢结构安装，钢结构涂装，钢部（构）件组装，钢部（构）件预拼装

② 检验批可根据建筑装配式施工特征、后续施工安排和相关专业验收需要，按楼层、施工段、变形缝等进行划分。

③ 分项工程可由一个或若干个检验批组成，且宜分层或分段验收。

④ 子分部工程验收分段可按施工段划分，并应在主体结构工程验收前按实体和检验批验收，且应分别按主控项目和一般项目验收。

⑤ 检验批、分项工程、子分部工程的验收程序应符合现行国家标准《建筑工程施工质量验收统一标准》（GB 50300—2013）的规定。

⑥ 分段验收段内全部子分部工程验收合格且结构实体检验合格，可认定该段主体分部工程验收合格。

（5）主体结构安装质量检验，应符合下列规定。

① 建筑定位轴线、基础轴线和标高、柱的支承面、地脚螺栓（锚栓）位置，应符合设计要求，当设计无要求时，允许偏差应符合表 8-5 的规定。

② 柱子安装的允许偏差，应符合表 8-6 的规定。

表 8-5　建筑定位轴线、基础轴线和标高、柱的支承面、地脚螺栓（锚栓）位置的允许偏差

检验项目		允许偏差/mm	检验项目	允许偏差/mm
建筑定位轴线		$L/20000$，且不应大于 3.0	基础上柱底标高	±2.0
基础定位轴线		1.0	地脚螺栓（锚栓）位移	5.0
支承面	标高	±3.0	预留孔中心偏移	10.0
	水平度	$L/1000$		

注：L 为轴线间距。

表 8-6　柱子安装的允许偏差

检验项目		允许偏差/mm	检验项目		允许偏差/mm
底层柱柱底轴线对定位轴线偏移		3.0	单节柱的垂直度	单层柱 $H \leqslant 10m$	$H/1000$
柱子定位轴线		1.0		单层柱 $H > 10m$	$H/1000$，且不应大于 10.0
上下柱连接处的错口		3.0		多节柱 单节柱	$h/1000$，且不应大于 10.0
同一层柱的各柱顶高度差		5.0		多节柱 柱全高	15.0

注：H 为单层柱高度；h 为多节柱中单节柱的高度。

③ 主体结构的整体垂直度和整体平面弯曲偏差，应符合现行国家标准《钢结构工程施工质量验收标准》（GB 50205—2020）的规定。

（6）外围护系统的施工质量应按一个分部工程验收，该分部工程应包含外墙、内墙、屋面和门窗等若干个分项工程。

（7）外围护墙体质量检验，应符合下列规定。

① 外围护墙体部品部（构）件出厂应有原材料质保书、原材料复验报告和出厂合格证，其性能应满足设计要求。

② 外挂墙板安装尺寸允许偏差及检验方法应符合表 8-7 的规定。

表 8-7　外挂墙板安装尺寸允许偏差及检验方法

检验项目			允许偏差/mm	检验方法
中心线对轴线位置			3.0	尺量
标高			±3.0	水准仪或尺量
垂直度	每层	≤3m	3.0	全站仪或经纬仪
		>3m	5.0	全站仪或经纬仪
	全高	≤10m	5.0	全站仪或经纬仪
		>10m	10.0	
相邻单元板平整度			2.0	钢尺、塞尺
板接缝	宽度		±3.0	尺量
	中心线位置			
门窗洞口尺寸			±5.0	尺量
上下层门窗洞口偏移			±3.0	垂线和尺量

③ 内隔墙安装尺寸允许偏差及检验方法，应符合表 8-8 规定。

表 8-8　内隔墙安装尺寸允许偏差及检验方法

项次	检验项目	允许偏差/mm	检验方法
1	墙面轴线位置	3.0	经纬仪、拉线、尺量
2	层间墙面垂直度	3.0	2m 托线板、吊垂线
3	板缝垂直度	3.0	2m 托线板、吊垂线
4	板缝水平度	3.0	拉线、尺量
5	表面平整度	3.0	2m 靠尺、塞尺
6	拼缝误差	1.0	尺量
7	洞口位移	±3.0	尺量

（8）墙体、楼板和门窗安装质量检验应符合下列规定。

① 应实测墙体、楼板的隔声参数数值以及楼板的自振频率。

② 应实测外墙及门窗的传热系数。

③ 上述实测数值应符合设计规定。

（9）分项工程质量检验应符合下列规定。

① 各检验批应质量验收合格且质量验收文件齐全。

② 观感质量验收应合格。

③ 结构材料进场检验资料应齐全，并应符合设计要求。

（10）单位工程质量验收应符合下列规定，可评定为合格，否则应评定为不合格。

① 分部及子分部工程的质量均应验收合格。

② 质量控制资料应完整。

③ 分部工程中有关安全、节能、环境保护和主要使用功能的检验资料应完整。

④ 主要使用功能的抽查结果应符合相关专业验收规范的规定。

⑤ 观感质量应符合要求。

第三节 ▶▶

多层装配式钢结构构件及部品制作、安装与验收

本节内容基于《多高层建筑全螺栓连接装配式钢结构技术标准》（T/CSCS 012—2021）。

一、一般规定

（1）全螺栓连接装配式钢结构制作、安装与验收应符合现行国家标准《钢结构焊接规范》（GB 50661—2011）、《钢结构工程施工规范》（GB 50755—2012）和《钢结构工程施工质量验收标准》（GB 50205—2020）等的规定。当国家现行标准对工程中的验收项目未做出具体规定时，应由建设单位组织设计、施工、监理、质量监督等相关单位制定验收要求。

（2）全螺栓连接装配式钢结构构件制作单位应建立质量保证体系，构件制作前应编制加工工艺及流程文件。

二、制作

（1）钢构件加工图应根据设计文件和其他有关技术文件进行深化设计，相关内容应符合现行协会标准《钢结构工程深化设计标准》（T/CECS 606—2019）的规定。

（2）钢结构零件及部件的放样、号料、切割、矫正、成型、边缘加工、制孔等应符合现

行国家标准《钢结构工程施工规范》（GB 50755—2012）的规定。

（3）焊缝的尺寸偏差、外观质量和内部质量应符合现行国家标准《钢结构工程施工质量验收标准》（GB 50205—2020）和《钢结构焊接规范》（GB 50661—2011）的规定。

（4）钢结构部件工厂加工时的焊缝坡口尺寸应按现行国家标准《钢结构焊接规范》（GB 50661—2011）的有关规定执行，坡口尺寸的改变应经工艺评定合格后执行。

（5）芯筒与柱壁间的焊接应采用部分熔透焊接，应保证设计文件要求的有效焊缝厚度。

（6）分离式芯柱应与下柱通过塞焊连接。塞焊可采用手工电弧焊、气体保护电弧焊及自保护电弧焊等焊接方法。平焊时，应分层熔敷焊接，每层熔渣应冷却凝固并清除后再重新焊接；立焊和仰焊时，每道焊缝焊完后，应待熔渣冷却并清除后再施焊后续焊道。

（7）塞焊时两块钢板接触面的装配间隙不得超过1.5mm，并严禁使用填充板材。

（8）上、下法兰板间的摩擦面对因板厚公差、制造偏差或安装偏差等产生的接触面间隙不应大于1mm。

（9）法兰板处的摩擦面可根据设计抗滑移系数的要求选择处理工艺，抗滑移系数应符合设计要求。采用手工砂轮打磨时，打磨方向应与受力方向垂直，且打磨范围不应小于螺栓孔径的4倍。

（10）经表面处理后的法兰板摩擦面，应符合下列规定。

① 法兰板摩擦面应保持干燥、清洁，不应有飞边、毛刺、焊接飞溅物、焊疤、氧化铁皮、污垢等。

② 经处理后的法兰板摩擦面应采取保护措施，不得在法兰板摩擦面上做标记。

③ 法兰板摩擦面采用生锈处理方法时，安装前应以细钢丝刷垂直于构件受力方向除去法兰板摩擦面上的浮锈。

（11）法兰板、芯柱的平整度、尺寸以及高强度螺栓孔直径、间距应符合现行同家标准《钢结构工程施工质量验收标准》（GB 50205—2020）的规定。

（12）高强度螺栓孔孔距超过现行国家标准《钢结构工程施工质量验收标准》（GB 50205—2020）规定的允许偏差时，可采用与母材相匹配的焊条补焊，并应经无损检测合格后重新制孔，每组孔中经补焊重新钻孔的数量不得超过该组螺栓数量的20%。

三、预拼装、运输与安装

（1）构件的预拼装、运输与安装应按符合现行国家标准《钢结构工程施工规范》（GB 50755—2012）和《钢结构工程施工质量验收标准》（GB 50205—2020）的规定。

（2）芯柱、法兰、悬臂段和下柱制作完成后，应与上柱进行预拼装，预拼装可在工厂进行实体预拼装，也可采用三维激光扫描和数字化技术虚拟进行，钢柱长度加工偏差不应超过±3mm，柱身的扭曲或弯曲变形不应超过2mm，芯柱与柱壁总间隙满足不宜大于2mm、不应大于3mm的技术要求。

（3）采用高强度螺栓连接的节点连接件，必要时可在预拼装定位后进行钻孔。

（4）采用高强度螺栓连接时，宜先使用不少于螺栓孔总数10%的冲钉定位，再采用临时螺栓紧固。临时螺栓在一组孔内不得少于螺栓孔数量的20%，且不应少于2个；预拼装时应使板层密贴。螺栓孔应采用试孔器进行检查。

（5）构件运输应按收货地点及构件几何形状、重量等确定运输方式，并应制定详细的运输计划，同时应采取保证构件不发生变形的有效措施。

（6）构件在运输、贮存、吊装等过程损坏的涂层，应先补涂底漆，再补涂面漆。

（7）安装前，应按设计文件核对主体结构，并应核对待安装预制构件和配件的型号、规格、数量等是否符合设计要求。

（8）上柱安装前，芯柱的上端宜设置倒角或焊接导向定位片。

（9）节点安装时，应注意日照、焊接温度等对构件的影响，并应采取相应措施。

（10）钢柱安装时应通过吊线、钢尺、全站仪、经纬仪等设备对钢柱两条相互垂直的轴线方向上进行垂直度量测。柱脚底座中心线对定位轴的偏移不超过 5mm，钢柱定位轴线偏移不超过 1mm，钢柱轴线垂直度每节柱不超过 $H/1000$，且不大于 10mm，柱全高不超过 35mm。

（11）芯柱式法兰连接安装时，临时螺栓的数量不得少于该节点高强度螺栓安装总数的 30% 且不得小于 2 个，且高强度螺栓不得兼作临时螺栓。

（12）高强度螺栓应按从中间开始，对称向两边的顺序紧固。

（13）高强度螺栓的安装应符合国家现行标准《钢结构工程施工规范》（GB 50755—2012）、《钢结构高强度螺栓连接技术规程》（JGJ 82—2011）的规定，单向高强螺栓的安装应符合现行行业标准《矩形钢管构件自锁式单向高强螺栓连接设计标准》（T/CECS 605—2019）的规定。

（14）安装时，施工荷载和冰雪荷载等不应超过梁、楼板、屋面板、平台铺板等的承载能力。

四、质量验收

（1）全螺栓连接装配式钢结构的质量验收应符合现行国家标准《钢结构工程施工质量验收标准》（GB 50205—2020）。

（2）箱形柱长度制造偏差不应大于 2mm；柱身挠曲矢高不应大于柱长的 1/1500，且不应大于 4mm；柱身扭曲不应大于柱截面边长的 1/200，且不应大于 4mm，必要时应对箱形柱弯曲及扭曲进行矫正。

（3）钢梁的长度偏差不应大于梁长的 1/3000，且不应大于 4mm；梁弯曲矢高不应大于梁长的 1/1200，且不应大于 9mm；梁扭曲矢高不应大于梁高的 1/250，且不应大于 7mm。

（4）钢结构制作和安装单位应分别进行法兰板的摩擦面的抗滑移系数试验和复验，并出具试验报告。试验报告应写明试验方法和结果。

（5）芯柱和法兰板应进行边缘加工，边缘加工应符合下列规定。

① 边缘加工的零件，宜采用精密切割代替机械加工。

② 坡口加工宜采用自动切割、半自动切割、坡口机刨边等方法。

③ 坡口加工时，应用样板控制坡口角度和各部分尺寸。

④ 芯柱制作偏差应符合表 8-9 的规定。

表 8-9 芯柱制作偏差

边缘与号料线的允许偏差/mm	破口而割纹深度/mm	坡口钝边/mm	缺口深度/mm	渣	坡度
±1.0	0.3	±1.0	1.0（修磨平缓过渡）	清除	±5°

（6）芯柱式法兰连接应在上柱侧壁设置验收孔，宜采用塞尺检查芯柱与上柱侧壁的间隙，其间隙应符合本标准第（2）条的要求。

（7）高强度螺栓的质量验收应符合现行国家标准《钢结构用扭剪型高强度螺栓连接副》（GB/T 3632—2008）的规定，自锁式单向高强螺栓的质量验收应符合现行协会标准《矩形钢管构件自锁式单向高强螺栓连接设计标准》（T/CECS 605—2019）的规定。

第九章

装配式钢结构的构件及部品制作

第一节 ▶▶

构件制作准备

一、详图设计和审查图纸

一般设计院提供的设计图，不能直接用来加工制作钢结构，而是要考虑加工工艺，如公差配合、加工余量、焊接控制等因素后，在原设计图的基础上绘制加工制作图（又称施工详图）。详图设计一般由加工单位负责进行，应根据建设单位的技术设计图纸以及发包文件中所规定的规范、标准和要求进行。加工制作图是最后沟通设计人员及施工人员意图的详图，是实际尺寸、画线、剪切、坡口加工、制孔、弯制、拼装、焊接、涂装、产品检查、堆放、发送等各项作业的指示书。

（1）图纸审核的主要内容包括以下项目。

① 设计文件是否齐全，设计文件包括设计图、施工图、图纸说明和设计变更通知单等。

② 构件的几何尺寸是否标注齐全。

③ 相关构件的尺寸是否正确。

④ 节点是否清楚，是否符合国家标准。

⑤ 标题栏内构件的数量是否符合工程和总数量。

⑥ 构件之间的连接形式是否合理。

⑦ 加工符号、焊接符号是否齐全。

⑧ 结合本单位的设备和技术条件考虑，能否满足图纸上的技术要求。

⑨ 图纸的标准化是否符合国家规定等。

（2）图纸审查后要做技术交底准备，其内容主要如下。

① 根据构件尺寸考虑原材料对接方案和接头在构件中的位置。

② 考虑总体的加工工艺方案及重要的工装方案。

③ 对构件的结构不合理处或施工有困难的地方，要与需方或者设计单位做好变更签证的手续。

④ 列出图纸中的关键部位或者有特殊要求的地方，加以重点说明。

二、备料和核对

根据图纸材料表计算出各种材质、规格、材料净用量，再加一定数量的损耗提出材料预算计划。工程预算一般可按实际用量所需的数值再增加 10％ 进行提料和备料。核对来料的规格、尺寸和质量大小，仔细核对材质。如进行材料代用，必须经过设计部门同意，并进行相应修改。

三、编制工艺流程

编制工艺流程的原则是操作能以最快的速度、最少的劳动量和最低的费用，可靠地加工出符合图纸设计要求的产品。其主要内容如下。

（1）成品技术要求。

（2）具体措施：关键零件的加工方法、精度要求、检查方法和检查工具；主要构件的工艺流程、工序质量标准、工艺措施（如组装次序、焊接方法等）；采用的加工设备和工艺设备。

工艺流程表（或工艺过程卡）的基本内容包括零件名称、件号、材料牌号、规格、件数、工序名称和内容、所用设备和工艺装备名称及编号、工时定额等。关键零件还要标注加工尺寸和公差，重要工序要画出工序图。

四、组织技术交底

上岗操作人员应进行培训和考核，特殊工种应进行资格确认，充分做好各项工序的技术交底工作。技术交底按工程的实施阶段可分为两个层次。

第一个层次是开工前的技术交底会，参加的人员主要有工程图纸的设计单位、工程建设单位、工程监理单位及制作单位的有关部门和有关人员。技术交底的主要内容如下。

（1）工程概况。

（2）工程结构件的类型和数量。

（3）图纸中关键部位的说明和要求。

（4）设计图纸的节点情况介绍。

（5）对钢材、辅料的要求和原材料对接的质量要求。

（6）工程验收的技术标准说明。

（7）交货期限、交货方式的说明。

（8）构件包装和运输要求。

（9）涂层质量要求。

（10）其他需要说明的技术要求。

第二个层次是在投料加工前进行的本工厂施工人员交底会，参加的人员主要有制作单位的技术、质量负责人，技术部门和质检部门的技术人员、质检人员，生产部门的负责人、施工员及相关工序的代表人员等。此类技术交底的主要内容除上述 10 点外，还应增加工艺方案、工艺规程、施工要点、主要工序的控制方法、检查方法等与实际施工相关的内容。

五、钢结构制作的安全工作

钢结构生产效率很高，工件在空间大量、频繁地移动，各个工序中大量采用的机械设备都须做必要的防护和保护。因此，生产过程中的安全措施极为重要，特别是在制作大型、超大型钢结构时，更必须十分重视安全事故的防范。

（1）进入施工现场的操作者和生产管理人员均应穿戴好劳动防护用品，按规程要求操作。

（2）对操作人员进行安全学习和安全教育，特殊工种必须持证上岗。

（3）为了便于钢结构的制作和操作者的操作活动，构件宜在一定高度上测量。装配组装胎架，焊接胎架、各种搁置架等，均应与地面离开0.4～1.2m。

（4）构件的堆放、搁置应十分稳固，必要时应设置支撑或定位。构件堆垛不得超过2层。

（5）索具、吊具要定时检查，不得超过额定荷载。正常磨损的钢丝绳应按规定更换。

（6）所有钢结构制作中各种胎具的制造和安装，均应进行强度计算，不能仅凭经验估算。

（7）生产过程中所使用的氧气、乙炔、丙烷、电源等必须有安全防护措施，并定期检测泄漏和接地情况。

（8）对施工现场的危险源应做出相应的标志、信号、警戒等，操作人员必须严格遵守各岗位的安全操作规程，以避免意外伤害。

（9）构件起吊应听从一个人的指挥。构件移动时，移动区域内不得有人滞留和通过。

（10）所有制作场地的安全通道必须畅通。

第二节 ▶▶

材料管理

1. 材料的储存保管

（1）材料入库前，除对材料的外观质量、性能检验外，还应对材料质量证明书、数量、规格进行核对，经材料检查员、仓库保管员检查达到要求后才能办理入库手续，对检验不合格的材料要进行处理，不得入库。

（2）材料应按规格集中堆放，并用明显的油漆加以标识和防护，注明工程名称、规格型号、材料编号、材质、复验号等，以防未经批准的使用或不适当的处置，并定期检查质量状况以防损坏。

（3）库房内要通风良好，保持干燥，库房内要放温度计和湿度计，相对湿度≤60%。

2. 材料的使用

（1）应严格按排板图进行领料，实行专料专用，严禁代用。

（2）材料排板及下料加工后应按质量管理要求做标识。

（3）车间剩余材料应按不同品种规格、材质回收入库。

（4）当钢材使用品种不能满足设计要求需用其他钢材进行代用时，代用钢材的化学成分及机械性能必须与设计基本一

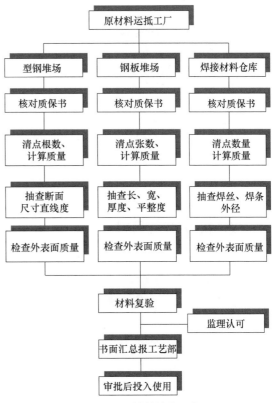

图9-1 原材料检验程序

致，同时须取得设计人员的书面认可。

（5）严禁使用药皮剥落、生锈的焊条及严重锈蚀的焊丝。

3. 材料的检验

所有型钢、钢板、焊接材料进厂后都要核对质保书，清点数量，按照验收规范进行尺寸和外观质量检查。原材料检验程序如图 9-1 所示。

第三节 ▶▶

钢构件零件的加工

一、零件加工的工艺流程

钢材进厂检验合格后，就可以根据工期进行排产了。零件及部件的加工主要是切割和钻孔。零件加工工艺流程如图 9-2 所示。

可根据实际钢材表面情况和设计要求，在切割之前，对材料进行卧式抛丸机预处理，使其达到 Sa2.5 级（图 9-3）。

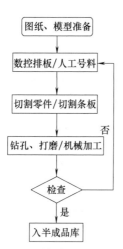

图 9-2 零件加工工艺流程

图 9-3 钢材表面喷砂粗糙度检测

二、钢结构的放样与号料

1. 钢结构放样

（1）样板标注要求如下。

① 放样工作人员应熟悉整个钢结构的加工工艺，了解工艺流程、加工过程以及需要的机械设备性能及规格。

② 放样应从熟悉图纸开始，首先看清施工技术要求，逐个核对图纸之间的尺寸和相互关系，并校对图样各部尺寸。

③ 放样时，以 1∶1 的比例在样板台上弹出大样。

④ 用作计量长度依据的钢盘尺，应经授权的计量单位计量，且附有偏差卡片。

⑤ 放样结束，应进行自检，允许偏差如表 9-1 所示。

（2）加工余量要求如下。

① 自动气割切断的加工余量为 3mm；手工气割切断的加工余量为 4mm；气割后需铣端或刨边者，其加工余量为 4～5mm。

② 剪切后无须铣端或刨边的加工余量为零。

③ 对焊接结构零件的样板，除放出上述加工余量外，还须考虑焊接零件的收缩量，一般沿焊缝长度纵向收缩率为 0.03％～0.2％；沿焊缝宽度横向收缩，每条焊缝为 0.03～0.75mm；加强肋的焊缝引起的构件纵向收缩，每肋每条焊缝为 0.25mm。

样板、样杆制作尺寸的允许偏差如表 9-1 所示。

表 9-1　样板、样杆制作尺寸的允许偏差

项目		允许偏差
样板	长度/mm	0～0.5
	宽度/mm	0.5～5.0
	两对角线长度差/mm	1.0
样杆	长度/mm	1.0
	两最外排孔中心线距离/mm	1.0
同组内相邻两孔中心线距离/mm		0.5
相邻两组端孔间中心线距离/mm		1.0
加工样板的角度/(′)		20

2. 钢材号料

根据施工图样的几何尺寸、形状制成样板，利用样板或计算出的下料尺寸，直接在板料或型钢表面上画出构件形状的加工界线。

内容包括：检查核对材料，在材料上画出切割、铣、刨、弯曲、钻孔等的加工位置，打钻孔，标出构件的编号等。

钢材号料的允许偏差如表 9-2 所示。

表 9-2　钢材号料的允许偏差　　　　　　　　单位：mm

项目	允许偏差	项目	允许偏差
零件外形尺寸	±1.0	孔距	±0.5

三、钢材的切割方法

1. 机械剪切

机械剪切主要仪器：剪板机、无齿锯、砂轮锯、锯床。

机械剪切要求如下。

① 切割前，将钢板表面清理干净。

② 切割时，应有专人指挥、控制操纵机构。

③ 如切口附近区域的钢材发生硬化，在制造重要构件时，需将硬化区的宽度刨削除掉或者进行热处理。

④ 采用机械剪切时，允许偏差如表 9-3 所示，各种切割方法的分类比较见表 9-4。

表 9-3　机械剪切允许偏差　　　　　　　　单位：mm

项目	允许偏差	项目	允许偏差
零件宽度、长度	±3.0	型钢端部垂直度	2.0
边缘缺棱	1.0		

表 9-4　各种切割方法的分类比较

类别	使用设备	特点及适用范围
机械切割	剪板机型钢冲剪机	切割速度快、切口整齐、效率高,适用于薄钢板、压型钢板、冷弯钢管的切削
	无齿锯	切割速度快,可切割不同形状、不同种类的各类型钢、钢管和钢板,切口不光洁、噪声大,适于锯切精度要求较低的构件或下料留有余量、最后尚需精加工的构件
	砂轮锯	切口光滑,生刺较薄、易清除,噪声大,粉尘多,适于切割薄壁型钢及小型钢管,切割材料的厚度不宜超过 4mm
	锯床	切割精度高,适于切割各类型钢及梁、柱等型钢构件

2. 气割

气割分为自动切割、手动切割两类。

气割的操作要求如下。

（1）钢材气割时,应先点燃割炬,即调整火焰。

（2）当预热钢板的边缘略呈红色时,将火焰局部移出边缘线以外,同时慢慢打开切割氧气阀门。

（3）若遇切割必须从钢板中间开始,应在钢板上先割出孔,再按切割线进行切割。

（4）发生回火现象时,应迅速关闭预热氧气和切割锯。

（5）切割临近终点时,嘴头应略向切割前进的反方向倾斜。

（6）钢材气割质量允许偏差应如表 9-5 所示。

表 9-5　钢材气割质量允许偏差　　　　　　　　　　　　　　　单位：mm

项目	允许偏差	项目	允许偏差
零件宽度、长度	± 3.0	割纹深度	0.3
切割面平面度	$0.05t$ 且不大于 2.0	局部缺口深度	1.0

注：t 为切割面厚度。

3. 等离子切割

等离子切割的切割温度高、冲刷力大,切割边质量好,变形小,可以切割任何高熔点金属,特别是不锈钢、铝、铜及其合金等。

其常用方法包括一般等离子切割和空气等离子切割。

（1）一般的等离子切割不用保护气,工作气体和切割气体从同一喷嘴内喷出。引弧时,喷出小气流离子气体作为电离介质；切割时,则同时喷出大气流气体以排除熔化金属。

（2）空气等离子切割一般使用压缩空气作为离子气,这种方法切割成本低,气源来源方便。压缩空气在电弧中加热、分解和电离,生成的氧气切割金属产生化学放热反应,可加快切割速度。充分电离了的空气等离子体的热熔值高,因而电弧的能量大,切割速度快。

四、钢构件的模具压制与制孔

1. 模具压制

钢构件模具压制是在压力设备上利用模具使钢材成型的一种工艺方法。

（1）模具安装内容如下。

上模：由螺栓固定在压力机压柱上的固定横梁上。

下模：由螺栓固定在压力机的工作台上。

（2）模具加工内容如下。

冲裁模：使板料或型材分离。

弯曲模：使板料或型材弯曲。

拉深模：使板料轴对称、非对称或变形拉深。

压延模：对钢材进行冷挤压或热挤压。

其他成形模：对板料半成品进行再成形。

2. 钢构件制孔

（1）制孔方法如下。

钻孔：用于任何规格的钢板、型钢的孔加工。

冲孔：只在较薄的钢板或型钢上冲孔。

铰孔：对已经粗加工的孔进行细加工，提高光洁度和精度。

扩孔：将已有孔眼扩大到需要的直径。

（2）制孔质量检验内容如下。

① 螺栓孔周边应无毛刺、破裂、喇叭口和凹凸的痕迹，切屑应清除干净。

② 高强度螺栓应采用钻孔。

③ A、B级螺栓孔应具有 H12 的精度，孔壁表面粗糙度不应大于 $12.5\mu m$，螺栓孔的直径应与螺栓公称直径相等。C 级螺栓孔壁表面粗糙度不应大于 $25\mu m$。

（3）孔距要求如表 9-6 所示。

表 9-6　孔距要求　　　　　　　单位：mm

螺栓孔距范围	≤500	501～1200	1201～3000	>3000
同一组内任意两孔间距离	±1.0	±1.5	—	—
相邻两组的端孔间距离	±1.5	±2.0	±2.5	±3.0

五、钢构件的边缘加工

1. 加工部位

① 起重机梁翼缘板、支座支承面等具有工艺性要求的加工面。

② 设计图样中有技术要求的焊接坡口。

③ 尺寸精度要求严格的加劲板、隔板、腹板及有孔眼的节点板等。

2. 加工方法

① 铲边：加工质量要求不高、工作量不大的边缘加工。

② 刨边：直边和斜边。

③ 铣边：端面加工，保持精度。

3. 边缘加工质量

边缘加工的允许偏差如表 9-7 所示。

表 9-7　边缘加工的允许偏差

项目	允许偏差	项目	允许偏差
零件宽度、长度/mm	±1.0	相邻两边夹角/(′)	±6
加工边直线度/mm	$l/3000$，且不应大于 2.0	加工面垂直度/mm	$0.025t$，且不应大于 0.5

注：t 为构件厚度，mm；l 为边缘长度，mm。

六、钢构件的弯曲成型

1. 弯曲分类

（1）按钢构件的加工方法分类。

压弯：直角弯曲、双直角弯曲以及适宜弯曲的构件。

辊弯：适宜辊制圆筒形构件及其他弧形构件。

拉弯：将长条板材拉制成不同曲率的弧形构件。

（2）按构件的加热程度分类。

冷弯：常温下进行弯制加工，适用于薄板、型钢等的加工。

热弯：将钢材加热至950～1100℃，适用于厚板及较规则形状构件、型钢等的加工。

2. 弯曲加工工艺

（1）弯曲半径：弯曲件的圆角半径不宜过大，也不宜过小。

（2）弯曲角度要求如下。

① 当弯曲线和材料纤维方向垂直时，材料具有较大的抗拉强度，不易发生裂纹。

② 当材料纤维方向和弯曲线平行时，材料的抗拉强度较差，容易发生裂纹，甚至断裂。

③ 在双向弯曲时，弯曲线应与材料纤维方向成一定的夹角。

④ 弯曲角度缩小时，应考虑将弯曲半径适当增大。

七、钢构件的矫正

钢构件矫正是通过外力或加热作用制造新的变形，去抵消已经发生的变形，使材料或构件平直或达到一定几何形状要求，从而符合技术准备的一种工艺方法。

其中：矫直是指消除材料或构件的弯曲；矫平是指消除材料或构件的翘曲或凹凸不平；矫形是指对构件的一定几何形状进行整形。

1. 矫正方法

常用的矫正方法包括以下几类。

（1）手工矫正：工具为人力大锤，适用于小规格型钢，如图9-4所示。

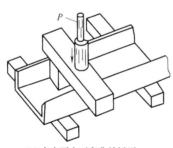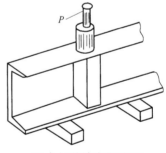

(a) 大小面上下弯曲的矫正　　　　　　(b) 大小面侧向弯曲的矫正

图 9-4　手工矫正

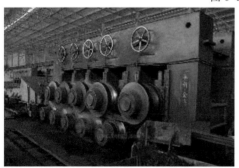

图 9-5　型钢矫直机

（2）机械矫正：工具为矫正机。其中型钢矫直机如图9-5所示。

（3）火焰矫正：利用氧气-乙炔焰进行。

（4）混合矫正：对型材、钢构件、工字梁、起重机梁、构架或结构进行局部或整体变形矫正。

2. 钢材矫正允许偏差

钢材矫正允许偏差如表9-8所示。

表 9-8　钢材矫正允许偏差　　　　　　　　　　　　　单位：mm

项目		允许偏差 Δ	图例
钢板的局部平面度	$t \leqslant 14$	1.5	
	$t > 14$	1.0	
型钢弯曲矢高		$l/1000$ 且不应大于 5.0	
角钢肢的垂直度		$b/100$ 双肢柱接角钢的角度不得大于 90°	
槽钢翼缘对腹板的垂直度		$b/80$	
工字钢、H 型钢翼缘对腹板的垂直度		$b/100$ 且不大于 2.0	

3. 零件加工质量验收标准

零件加工质量验收标准见表 9-9～表 9-13。

对超过允许偏差的孔，采用对应的焊材将孔封堵，重新制孔。

表 9-9　机械剪切的允许偏差　单位：mm

零件的宽度、长度	±3.0
边缘缺棱	1.0
型钢端部垂直度	2.0

表 9-10　气割的允许偏差　单位：mm

零件的宽度、长度	±3.0
气割面平面度	$0.05t$，且不应大于 2.0
割纹深度	0.3
局部缺口深度	1.0

注：t 为切割面厚度，mm。

表 9-11　铣平的允许偏差　单位：mm

铣平面的平面度	$0.02t$，且不大于 0.3
铣平面的垂直度	$h/1500$，且不大于 0.5
两端铣平时长度、宽度	±1.0

注：t 为铣平面厚度，mm；h 为铣平面高度，mm。

表 9-12　管的允许偏差　单位：mm

管长度	±1.0
端面对管轴的垂直度	$0.005r$
管口曲线	1.0

注：r 为钢管半径，mm。

表 9-13　焊接坡口的允许偏差

坡口角度	±5°	钝边	±1.0mm

第四节 ▶▶

钢构件的制作

一、一般规定

（1）建筑部品部件生产企业应有固定的生产车间和自动化生产线设备，应有专门的生产、技术管理团队和产业工人，并应建立技术标准体系及安全、质量、环境管理体系。

（2）建筑部品和部件应在工厂生产，生产过程及管理宜应用信息管理技术，生产工序宜形成流水作业。

（3）建筑部品部件在生产之前，要做到以下几点。

① 应根据设计要求和生产条件编制生产工艺方案，对构造复杂的部品或构件宜进行工艺性试验。

② 应有经批准的构件深化设计图或产品设计图，设计深度应满足生产、运输和安装等技术要求。

（4）建筑部品部件生产过程质量检验控制应符合下列规定。

① 首批（件）产品加工应进行自检、互检、专检，产品经检验合格形成检验记录，方可进行批量生产。

② 首批（件）产品检验合格后，应对产品生产加工工序，特别是重要工序控制进行巡回检验。

③ 产品生产加工完成后，应由专业检查人员根据图样资料、施工单等对生产产品按批次进行检查，做好产品检验记录。并应对检验中发现的不合格产品做好记录，同时应增加抽样检测样本数量或频次。

④ 检验人员应严格按照图样及工艺技术要求的外观质量、规格尺寸等进行出厂检验，做好各项检查记录，签署产品合格证后方可入库，无合格证产品不得入库。

（5）建筑部品部件生产应按下列规定进行质量过程控制。

① 凡涉及安全、功能的原材料，应按现行国家标准规定进行复验，见证取样、送样。

② 各工序应按生产工艺要求进行质量控制，实行工序检验。

③ 相关专业工种之间应进行交接检验。

④ 隐蔽工程在封闭前应进行质量验收。

在建筑部品部件生产检验合格后，生产企业应提供出厂产品质量检验合格证。建筑部品应符合设计和国家现行有关标准的规定，并应提供执行产品标准的说明、出厂检验合格证明文件、质量保证书和使用说明书。

（6）建筑部品部件的运输方式应根据部品部件特点、工程要求等确定。建筑部品或构件出厂时，应有部品或构件重量、重心位置、吊点位置、能否倒置等标志。

（7）生产单位宜建立质量可追溯的信息化管理系统和编码标识系统。

二、钢梁的制作

1. 钢梁的制作工艺

通常，H 型钢梁是以 H 型钢作为部件，部件定长切割后，进行钻孔、焊接连接板和栓钉，然后进行尺寸检查（图 9-6）。

2. 质量验收标准

钢梁允许偏差见表 9-14。

三、钢柱的制作

1. H 型钢柱

（1）H 型钢柱制作工艺如下。

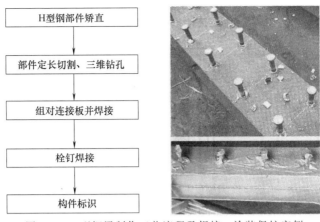

図 9-6 H 型钢梁制作工艺流程及焊接、涂装保护实例

表 9-14　钢梁允许偏差　　　　　　　　　　　　单位：mm

项目	允许偏差	检查方法
梁长度	$\pm l/2500$，且≤5.0	钢尺
端部高度	当 h≤2000，$\pm$2.0 当 h>2000，$\pm$3.0	钢尺
拱度	当设计要求起拱，$\pm l/5000$ 当设计未要求起拱，10.0	拉线、钢尺
侧弯矢高	$l/2000$，且≤10.0	拉线、钢尺
扭曲	$h/250$，且≤10.0	拉线、吊线、钢尺
腹板局部平面度	当 t≤6，5.0 当 6<t<14，4.0 当 t≥14，3.0	一米钢直尺、塞尺
翼缘板对腹板的垂直度	$b/100$，且≤3.0	直角钢尺、钢尺
腹板偏移	2.0	钢尺

注：l 为梁长度，mm；h 为端部高度（最顶端），mm；t 为腹板厚度，mm；b 为翼缘板的宽度，mm。

先将条板在装焊流水线上组装成 H 型钢部件（图 9-7），然后在型钢二次加工流水线上对 H 型钢进行切割加工、钻孔（图 9-8）、锁口以及开槽。最后焊接底板和连接板，完成钢柱的制作。

单节框架钢柱装置顺序：型钢矫正——柱底方向切割——装置柱底座板——以柱底板为基准组装其余零件。

多节框架钢柱组装顺序：型钢矫正——将各节钢柱连接成整体——柱底方向切割——装置柱底座板——以柱底板为基准组装其余零件。

连接板钻孔及成品 H 型钢柱如图 9-9 所示。

（2）画线（号料）及质量控制要求如下。

① 号料前应先确认材质和熟悉工艺要求，然后根据排板图和零件图进行号料。

a. 号料的母材必须平直无损伤及其他缺陷，否则应先校正或剔除。号料公差要求见表 9-15。

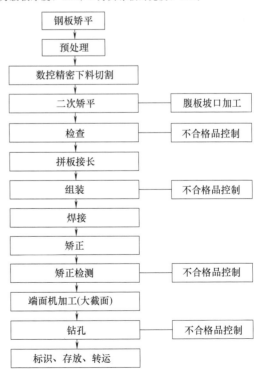

图 9-7　H 型钢部件制造工艺流程图及实例

图 9-8 H 型钢钻孔

图 9-9 连接板钻孔及成品 H 型钢柱

表 9-15 号料公差要求   单位：mm

项目	允许偏差	项目	允许偏差
基准线孔距位置	≤0.5	零件外形尺寸	≤0.5

b. 号料前，号料人员应熟悉下料图所注的各种符号及标记等要求，核对材料牌号及规格、炉批号。当技术部门未做出材料配割（排料）计划时，号料人员应做出材料切割计划，合理排料，节约钢材。

c. 号料时，针对工程的使用材料特点，复核所使用材料的规格，检查材料外观质量。凡发现材料规格不符合要求或材质外观不符要求者，须及时报质量管理部、供应部处理；遇有材料弯曲或不平度超差影响号料者，须经校正后号料，对于超标的材料退回生产厂家。

d. 根据锯、气割等不同切割要求和对刨、铣加工的零件，预留不同的切割及加工余量和焊接收缩量。

e. 因原材料长度或宽度不足但需焊接拼接时，必须在拼接件上注出相互拼接编号和焊接坡口形状。

f. 下料完成后，检查所下零件的规格、数量等是否有误。

② 钢板拼板对接要求如下。

a. 钢板拼接、对接应在平台上进行，拼接之前需要对平台进行清理；将有碍拼接的杂物、余料等清除干净。

b. 钢板拼接之前需对其进行外观检验，合格后方可进行拼接；若钢板在拼接之前有平面度超差过大时，需要在钢板校正机上进行校正；直至合格后才进行拼接。

c. 按排料图领取要求对接的钢板，进行对接前需要对钢板进行核对；核对的主要指标包括：对接钢板材质、牌号、厚度、尺寸、数量，外观表面锈蚀程度等。合格后划出切割线。

d. 拼接焊接：拼板焊接坡口可采用半自动切割机、铣边机等进行坡口加工；火焰切割坡口后应打磨焊缝坡口两侧 20～30mm。拼板焊接采用小车式埋弧焊机进行焊接，如图 9-10 所示。

③ 放样及质量控制要求如下。

a. 通常所有构件的放样全部采用计算机放样，以保证构件精度，为现场拼装及安装创造条件。

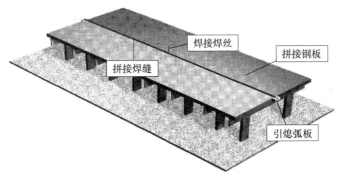

图 9-10 钢板拼接示意图

b. 放样前，放样人员必须熟悉施工图和工艺要求，核对构件及构件相互连接的几何尺寸。如发现施工图有遗漏或错误以及其他原因需要更改施工图时，必须取得原设计单位签具的设计变更文件，不得擅自修改。

c. 均以计算机进行放样，以保证所有尺寸的绝对精确。

d. 放样工作完成后，对所放大样和样杆样板（或下料图）进行自检，无误后报专职检验人员检验。

e. 构件放样采用计算机放样技术，放样时必须将工艺需要的各种补偿余量加入整体尺寸中，为了保证切割质量，切割优先采用数控精密切割设备，选用高纯度98.0%以上的丙烷气加99.99%的液氧气体，可保证切割端面光滑、平直、无缺口、挂渣，坡口采用半自动切割机进行切割。钢构件钢材数控下料切割生产图片如图9-11所示。

（3）坡口加工内容如下。

选用铣边机（图9-12）和角磨机。为保证焊接质量，坡口的加工精度非常重要，采用铣边机开坡口，铣边机最大铣削长度12m，最大铣削厚度80mm，铣削速度580r/min。可以轻松保证直线坡口的加工。坡口严格按照工艺评定规定的坡口尺寸进行加工。

图 9-11 钢板气割

图 9-12 铣边机

（4）校正、打磨要求如下。

① 钢材的机械校正，一般应在常温下用机械设备进行，如钢板的不平度可采用七辊矫平机，校正后的钢材表面上不应有严重的凹陷及其他损伤。

② 热校正时应注意不能损伤母材，加热的温度不得超过工艺规定温度。

③ 由于建筑结构钢板主要是轧制钢材，钢板在轧制过程中有残余变形和轧制内应力的

存在，所以钢板在投入生产加工制作之前需要进行钢板加工前的处理，钢板加工前的处理主要采取矫平机机械冷矫平加工；矫平的目的是消除钢板的残余变形和减少轧制内应力，从而可以减少制造过程中的变形，满足投入工程的钢材材质表面致密、性能均匀、平整，保证板件平面度。

（5）钢板的预处理内容如下。

预处理采用抛丸清理机和高压无气喷涂机进行，辊道连续式抛丸清理机清理宽度为3m，清理长度为12m，清理高度0.2m，强大的抛力既可以去除板材轧制时残留的应力，还能保证粗糙度达到$50\mu m$以上，清洁度达到Sa2.5级，抛丸后4h内使用高压无气喷涂机喷涂无机硅酸锌车间底漆，漆膜厚度为$25\mu m$。

（6）钢板的火焰切割内容如下。

① 钢板火焰切割工艺评定试验方案。在产品加工制造前，根据材料的使用情况用有代表性的试件进行火焰切割工艺评定。通过火焰切割工艺评定试验，应验证热量控制技术并达到以下切割质量目的和要求：

　a. 切割端面无裂纹；

　b. 不得出现其他危害永久性结构使用性能的缺陷；

　c. 确定不同板厚的熔化宽度。

② 切割前应清除母材表面的油污、铁锈和潮气；切割后气割表面应光滑，无裂纹、熔渣和飞溅物。

③ 气割的公差要求如表9-16所示。

表9-16　气割的公差要求　　　　　　　　　　　　　单位：mm

项目	允许偏差
零件的长度	±2.0
零件的宽度	翼、腹板：±2.0 零件板：±2.0
切割面不垂直度e	板厚≤20，e≤1 板厚≥20，e≤t/20且≤2
割纹深度	0.2
局部缺口深度	对局部缺口深度≤2mm，打磨且圆滑过渡 对局部缺口深度≥2mm，电焊补后打磨形成圆滑过渡

④ 火焰切割后需自检零件尺寸，然后标上零件所属的工程号、构件号、零件号，再由质检员专检各项指标，合格后才能进入下一道工序。

（7）切割的质量控制内容如下。

根据工程结构要求，构件的切割应首先采用数控、自动或半自动气割，以保证切割精度。钢材的切断应按其形状选择最适合的方法进行。切割前必须检查核对材料规格、牌号是否符合图纸要求。切口截面不得有撕裂、裂纹、棱边、夹渣、分层等缺陷和大于1mm的缺棱，并应去除毛刺。切割前，应将钢板表面的油污、铁锈等清除干净。切割时，必须看清断线符号，确定切割程序。

① 钢板切割（图9-13）。工程钢板下料切割主要采用的是数控火焰气割切割下料，切割气体为液氧和丙烷。

② 切割后的零件应平整地摆放并在上面注明工程名称、规格、编号等，以免将板材错用或混用。

③ 钢板下料切割后一般要求切割面与钢材表面不垂直度不大于钢材厚度的5%，且≤1.5mm。

④ 下料后的坡口制作。钢板坡口加工主要采用半自动切割机进行加工，其原理同钢板切割下料，不同之处在于随着坡口角度要求的不同，割炬并不是垂直钢板的，如图9-14所示。

图9-13　钢板切割示意图

图9-14　坡口气割加工

⑤ 钢板坡口尺寸应按设计详图要求的尺寸进行加工。

⑥ 气割坡口后清除割渣、氧化皮，检验几何尺寸合格后进入下道工序。

（8）H型钢的组装和检验方法如下。

① 组装前先检查组装用零件的编号、材质、尺寸、数量和加工精度等是否符合图纸和工艺要求，确认后才能进行装配。

② 组装用的平台和胎架应符合构件装配的精度要求，并具有足够的强度和刚度，经验收后才能使用。

③ 构件组装要按照工艺流程进行，焊缝处30mm范围内的铁锈、油污等应清理干净。筋板的装配处应将松散的氧化皮清理干净。

④ 对于在组装后无法进行涂装的隐蔽部位，应事先清理表面并刷上油漆。

⑤ 计量用的钢卷尺应经二级以上计量部门检定合格才能使用，且在使用时，当拉至5m时应使用拉力器拉至50kN拉力，当拉至10m以上时，应拉至100kN拉力，并尽量与总包单位及现场安装使用的钢卷尺一致。

⑥ 组装过程中，定位用的焊接材料应注意与母材的匹配，应严格按照焊接工艺要求选用。

⑦ 构件组装完毕后应进行自检和互检，准确无误后再提交专检人员验收，若在检验中发现问题，应及时向上反映，待处理方法确定后进行修理和校正。

⑧ 各部件装焊结束后，应明确标出中心线、水平线、分段对合线等，做上标识。

在专用的组立机上自动组立成型。

组立后，需要点焊固定，按H型钢不同板厚及点焊焊接方法进行点焊焊接，如图9-15所示；必要时应对H型钢加设支撑件，确保吊装安全。

⑨ 型钢组装完成，经自检合格后报质检人员检验认可，方可继续批量组装；在批量组装中，应随时检查构件组装质量。

⑩ 组装后，及时注明构件编号；向下道工序移交前，应经质检人员检验构件组装质量；合格后方可移交下道工序施工，并办好工序间的交接手续。

⑪ 检查上道工序加工组装的H型钢尺寸，坡口是否满足要求；熔渣、毛刺等是否清理干净。

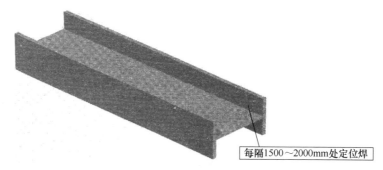

每隔1500～2000mm处定位焊

图 9-15 翼缘板与腹板点焊示意图

⑫ 按《钢结构焊接规范》（GB 50661—2011）和设计规定的厚板，在焊前必须进行预热；预热温度一般规定：将腹板及翼缘板两侧100mm范围内的母材加热至80～140℃（背侧测温）。

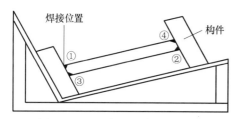

图 9-16 H 型钢埋弧焊焊接顺序

⑬ 焊接顺序：在船形胎架上进行 H 型钢 4 条纵焊缝的焊接，焊接采用全自动埋弧焊；顺序采取对角焊的方法施焊（①-②-③-④），如图 9-16 所示。

⑭ 型钢 4 条主要焊缝焊接技术工艺参数。焊接时应控制层间温度为 150～180℃。全自动埋弧焊焊接参数如表 9-17 所示。

表 9-17 型钢全自动埋弧焊焊接参数

焊接道数	焊接方法	焊丝、牌号、直径	焊剂或气体	电流/A	电压/V	速度/(cm/min)
埋弧焊	H08MnA	φ4.0	SJ101	650～700	34～36	30～32

⑮ 焊接型钢梁焊接后的校正。在 4 条主焊缝焊接后，因焊接热量难以迅速散发，所以在焊接过程中容易产生焊接应力，导致焊接后翼缘板的变形，即 H 型钢焊接后需要对其进行矫正。钢结构梁焊接 H 型钢校正主要采取机械冷矫正法进行校正，如图 9-17 所示。焊接 H 型钢经矫正后偏差精度检验要求应满足表 9-18 的精度。

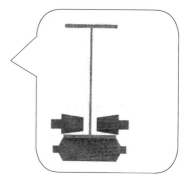

图 9-17 H 型钢翼缘板矫正

（9）型钢钢构件的边缘加工内容如下。

① 焊接型钢边缘加工。从钢结构加工制作工艺角度看，焊接 H 型钢边缘加工方法包括很多种，如采取气割切割，带锯床切割锯断等方法。本书推荐带锯床切割（图 9-18）方式，确保工程加工质量。

表 9-18　焊接 H 型钢经矫正后偏差精度

项目	允许偏差	图例
翼缘垂直度 Δ_1 其他连接处 Δ_2	$\Delta_1 \leqslant 1.5$ $1.5b/100,$ 且 $\leqslant 5.0$	(a)　　(b)

② 端面割锯加工精度公差检验要求如表 9-19 所示。

表 9-19　端面割锯加工精度公差检验要求

项目	允许偏差/mm
构件长度	± 2.0
平面对轴线的垂直度	$L/1500$
两端面平面度	3.0

注：L 为轴线长度。

图 9-18　带锯床

③ 质量验收标准。H 形构件制造尺寸允许偏差见表 9-20。

表 9-20　H 形构件制造尺寸允许偏差

项目	简图	允许偏差/mm	
T 形接头的间隙		1.0	
截面尺寸		$B \leqslant 200$	± 2.0
		$B > 200$	± 3.0
		$B < 500$	± 2.0
		$500 \leqslant H \leqslant 1000$	± 3.0
		$H > 1000$	± 4.0
腹板偏移		$B \leqslant 200$	$B/100$
		$B > 200$	2
翼板的斜度		连接处	$B/100,$ 且 $\leqslant 1.5$
		非连接	$B \leqslant 200$　$b/100$
			$B > 200$　± 3.0

项目	简图	允许偏差/mm	
腹板的弯曲		$t\leqslant6$	4.0
		$6<t<14$	3.0
		$t\geqslant14$	2.0

2. 箱形钢柱

（1）箱形构件制造工艺流程如图 9-19 所示。

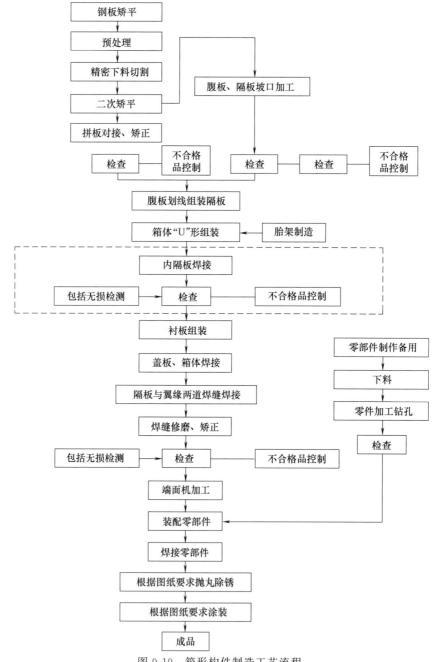

图 9-19　箱形构件制造工艺流程

箱形构件的四条主焊缝应对称施焊，焊接时箱形构件放在水平、稳固的平台上，保证较小变形。火焰校正构件变形，进入装配工序。

（2）箱形构件制造尺寸允许偏差见表 9-21。

表 9-21　箱形构件制造尺寸允许偏差　　　　　　　　　　单位：mm

项目		允许偏差	示意图
长度		±1	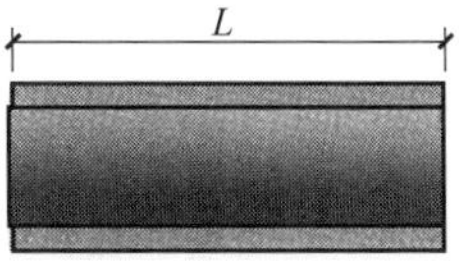
截面高度		±2	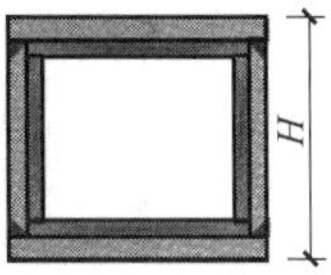
截面宽度		±2	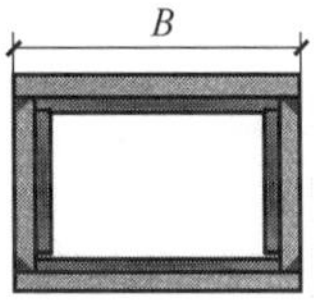
对角线差		3	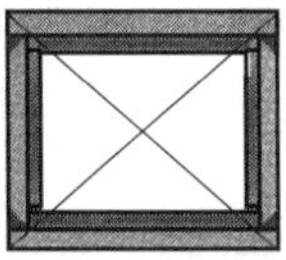
上下翼缘板中心线重合度		2.0	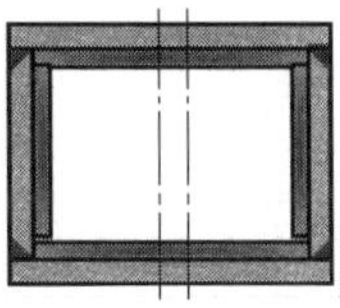
垂直度	端口垂直度偏差	$b/100$，且不大于 3.0	
	横隔板垂直度偏差	3.0	
	隔板间距偏差	±3	

注：b 为端口宽度。

3. 异型多肢柱

异型多肢柱制作工艺流程参见图 9-20。

异型多肢柱实例如图 9-21 所示，种类如图 9-22 所示。先将方管部件定长切割、钢板机肋板切割。单板连接式和双板连接式焊接量较大，注意壁厚较小时，要控制热输入，从而控制钢板变形。薄板变形后难以矫正。不同墙体方向的多肢柱，横截面形状不同，L 形的和 T 形的可以在平台上制作；十字形的多肢柱需要在胎架上组对。既要保证相邻两肢腿垂直，也要保证两相对肢腿的直线度。组对时采用直角定位工装，并且增加临时三角支撑，焊接完毕后，再去除。钢柱端口尺寸为主控尺寸，以保证上下钢柱的现场安装。内部浇筑，无隔板。

钢柱允许偏差见表 9-22。

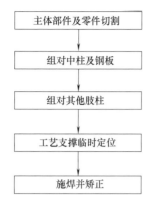

主体部件及零件切割

↓

组对中柱及钢板

↓

组对其他肢柱

↓

工艺支撑临时定位

↓

施焊并矫正

图 9-20 异型多肢柱制作工艺流程

图 9-21 异型多肢柱实例

(a) 焊接缀条连接式

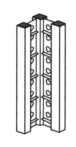

(b) 焊接钢板连接式

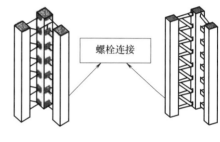

螺栓连接

(c) 直接装配式

(d) 间接装配式

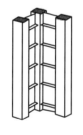

(e) 无孔钢板连接式

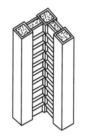

(f) 双钢板连接式加肋板

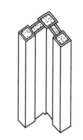

(g) 双钢板连接式无肋板

图 9-22 异型多肢柱种类

四、钢板剪力墙的制作

钢板剪力墙是为主要承受水平剪力而设计的墙体构件，主要部件包括边框柱、边框梁、钢板、螺栓、栓钉等。根据不同的设计理念，分为不同类型：加劲/非加劲钢板剪力墙；简支/刚接钢板剪力墙；开缝钢板剪力墙；防屈曲钢板剪力墙；钢板组合剪力墙；低屈服点钢板剪力墙等。钢板剪力墙的制作流程与钢构件大体相同。特殊要点在于钢板剪力墙的开缝应采用激光切割或等离子切割，切割端部采用圆弧过渡。钢板拼接长度不小于 1000mm，宽度不小于 500mm，且单块钢板拼接缝不大于 1 条。钢板轧制方向为钢板剪力墙垂直方向。制作完成后应采用专用托架运输。

表 9-22　钢柱允许偏差 单位：mm

类别	允许偏差		图例	测量工作
一节柱的高度 H	± 3.0			钢尺
截面尺寸 $h(b)$	连接处	± 3.0		钢尺
	非连接处	± 4.0		
铣平面到第一个安装孔的距离	± 1.0			
柱身弯曲矢高	$H/1500$ 且不大于 5.0			拉线、钢尺
牛腿孔到柱轴线距离 L_2	± 3.0			钢尺
柱身扭曲	$h/250$ 且不大于 5.0			
牛腿的翘曲、扭曲、侧面偏差 Δ	$L_2 \leqslant 1000$	2.0		拉线、线锤钢尺
	$L_2 > 1000$	3.0		
牛腿的长度偏差	± 2.0			

1. 钢板剪力墙制作的工艺流程

钢板剪力墙制作工艺流程如图 9-23 所示。

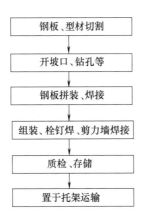

图 9-23　钢板剪力墙制作工艺流程

2. 质量验收标准

钢板剪力墙构件制作允许尺寸偏差见表9-23。

表 9-23　钢板剪力墙构件制作允许尺寸偏差　　　　　　　　　单位：mm

项目			允许偏差		检查方法
高度、宽度			±4.0		直角尺、钢尺
平面内对角线			±4.0		
纵向、横向最外侧安装孔距离			±3.0		
连接处	截面几何尺寸		±3.0		拉线、钢尺
	平面度差	螺栓连接		±1.0	
		其他连接		±3.0	
	对角线差		3.0		
弯曲矢高	受压		$h/1000$，且不应大于10.0		吊线、钢尺、拉线
扭曲			$t_w/250$，且不应大于5.0		
截面高度	组合截面形式	$t_w<500$		±2.0	钢尺
		$500≤t_w≤1000$		±3.0	
		$t_w>1000$		±4.0	
	钢板形式		符合钢板产品允许偏差		卡尺、钢尺
钢板切割斜度			不大于钢板宽度的1%，且不应大于5.0		直角尺、钢尺
钢板局部平整度		$t_{sw}<14$		±3.0	塞尺、钢尺
		$t_{sw}≥14$		±2.0	
加劲肋位置			±5.0		钢尺
开缝定位及相邻开缝距离			±3.0		
栓钉定位			±5.0		

注：h 为单层墙垂直高度；t_w 为构件截面高度；t_{sw} 为墙体单片钢板的厚度。

五、支撑、墙的制作

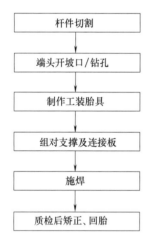

图 9-24　钢支撑构件制作工艺流程

1. 钢支撑制作工艺流程

钢支撑构件制作工艺流程见图9-24。首先进行主撑和肢撑杆件的下料切割，端头开制坡口、钻孔；利用工装临时板件在平台上制胎，按照图纸要求的支撑角度在胎具工装上放置支撑杆件；组对主杆和肢杆、组对支撑及连接板；施焊，完成制作；最后尺寸矫正，回胎检验。

2. 支撑构件质量验收标准

钢支撑构件制作允许尺寸偏差见表9-24。

六、外围护部品的生产

1. 钢结构建筑外墙的独特性能需求

（1）外墙板结构应具备高耐久性，与主体同寿命。

（2）钢结构外墙板应具有良好的防火性能、隔声性能、防渗漏性能、热工性能。

（3）钢结构体系变形大，小震下容许层间位移角为1/250，要求外围护体系具备高变形

表 9-24　钢支撑构件制作允许尺寸偏差　　　　　　　　　单位：mm

项目	允许偏差	项目	允许偏差
构件长度 L	±4.0	构件弯曲矢高	$L/1000$，且不大于10
构件两端最外侧安装孔距离 L_1	±3.0	截面尺寸	+5.0 −2.0

适应特性。

（4）钢结构住宅的优势是自重轻、基础投资小、建筑外墙轻量化，宜控制外围护体系质量低于 $150\text{kg}/\text{m}^2$。

2. 外围护部品的材料要求

外围护部品应采用节能环保的材料。材料应符合现行国家标准《民用建筑工程室内环境污染控制标准》（GB 50325—2020）和《建筑材料放射性核素限量》（GB 6566—2010）的规定，外围护部品室内侧材料尚应满足室内建筑装饰材料有害物质限量的要求。

《民用建筑工程室内环境污染控制标准》（GB 50325—2020）的有关规定如下。

（1）民用建筑工程所使用的砂、石、砖、砌块、水泥、混凝土、混凝土预制构件等无机非金属建筑主体材料的放射性限量，应符合表 9-25 的规定。

表 9-25　无机非金属建筑主体材料的放射性限量

测定项目	限量	测定项目	限量
内照射指数 I_{Ra}	≤1.0	外照射指数 I_γ	≤1.0

（2）民用建筑工程所使用的无机非金属装修材料，包括石材、建筑卫生陶瓷、石膏板、吊顶材料、无机瓷质砖黏结材料等，其放射性限量应符合表 9-26 的规定。

表 9-26　无机非金属装修材料的放射性限量

测定项目	限量		测定项目	限量	
	A 级	B 级		A 级	B 级
内照射指数 I_{Ra}	≤1.0	≤1.3	外照射指数 I_γ	≤1.3	≤1.9

（3）民用建筑工程室内用人造木板及饰面人造木板，必须测定游离甲醛含量或游离甲醛释放量。

3. 现阶段钢结构住宅典型外围护墙板体系

现阶段钢结构住宅典型外围护墙板体系有：加气混凝土外墙板（ALC 板）、ECP 板＋保温材料＋ALC 板内墙、PC 复合挂板＋内保温、"三明治"预制混凝土外挂墙板、发泡水泥复合外墙板、复合龙骨保温体系、纤维水泥板轻质灌浆墙、CCA 板灌浆墙。

建筑行业墙体按材料性质统分为三大类：黏土砖、砌块类和轻质隔墙。但前两种质量大，且现场湿作业多，与钢结构不能可靠连接，所以不符合钢结构建筑的配套发展。钢结构建筑的显著特点就是施工速度快，围护体系必须适应和满足工业化的要求，轻质且便于装配。内外墙的造价约占钢结构住宅总造价的 30％，所以研发、推广新型质轻价低的墙体板材，使之形成规模效应，对工业化建造非常重要。目前市场上的 ALC（蒸压加气混凝土）板性能相对较好，符合工业化发展要求。

4. 预制外墙部品的生产要求

（1）预制外墙部品生产时，应符合下列规定。

① 外门窗的预埋件设置应在工厂完成。

② 不同金属的接触面应避免电化学腐蚀。

③ 蒸压加气混凝土板的生产应符合现行行业标准《蒸压加气混凝土制品应用技术标准》（JGJ/T 17—2020）的规定。

（2）《蒸压加气混凝土制品应用技术标准》（JGJ/T 17—2020）的有关规定如下。

① 在下列情况下不得采用加气混凝土制品：

a. 建筑物防潮层以下的外墙；

b. 长期处于浸水和化学侵蚀环境；

c. 承重制品表面温度经常处于 80℃ 以上的部位。

② 加气混凝土制品用作民用建筑外墙时，应做饰面防护层。

（3）现场组装骨架外墙的骨架、基层墙板、填充材料应在工厂完成生产。

七、内装部品的生产

1. 内装部品生产加工内容及要求

内装部品生产加工应包括深化设计、制造或组装、检测及验收，并应符合下列规定。

① 内装部品生产前应复核相应结构系统及外围护系统上预留洞口的位置、规格等。

② 生产厂家应对出厂部品中每个部品进行编码，并宜采用信息化技术对部品进行质量追溯。

③ 在生产时宜适度预留公差，并应进行标识，标识系统应包含部品编码、使用位置、生产规格、材质、颜色等信息。

2. 内装部品材料要求

部品生产应使用节能环保的材料，并应符合现行国家标准《民用建筑工程室内环境污染控制标准》（GB 50325—2020）的有关规定。

第五节 ▶▶

钢构件的预拼装

预拼装是为了检验构件是否满足设计要求和安装质量要求而进行的拼装，本节主要讲工厂预拼装。

预拼装准备包括：预拼装方案的提出，钢构件的完好性检查，场地的准备，施工器械、施工和管理人员的到位以及各种应急措施的制定。

预拼装中的各种条件应按施工图尺寸控制，各杆件的中心线应交汇于节点中心，并完全处于自由状态，不允许有外力强制固定，单杆件支撑点不论柱、梁、支撑，均应不少于两个支撑点。

预拼装构件控制基准中心线应明确标示，并与平台基准线和地面基准线一致。

预拼装全过程中，不得对构件动用火焰或机械等方式在胎架上直接进行修正、切割或使用重物压载、冲撞、捶击。

高强度螺栓连接件预拼装时，可使用冲击定位和临时螺栓紧固。试装螺栓在一组孔内不得少于螺栓孔的 30%，且不少于 2 只。冲钉数不得多于临时螺栓的 1/3。

预装后应用试孔器检查，当用比孔公称直径小 0.1mm 的试孔器检查时，每组孔的通过率为 85%，试孔器必须垂直自由穿落。

按上述条款的规定检查不能通过的孔，允许修孔（铰、磨、刮孔）。修孔后如超规范，允许采用与母材材质相匹配的焊材焊补后，重新制孔，但不允许在预装胎架上进行修补。

钢构件预拼装允许偏差见表 9-27。

工厂钢构件预拼装现场如图 9-25 所示。

表 9-27　钢构件预拼装允许偏差　　　　　　　　　　　　　单位：mm

构件类型	项目		允许偏差	检查方法
多节柱①	预拼装单元总长		±5.0	钢尺
	预拼装单元弯曲矢高		$l/1500$，且不大于 10.0	拉线、钢尺
	接口错边		2.0	焊缝尺
	预拼装单元柱身扭曲		$h/200$，且不大于 5.0	拉线、钢尺、吊线
	顶紧面至任一牛腿距离		±2.0	
梁、桁架②	跨度最外两端安装孔或两端支撑面最外侧距离		+5.0 −10.0	钢尺
	接口截面错位		2.0	焊缝尺
	拱度	设计要求起拱	±$l/5000$	拉线、钢尺
		设计未要求起拱	$l/2000$ 0	
	节点处杆件轴线错位		4.0	钢尺
管构件③	预拼装单元总长		±5.0	钢尺
	预拼装单元弯曲矢高		$l/1500$，且不大于 10.0	拉线、钢尺
	对口错边		$t/10$，且不大于 3.0	焊缝尺
	坡口间隙		+2.0 −1.0	
构件平面总体预拼装④	各楼层柱距		±4.0	钢尺
	相邻楼层梁与梁之间距离		±3.0	
	各层间框架两对角线之差		$H_i/2000$，且不大于 5.0	
	任意两对角线之差		$\sum H_i/2000$，且不大于 8.0	

① l 为预拼装多节柱单元总长，h 为单元柱高。
② l 为梁或桁架长度。
③ l 为管构件预拼装单元总长，t 为构件厚度。
④ H_i 为构件总体高度。

图 9-25　工厂钢构件预拼装现场

第六节 ▶▶

表面除锈及工厂防腐涂装

一、表面除锈

构件检验合格后，进行抛丸除锈。除锈应达到 Sa2.5 级，粗糙度达到 $R_z = 40 \sim 85 \mu m$。抛丸后 4h 内进行涂装。

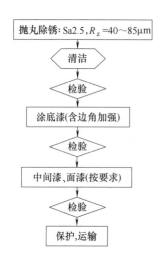

图 9-26 构件表面除锈防腐工艺流程

二、防腐涂装工艺

防腐施工的环境：温度 5～38℃，相对湿度不大于85％；钢材表面温度高于露点值3℃，且钢材表面温度不超过40％。用钢丸作为磨料，以 $5～7kg/cm^2$ 压力的干燥洁净的压缩空气带动磨料喷射金属表面，除去钢材表面的氧化皮和铁锈。喷砂作业完成后，对钢材表面进行除尘、除油清洁，对照标准照片检查质量是否符合要求，并做好检验记录。

构件表面除锈防腐工艺流程见图 9-26。

三、涂装施工质量标准

涂装过程中应严格按有关国家标准进行半成品和产品检验、不合格品的处理、涂装检测、设备操作维护等工作。涂装检验项目见表 9-28，防腐施工过程控制见表 9-29。

表 9-28 涂装检验项目

项目	自检	监理验收	项目	自检	监理验收
打磨除污	现场检查		涂层附着力	现场检查	
除锈等级	书面记录	√	干膜厚度	书面记录	√
表面粗糙度	抽检		涂层修补	现场检查	
涂装环境	书面记录		防火涂料厚度	书面记录	√
涂层外观	现场检查				

表 9-29 防腐施工过程控制

工序名称		工艺参数	质量要求	检测标准及仪器
涂装前	棱边打磨	砂轮、自动打磨机	打磨光滑平整、无焊渣、棱边倒角 $R=0.5～2mm$	目测
	表面清理	砂轮、扁铲、手锤、气动铲、吹扫	清理焊渣、飞溅附着物，清洗金属表面至无可见油脂及杂物	目测
	抛丸、喷砂、酸洗	工作环境湿度<85％	除锈等级 Sa2.5 级	检验标准：《涂覆涂料前钢材表面处理 表面清洁度的目测评定 第1部分：未涂覆过的钢材表面和全面清除原有涂层后的钢材表面的锈蚀等级和处理等级》(GB/T 8923.1—2011)
		钢板表面温度高于露点3℃且不超过40℃	粗糙度 30～85μm	检验标准：《涂覆涂料前钢材表面处理 喷射清理后的钢材表面粗糙度特性 第2部分：磨料喷射清理后钢材表面粗糙度等级的测定方法 比较样块法》(GB/T 13288.2—2011)
		钢丝圈、钢丸、金刚砂(禁用海盐砂)	表面清洁、无尘	测试仪器：表面粗糙度测试仪或比较样块
涂装	喷涂、滚涂、刷涂	高压无气喷涂	外观：平整、光滑、均匀成膜	检验标准：《漆膜划圈试验》(GB/T 1720—2020)、《钢结构工程施工质量验收标准》(GB 50205—2020)
		喷枪距离：300～500mm		检验标准：《色漆和清漆 划格试验》(GB/T 9286—2021)
		喷嘴直径：0.43～0.58mm		测试仪器：温湿度测试仪
		环境温度：<85％		湿膜测厚仪、涂层测厚仪
		钢板表面温度：高于露点3℃		拉拔仪
涂装后	保护	防撞支撑、防雨苦布	受力部分有保护	目测
			其他部分适当遮蔽	

四、涂刷注意事项

为保证涂刷质量，需要注意以下几点。

（1）使用设计要求的涂料品种，采购合格的产品，涂料必须附有产品质量保证书，并按业主及有关规范要求抽样复检。

（2）认真施工，保证涂层厚度和涂刷质量。涂装常采用高压无气喷涂和手工涂刷两种方法，刷油过程中严格应按涂料使用说明书进行施工，并注意如下事项。

① 构件刷油 4h 内严防淋雨，涂装工作尽量在厂房内进行。

② 高强螺栓连接板（材质为低合金钢）摩擦面抗滑移系数为 0.5。摩擦面严禁油污且不得涂漆，以安装前生浮锈为宜。

③ 涂装场地环境温度、相对湿度必须符合涂料产品说明书的要求和其他相关规定，构件表面有结露时不得涂装。

④ 涂膜干燥前应防止雨水、灰尘、垃圾等污染。

⑤ 涂装表面应均匀，无明显起皱、流挂，附着性良好。

第七节 ▶▶

构件及部品的包装、堆放、运输及保护

一、包装

钢构件的包装和发运，应按吊装顺序配套进行。钢构件成品发运时，必须与订货单位有严格的交接手续。

部品部件出厂前应进行包装，保障部品部件在运输及堆放过程中不破损、不变形。对超高、超宽、形状特殊的大型构件的运输和堆放应制订专门的方案。

包装设计必须满足强度、刚度及尺寸要求，能保证经受多次搬运和装卸并能安全可靠地抵达目的地；同时，包装设计应当具有一定叠压强度，每个包装上应标注堆码极限。

成品包装一般采用框架捆装、裸装或箱装等几种方式。

（1）框架捆装：断面较小且细而长的钢构件可考虑框架捆装方式。被包装物必须与框架牢固固定，在杆件之间以及杆件与框架之间应设置防护措施。框架设计时，应考虑安全可靠的起吊点和设置产品标志牌的位置。

（2）裸装：对于外形较大、刚度较大、不易变形的杆件可采用裸装发运。在运输过程中杆件间应设置防护措施，裸装构件应标出中心位置和质量大小。

（3）箱装：较小面积（或体积）的拼接板、填板、高强度螺栓等单件或组焊件均可做装箱包装（图 9-27）。拼接板等有栓接面的零部件装箱时，在两层之间加铺橡胶垫，并做好箱内防水保护。装箱前应绘制装箱简图并编制装箱清单。

图 9-27　包装箱示意

二、堆放

1. 部品部件堆放要求

部品部件堆放应符合下列规定。

（1）堆放场地应平整、坚实，并按部品部件的保管技术要求采用相应的防雨、防潮、防曝晒、防污染和排水等措施。

（2）构件支垫应坚实，垫块在构件下的位置宜与脱模、吊装时的起吊位置一致。

（3）重叠堆放构件时，每层构件间的垫块应上下对齐，堆垛层数应根据构件、垫块的承载力确定，并应根据需要采取防止堆垛倾覆的措施。

图 9-28　墙板运输

2. 墙板运输与堆放要求

墙板运输（图 9-28）与堆放应符合下列规定。

（1）当采用靠放架堆放或运输时，靠放架应具有足够的承载力和刚度，与地面倾斜角度宜大于 80°；墙板宜对称放置且外饰面朝外，墙板上部宜采用木垫块隔开；运输时应固定牢固。

（2）当采用插放架直立堆放或运输时，宜采取直立方式运输；插放架应有足够的承载力和刚度，并应支垫稳固。

（3）采用叠层平放的方式堆放或运输时，应采取防止产生损坏的措施。

三、钢构件的装车和卸货的保护

（1）在吊装作业时必须明确指挥人员，统一指挥信号。

（2）钢构件必须有防滑垫块，上部构件必须绑扎牢固。

（3）装卸构件时要妥善保护涂装层，必要时要采取软质吊具。

（4）随运构件（节点板、零部件）应设标示牌，标明构件的名称、编号。

（5）按照现场构件安装顺序，编排构件供应顺序。

（6）构件发运前编制发运清单，清单上必须明确项目名称、构件号、构件数量及吨位，以便收货单位核查。

（7）封车加固的铁丝、钢丝绳必须保证完好，严禁用已损坏的铁丝、钢丝绳进行捆扎。

四、运输过程中的成品保护

（1）厂外公路运输要先进行路线勘测，合理选择运输路线，并针对沿途具体运输障碍制订措施。

（2）对承运车辆、机具进行审验，并报请交通主管部门批准，必要时应组织模拟运输。

（3）吊装作业前，由技术人员进行吊装和卸货的技术交底。其中指挥人员、司索人员（起重工）和起重机械操作人员须取得《特种作业人员安全操作证》。所使用的起重机械和起重机具完好。

（4）为确保行车安全，在超限运输过程中对超限运输车辆、构件设置警示标志。进行运输前的安全技术交底。在遇有高空架线等运输障碍时须派专人排除。在运输中，每行驶一段路程要停车检查钢构件的稳定和紧固情况，如发现移位、捆扎和防滑垫块松动时，要及时处理。

（5）在运输构件时，根据构件规格、重量选用汽车和起重机，载物高度从地面起不准超过 4m，宽度不得超出车厢，长度前端不准超出车身、后端不准超出车身 2m。

（6）钢构件长度超出车厢后栏板时，构件和栏板不得遮挡号牌、转向灯、制动灯和尾灯。

（7）钢结构的体积超过规定时，须经有关部门批准后才能装车。

第八节 ▶▶

钢结构构件、部品生产的常见问题及措施

加工过程中，为防止出现一些质量通病，为进一步提高产品加工质量，特制定质量通病预防控制措施，如表 9-30 所示。

表 9-30　质量通病预防控制措施

问题	原因	处理措施
表面气孔	1. 焊条、焊剂受潮。 2. 焊丝生锈。 3. 焊接区域有油污	1. 严格执行焊条,焊剂烘干工艺,并派专人检查。 2. 严禁使用生锈的焊丝和无合格证的焊丝。 3. 焊接前清除焊接区域及其两侧 50mm 范围内铁锈、油污等杂物。 4. 清除熔渣时不得使用任何溶剂,难以清除时可用风铲
夹渣	1. 多道焊时,前一道焊缝的熔渣清除不彻底。 2. 全熔透焊时,反面未清根或清根不彻底	1. 焊接过程中及时、彻底清除熔渣。 2. 清根时应至少铲除掉根部焊缝的 1/2 且应无可见缺陷
飞溅	1. 焊条的固有性质。 2. 焊条、焊剂受潮	1. 按工艺要求严格执行焙烘制度。 2. 焊后自检,用磨光机进行彻底打磨
咬边	1. 焊接电流偏大,小车行走速度偏快。 2. 手工电弧焊时施焊角度不合理	1. 严格按焊接参数卡执行如 $K=6$ 时两遍成形,$K=8$ 时三遍成形。 2. 加强职工培训
根部未熔合	1. 坡口角度偏小。 2. 焊接参数不当。 3. 焊丝、焊条位置不正确	1. 开切坡口时应取公差的正偏差,且应进行检查。 2. 严格按焊接工艺执行。 3. 焊丝、焊条打底焊时应居中,使之位于坡口中心。 4. 尽量采用船形焊
弧坑	1. 收弧速度偏快。 2. 更换焊丝、焊条后搭接不合理	1. 收弧时须运用合理的手法与停留时间。 2. 焊缝中重新起弧时,手工焊宜搭接 10mm 以上,埋弧焊宜搭接 25mm 以上
端部缺陷	1. 引熄弧板设置不当。 2. 引熄弧焊缝过短	1. 手工焊引熄弧板长度＞50mm,埋弧焊引熄弧板长度＞150mm。 2. 手工焊引熄弧焊缝＞30mm,埋弧焊引熄焊缝＞80mm。 3. 切除引熄弧板后及时进行补焊打磨
电弧擦伤	1. 在母材上引弧。 2. 手工焊暂停时焊把放置不当	1. 严禁在焊缝以外的区域引弧。 2. 焊接完毕,暂停,焊把必须放置在规定位置
孔边毛刺	清理不彻底	1. 加强职工责任心教育。 2. 上下工序进行交接,下道工序作业人员发现毛刺时不接收
切割边豁口	1. 割枪喷嘴内有异物。 2. 气体纯度不足	1. 及时清理、更换割嘴。 2. 气体纯度、压力须符合要求
构件碰伤	1. 构件吊放时重心倾斜。 2. 构件摆放不合理	1. 采用专用吊具,标明构件重心。 2. 按要求摆放,不得随意堆放
焊疤	拆除夹具后清理不彻底	1. 拆除焊在构件上的夹具必须用气割。 2. 气割后用磨光机打磨平整

第十章

装配式钢结构主体结构系统的安装

第一节 ▶▶

钢结构系统安装的吊装

1. 吊装施工的特点

钢结构吊装方案的确定和工程的具体实施都有相当的难度。因此，合理利用施工场地，选择好吊装方案和吊装顺序是组织设计主要解决的问题之一。

2. 吊装方案的选择和起重设备的配置

（1）为保证吊装工作按期实施，采取构件制作与现场准备同期实施、构件运输与结构吊装同步进行的施工方法。原则上，当天运输的构件当天吊装，减少构件现场堆放，使吊装机械充分利用作业平面，提高吊装作业速度。

（2）吊装方案的选择。根据主体钢结构的构造特征、场地条件、安装的难易程度、工程总量和工程工期安排起重机，按流水线分别从中间轴向两边开始钢结构吊装，起重机一起完成钢结构吊装任务后共同退场。吊装以每榀为单位进行吊装、紧固、焊接，如图 10-1 所示。

吊装前必须对所有构件外观几何尺寸及形位偏差进行复核，尤其是对高强螺栓连接的摩擦部位要注意细致检查，严禁油污泥土的污染，保持端面清洁干净，接头板附件准备齐全配套（按编号排序）检查是否有上曲变形，板孔边加工毛刺必须处理干净，摩擦板面之间须保证严密配合。

在紧固焊接前必须复核空间结构几何尺寸，安装的高强螺栓应在当日终拧完毕，并及时记录和反馈各结构部位偏差情况。根据偏差情况，采取相应调整措施，待每个空间单元几何尺寸合格后，方能进行下一空间单元钢构件吊装，以避免因累积误差而超标的情况出现。

（3）起重设备的配置。依据构件吊装高度和结构单件质量的要求，并结合公司吊装综合实力组成强有力的吊装机组，确保工程按期完成。各机组应协调配合，确保吊装作业按质按量顺利进行。

3. 吊装顺序

吊装顺序为先安装钢柱，接着安装与钢柱配套的支撑体系，然后安装屋面钢梁以及与钢梁配套的支撑体系，具体吊装顺序见图 10-2。

图 10-1　钢结构吊装实图

图 10-2　钢结构吊装顺序

第二节 ▶▶

安装工艺流程

钢柱、梁安装工艺流程如图 10-3 所示。

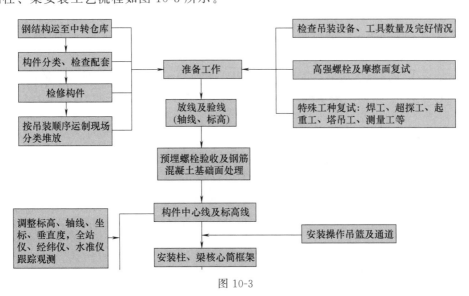

图 10-3

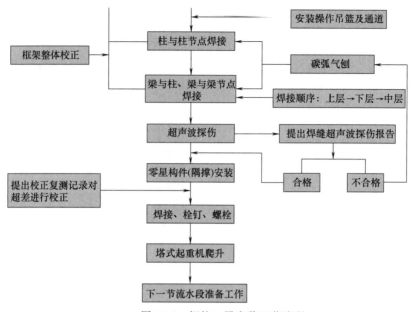

图 10-3　钢柱、梁安装工艺流程

第三节 ▶▶

钢梁、柱等构件的安装要点

一、钢梁安装

1. 施工准备

（1）钢梁准备工作如下。

① 按计划准时将要吊装的钢梁运输到施工现场；并对钢梁的外形几何尺寸、制孔、组装、焊接、摩擦面等进行全面检查，并确定钢梁合格后在钢梁翼缘板和腹板上弹上中心线，将钢梁表面污物清理干净。

② 检查钢梁在装卸、运输及放置中有无损坏或变形。损坏和变形的构件应予矫正或重新加工。被碰损的防锈涂料应补涂，并再次检查。

③ 钢结构构件在进场后都要进行验收，各项验收指标合格并报送项目、监理审批合格。

（2）机具准备：备齐吊装索具、垫木、垫铁、扳手、撬棍、扭矩扳手、复检合格的高强度螺栓、检查合格的钢丝绳。

2. 工艺流程

吊装工艺流程为：施工、吊装准备→钢梁安装→连接与固定→检查、验收。

3. 吊装前准备

（1）吊装前，必须对钢梁定位轴线、标高、编号、长度、截面尺寸、螺孔直径及位置、节点板表面质量、高强度螺栓连接处的摩擦面质量等进行全面复核，符合设计施工图和规范规定后，才能进行附件安装。

（2）用钢丝刷清除摩擦面上的浮锈，保证连接面上平整，无毛刺、飞边、油污、水、泥土等杂物。

（3）梁端节点采用栓焊连接，应将腹板的连接板用一螺栓连接在梁的腹板相应的位置处，并与梁齐平，不能伸出梁端。

（4）节点连接用的螺栓按所需数量装入帆布包内挂在梁端节点处，一个节点用一个帆布包。

（5）在梁上装溜绳、扶手绳（待钢梁与柱连接后，将扶手绳固定在梁两端的钢柱上）。

4. 钢梁吊装

（1）钢梁的吊装顺序：钢梁吊装紧随钢柱。当钢柱构成一个单元后，随后应将标准框架体的梁安装上，先安上层梁，再安中、下层梁，安梁过程会对柱垂直度有影响，可采用钢丝绳缆索（只适宜向跨内柱）、千斤顶、钢楔和手拉葫芦进行吊装。其他框架柱依标准框架体向四周发展，其做法同上。梁与柱由下而上连接，组成空间刚度单元，经校正紧固符合要求后，依次向四周扩展。

（2）钢梁的附件安装方法如下。

① 钢梁要用两点起吊，以吊起后钢梁不变形、平衡稳定为宜。

② 为确保安全，钢梁在工厂制作时，在距梁端 $(0.21 \sim 0.3)L$（梁长）的地方焊两个临时吊耳，供装卸和吊装用。

③ 吊索角度选用 $45° \sim 60°$（图 10-4）。

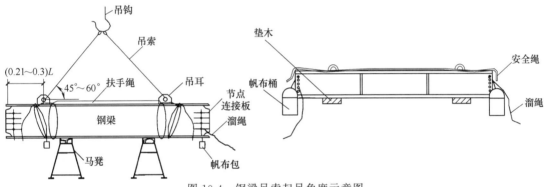

图 10-4　钢梁吊索起吊角度示意图

（3）钢梁的起吊、就位与固定方法如下。

① 钢梁起吊到位后，按设计施工图要求进行对位，要注意钢梁的轴线位置和正反方向。安梁时应用冲钉将梁的孔打紧逼正，每个节点上用不少于两个临时螺栓连接紧固，在初拧的同时调整好柱子的垂直偏差和梁两端的焊接坡口间隙。

② 钢梁吊装必须保证钢梁在起吊后为水平状态。

③ 一节柱一般有 2 层或 3 层梁，原则上，竖向构件由上向下逐件安装，由于上部和周边都处于自由状态，所以易于安装且保证质量。一般在钢结构安装实际操作中，同一列柱的钢梁从中间跨开始对称地向两端扩展安装。

④ 在安装柱与柱之间的主梁时，会把柱与柱之间的开挡撑开或缩小。必须跟踪测量校正，预留偏差值，留出节点焊接收缩量。

⑤ 钢梁吊装到位后，按施工图进行就位，并要注意钢梁的方向。钢梁就位时，先用冲钉将梁两端孔对位，然后用安装螺栓拧紧。安装螺栓数量不得少于该节点螺栓总数的 30%，且不得少于 3 颗。

⑥ 柱与柱节点和梁与柱节点的焊接，以互相协调为好。一般可以先焊一节柱的顶层梁，再从下向上焊接各层梁与柱的节点。柱与柱的节点可以先焊，也可以后焊。

图 10-5　钢梁安装实例

⑦ 次梁根据实际施工情况一层一层地安装完成。

钢梁安装实例如图 10-5 所示。

二、钢柱安装

1. 钢柱常见断面形式

钢柱类型很多，有单层、多层、高层，有长有短，有轻有重。常见钢柱断面形式如图 10-6 所示。

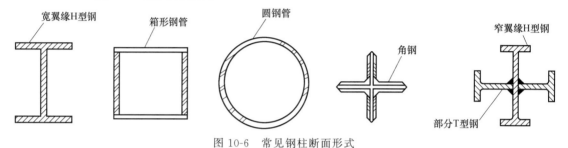

图 10-6　常见钢柱断面形式

2. 吊点选择

（1）吊点位置及吊点数根据钢柱形状、断面、长度、起重机性能等具体情况确定。一般钢柱弹性和刚性都很好，吊点采用一点正吊，吊耳放在柱顶处，柱身垂直、易于对线校正。受起重机臂杆长度限制，吊点也可放在柱长 1/3 处，吊点斜吊，由于钢柱倾斜，对线校正较难。

（2）对细长钢柱，为防止钢柱变形，可采用两点或三点起吊。

（3）如果不焊接吊耳，直接在钢柱本身用钢丝绳绑扎时要注意以下两点。

① 在钢柱（口形、工形）四角做包角（用半圆钢管内夹角钢）以防钢丝绳被割断。

② 为防止工字形钢柱局部受挤压破坏，在绑扎点处可加一加强肋板；吊装格构柱时，绑扎点处应加支撑杆。

3. 起吊方法

重型工业厂房大型钢柱又重又长，根据起重机配备和现场条件，可采用单机起吊、二机起吊、三机起吊等，起吊方法可选旋转法、滑行法、递送法等。

（1）旋转法：钢柱运到现场，起重机边起钩边回转，使柱子绕柱脚旋转而将钢柱吊起。

（2）滑行法：单机或双机抬吊钢柱，起重机只起钩，使钢柱脚滑行而将钢柱吊起的方法。为减小钢柱脚与地面的摩阻力，需在柱脚下铺设滑行道。

（3）递送法：双机或三机抬吊，为减小钢柱脚与地面的摩阻力，其中一台为副机。吊点选在钢柱下面，起吊柱时配合主机起钩，随着主机的起吊，副机要行走或回转，在递送过程中，副机承担了一部分荷重，将钢柱脚递送到柱基础上面，副机摘钩，卸去荷载，此刻主机满载，将柱就位。

（4）双机或多机抬吊注意事项如下。

① 尽量选用同类型起重机。

② 根据起重机能力对起吊点进行荷载分配。

③ 各起重机的荷载不宜超过其相应起重能力的80%。

④ 多机起吊，在操作过程中要互相配合，动作协调。采用铁扁担起吊时，尽量使铁扁担保持平衡。倾斜角度要小，以防一台起重机失重而使另一台起重机超载，造成安全事故。

⑤ 信号指挥，分指挥必须听从总指挥。

4. 钢柱校正

钢柱校正要做三项工作：柱基标高调整，对准纵横十字线，柱身垂偏。

（1）单层钢结构钢柱校正方法如下。

① 柱基标高调整。根据钢柱实际长度、柱底平整度、钢牛腿顶部距柱底部距离，重点要保证钢牛腿顶部标高值，来决定基础标高的调整数值。具体做法如下：首层柱安装时，可在柱子底板下的地脚螺栓上加一个调整螺母，螺母上表面的标高调整到与柱底板标高齐平，放上柱子后，利用底板下的螺母控制柱子的标高，精度可达±1mm以内。柱子底板下预留的空隙，可以用无收缩砂浆以捻浆法填实。使用这种方法时，对地脚螺栓的强度和刚度应进行计算。

② 纵横十字线。制作钢柱底部时，在柱底板侧面，用钢冲打出互相垂直的四个面，每个面一个点，用三个点与基础面十字线对准即可，争取达到点线重合，如有偏差可借线。对线方法：起重机不脱钩的情况下，将三面对准缓慢降落至标高位置。为防止预埋螺杆与柱底板螺孔有偏差，设计时考虑偏差数值，适当将螺孔加大，上压盖板焊接解决。

③ 柱身垂偏校正。采用缆风校正方法，用两台成90°的经纬仪找垂直，在校正过程中不断调整柱底板下的螺母，直至校正完毕，将柱底板上面的2个螺母拧上，缆风松开不受力，柱身呈自由状态，再用经纬仪复核，如有小偏，调整下螺母，若无误，将上螺母拧紧。地脚螺栓的紧固力一般由设计规定。地脚螺栓螺母一般可用双螺母，也可在螺母拧紧后，将螺母与螺杆焊实。

（2）高层及超高层钢结构钢柱校正方法如下。

为使高层及超高层钢结构安装质量达到最优，主要控制钢柱的水平标高、十字轴线位置和垂直度。测量是安装的关键工序，在整个施工过程中，以测量为主。它与单层钢结构钢柱校正有相同点和不同点。

① 柱基标高调整，首层柱垂偏校正，与单层钢结构钢柱校正方法相同。不同点是高层及超高层钢结构，地下室部分钢柱都是劲性钢柱，钢柱的周围都布满了钢筋，调整标高、对线找垂直，都要适当地将钢筋梳理开，才能进行工作，工作起来较困难些。

② 柱顶标高调整和其他节框架钢柱标高控制可以用两种方法：一是按相对标高安装，另一种按设计标高安装，通常按相对标高安装。钢柱吊装就位后，用大六角高强度螺栓固定连接（经摩擦面处理），即上下耳板不夹紧，通过起重机起吊，撬棍微调柱间间隙。量取上下柱顶预先标定标高值，符合要求后打入钢楔、点焊限制钢柱下落。考虑到焊缝收缩及压缩变形，标高偏差调整至5mm以内。柱子安装后在柱顶安置水平仪，测相对标高，取最合理值为零点，以零点为标准进行换算各柱顶线，安装中以线控制，将标高测量结果与下节柱顶预检长度对比进行综合处理。超过5mm对柱顶标高做调整，调整方法：填塞一定厚度的低碳钢钢板，但须注意不宜一次调整过大，因为过大的调整会带来其他构件节点连接的复杂化和安装难度的提高。

③ 第二节柱纵横十字线校正。为使上下柱不出现错口，尽量做到上下柱十字线重合，如有偏差，在柱的连接耳板的不同侧面夹入垫板（垫板厚度0.5～1.0mm），拧紧大六角螺栓，钢柱的十字线偏差每次调整3mm以内，若偏差过大可分2～3次调整。注意：每一节

柱子的定位轴线决不允许使用下一节柱子的定位轴线，应从地面控制轴线引到高空，以保证每节柱子安装正确无误，避免产生过大的积累偏差。

④ 第二节钢柱垂偏校正。重点对钢柱有关尺寸预检，影响垂直因素的预先控制，如安装误差：下层钢柱的柱顶垂直度偏差就是上节钢柱的底部轴线、位移量、焊接变形、日照温度、垂度校正及弹性等的综合安装误差之和，可采取预留垂偏值，预留值大于下节柱积累偏差值时，只预留累积偏差值。反之，则预留可预留值，其方向与偏差方向相反。

⑤ 日照温度影响：其偏差变化与柱子的长细比、温度差成正比，与钢柱断面形式和钢板厚度都有直接关系。例如较明显的观测差发生在上午 9 时～10 时和下午 2 时～3 时，柱两侧会产生温差，根据箱形钢板厚度和高度情况，柱顶竖向会产生不同程度的倾斜。

5. 钢柱安装顺序

(1) 根据国内外高层及超高层钢结构安装经验，为确保整体安装质量，在每层都要选择一个标准框架结构体（或剪力筒），简称安装单元，依次向外发展安装。

(2) 安装标准化框架体（安装单元）的原则：指建筑物核心部分，几根标准柱能组成不可变的框架结构，便于其他柱安装及流水段的划分。

(3) 标准柱的垂直校正：采用三台经纬仪对钢柱及钢梁安装跟踪观测。采用无缆风校正，在钢柱偏斜方向的一侧打入钢楔或顶升千斤顶。在保证单节柱垂直度偏差不超标的前提下，将柱顶轴线偏移控制到零，最后拧紧临时连接耳板的大六角高强度螺栓至额定扭矩值。

(4) 注意：临时连接耳板的螺栓孔应比螺栓直径大 4.0mm，利用螺栓孔扩大足够的余量调节钢柱制造误差−1～+5mm。

钢柱安装实例如图 10-7 所示。柱脚螺栓、梁与柱螺栓安装示意如图 10-8、图 10-9 所示。

图 10-7　钢柱安装实例

三、钢支撑安装

(1) 支撑体系在框架结构承受很大的荷载，在安装中要重点考虑，保证其安装精度和质量。当支撑的构件尺寸较小、构件数量较多时，钢柱和支撑能够在地面拼装的一定要在地面组装完成，整体安装。对于由于结构位置限制、尺寸限制、起重重量限制的柱和支撑不能组

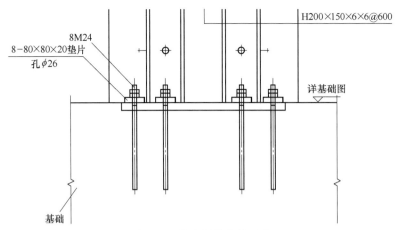

图 10-8　柱脚螺栓安装示意

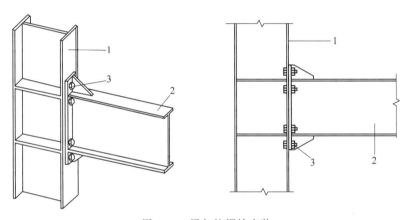

图 10-9　梁与柱螺栓安装

1—柱；2—梁；3—高强度螺栓

装的，应将支撑部分整体组装、整体安装。

（2）梁、支撑分体安装时，由于支撑在梁的正下部位，不易安装吊装到位，要先安装支撑、后安装梁。

四、钢板墙安装

1. 技术准备

（1）充分熟悉图纸，认真学习相关规范、规程、施工质量检验评定标准及图集。参加设计交底和图纸会审，对交底内容进行学习、讨论，做好施工前的准备工作。

（2）技术员将洽商变更内容及时通知施工管理人员，对施工班组人员进行分项施工交底，确保施工时的混凝土的强度等级符合图纸要求。

（3）施工前，根据本工程的特点及在施工过程中针对的不同部位，由工长以书面形式向各班组和操作工人做详细的书面技术交底和安全交底。

2. 材料准备

钢板墙材料就位。

3. 施工测量器具

常用测量器具有经纬仪、水准仪、水平尺、塔尺等。

4. 整体施工顺序

施工、吊装准备→钢板剪力墙安装→连接与固定→检查、验收。

5. 吊点设置

（1）吊点位置及吊点数根据剪力墙形状、断面、长度、起重机性能等具体情况确定。

（2）一般剪力墙弹性和刚性都很好，吊点一般采用一点正吊。吊点设置在墙顶处，墙身竖直，吊点应选择易于起吊、对线、校正的部位，当剪力墙构件为不规则异型构件时，吊点应计算确定。

6. 起吊方法

（1）起吊时剪力墙必须垂直，尽量做到回转扶直，根部不拖地。起吊回转过程中应注意避免同其他已吊好的构件相碰撞，吊索应有一定的有效高度。

（2）第一节剪力墙是安装在基础底板上的，剪力墙安装前应将登高爬梯、安全防坠器、缆风绳等挂设在钢柱预定位置并绑扎牢固。起吊就位后加设固定耳板，校正垂直度。剪力墙两侧装有临时固定用的连接板，上节剪力墙对准下节剪力墙柱顶中心连线后，即用螺栓固定连接板做临时固定。

（3）剪力墙安装就位后，为避免剪力墙倾斜，应将缆风绳固定在可靠位置。缆风绳的端部应加花篮螺栓，以便于调节缆风绳的松紧度。

（4）必须等连接板、缆风绳固定后才能松开吊索。松吊索时，安全防坠器的挂钩应与操作人员所佩戴的安全带进行有效连接，吊索松动完成，操作人员安全返回地面后方可解开安全防坠器挂钩。

7. 垂直度校正

剪力墙垂直度校正的重点是对有关尺寸预检。下层剪力墙的顶垂直度偏差就是上节剪力墙的底部轴线、位移量、焊接变形、日照影响、垂直度校正及弹性变形等的综合。可采取预留垂直度偏差消除部分误差。预留值大于下节柱积累偏差值时，只预留累计偏差值。反之，则预留可预留值，其方向与偏差方向相反。

五、螺栓连接

1. 高强度螺栓

施工扭矩值的确定。扭剪型高强度螺栓的拧紧分为初拧和终拧。复拧扭矩值等于初拧扭矩值。初拧采用扳手进行，按不相同的规格调整初拧值，一般可以控制在终拧值的 $50\%\sim 80\%$。施工终拧采用定值电动扭矩扳手，尾部梅花头拧掉即达到终拧值。高强度螺栓拧紧扭矩见表 10-1。

表 10-1　高强度螺栓拧紧扭矩

螺栓直径 d/mm	16	20	22	24
初拧扭矩/(N•m)	160	310	420	550
终拧扭矩/(N•m)	230	440	600	780

2. 摩擦面控制

（1）按照《钢结构工程施工质量验收标准》（GB 50205—2020）摩擦面抗滑移系数复验的相关要求，在构件加工制作的时候，用同样方法加工出安装现场复试抗滑移系数所需的试板并运到现场进行复验。

（2）将试板运至现场后，采用与现场施工完全相同的方法终拧高强度螺栓，然后送检。

检测合格后说明该批钢构件摩擦面满足要求,可进行安装。

(3)构件吊装前,应对构件及连接板的摩擦面进行全面检查,检查内容有:连接板有无变形、螺栓孔有无毛刺,摩擦面有无锈蚀、油污等。若孔边有毛刺、焊渣等,可用锉刀清除,注意不要损伤摩擦面。

(4)对现场检查发现的个别摩擦面不合格的,可在现场采用金刚砂轮沿垂直于受力方向的方向进行打磨处理。

3. 高强度螺栓施工顺序

高强度螺栓穿入方向应以便于施工操作为准,设计有要求的按设计要求,框架周围的螺栓穿向结构内侧,框架内侧的螺栓沿规定方向穿入,同一节点的高强度螺栓穿入方向应一致。

(1)各楼层高强度螺栓竖直方向拧紧顺序为先上层梁,后下层梁。待三个节间全部终拧完成后方可进行焊接。

(2)对于同一层梁来讲,先拧主梁高强度螺栓,后拧次梁高强度螺栓。

(3)对于同一个节点的高强度螺栓,顺序为从中心向四周扩散(图10-10)。

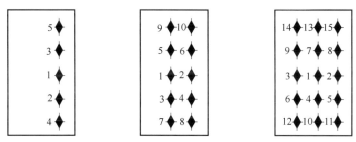

图10-10 高强度螺栓安装顺序示意图

(4)安装前,必须用3～4个冲钉将栓孔与连接板的栓孔对正,使冲钉能自由通过,再放入高强螺栓。个别不能通过的,可采用电动绞刀扩孔或更换连接板的方式处理。

(5)主梁高强度螺栓安装是在主梁吊装就位之后,每端用两根冲钉将连接板栓孔与梁栓孔对正,装入安装螺栓,摘钩。随后由专职工人将其余孔穿入高强度螺栓,用扳手拧紧,再将安装螺栓换成高强度螺栓。

(6)高强度螺栓安装时严禁强行穿入,个别不能自由穿入的孔,可采用电动绞刀扩孔,严禁气割或锥杆锤击扩孔。铰孔前应先将其四周的螺栓全部拧紧,使板叠密贴紧后进行,防止铁屑落入叠缝中。扩孔后的孔径不应超过原孔径的120%,扩孔数量不应超过同节点孔总数的1/5,如有超出需征得设计同意。

六、钢柱焊接连接

1. 焊前检查

选用的焊材强度和母材强度应相符,焊机种类、极性与焊材的焊接要求相匹配。焊接部位的组装和表面清理的质量如不符合要求,应修磨补焊合格后方能施焊。各种焊接法焊接坡口组装允许偏差值应符合规定。

2. 焊前清理

认真清除坡口内和垫于坡口背部的衬板表面的油污、锈蚀、氧化皮、水泥灰渣等杂物。

3. 焊接环境

作业区域设置防雨、防风及防火花坠落措施。当 CO_2 气体保护焊环境风力大于2m/s

及手工焊环境风力大于 8m/s 时，在未设防风棚或没有防风措施的施焊部位严禁进行 CO_2 气体保护焊和手工电弧焊。并且，焊接作业区的相对湿度大于 90% 时，不得进行施焊作业。施焊过程中，遇到短时大风雨时，施焊人员应立即采用 3～4 层石棉布将焊缝紧裹，绑扎牢固后方能离开工作岗位，并在重新开焊之前将焊缝 100mm 周围处采取预热措施，然后方可进行焊接。

4. 定位焊

定位焊必须由持相应合格证的焊工施焊。所有焊材应与正式施焊相同。定位焊焊缝应与最终的焊缝有相同的质量要求。钢衬垫的定位焊宜在接头坡口内焊接，定位焊焊缝厚度不宜超过设计焊缝厚度的 2/3，定位焊焊缝长度不宜大于 40mm，间距宜为 500～600mm，并应填满弧坑。定位焊预热温度应高于正式施焊预热温度。当定位焊焊缝有气孔或裂纹时，必须清除后重焊。

5. 焊接过程中的注意事项

（1）控制焊接变形。采取相应的预热温度及层间温度控制措施。

（2）实施多层多道焊，每焊完一焊道后应及时清理焊渣及表面飞溅，发现影响焊接质量的缺陷时，应清除后方可再焊，在连续焊接过程中应控制焊接区母材温度，使层间温度的上、下限符合工艺条件要求，遇有中断施焊的特殊情况，应采取后热保温措施，再次焊接时，重新预热且应高于初始预热温度。应采取防止层状撕裂的工艺措施。

（3）焊接时严禁在焊缝以外的母材上打火引弧。

（4）消除焊后残余应力。

6. 焊后清理

认真清除焊缝表面飞溅和焊渣。焊缝不得有咬边、气孔、裂纹、焊瘤等缺陷，焊缝表面不得存在几何尺寸不足现象。不得因为切割连接板、垫板、引入板、引出板而伤及母材，不得在母材上留有擦头处及弧坑。连接板、引入板、引出板切割时应光滑平整。

7. 焊缝的外观检验

一级焊缝不得存在未焊满、根部收缩、咬边和接头不良等缺陷。一级焊缝和二级焊缝不得存在表面气孔、夹渣、裂纹和电弧擦伤等缺陷。二级焊缝的外观质量除应符合以上要求外，还应满足规范中的有关规定。焊缝外观自检合格后，方能签上焊工钢印号，并做到工完场清。

8. 焊缝尺寸检查

焊脚尺寸和余高及错边应符合现行规范中的有关规定。

9. 焊接顺序

（1）根据工程特点，一般钢结构安装完成一层的校正和高强度螺栓的终拧后，从平面中心选择柱子作为基准柱，并以此作为垂偏测量基准，焊接梁，然后向四周扩展施焊。随安装滞后跟进。采取结构对称焊接、节点对称焊接和全方位对称焊接的原则。

（2）栓焊混合节点中，设计要求梁的腹板上的高强度螺栓先初拧 70% 后再焊接梁的下、上翼缘板，然后终拧梁腹板上的高强度螺栓至 100% 施工扭矩值。

（3）竖向上的焊接顺序。一柱三层的焊接顺序：上层框架梁→下层框架梁→中层框架梁→上柱与下柱焊接→焊接检验（也可先焊柱-柱节点→上层框架梁→下层框架梁→中层框架梁→焊接检验）。

（4）柱-梁节点上对称的两根梁应同时施焊，而一根梁的两端不得同时施焊作业。

（5）柱-柱节点焊接时，对称两面应由两名焊工相对依次逆时针焊接。

（6）梁的焊接应先焊下翼缘，后焊上翼缘，以减少角变形。

10. 焊接步骤

（1）焊前检查坡口角度、钝边、间隙及错口量，坡口内和两侧的锈斑、油污、氧化铁皮等应清除干净。

（2）预热。焊前用气焊或特制烤枪对坡口及其两侧各 100mm 范围内的母材均匀加热，并用表面测温计测量温度，防止温度不符合要求或表面局部氧化。结构钢材焊前最低预热温度要求见表 10-2。

表 10-2　结构钢材焊前最低预热温度要求　　　　　　　单位：mm

钢材牌号	接头最厚部件的板厚 t				
	$t<25$	$25{\leqslant}t{\leqslant}40$	$40{\leqslant}t<60$	$60<t{\leqslant}80$	$t>80$
Q235	—	—	60～90℃	80～100℃	100℃
Q345	—	60～80℃	80～100℃	100～120℃	140℃

注：1. 本表的施工作业环境温度条件为常温。
2. 0℃以下焊接时，按实验的温度预热。

（3）重新检查预热温度，如温度不够应重新加热，使之符合要求。

（4）装焊垫板及引弧板，其表面清洁程度要求与坡口表面相同，垫板与母材应贴紧，引弧板与母材焊接应牢固。

（5）焊接：第一层的焊道应封住坡口内母材与垫板的连接处，然后逐道逐层累焊至填满坡口，每道焊缝焊完后，都必须清除焊渣及飞溅物，出现焊接缺陷应及时磨去并修补。

（6）一个接口必须连续焊完，如不得已而中途停焊时，应进行保温缓冷处理，再焊前，应重新按规定加热。

（7）遇雨、雪天时应停焊，构件焊口周围及上方应有挡风、雨篷，风速大于 5m/s 时应停焊。环境温度低于 0℃时，应按规定采取预热和后热措施施工。

（8）板厚超过 30mm，且有淬硬倾向和约束度较大的低合金结构钢的焊接，必要时可进行后热处理，后热温度 200～300℃，后热时间：1h/每 25mm 板厚，后热处理应于焊后立即进行。

（9）焊工和检验人员要认真填写作业记录表。

11. 现场栓钉焊接

（1）焊接参数的确定。在正式施焊前，应选用与实际工程设计要求相同规格的焊钉、瓷环及相同批号、规格的母材（但母材的厚度不应小于 16mm，且不大于 30mm），并采用相同的焊接方式与位置进行工艺参数评定试验，以确定在相同条件下施焊的焊接电流、焊接时间之间的最佳匹配关系。

（2）焊接工艺评定试验。

① 试件的数量：拉伸、弯曲各 3 个。

② 试件的尺寸：试件应选用与实际结构相同材质的板材，但其厚度应大于 16mm 且小于 30mm。通过工艺试验来确定栓钉焊接的工艺参数（表 10-3）。

表 10-3　栓钉焊接工艺参数

栓钉直径/mm	10	12	16	19	22
焊接电流/A	500～650	600～900	1100～1300	1350～1650	1600～1900
通电时间/s	0.40～0.70	0.45～0.85	0.60～0.85	0.80～1.00	0.85～1.25
栓钉伸出长度/mm	3	3～4	4～5	4～5	4～6

注：如穿透焊时，电流、焊接时间、栓钉伸出长度可适当调整。

③ 外观检查：施焊后，首先应对焊缝外观进行检查，不合格则应重焊。

④ 拉伸试验、弯曲试验合格。

12. 施焊注意事项

（1）气温在0℃以下、降雨、降雪或工件上残留水分时，不得施焊。

（2）施焊焊工应穿工作服，戴安全帽、保护镜、手套和护脚。

（3）风天施工，焊工应站在上风头，防止被火花伤害。

（4）焊工要注意自我保护，在外围梁上焊接时一定要系挂好安全带。

（5）禁止使用受潮瓷环。瓷环受潮后要在120℃的烘箱中烘烤2h或在250℃温度下烘焙1h。瓷环尺寸与栓钉应相配套。其中关键有两项：一是支承焊枪平台的高度，二是瓷环中心钉孔的直径与圆度。

钢、柱焊接如图10-11～图10-14所示。

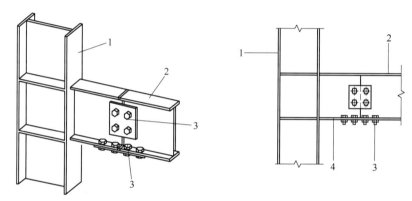

图 10-11　梁端螺栓及焊接连接

1—柱；2—梁；3—高强度螺栓；4—悬臂段

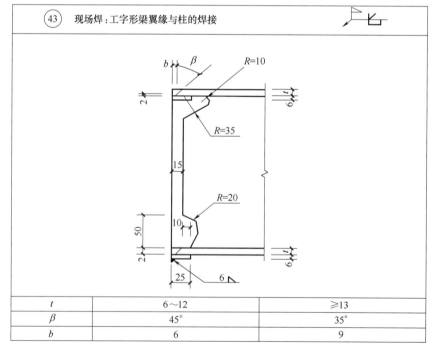

t	6～12	≥13
β	45°	35°
b	6	9

图 10-12　梁翼与柱的焊接

图 10-13　焊接连接位置应有隔板

图 10-14　梁柱采用翼缘焊接腹板栓接

13. 栓焊工程质量验收

（1）对成型焊肉的外观进行检查，内容见表 10-4。

表 10-4　外观质量检验的判定标准

序号	外观检验项目	判定标准与允许偏差	检验方法
1	焊肉形状	360°范围内：焊肉高＞1mm，焊肉宽＞0.5mm	目检
2	焊肉质量	无气泡和夹渣	目检
3	焊缝咬肉	咬肉深度≤0.5mm 并已打磨去掉咬肉处的锋锐部位	目检
4	栓钉焊后高度	焊后高度偏差＜±2mm	用钢直尺量测

（2）焊钉根部焊脚应均匀，焊脚立面的局部未熔合或不足 360°的焊脚应进行修补。

（3）外观检查合格后，进行弯曲试验。

七、钢结构校正

1. 钢结构的校正、紧固与焊接

当完成了一个独立单元柱间，且所有梁的连接用高强度螺栓初拧后，用水准仪和经纬仪校正柱子的水平标高和垂直度。校正顺序见图 10-15。

2. 校正的方法

（1）校正前各节点的螺栓不能全部拧紧，有个别已拧紧的螺栓在校正前要略松开，以便校正工作的顺利进行，校正方法是在两柱之间安装交叉钢索，各设一个手拉葫芦，根据相垂直轴线上两经纬仪观测的偏差值拉动手拉葫芦，逐渐校正其垂直度，同时校正柱网尺寸及轴线角度。经反复校正，全部达到要求后，即用测力扳手将柱脚螺栓拧紧，再逐层自

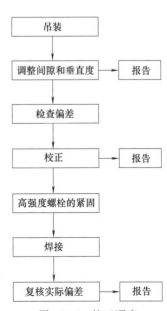

图 10-15　校正顺序

下而上将梁与柱接头的螺栓拧紧。

（2）柱子、框架梁、桁架、支撑等主要构件安装时，应在就位并临时固定后立即进行校正，并永久固定。不能使一节柱子高度范围的各个构件都临时连接，这样在其他构件安装时，稍有外力该单元的构件都会变动，钢结构的尺寸将不易控制，也很不安全。

（3）安装上的构件要在当天形成稳定的空间体系。安装工作中，任何时候都要考虑安装好的构件是否稳定牢固，因为随时可能由于停电、刮风、下雪等而停止安装。

3. 标高的调整

利用上下柱上耳板的孔径间隙来调整两柱间全熔透坡口间隙，或用柱子的长短来调整标高。

4. 定位和扭转的调整

各节柱的定位轴线均从地面控制轴线引上来，并且要在下一节柱的全部构件安装、栓接、焊接完成并验收合格后进行引线工作；如果提前将线引上来，该层有的构件还在安装，结构还会变动，引上来的线也在变动，这样就保证不了柱子定位轴线的准确性。

上下柱间发生较大的扭转偏差时，可以在上柱和下柱连接耳板的不同侧面加减垫板，通过连接板夹紧来调整柱的扭转偏差，但四面要兼顾。

5. 垂直偏差的调整

（1）柱子安装时，垂直偏差应校正到±0.000m，先不留焊缝收缩量。在安装和校正柱与柱之间的梁时再把柱子撑开，留出接头焊接收缩量，这时柱子产生的内力在焊接完成和焊缝收缩后也就消失。

（2）高层建筑钢结构对温度很敏感，日照、季节温差、焊接等产生的温度变化，会使钢结构的各种构件在安装过程中不断变动外形尺寸。构件安装的测量校正工作尽量安排在日照变化小的早、中、晚或阴天进行，但不能绝对，否则将会拖延工期。

（3）不论什么时候，都以当时经纬仪的垂直平面为垂直基准进行柱子的测量校正工作。温度的变化会使柱子的垂直度发生变化，这些偏差在安装柱与柱之间的梁时，用外力复位，使柱回到要求的位置（焊接接头留焊缝收缩量），这时柱子内会产生 30～40N/mm 的温度应力。

（4）用缆风绳或支撑校正柱子时，在松开缆风绳或支撑时，柱子能保持±0.000垂直状态，才能算校正完毕。

（5）仅对被安装的柱子本身进行测量校正是不够的，一节柱有三层梁，柱和柱之间的梁截面大，刚度也大，在安装梁时，柱子会变动，产生超出规定的偏差，因此，在安装柱和柱之间的梁时。还要对柱子进行跟踪校正，对有些梁连系的隔跨的柱子，也要一起监测。

（6）各节柱的定位轴线一定要从地面控制轴线引上来。校正柱子垂直偏差时，要以地面控制轴线为基准。

八、灌注混凝土施工

1. 柱芯混凝土浇筑

（1）钢管内混凝土浇筑应符合现行《钢管混凝土结构技术规范》（GB 50936—2014）和现行《钢-混凝土组合结构施工规范》（GB 50901—2013）要求。

（2）钢管混凝土验收按现行《混凝土结构工程施工质量验收规范》（GB 50204—2015）和现行《钢管混凝土工程施工质量验收规范》（GB 50628—2010）进行。

（3）混凝土浇筑前，钢管口要有封闭措施，检查管内有无杂物。每段钢管柱下部要留置直径为15mm的排气孔。柱对接连接隔板处,应先浇混凝土后再焊接,隔板与混凝土施工面采用二次灌浆料补浆。

(4)混凝土浇筑前应编制混凝土浇筑施工方案,钢管内混凝土浇筑宜采用逐段浇筑法,且宜与钢管安装高度相一致。钢管内混凝土浇筑前,钢管结构的支撑系统基本完成,连接牢固,以保证混凝土浇筑时,钢管柱不变形。混凝土浇筑工艺宜经现场工艺试验,以确定浇筑工艺的有效性。

(5)逐段浇筑法混凝土自钢管上口灌入,采用免振混凝土。

(6)钢管内混凝土宜连续浇筑,当必须间歇时,间歇时间不得超过混凝土终凝时间。当需要留置施工缝时应将管口封闭,以防水、油和异物等落入。

(7)施工缝应留于受力较小的部位。分楼层浇筑混凝土宜留于楼层标高处。梁柱交接面不宜留置施工缝。

(8)钢管混凝土浇筑后,对管口(包括顶升口、排气孔等)应进行保湿覆盖养护。混凝土浇筑的环境日平均温度应大于5℃。

(9)钢管混凝土浇筑的质量可采用小锤敲击法检查,有疑义及重要构件采用超声波法进行检查,检验数量及位置与业主及设计商定。

2. 钢板墙混凝土浇筑

(1)区域钢板剪力墙校正、终拧和焊接牢固之后,形成牢固的稳定体系后,须搭设牢固可靠的操作平台,确保操作方便及人员安全,再开始浇筑混凝土。工程中的钢板剪力墙浇筑时,一般采用汽车泵与塔式起重机配合,从钢板墙顶向下浇筑混凝土的施工工艺。钢板剪力墙应设有排气孔,混凝土最大倾落高度超过规范要求时,采用溜管等辅助装置进行浇筑。

(2)混凝土浇筑前,应将钢板剪力墙内的杂物和积水清理干净,并灌入厚约100mm的同强度等级的水泥砂浆,以湿润混凝土结合面,使新旧混凝土更好地黏结,防止骨料产生离析。

(3)浇筑混凝土时,应控制浇筑速度,逆时针或顺时针分层浇筑到设计标高。浇筑时派专人盯守混凝土浇筑到钢板内各部位。

(4)混凝土浇筑完毕后对钢板口进行临时封闭。当混凝土浇筑到钢板顶端时,将混凝土浇灌到稍低于板口位置,待混凝土达到设计强度的50%后,再用相同等级的水泥砂浆补填至板口,再将封顶板,一次焊到位。

(5)混凝土施工缝处理:每节钢板剪力墙混凝土分层浇筑,施工缝留置在钢板剪力墙顶部接缝以下30cm的位置。混凝土浇筑完毕后,待初凝之前应按照图纸要求插入与上层钢板剪力墙连接的钢筋。

九、叠合板施工

1. 混凝土叠合板的选用

(1)应对叠合楼板进行承载能力极限状态和正常使用极限状态设计,根据现行国家规范和标准以及原设计图纸板厚和配筋,进行二次深化设计。深化设计应明确底板型号,绘制出底板平面布置图,并绘制楼板后浇叠合层顶面配筋图。

(2)单向板底板之间采用分离式接缝,可在任意位置拼接。单向板底板之间采用整体式接缝。接缝位置宜设置在叠合板的次要受力方向上且位于受力较小处。

(3)端部支撑的搁置长度应符合设计或现行国家有关标准,并不小于10mm。

(4)叠合板样式及接缝形式如图10-16、图10-17所示。

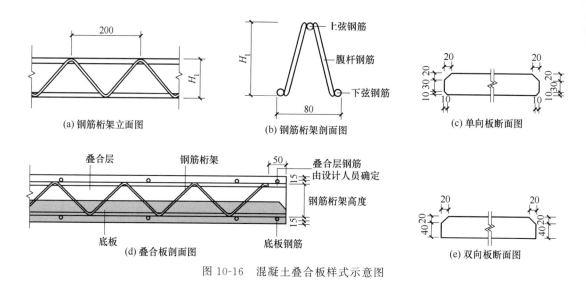

(a) 钢筋桁架立面图　　　(b) 钢筋桁架剖面图　　　(c) 单向板断面图

(d) 叠合板剖面图　　　　　　　　　　(e) 双向板断面图

图 10-16　混凝土叠合板样式示意图

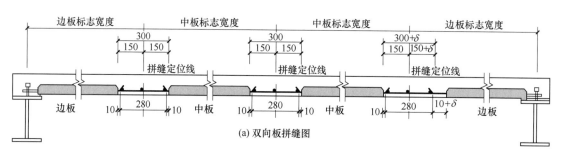

(a) 双向板拼缝图

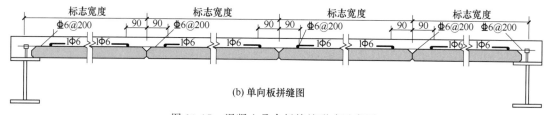

(b) 单向板拼缝图

图 10-17　混凝土叠合板接缝形式示意图

2. 混凝土叠合板进场检查

（1）钢筋桁架允许偏差需符合表 10-5 规定。

表 10-5　钢筋桁架允许偏差

检查项目	设计长度	设计高度	设计宽度	上弦焊点间距	伸出长度	理论重量
允许偏差	±5mm	±3mm	±5mm	±2.5mm	0～2mm	±4.0%

（2）底板与后浇混凝土叠合层之间的结合面应做成凹凸深度不小于 4mm 的人工粗糙面，粗糙面的面积不小于结合面的 80%。

（3）底板尺寸允许偏差见表 10-6、表 10-7。

表 10-6　双向板底板尺寸允许偏差　　　　　　　　　　　　　　　单位：mm

检查项目	长	宽	厚	侧向弯曲	表面平整度	主筋保护层	对角线	翘曲	外露钢筋中心位置	外露钢筋长度
允许偏差	±5	±5	+5	$l/750$ 且<20	5	-3～+5	10	$l/750$	3	±5

注：l 为底板长度。

表 10-7   单向板底板尺寸允许偏差 单位：mm

检查项目	长	宽	厚	侧向弯曲	表面平整度	主筋保护层	对角线	翘曲
允许偏差	±5	−5～0	+5	$l/750$ 且＜20	5	−3～+5	10	$l/750$

注：l 为底板长度。

（4）底板进场可不做结构性能试验，施工单位或监理应在制作厂监督生产过程。当不在制作厂时，构件进场监理和施工单位共同对底板的钢筋、混凝土强度等进行实体检验。

3. 混凝土叠合板堆放

场地应平整夯实，堆放时应使板与地面之间有一定的空隙，并设排水措施，板两端（至板端 200mm）及跨中位置均应设置垫木，垫木间距不大于 1.6m，垫木的长、宽、高均不小于 100mm，垫木应上下对齐。不同板号应分别堆放，堆放高度不宜多于 6 层。堆放时间不宜超过两个月。叠合板堆放实例如图 10-18 所示。

4. 混凝土叠合板工艺流程

梁上检查标高，弹安装线→底板支撑安装→叠合板底板安装、校正→焊梁上栓钉→板上部钢筋绑扎→板缝模板安装（吊模）→底板表面清理→叠合层混凝土浇筑、养护→达到强度拆除模板支撑。

5. 混凝土叠合板施工均布荷载要求

荆载不均匀时单板范围内折算均布荷载不宜

图 10-18   叠合板堆放实例

大于 $1.5kN/m^2$，否则应采取加强措施。施工中应防止底板受到冲击，施工均布荷载不包括底板及叠合层混凝土自重。

6. 叠合板支撑要求

底板支撑设立撑和横木，支撑强度、稳定和数量由计算确定，支撑应设扫地杆。当轴跨 L＜4.5m 时，跨内设置不少于一道支撑；当 4.5m＜轴跨 L＜5.5m 时，跨内设置不少于两道支撑。多层建筑中各层立撑应设置在一条竖直线上，并根据进度、荷载传递要求考虑连续设置支撑的层数。支撑拆除时，保证混凝土叠合层混凝土不受损失。

7. 叠合板底板吊装

吊装叠合板底板时应慢起慢落，并避免与其他物体相撞，应保证起重设备的吊钩位置，吊具与构件重心在垂直方向上重合，吊索与构件水平夹角不宜小于 60°，不应小于 45°；当吊点数量为 6 点时，应采用专用吊具，吊具应具有足够的强度和刚度，吊装吊钩应同时钩住钢筋桁架的上弦钢筋和腹筋。吊点位置需经计算确定，一般跨度 4.5m 以下使用 4 点吊装，4.5～6.0m 采用 6 点吊装。叠合板吊装见图 10-19。

图 10-19   叠合板吊装

8. 叠合板底板安装允许偏差要求

叠合板底板安装允许偏差要求见表 10-8。

表 10-8　叠合板底板安装允许偏差　　　　　　　　　　单位：mm

项目	允许偏差	项目	允许偏差
相邻两板底高差	高级≤2 中级≤4 有吊顶或抹灰≤5	板的支撑长度偏差	≤5
		安装位置偏差	≤10

十、钢筋桁架楼承板安装

1. 钢筋桁架楼承板二次深化设计

钢筋桁架楼承板应根据设计施工图纸，进行二次深化设计，并绘出深化图纸，由楼板供应商提供。二次深化设计应由施工单位和钢筋桁架楼承板供应商相互配合并确定以下内容。

（1）确定使用楼承板区域和使用类型（客厅、卧室、卫生间三个主要功能区域存在板厚不同、标高的不同的情况）。首先要明确楼承板不同区域的使用类型。根据《钢筋桁架楼承板》（JG/T 368—2012）等相关图集选用合适的钢筋桁架和板型。

（2）确定相同区域板块的拼装尺寸。

① 常规拼装尺寸为每块 600mm。

② 通过钢结构模型确定边、角处模板与钢构件相碰处，预先预留、切割。

（3）确定设置支撑的形式、位置和数量。

① 根据施工进度情况和单位工程材料周转情况确定选用传统落地支撑或钢桁架不落地支撑。

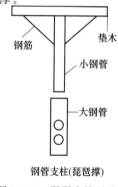

钢管支柱(琵琶撑)

图 10-20　琵琶支撑示意图

② 根据选用的支撑形式确定位置和数量：常规落地支撑间距为当沿钢筋桁架楼承板长度方向轴线 $a \leq 2m$，可不加附加支撑；$2m \leq a \leq 4m$，需加一道支撑；$4m < a < 5.5m$，需加两道支撑。也可选用琵琶支撑（图 10-20），支撑间距与钢管支撑相同。根据钢筋桁架楼承板供应商要求确定最后的支撑数量。

（4）确定边模的支撑方法。

① 钢筋桁架楼承板平行于钢梁悬挑处，当悬挑长度不大于 250mm 时，可采用边模板直接悬挑；当悬挑长度大于 250mm 时，需要加设角钢支撑。还应满足供应商要求。

② 钢筋桁架楼承板垂直钢梁悬挑处，当悬挑长度不大于 7 倍的桁架高度时，悬挑部位无须加设支撑；当悬挑长度大于 7 倍的桁架高度时，需要加设角钢支撑。还应满足供应商要求。

（5）确定附加钢筋规格、间距。

① 根据原设计图纸进行钢筋代换，明确底层附加钢筋的绑扎方向、规格和间距。

② 根据原设计图纸进行钢筋代换，明确上层附加钢筋的绑扎方向、规格和间距。

③ 根据原设计图纸，明确支座处上下层钢筋桁架搭接处的钢筋规格、间距。

2. 钢筋桁架楼承板安装要点

（1）常见钢筋桁架楼承板的特点。不可拆钢筋桁架楼承板是一种免拆模板，它与混凝土一起形成建筑组合楼板，一般适用于有吊顶的建筑住宅。可拆钢筋桁架楼承板底部模板可拆除，周转使用，节能环保。

（2）钢筋桁架楼承板规范要求。钢筋桁架楼承板组合楼板施工应符合《建筑工程施工质量验收统一标准》（GB 50300—2013）、《混凝土结构工程施工质量验收规范》（GB 50204—2015）、《组合楼板设计与施工规范》（CECS 273—2010）、《钢筋桁架楼承板》（JG/T 368—2012）等现行国家规范的要求。

（3）钢筋桁架楼承板配板要求装配式钢筋桁架楼承板必须严格按照二次深化设计排板图装配。装配式钢筋桁架楼承板及其混凝土楼板的施工，必须编制专项施工方案。

（4）楼承板的堆放。

① 经检验的各种材料应存放于装配现场附近，并有明确的标记；存放应考虑起重机的操作范围、钢筋桁架与模板的变形以及安全；露天存放时，钢筋桁架必须采取防止产品生锈的措施，模板应下垫方木、边角对齐堆放在平整的地面上，板面不得与地面接触。材料长期存贮，要保持通风良好，防止日晒雨淋，并定期检查。有条件时应盖防水布。

② 遵循相同规格同垛堆放的原则，堆放时两块板正反倒扣为一组，堆放在平整方木上；如需打包堆放，应在顶部、底部设置 U 形撑条。堆叠高度不超过 1.2m，且不超过 7 组。采用铁皮包扎，捆扎点间距不超过 2m，每捆不少于两处。如需叠放，应采用缆绳将各捆之间有效连接，防止倒塌。为防变形，堆放不得超过三层（图 10-21）。

图 10-21 钢桁架堆放图

（5）钢筋桁架楼承板的进场验收，应检查型号与设计排板图是否相符，检查出厂合格证，检查外观质量尺寸偏差和焊接质量。

（6）钢筋桁架楼承板组合楼板施工顺序为：施工计划→构件进场、检验→施工准备（梁上弹线、支托焊接等）→楼承板安装→搭设临时支撑→栓钉焊接→管线敷设、边模板安装→钢筋绑扎→隐蔽验收→混凝土浇筑、养护→临时支撑拆除。

（7）吊装前的准备工作如下。

① 敷设施工临时通道和临时安全护栏。

② 梁上弹放钢筋桁架楼承板铺设时的基准线。

③ 钢结构中，钢柱边或核心筒墙上等异型处设置角钢支撑件，角钢支撑水平肢上表面标高与楼承板模板标高一致。柱边角支撑设置实例如图 10-22 所示。

④ 准备好吊装用的吊带或索具、零部件等。

图 10-22 柱边角支撑设置实例

⑤ 对操作工人进行技术及安全交底，发作业指导书。

⑥ 钢结构施工段验收合格。

（8）钢筋桁架楼承板吊装方法如下。

① 起吊时，楼承板下面和上面应设带有 U 形卡口吊运木制撑条，防止钢筋桁架楼承板出现变形、偏斜等问题。吊装应设置两个吊装带，吊装带应设在桁架中部，保持起吊过程中楼承板两端平衡。钢桁架承板吊装实例图如图 10-23 所示。

图 10-23　钢桁架承板吊装实例

② 起吊时应仔细核对装配式钢筋桁架楼承板布置图和包装标记，指挥起重机操作人员吊运到正确的位置，避免发生吊装位置放错的情况。

（9）钢结构中装配式钢筋桁架楼承板的安装。

① 楼承板铺设前，根据楼承板排板图和楼承板铺设方向。

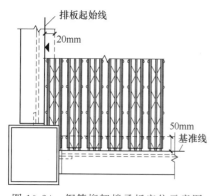

图 10-24　钢筋桁架楼承板定位示意图

在支座钢梁上绘制第一块楼承板侧边不大于 20mm 的定位线（宜按排板图纸距离确定），在楼承板起始端的钢梁翼缘上绘制钢筋桁架起始端 50mm 基准线（点）（图 10-24）。

② 钢柱处，楼承板模板按设计图纸在工厂切去与钢柱碰撞部分。楼承板模板与支承角钢的连接采用封边条的方式。封边条与模板用拉铆钉固定，封边条与支承角钢用点焊固定。

③ 对准基准线，安装第一块楼承板。严格保证第一块楼承板模板侧边基准线重合，空隙采用堵缝措施处理。

④ 放置钢筋桁架时，先确定一端支座为起始端，钢筋桁架端部伸入钢梁内的距离应符合设计图纸要求，且不小于 50mm。钢筋桁架另一端伸入梁内长度不小于 50mm。钢筋桁架两端的腹杆下节点应搁置在钢梁上，搁置距离不小于 20mm，无法满足时，应设置可靠的端部支座措施。铺设时楼承板随铺随点焊，将支座竖筋

与钢梁点焊。

⑤ 连续板中间钢梁处，钢筋桁架腹杆下节点应放置于钢梁上翼缘，下节点距离钢梁上翼缘边不小于 10mm，无法满足时，应设置可靠的中间支座措施。

⑥ 楼承板模板与框架梁四周的缝隙可采用收边条堵缝。收边条一边与模板按间距 200mm 拉铆钉固定，另一边与钢梁翼缘点焊，也可采用吊木模板进行堵缝。

（10）钢筋桁架楼承板安装施工的注意事项如下。

① 根据设计图纸标记的位置搭设临时支撑，支撑立杆和水平杆的规格、间距应经过计算，支撑应满足强度和稳定性要求。支撑不得设置孤立的点支撑，应设置带状横撑（图 10-25）。

② 钢筋桁架楼承板安装完毕，应进行栓钉焊接，焊接前应清理灰尘、油污等以保证栓钉焊接质量。

③ 钢筋绑扎应按设计要求设置，钢筋采用双丝双扣绑扎牢固。与钢筋桁架垂直方向的钢筋上筋应根据设计图纸放在钢筋桁架上弦钢筋的下面或上面，下筋应放在钢筋桁架下弦钢筋的上面。

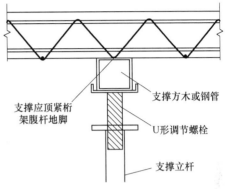

图 10-25　钢筋桁架楼承板支撑示意图

④ 板中管线宜采用 PVC 电工阻燃电线管，管线敷设时不得随意扳动和切断钢筋桁架钢筋。

⑤ 楼层周边边模板（不可拆底模）安装时，将边模板紧贴钢梁面。边模板与钢梁表面每隔 300mm 间距点焊长 25mm、高 2mm 的焊缝。

⑥ 混凝土浇筑前，应及时将楼承板底模板上的积灰和焊渣等杂物清理干净，并应进行隐蔽验收。浇筑混凝土时，不得对装配式钢筋桁架楼承板造成冲击，不得将泵送混凝土管道支架直接支撑在装配式钢筋桁架楼承板的模板上。倾倒混凝土时，应在正对钢梁或立杆支撑的部位倾倒，倾倒范围或倾倒混凝土造成的临时堆积不得超过钢梁或立杆支撑左右 1/6 板跨范围内的楼承板上，并应迅速向四周摊开，避免堆积过高；严禁局部混凝土堆积高度超过 0.3m，严禁在钢梁与钢梁（或立杆支撑）之间的楼承板跨中部位倾倒混凝土。混凝土养护期间，楼板上不能集中堆物，以防影响钢筋与混凝土的黏结，完成浇捣后必须满足规范停歇时间后方可进行下道工序。

⑦ 模板拆除时的混凝土强度应符合设计要求。当设计无具体要求时，混凝土强度应符合《混凝土结构工程施工质量验收规范》（GB 50204—2015）中关于模板拆除时混凝土强度要求的规定：设临时支撑时，跨度不大于 8m 的楼板，待混凝土的强度不小于设计强度 75% 时方可拆除支撑；跨度大于 8m 的楼板，待混凝土的强度达到设计强度后方可拆除支撑。

十一、现浇混凝土楼板安装

1. 现浇混凝土楼板模板安装

（1）现浇混凝土模板安装施工顺序为：搭设支架→安装横纵钢（木）楞→调整楼板下皮标高及起拱→铺设模板→检查模板上皮标高、平整度。

（2）支架搭设前，首层是土壤地面时应平整夯实，无论首层是土壤地面或楼板地面，在支撑下宜铺设通长脚手板，并且楼层间的上下支座应在一条直线上。支架的支撑（碗扣式）

应从边跨的一侧开始，依次逐排安装，同时在支撑的中间及下部安装碗扣式纵横拉杆，在上部安装可调式顶托。支柱和龙骨间距按模板设计确定，一般情况下，支撑的间距为800～1200mm，主龙骨的间距为800～1200mm，次龙骨间距为300mm。

（3）支架搭设完毕后，要认真检查板下龙骨与支撑的连接及支架安装的牢固与稳定；根据给定的水平标高线，认真调节顶托的高度，将龙骨找平，注意起拱高度（当板的跨度等于或大于4m时，按跨度的1/1000～3/1000起拱），并留出楼板模板的厚度。

（4）铺设竹胶板：应先铺设整块的竹胶板，对于不够整数的模板，再用小块竹胶板补齐，但拼缝要严密；用铁钉将竹胶板与下面的木龙骨钉牢，注意，铁钉不宜过多，只要使竹胶板不移位、翘曲即可。

（5）铺设完毕后，用靠尺、塞尺和水平仪检查模板的平整度与底标高，并进行必要的校正，安装、检查均应满足现行规范的要求。

2. 阳台及楼梯模板

阳台配置定型的竹胶板模板。楼梯底板为竹胶板，一般厚为12mm，踏步为木方及木板加工制成的定型模板，楼梯支模必须按设计结构图，同时对照建筑图，注意相邻楼地面的建筑做法，以确定楼梯的结构施工标高与位置，并在楼梯模成型后严格按施工大样检查各部位的标高、位置尺寸。休息平台处，第一步台阶要与下一跑最后一步台阶错开距离不少于40mm，各步向上推，以保证装饰后台阶对齐。

3. 板钢筋绑扎

（1）板钢筋绑扎的工艺流程为：清理模板杂物→在模板上画主筋、分布筋间距线→先放主筋后放分布筋→下层筋绑扎→上层筋绑扎→放置马凳筋及垫块。

（2）绑扎钢筋前应修整模板，将模板上的垃圾杂物清扫干净，在平台底板上用墨线弹出控制线，并用红油漆或粉笔在模板上标出每根钢筋的位置。

（3）按画好的钢筋间距，先排放受力主筋，后放分布筋，预埋件、电线管、预留孔等同时配合安装并固定。待底排钢筋、预埋管件及预埋件就位后交质检员复查，再清理场面后，方可绑扎上排钢筋。

（4）钢筋采用绑扎搭接，下层筋不得在跨中搭接，上层筋不得在支座处搭接，搭接处在中心和两端绑牢。

（5）板钢筋网的绑扎施工时，四周两行交叉点应每点扎牢，中间部分每隔一根相互呈梅花式扎牢，双向主筋的钢筋必须将全部钢筋相互交叉扎牢，相邻绑扎点的钢丝扣要呈八字形绑扎（右左扣绑扎）。下层180°弯钩的钢筋弯钩向上；上层钢筋90°弯钩朝下布置。对于顶板，为保证上下层钢筋位置的正确和两层间距离，上下层筋之间用马凳筋架立，马凳筋高度＝板厚－2倍钢筋保护层－2倍钢筋直径，可先在钢筋车间焊接成型，马凳筋间距尺寸为1000mm×1000mm。

（6）板按1m的间距放置垫块，板底及两侧每1m均在各面垫上两块砂浆垫块。

4. 现浇板模板支撑

楼板模板支撑采用钢管脚手架，纵横间距为800～1200mm（根据厚度及高度调整），步距1200～1500mm，采用可调上下托。底部扫地杆与立杆以扣件连接，扫地杆距地面200mm。满堂脚手架搭好后，根据板底标高铺设 ϕ8 钢管主龙骨，50mm×100mm次龙骨，次龙骨间距不大于300mm，然后铺放多层木模板，多层木模板采用硬拼缝，多层板与墙交接处先在多层板侧粘海绵胶条再紧靠墙面。

第四节 ▶▶

防火涂料施工

一、施工前的准备工作

1. 安全设施搭设

（1）脚手架的搭设

① 按施工实际需要牢固固定于本体上，脚手架的搭设要横平竖直，并在同一水平面上为搭设施工平台打下基础。

② 先上后下，先施工上部钢结构，后施工下部钢结构。

③ 竹排或木跳板搭设在脚手架上，摆设平稳，并固定牢靠，组成施工平台，施工人员站在上面施工作业。

（2）安全网的搭设。对于悬空部位，在防腐施工时，必须在其下部搭设安全网，安全网要牢固可靠，固定于有承受能力的钢结构上。

2. 原材料的检验

防火涂料的性能特点如下。

① 不含石棉等有害物质，生产、施工及使用过程中无特殊的刺激性气味。

② 涂层薄，装饰性好，对受保护的钢结构负荷轻。

③ 涂料由工厂配制好，采用单组分包装，在现场搅拌均匀即可涂装施工。

④ 可采用刷涂、辊涂和喷涂方法，亦可用其中一种或几种方法结合施工。

⑤ 理化性能优良，干燥快，抗潮、耐水和耐冻融性好。

防火涂料必须具有质保书或检验报告；监理人员依据质保书或检验报告以及性能指标进行检验确认。

3. 其他方面准备工作

（1）设计和其他技术文件齐全。

（2）建立质保体系，制定质保计划。

（3）编制完成施工方案。进行技术交底和安全教育，进行技工上岗审查。

（4）施工用水、用电能满足连续施工的需要。防护设施应符合安全、卫生和文明施工的规定。

（5）施工设备、机具、检测仪器、仪表等性能完好，运转正常，符合规定。

（6）防火本体的质量具备交接证明文件，并对其外观质量进行检查验收。

（7）施工现场环境，必须保证在无冰、霜、雨、雪的条件下施工，温度宜为 $5 \sim 35℃$，相对湿度宜为 85% 以下。

（8）与有关单位的合作关系，已协调好。

二、施工工序

施工工序为：表面预处理→防锈底漆施工→防火涂料施工。

1. 表面预处理

（1）采用手工或电动工具除锈的方法进行除锈清理，达到 St2 级标准。

（2）表面预处理合格，经监理人员确认后进行下道工序。

2. 防锈底漆施工

（1）防锈底漆采用醇酸防锈底漆。

（2）经监理人员确认后，进行下道工序。

3. 防火涂料施工

（1）防锈底漆施工完 48h 后，可进行防火主料的涂装施工。

（2）最佳施工环境条件：温度 0～35℃，相对湿度≤85%。

（3）经监理人员确认后，进行下道工序。

三、施工方法

施工方法主要有以下三种：刷涂、辊涂、高压无气喷涂。

1. 刷涂

（1）应使用优质天然纤维漆刷或人造毛漆刷，其尺寸和刷毛软硬程度应与所使用的涂料相配。施工工具应保持干净，不得随意混用。

（2）刷涂一般适用于小范围的涂层施工或表面预处理程度比较低的涂层施工，尤其适用于复杂结构的涂层施工。

（3）刷涂时，层间应纵横交错，每层宜往复进行，涂匀并达到要求厚度为止。如果刷毛掉进涂层中要进行移除、补刷。

2. 辊涂

（1）应根据涂料类型及表面粗糙度，选择绒毛长度合适的辊筒。在一般情况下，应采用酚醛芯辊筒，配以短绒或中长绒的辊筒套，使用前应先清洗辊筒套，清除松散的纤维。

（2）辊涂适用于平整的大面积涂覆施工，不适用于复杂结构的涂覆施工。辊涂也可用来涂装大规模装饰性涂料。

（3）辊涂时，层间应纵横交错，每层要往复进行（快干漆除外），涂匀为止。辊涂时，难以获得厚膜，必须注意厚度的控制。

3. 高压无气喷涂

（1）高压无气喷涂用电力气动泵使涂料产生强大的液体压力，在特定设计的喷枪的喷嘴处完成，是一种喷涂高性能耐用防护漆的简易手段，被广泛运用。

（2）高压无气喷涂时，喷嘴与被喷涂表面距离不得小于 400mm，其角度宜为 90°。喷出压力宜为 11.8～16.7MPa，或按产品说明书的规定。

（3）涂料施工时，根据构件的大小、复杂程度等可采取一种或多种方法相结合的施工方法。无论采取哪种施工方法，均应先进行试涂，试涂合格后，方可全面展开施工。涂料和稀释剂在施工、干燥及储存中，不得与酸、碱、水等介质接触，并应防尘、防曝晒，严禁烟火。

4. 防火涂料防护

（1）喷涂时，喷涂区域地面铺装彩条布以免污染地面；

（2）喷涂钢柱时做临时防护笼，以免造成其他区域污染；

（3）喷涂钢梁时，顶部用临时木板维护其他区域。

第五节 ▶▶

质量保证措施

1. 质量保证体系

可按《质量管理体系　要求》(GB/T 19001—2016)-《质量管理体系 GB/T 19001—2016 应用指南》(GB/T 19002—2018) 系列标准建立质量保证体系，并通过第三方认证。

① 成立以项目经理为首的质量保证组织机构，定期开展质量统计分析。掌握工程质量动态，全面控制各部分项工程质量。项目配备专职质检员，对质量实行全过程控制。

② 树立全员质量意识，贯彻"谁管生产，谁管理质量；谁施工，谁负责质量；谁操作，谁保证质量"的原则，实行工程质量岗位责任制，并采用经济手段来辅助质量岗位责任制的落实。

2. 建立质量管理制度

（1）技术交底制度：坚持以技术进步来保证施工质量的原则，技术部门编制有针对性的施工组织设计。

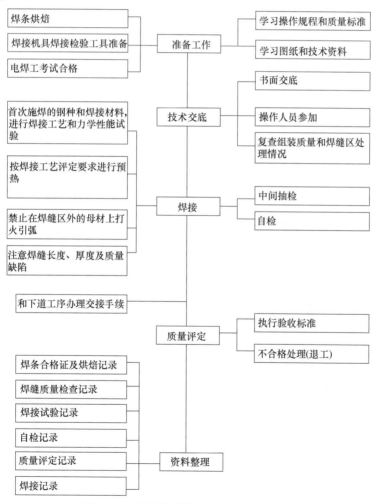

图 10-26　钢结构焊接工程质量控制程序

（2）构件进场检验制度：对于进场的钢构件必须事先严格检查。根据国家规范要求进行检查，对不合格的构件一律退厂重新加工。

（3）建立三检制度，实行并坚持自检、互检、交接检制度。自检要做好文字记录，隐蔽工程由项目技术负责人组织工长、质量检查员、班组长检查，并做较详细的文字记录。

（4）质量否决制度：不合格的焊接、安装必须进行返工。

（5）实现目标管理，进行目标分解，把工程质量责任落实到各部门及人员，从项目的各部门到班组，层层落实，明确责任，制订措施，从上到下层层展开，使全体职工在生产的全过程中用从严求实的工作质量，精心操作工序，实现质量目标。

（6）开展质量管理 QC 小组活动，攻关解决质量问题，同时做好 QC 成果的总结工作。建立 QC 小组于各工序小组的质量控制网络。

（7）制订工程的质量控制程序，建立信息反馈系统，定期开展质量统计分析，掌握质量动态，全面控制工程质量。

（8）采取不同的途径，用全面质量管理的思想、观点和方法，使全体职工树立起"安全第一"和"为用户服务"的观点，以员工的工作质量保证工程的产品质量。

3. 钢结构焊接工程质量控制程序

钢结构焊接工程质量控制程序如图 10-26 所示。

第六节 ▶▶

钢结构安装实例

一、钢结构主体施工前准备

（1）技术准备：图纸熟悉和图纸会审；编制钢结构施工组织设计及专项施工方案；焊接工艺评定。

（2）施工准备：施工人员准备；测量基准点交接与测放；钢结构标识。

图 10-27　钢构件进场验收

（3）钢构件进场验收（图 10-27）：钢构件由制作厂运至现场，卸车后堆放到现场指定堆场。构件到场后，验收班组按随车货运清单材质报告及资料核对所到构件的数量及编号是否相符，所有构件钢柱、钢梁等重型构件应在卸车前检查构件尺寸、板厚、外观等质量控制要素。如果发现问题，应迅速采取措施，要求制作厂签字确认并在规定时间内完成更换或补充构件，以保证现场施工进度。

（4）钢构件的堆放：构件卸货到指定场地，堆放应整齐，防止变形和损坏。必要时按规定的要求进行支垫，避免构件堆放发生变形。构件堆放应按照梁、柱、支撑等分类堆放。构件堆放时一定要注意把构件的编号、标识外露，便于查看及提高安装效率。构件堆场要进行平整硬化处理，排水要畅通。构件进场后及时清理内部积水、污物，避免内部锈蚀。

二、钢柱安装

1. 预埋件安装

为保证螺栓安装精度，防止土建绑扎钢筋和浇筑混凝土时对锚栓位置造成过大影响，在螺栓安装前应先设置定位套架，且定位套架应有足够刚度和稳定性。锚栓定位套架主要由上下两块横隔板组成，并在横隔板上依据锚栓的截面尺寸预留孔洞，用于锚栓定位。

在土建进行筏板底筋绑扎时，插入柱脚锚栓预埋施工。锚栓同定位套架一起吊装就位后，经测量校正，将锚栓的定位套架柱脚与筏板上预埋的螺栓点焊固定。

混凝土浇筑到锚杆底部标高位置，在混凝土没有凝固前对锚杆位置再进行测量校正，如发现螺杆位置变化，应微调顶部螺杆的位置，至达到要求为止。

混凝土凝固后，对螺杆位置进行测量记录，清理螺杆上的杂物，重新绑扎油布或安装套筒对螺纹进行保护。

2. 钢柱安装

（1）首节柱安装。起吊前调整好螺杆上的螺帽，放置好垫块。起吊时，必须边起钩、边转臂，使钢柱垂直离地。当钢柱吊到就位上方 200mm 时，停机稳定，对准螺栓孔和十字线后，缓慢下落，下落中应避免磕碰地脚螺栓丝扣，当柱脚板刚与基础接触后应停止下落，检查钢柱四边中心线与基础十字轴线的对准情况（四边要兼顾），如有不符要及时进行调整。经调整，钢柱的就位偏差在 3mm 以内后，再下落钢柱，使之落实。收紧四个方向的缆风绳，楔紧柱脚垫铁，拧紧地脚螺栓的锁紧螺母，收紧缆风绳，并将柱脚垫铁与柱底板点焊，然后通知土建进行下道工序施工。

（2）上部钢柱安装。钢柱吊装到位后，对正上下柱中心线，上好夹板，穿上螺栓，及时拉设缆风绳对钢柱进一步进行稳固。已装构件稳定后才能进行下步吊装。

三、钢梁安装

为方便现场安装，确保吊装安全，钢梁在工厂加工制作时，应在钢梁上翼缘部分开吊装孔或焊接吊耳，吊点到钢梁端头的距离一般为构件总长的 1/4。

钢梁就位时，及时夹好连接板，对孔洞有少许偏差的接头应用冲钉配合调整跨间距，然后用安装螺栓拧紧。安装螺栓数量按规范要求不得少于该节点螺栓总数的 30%，且不得少于 2 个。

四、钢支撑安装

钢支撑安装如图 10-28 所示。

五、钢框架总体施工流程

通常，钢结构施工分为地上及地下两个施工阶段。

基础筏板施工阶段，插入埋件施工，待筏板施工完成后，进行钢柱的安装。

主体施工阶段，钢结构为钢框架体系，安装过程中，梁柱同时施工，即某个区域钢柱安装完成即刻安装钢梁形成稳定的体系，整体上钢结构领先桁架楼承板 1~2 层施工，桁架楼承板领先混凝土楼板浇筑 1~2 层安装。

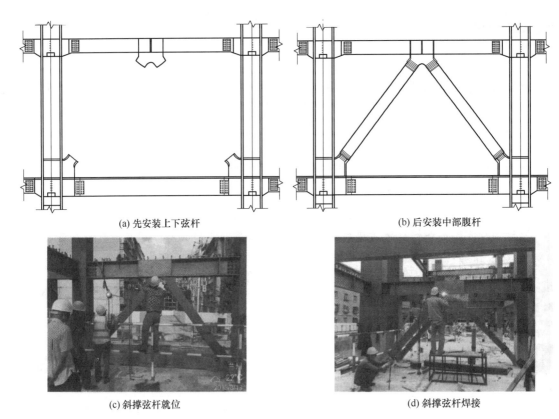

(a) 先安装上下弦杆　　　　　　　　　　　　　　(b) 后安装中部腹杆

(c) 斜撑弦杆就位　　　　　　　　　　　　　　(d) 斜撑弦杆焊接

图 10-28　钢支撑安装

六、楼承板工程施工方法

钢筋桁架楼承板，在性能上具有施工速度快的优势，又具有现浇整体楼板刚度大、抗震性能好的优点，现场施工使钢筋绑扎工作量减少 60%～70%，可进一步缩短工期。上、下弦钢筋一般采用热轧钢筋 HRB400 级，腹杆采用冷轧光圆钢筋，底模板屈服强度不低于 260N/mm^2，镀锌层两面总计不小于 120g/mm^2，当板跨超过楼承板施工阶段最大无支撑跨度时需混凝土浇筑单位在跨中架设一道临时支撑。

本项目地下室楼面（包括地下室顶板）采用普通混凝土梁板结构，住宅、商业地上部分楼面及屋面结构采用钢筋桁架楼承板。钢筋桁架楼承板安装穿插于工程总施工工序中进行，即在该层所有柱和梁安装完毕、高强螺栓终拧完毕、焊接完毕报验合格后开始铺设。钢筋桁架板作为混凝土楼板的永久性模板。

1. 钢筋桁架楼承板铺设

（1）钢筋桁架楼承板铺设前，必须认真清除钢梁顶面杂物，钢梁上翼缘不应有油污、雨水、霜雪。作业时应该注意安全，安全带挂在安全绳上，待相应安全设施拆除后再行去除安全绳。

（2）钢筋桁架板从靠近中心区域向外铺设，最后处理边角部分。

（3）随主体结构安装施工顺序铺设钢筋桁架楼承板。安装宜在下一节钢柱及配套钢梁安装完毕后进行。对准基准线，安装第一块板，并依次安装剩余板材。板与板之间的连接采用扣合方式，拉钩连接应该紧密。

（4）钢筋桁架楼承板铺设时，保证平面绷直，不允许有下凹。封口板、边模、边模补强收尾依施工进度要求。

（5）钢筋桁架板就位后，应立即将其端部竖向钢筋与钢梁点焊牢固。沿板宽度方向将底模与钢梁点焊，焊接采用手工电弧焊。

（6）待铺设一定面积后，必须及时绑扎附加筋，以防止钢筋桁架侧向失稳。同时必须及时按设计要求设置临时支撑，并确保支撑稳定、可靠。

2. 混凝土浇筑

浇筑混凝土前，须把钢筋桁架板上的杂物、灰尘及油脂等其他妨碍混凝土与之结合的物质清除干净；钢筋桁架板面上人员走动频繁的区域，应该铺设垫板，以避免钢筋桁架板受损或变形而降低钢筋桁架板的承载能力；钢筋桁架板浇筑混凝土时，应小心避免混凝土堆积过高以及倾倒混凝土所造成的冲击，应保持均匀一致，以避免钢筋桁架板局部出现过大的变形；倾倒混凝土时，应尽量在钢梁处倾倒，并迅速向四周摊开；混凝土浇筑完成后，除非钢筋桁架板被充分地支撑，否则混凝土在未达到75％设计极限抗压强度前，不得在楼面上附加任何其他载重；施工时当钢梁跨度大于钢筋桁架板最大无支撑跨度时，在跨中位置设置临时支撑，混凝土达到75％设计极限抗压强度后，才可拆除临时支撑。

外围护墙板系统是指安装在主体结构上，由外墙墙板、墙板与主体结构连接节点、防水密封构造等组成的，具有规定的承载能力，适应主体结构位移能力，具有防水、保温、隔声和防火性能的整体系统。

装配式钢结构建筑外围护系统宜采用工业化生产、装配化施工的部品，并应按非结构构件部品设计。外墙围护系统立面设计应与部品构成相协调、减少非功能性外墙装饰部品，并应便于运输、安装及维护。

装配式钢结构建筑的外围护系统可以选用的墙板种类众多，按墙板的构成和安装方式不同，常见类型见表11-1。

本章介绍几种常用墙板的安装。

表 11-1　装配式钢结构建筑外围护系统的分类

外围护系统的分类及墙板名称		代号
外挂墙板系统	预制混凝土外挂墙板	PCP
	玻璃纤维增强水泥板外挂墙板	GRCP
轻钢龙骨式复合墙板系统	轻钢龙骨-纳米复合空腔板复合墙板	SNP
	轻钢龙骨-纤维增强水泥板复合墙板	SFP
	轻钢龙骨-轻质混凝土灌浆墙板	SLP
	轻钢龙骨-石膏基轻质砂浆复合墙板	SGMP
轻质条板系统	蒸压加气混凝土条板	AAC
	挤出成型水泥条板	ECP
幕墙系统	玻璃幕墙	BL
	金属、石材幕墙	—
	人造板幕墙	—

第一节 ▶▶

预制混凝土外挂墙板的安装

一、预制混凝土外挂墙板

（一）预制混凝土外挂墙板的特点

预制混凝土外挂墙板是指以干挂方式安装在钢结构或混凝土框架结构建筑上的混凝土非

承重外墙板，简称外挂墙板（图 11-1）。

预制混凝土外挂墙板具有安装速度快、现场用工少、无湿作业、质量可控、耐久性好、便于保养维修等优势，具有可以工厂化生产、现场装配化施工等显著特点。采用预制混凝土墙板建造装配式建筑，可以提高工厂化、机械化施工程度，减少现场湿作业，节约现场用工，克服季节影响，缩短建筑施工周期。但预制混凝土外挂墙板重量一般较重，与轻质高强的钢结构建筑匹配度稍差。

预制混凝土外挂墙板按保温位置不同可分为夹芯保温墙板和非夹芯保温墙板（图 11-2）。

图 11-1　日本淀屋桥东京海上日动
大厦的预制混凝土外挂墙板构件

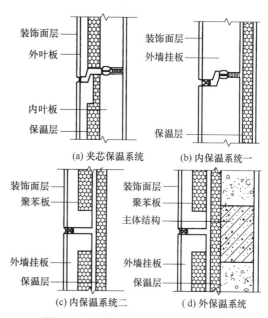

图 11-2　预制混凝土外挂墙板分类

（二）预制混凝土外挂墙板的安装

1. 一般规定

外挂墙板的施工安装应符合现行《预制混凝土外挂墙板应用技术标准》（JGJ/T 458—2018）、《装配式混凝土建筑技术标准》（GB/T 51231—2016）、《钢结构工程施工规范》（GB 50755—2012）、《混凝土结构工程施工质量验收规范》（GB 50204—2015）的规定。

外挂墙板系统的施工组织设计应包含外挂墙板的安装施工专项方案和安全专项措施。在安装前，应选取有代表性的墙板构件进行试安装，并应根据试安装结果及时调整施工工艺、完善施工方案；外挂墙板的施工宜建立首段验收制度。

2. 运输与码放

① 外挂墙板运输前应根据工程实际条件制订专项运输方案，确定运输方式、运输线路、构件固定及保护措施等。对于超高或

图 11-3　构件的运输

超宽的板块应制订运输安全措施（图11-3）。

②外挂墙板码放场地地基应平整坚实，水平叠层码放时每垛板的垫木要上下对齐，垫木支点要垫实，平面位置及码放层数合理。挂板立放时要采用专用插放架存放。

③外挂墙板码放时应制定成品保护措施，对于装饰面层处。垫木外表面应用塑料布包裹隔离，并用苫布覆盖，避免雨水及垫木污染挂板表面。对于面砖、石材饰面的挂板构件应饰面层朝上码放或单层直立码放（图11-4、图11-5）。

图11-4　外挂墙板构件水平放置　　　　　　图11-5　外挂墙板构件竖向放置

3. 施工准备

施工测量应符合以下规定。

①安装施工前，应测量放线、设置构件安装定位标识。

②外挂墙板测量应与主体结构测量相协调，外挂墙板应分配、消化主体结构偏差造成的影响，且外挂墙板的安装偏差不得累积。

③应定期校核外挂墙板的安装定位基准。

外挂墙板储存时应按安装顺序排列并采取保护措施，储存架应有足够的承载力和刚度。

4. 构件安装

在外挂墙板正式安装之前应根据施工方案要求进行试安装，经过试安装检验并验收合格后方可进行正式安装。外挂墙板安装时，外挂墙板与主体结构的连接节点宜仅承受墙板自身范围内的荷载和作用、确保各支承点均匀受力。

钢结构建筑中。外挂墙板与主结构的连接采用点支撑方式。点支撑外挂墙板与主体结构的连接节点施工应符合现行国家标准《钢结构工程施工规范》（GB 50755—2012）的有关规定，并应符合下列规定。

①利用节点连接件作为外挂墙板临时固定和支撑系统时，支撑系统应具有调节外挂墙板安装偏差的能力。

②有变形能力要求的连接节点，安装固定前应核对节点连接件的初始相对位置，确保连接节点的可变形量满足设计要求。

③外挂墙板校核调整到位后，应先固定承重连接点，后固定非承重连接点。

④连接节点采用焊接施工时，不应灼伤外挂墙板的混凝土和保温材料。

⑤外挂墙板安装固定后应及时进行防腐涂装和防火涂装施工。

外挂墙板施工安装尺寸允许偏差及检验方法应符合表11-2的要求。

表 11-2　外挂墙板施工安装尺寸允许偏差及检验方法　　　　单位：mm

序号	项目	尺寸允许偏差	检验方法
1	接缝宽度	±5	尺量检查
2	相邻接缝高	3	尺量检查
3	墙面平整度	2	2m靠尺检查
4	墙面垂直度（层高）	5	经纬仪或吊线钢尺检查
5	墙面垂直度（全高）	$H/2000$ 且 $\leqslant15$	经纬仪或吊线钢尺检查
6	标高（窗台、层高）	±5	水准仪或拉线钢尺检查
7	标高（窗台、全高）	±20	
8	板缝中心线与轴线距离	5	尺量检查
9	预留孔洞中心	对角线10	尺量检查

注：H 为建筑层高或构件分块高度。

5. 板缝防水施工

外挂墙板接缝防水施工应符合《预制混凝土外挂墙板应用技术标准》（JGJ/T 458—2018）的规定（图 11-6、图 11-7）。

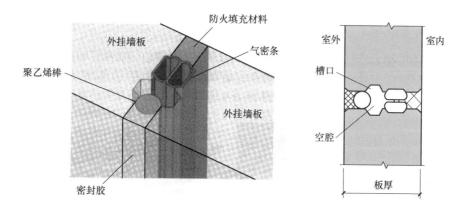

图 11-6　墙板竖缝构造

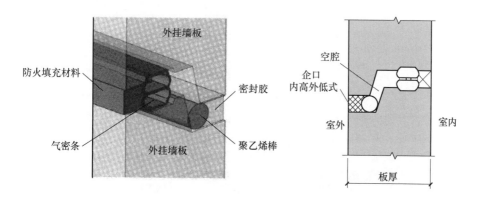

图 11-7　墙板横缝构造

板缝防水施工 72h 内要保持板缝处于干燥状态，禁止冬季气温低于 5℃ 或雨天进行板缝防水施工。

6. 安全施工规定

① 外挂墙板起吊和就位过程中宜设置缆风绳，通过缆风绳引导墙板安装就位。

② 遇到雨、雪、雾天气，或者风力大于 5 级时，不得进行吊装作业。

7. 检验与验收

外挂墙板工程施工用的墙板构件、主要材料及配件均应按检验批进行进场验收。用于外挂墙板接缝的密封胶进场复验项目应包括下垂度、表干时间、挤出性、适用期、弹性恢复率、拉伸模量、质量损失率。检验批划分详见主控项目和一般项目的具体要求。主控项目和一般项目的验收应符合相关规范及表 11-2 的规定。

① 检查数量：全数检查。

② 检验方法：观察，尺量检查。

外挂墙板工程在节点连接构造检查验收合格、接缝防水检查合格的基础上，可进行外挂墙板安装质量和尺寸偏差验收。外挂墙板的施工安装尺寸偏差及检验方法应符合设计文件的要求，当设计无要求时，应符合表 11-2 的规定。

检查数量：按楼层、结构缝或施工段划分检验批。同一检验批内，应按照建筑立面抽查10％，且不应少于 5 块。

二、玻璃纤维增强水泥板外挂墙板

（一）玻璃纤维增强水泥板外挂墙板的特点

玻璃纤维增强水泥板外挂墙板（glass fiber reinforced cement facade panel）是指以干挂方式安装在建筑上的非承重外挂墙板，由玻璃纤维增强水泥板和支撑结构体系组成，可附加保温材料的复合墙板（图 11-8）。

玻璃纤维增强水泥，是一种以耐碱玻璃纤维为主要增强材料、水泥为主要胶凝材料、砂子等为集料，并辅以外加剂等组分，制成的纤维增强水泥基材料，简称 GRC。玻璃纤维增强水泥板外挂墙板由 GRC 外叶墙、柔性锚杆（其他形式的柔性锚固件）、钢框架等组成，在工厂按设计要求一次预制完成。

图 11-8　GRC 外挂墙板应用

GRC 外挂墙板具有高强度、高韧性、高抗渗性、高防火与高耐候性等特点，并具有良好的绝热和隔声性能。可以通过模具工艺进行塑形，在工厂预制加工成具有各类天然材料质感和形态的制品，能够体现特定的艺术效果，被广泛应用于现代公共地标建筑和地方特色文化建筑上。

（二）玻璃纤维增强水泥板外挂墙板的安装

玻璃纤维增强水泥板外挂墙板复合墙体的安装顺序是由外向内，外叶墙 GRC 外挂墙板安装完成后，安装内叶墙板。根据 GRC 外挂墙板背部附着的超细无机纤维的喷涂方式，可以分为工厂喷涂（图 11-9）与现场喷涂（图 11-10）。工厂喷涂方式是超细无机纤维保温层与外叶墙板在工厂复合为一体，工厂内完成保温层喷涂，现场进行带保温层的外叶板吊装；现场喷涂是待外叶墙 GRC 外挂墙板吊装完成后，再进行超细无机纤维保温层的喷涂，待保温层干燥后，再进行内叶墙板的安装。

图 11-9　工厂喷涂

图 11-10　现场喷涂

1. 一般规定

GRC 构件施工作业环境应符合下列规定：

① 温度应在 0℃ 以上；

② 雨雪天气和 6 级以上大风天气不得作业；

③ 安装作业上下方不应同时有其他作业。

2. GRC 构件装卸、运输与堆放

（1）GRC 构件装卸应符合下列规定。

① GRC 构件的装卸顺序应与安装顺序相符。装卸 GRC 构件时应有保护措施，GRC 构件与包装紧固材料之间应有保护材料。

② 装卸设施应根据产品造型或包装特点确定，除较小产品可用人工装卸外，应采用专用托盘和支架，并应采用叉车或起重机进行装卸。当采用起重机进行装卸时，宜将吊点设置在包装支架上。

③ 叠放时应确定竖向力的传递方向，必要时应使用专用支架。当长条形板竖向放置时，两端应有侧向水平支撑。装卸过程应轻缓平稳。

（2）GRC 构件运输与堆放应符合下列规定。

① 运输方案应根据项目特点制定，对于超宽、超高或造型特殊的构件应采取安全措施；在运输车辆上应放置适当的垫块，同时应确定构件码放位置，在运输途中包装箱、托盘、支架应平稳。

② 运输车辆应满足产品装载和造型尺寸限制的要求，应采取防止产品移动、倾倒、变

形的固定措施，应进行合理的固定和捆扎；运输时应采取防止构件损坏的措施，对产品边角部位及捆扎固定的接触部位应采取必要的保护措施（图 11-11）。

③ 现场应规划堆放区域，不宜与其他建筑材料或设备混放。构件应按安装顺序编号依次堆放（图 11-12）。

图 11-11　GRC 墙板的运输　　　　　　　图 11-12　GRC 墙板的堆放

3. 施工准备

施工现场 GRC 构件、安装辅件及主体结构上的锚固件应进行检查验收。GRC 构件安装前应对主体结构进行现场测量和对安装部位结构和墙体进行检查，对影响安装的结构误差及其他问题应向相关部门报告并及时处理。

4. 安装施工

GRC 构件应通过支撑结构与主体结构连接。GRC 构件与支撑结构应采用插槽连接或螺栓连接，严禁现场焊接。支撑结构与钢结构连接宜采用螺栓连接，在焊缝防腐措施能保证的情况下也可采用焊接；支撑结构与主体结构焊接部位的防腐应符合设计要求。

竖向连续分布构件宜自下而上安装，竖向不连续分布的构件可同时在不同层次作业。横向连续构件的安装顺序应根据误差进行分配，宜从边角开始安装。环窗构件的安装顺序宜为窗台→窗边→窗顶。GRC 墙板的部分吊运及安装如图 11-13～图 11-16 所示。

图 11-13　GRC 墙板的安装准备　　　　　　图 11-14　GRC 墙板的吊运

GRC 构件就位后经测量确定三维方向的位置和角度都应在允许误差范围内，方可固定。每个 GRC 构件均应独立与主体结构或支撑结构连接，不得承受上部或邻近 GRC 构件的荷载。

图 11-15　GRC 墙板的吊装就位

图 11-16　GRC 墙板的安装

　　支承结构与主体结构连接应在围护墙体和屋面的保温层和防水层施工前完成。如遇特殊情况需要倒序施工，对破坏的保温层和防水层应填充封堵。安装 GRC 构件时，严禁踩踏、碰撞和破坏保温层和防水层。

5. 接缝处理

　　GRC 构件接缝允许偏差内，可将部分安装偏差在构件接缝中调整。构件与构件之间、构件与其他围护墙体之间的接缝宜采取嵌缝处理。对于 GRC 复合板外墙，宜采用双重止水构造，在密封胶嵌缝之前应黏结止水胶条。止水胶条宜为空心胶条。两侧应黏结到 GRC 构件上，其外径尺寸应大于缝宽。如图 11-17、图 11-18 所示为一种较为常见的 GRC 复合墙板板缝处理方式，外叶墙与内叶墙宜错缝，避免冷热桥。

图 11-17　GRC 复合墙板板缝位置

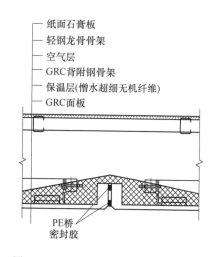

纸面石膏板
轻钢龙骨骨架
空气层
GRC 背附钢骨架
保温层(憎水超细无机纤维)
GRC 面板

PE桥
密封胶

图 11-18　GRC 复合墙板板缝处理方式

　　GRC 构件接缝处理应先修整接缝、清除浮灰。嵌缝时构件应干燥，不宜在雨雪天气作业。嵌缝应填充饱满、深度一致。GRC 构件与墙体接缝及其与其他围护材料的接缝处理措施，应符合设计要求。

　　GRC 构件安装过程中出现的局部缺棱掉角、表面污染问题，应进行修补或去污处理。

无涂料装饰要求的 GRC 外墙，应在接缝密封胶施工完成后进行防护处理。所用防护剂不宜改变 GRC 外墙外观，且不得影响密封胶的黏结性能或与密封胶发生反应。GRC 构件与主体结构的连接节点应按隐蔽工程验收。

6. 安装质量要求

（1）质量控制。

① 为保证 GRC 构件的安装质量，GRC 构件与主体结构之间应留有一定的施工容许误差，根据厂家的加工工艺和施工单位的施工水平，GRC 构件与主体结构净距应符合下列规定：

a. GRC 构件背面与钢结构净距不应小于 10mm；

b. 对于高层或不规则结构，净距不应小于 50mm；

c. 柱套与柱子之间净距不应小于 75mm；

d. GRC 构件与主体结构的连接点在上下、左右、前后三个方向内的调节空间净距不应小于 25mm。

② 安装效果应符合下列规定：

a. 安装后的 GRC 外立面应线条清晰、层次分明、表面平整、曲面过渡光滑，横向构件应保证平直度，竖向构件应保证垂直度，整体效果应达到建筑设计要求；

b. GRC 构件表面应洁净，表面颜色和质感应符合样板要求；

c. GRC 构件间接缝应平直、均匀，不得有歪斜、错台及边角损坏。

③ 安装偏差应符合《玻璃纤维增强水泥（GRC）建筑应用技术标准》（JGJ/T 423—2018）。

（2）检验与验收。

GRC 复合墙板的验收包含一般验收、进场验收、中间验收、竣工验收。一般验收包括技术资料复核、现场抽查和抽样检验。

检验批划分：相同设计、材料、工艺和施工条件的 GRC 外墙应以 1000m^2 为一个检验批，不足 1000m^2 应划分为 1 个检验批，超过 10000m^2 的以 3000m^2 为一个检验批。每个检验批抽查不应少于 5 处，每处不应少于 10m^2。

① 进场验收。GRC 构件应进行性能复试，复试应由 GRC 供应商提供与施工项目配方及生产工艺一致的测试板，检测机构应按现行行业标准《玻璃纤维增强水泥外墙板》（JC/T1057—2007）或《玻璃纤维增强水泥（GRC）装饰制品》（JC/T 940—2004）进行检测。复试应在 GRC 构件正式投产后进行，每项工程宜复试 1 次，特殊要求应在合同中明确。

设计或合同有要求时应提供密封胶与 GRC 材料的相容性测试报告。GRC 外墙工程涉及的各类材料进场应按设计要求及相关质量标准验收，并应填写验收记录。进场 GRC 构件应进行外观、包装、尺寸抽查，抽查比例不应小于 1%（件数或面积）。

② 中间验收。GRC 外墙工程应进行阶段性施工质量的中间验收，并应填写验收记录。中间验收应符合下列规定：

a. GRC 构件的造型、尺寸、表面效果应符合设计或样板要求；

b. GRC 构件的预埋件、锚固件、连接件、安装孔、槽应符合设计要求；

c. GRC 构件与主体结构连接应符合设计要求，安装必须牢固；

d. GRC 外墙工程的保温、防水、防污、防火、防雷的处理应符合设计要求；

e. GRC 外墙密封施工和接缝处理应符合设计要求；

f. GRC 的安装质量应符合安装质量的相关要求。

③ 竣工验收。GRC 外墙工程竣工验收前应将其表面全面清洗干净。GRC 外墙工程竣工验收时应提交符合要求的工程资料。主控项目和一般项目的验收具体参见《玻璃纤维增强水泥（GRC）建筑应用技术标准》（JGJ/T 423—2018）及其他规范标准的相关要求。

第二节 ▶▶

轻钢龙骨式复合墙板系统的安装

轻钢龙骨式复合墙板（light-gauge steel framing panel）是指以轻钢龙骨为骨架，以纳米复合空腔板、纤维增强水泥板、纸面石膏板、纤维增强硅酸钙板和金属复合板等为两侧覆面板，中间为保温、隔热和隔声材料构成的非承重复合墙板。

一、轻钢龙骨-纳米复合空腔板复合墙板

轻钢龙骨-纳米复合空腔板复合墙板（light-gauge steel framing panel with nano composite cavity board）是指以轻钢龙骨为支撑，以纳米复合空腔板为围护板材，内部填充保温隔热层构成的非承重复合墙板（图 11-19）。

纳米复合空腔板（nano composite cavity board）是指以无机纳米防火板和有机高分子材料经复合加工而制成的多层空腔面板。

轻钢龙骨-纳米复合空腔板复合墙板系统安装是在完工后的建筑结构基础上进行施工，因此该结构应符合国家有关建筑设计、施工等规范标准。施工现场及完工的结构应干净整洁，无施工缺陷，安装前应清除施工现场及结构上各种残留物。建议每个墙面龙骨构件均有独立编号，确认按照图纸施工安装。安装前应核对墙体系统的型号、数量。墙体系统各型号质量应符合原厂质量标准。

图 11-19　纳米复合空腔板
单板与复合墙体

1. 施工安装顺序

龙骨构件安装→安装一侧墙体面板→保温材料安装（管线预埋）→安装另一侧墙体面板→板缝处理。轻钢龙骨-纳米复合空腔板复合墙板部分工艺流程实例见图 11-20。

2. 龙骨安装要求

龙骨构件安装杆件均应有独立编号，按施工图纸安装，杆件编号位置：以竖向龙骨朝下、横向龙骨朝左摆放为正确。非横竖方向龙骨编号按头尾相接安装。

（1）杆件组装后，对齐铆钉孔，铆钉孔应使用不锈钢铆钉，使用气钉枪进行施工。

（2）构件地龙骨与基础连接的地脚螺栓设置应按设计计算确定，其直径不小于 12mm，间距不大于 800mm，地脚螺栓距墙角或墙端部的距离不大于 300mm。

（3）构件地龙骨与基础之间宜通长设置厚度不小于 1mm 的防腐防潮垫，宽度不小于地龙骨的宽度。抗拔锚栓、抗拔连接件大小及所用的螺钉数量应由设计计算确定，抗拔锚栓的规格不宜小于 M16。

图 11-20　轻钢龙骨-纳米复合空腔板复合墙板部分工艺流程实例

3. 墙体面板安装

（1）外墙安装应先从外侧开始安装，外墙板应横向安放、厚无机板贴面朝外、板边凸面朝上，凹槽朝下，由地面向上排列，用规定长度的带钻自攻螺钉与楼层梁锁装，沿竖向龙骨螺钉距离300mm，螺钉头应陷入板面0.5～1mm，螺钉头部应进行防锈处理。上下板连接时应将上板凹槽完全挤进下板凸槽内，并保证板缝平行、垂直。墙面转角处安装"转角条"，板与板垂直连接处加装"并接条"（图11-21）。

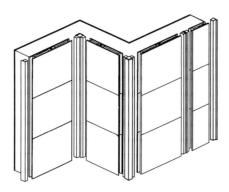

图 11-21　连接件在墙体中的
使用位置示意图

（2）外墙板安装完毕后，应先进行各种管线布置及墙体保温材料安放。隔声材料密度应符合设计要求，应安装牢固，不得松脱下垂。

（3）在外墙内侧安装时，接缝处螺钉距离200mm，其他300mm与龙骨锁装。

（4）依据设计要求可对外墙外侧进行防水处理，或外饰材安装。

二、轻钢龙骨-石膏基轻质砂浆复合墙板

（一）轻钢龙骨-石膏基轻质砂浆复合墙板的构造

轻钢龙骨-石膏基轻质砂浆复合墙板（light-gauge steel framing panel with gypsum-based mortar）是指以轻钢龙骨为骨架，内部填充石膏基砂浆，外侧采用防护面层构成的非承重墙板（图11-22）。

（二）轻钢龙骨-石膏基轻质砂浆复合墙板的施工安装要点

1. 龙骨架安装

① 轻钢龙骨的墙顶、底导轨与结构固定的螺栓间距不应大于800mm，且距导轨两端宜为50mm；与顶底导轨固定的立柱间距不应大于600mm，立柱与顶导轨之间应留10mm的

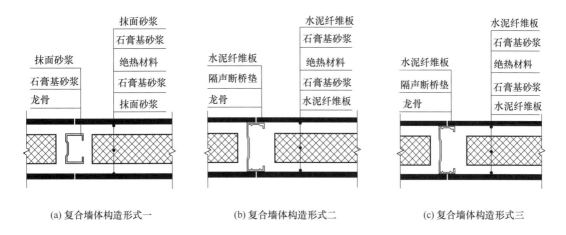

(a) 复合墙体构造形式一　　　(b) 复合墙体构造形式二　　　(c) 复合墙体构造形式三

图 11-22　轻钢龙骨-石膏基轻质砂浆复合墙板常见构造形式

安装间隙。

② 顶、底导轨两端与主体结构的柱、墙间隙不应小于 10mm，需要接长时，接长处两导轨间应预留不小于 10mm 的间隙。

③ 顶、底导轨在门窗洞口处需要截断时，螺栓或射钉固定点距离端部不得小于 50mm。

④ 顶、底导轨固定在钢结构基层上时，应在顶导轨和钢结构基层之间设置一层厚度为 3mm 且与顶导轨同宽的橡胶垫板。底导轨与混凝土之间应放置防腐防潮垫。

⑤ 顶、底导轨应采用螺栓或射钉固定，其型号、规格及间距应符合设计要求，固定时应注意避开结构预埋的管线。

⑥ 墙体内水电预埋管线需要穿过龙骨时，应用扩孔器在龙骨中间部位的相应位置上开孔，开孔宽度不得大于龙骨截面宽度的 1/2。金属管件与钢构件之间应放置橡胶垫圈，避免两者直接接触。设备或电气管线应有塑料绝缘套管保护。

⑦ 立柱需要接长时，宜采用对接连接，对接处内衬龙骨长度不应小于 400mm，并进行可靠连接。

⑧ 立柱应按设计间距垂直套入顶、底导轨内，开口的方向应一致，并用龙骨钳与顶、底导轨固定。

⑨ 墙体高度超过 4m，施工时应采取保证冷弯薄壁型钢骨架面外稳定的加强措施。在施工阶段，当未喷涂石膏基砂浆或未安装结构面板时，宜对墙体骨架设置临时附加支撑。

2. 面板安装

纤维增强水泥板安装应在冷弯薄壁型钢骨架安装及墙体内预埋管线敷设完毕并验收合格后进行；也可在一侧面板安装的同时，配合安装墙体内预埋的水、电管线和配套设施，经验收合格后，再安装另一侧面板。

结构面板的安装应符合下列规定。

① 面板安装顺序为先裁制面板，再安装面板。

② 裁制的面板应无脱层、折裂及缺棱掉角，对于边角缺损的面板，其单边缺损长度不应大于 20mm；平板切割时，板边应顺直、无毛刺，其切割后尺寸偏差不应大于 ±2mm。

③ 面板应正面朝外，自下而上、逐块逐排安装，板块的竖边均应落在立柱上；下端应与地面留 10～15mm 的缝隙。

④ 洞口处的面板不宜拼接,可做成刀把形,不应将接缝留在洞口部位的冷弯薄壁型钢构件上。

⑤ 面板的竖向接缝应位于立柱的中线上;且同一立柱两侧不能同时出现拼缝。

⑥ 面板之间的接缝构造应符合设计要求,平板的垂直和水平接缝处均需留置 5mm 的缝隙。

⑦ 面板的表面平整度不应大于 1.0mm。

⑧ 结构面板与冷弯薄壁型钢骨架连接的自攻螺钉间距为:板材四周不宜大于 150mm,板材内部不宜大于 300mm。

3. 石膏基砂浆的施工

(1) 石膏基砂浆的施工应符合下列规定。

① 施工前应按设计及工艺要求选用预拌石膏基砂浆。

② 砂浆宜采用强制式搅拌机搅拌、泵送,采用现浇或喷射施工。

③ 砂浆喷射应在冷弯薄壁型钢骨架和结构面板安装验收合格后进行。

④ 砂浆施工过程中,应注意保护墙体内预埋的水电管线不被破坏,预埋的箱、柜、盒等无变形移位。

⑤ 砂浆喷射完成后,应用木拉板抹平,并将接缝处清理干净。

⑥ 应在砂浆喷射施工过程中留置检测试件。

⑦ 当环境温度低于 5℃时,不宜进行砂浆的施工,否则应有可靠的防冻措施。

⑧ 砂浆养护期间,施工场所应保持适当通风。

(2) 冷弯薄壁型钢-石膏基砂浆复合墙体的装饰施工应符合下列规定。

① 复合墙体的表面装饰施工宜在石膏基砂浆终凝或板材表面干燥后进行。

② 装饰施工前,应对复合墙体及外露的预埋箱、柜、盒等全面检查验收。

③ 装饰施工前应对复合墙体表面的钉孔及板缝进行处理,并应符合下列规定:

a. 自攻螺钉的钉帽应进行防腐处理;

b. 墙体两端及顶端面板与主体结构交接处的缝隙,应采用嵌缝膏等柔性材料填实;

c. 结构面板之间的接缝处,应将浮浆及杂物清理干净,采用聚合物砂浆分层填实;

d. 墙体抹灰、涂料等应符合现行国家标准《建筑装饰装修工程质量验收标准》(GB 50210—2018)的要求;

e. 墙体在涂料工程前,基层应平整、清洁,无浮砂,无起壳,面层含水率不应大于 10%。

三、轻钢龙骨式复合墙板的质量检验与验收

复合墙体的检验验收应符合建筑工程《建筑工程施工质量验收统一标准》(GB 50300—2013)、《建筑装饰装修工程质量验收标准》(GB 50210—2018)、《建筑节能工程施工质量验收标准》(GB 50411—2019)的有关规定。

(1) 轻钢龙骨式复合墙体验收时应提供并核查下列文件和资料。

① 审查合格后的复合墙体设计文件、设计变更文件、施工方案及施工技术交底等相关设计文件。

② 主要原材料的产品合格证、性能检测报告、进场验收记录和复验报告。

③ 隐蔽工程验收检查记录。

④ 施工记录和检验批质量验收表。

（2）对隐蔽工程应进行验收，并应有记录和必要的图像资料，应包括下列部位和主要内容。

① 龙骨柱的安装。

② 龙骨骨架与主体结构的连接节点。

③ 墙体中设备、管线的安装节点及水管试压。

（3）轻钢龙骨式复合墙板的检验批划分应符合表 11-3 的相关规定。

表 11-3　轻钢龙骨式复合墙板的检验批划分

墙板分类名称		检验批划分
轻钢龙骨式复合墙板	轻钢龙骨-纳米复合空腔板复合墙板	（1）对采用相同材料、工艺和施工做法的复合墙体，每 1000m² 扣除窗洞后的墙面面积应划分为一个检验批，不足 1000m² 也应为一个检验批。每个检验批每 100m² 应至少抽查一处，每处不得小于 10m² （2）检验批的划分也可根据与施工流程相一致且方便施工与验收的原则，由施工单位与监理（建设）单位共同商定
	轻钢龙骨-石膏基轻质砂浆复合墙板	

（4）主控项目和一般项目的验收应符合相应规范标准的要求，且复合墙体的安装允许偏差应符合表 11-4 的规定。

表 11-4　复合墙体安装允许偏差　　　　　　　　　　单位：mm

项　目	允许偏差	检验方法
墙体轴线位移	±5	用经纬仪或拉线和尺检查
板面垂直度	±2	用 2m 垂直检测尺和塞尺检查
立面垂直度	±4	用 2m 垂直检测尺检查
接缝直线度	±2	拉 5m 线，不足 5m 拉通线，用钢尺检查
阴、阳角方正	±3	用 200mm 方尺检查
接缝高差	±1.5	用直尺和塞尺检查
板缝宽度	±1.5	用直尺和塞尺检查

第三节 ▶▶

轻质条板系统的安装（以蒸压加气混凝土条板安装为例）

轻质条板（lightweight panel）是指采用轻质材料或轻型构造制作，用于非承重墙体的预制条板。轻质条板产品按照断面构造可分为空心条板、实心条板和复合夹芯条板三种类别；按板构件类型分为普通条板、门窗框板和异型板。

这里介绍蒸压加气混凝土条板安装工艺。

一、蒸压加气混凝土条板的特点

蒸压加气混凝土条板（autoclaved aerated concrete panel）是以钙质材料和硅质材料为主要原料，配防锈处理的钢筋（网），经高压蒸汽养护而制成的多气孔混凝土成型板材，又称 AAC 板，既可做墙体材料，又可做屋面板、楼板、外墙造型，是一种性能优越、安装简便、灵活的成熟建材。

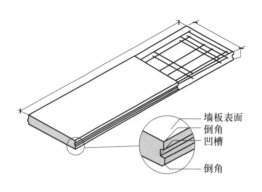

 墙板表面
倒角
凹槽

倒角

图 11-23　蒸压加气混凝土条板示意图

在蒸压加气混凝土内配置经防锈处理的钢筋网片，而制成不同厚度、不同长度的板材，即为蒸压加气混凝土条板（图 11-23）。

二、安装要点

1. 施工准备

AAC 墙板外围护系统应建立部品部件工厂化生产的质量管理体系。墙板工程施工前，应进行现场主体结构尺寸复核，并依据建筑专业施工图进行排板深化设计，逐个板块进行编码，实现板材制作、运输、安装全过程的信息化管理。根据施工深化设计图、现场条件、运输条件、安装工艺编制施工方案，宜进行施工方案论证。对施工人员进行培训，做好技术交底和安全措施。墙板、安装配套材料、配件均应有产品质量合格文件或检验报告，且满足设计要求。

2. 运输、吊装和堆放

（1）蒸压加气混凝土板的堆放、装卸和起吊，应使用专用机具，吊装时应采用宽度不小于 50mm 的尼龙吊带进行兜底起吊，严禁使用钢丝绳吊装。运输时应采取良好的柔性绑扎措施；运输过程中宜竖直堆放，多打包捆扎牢固，尽量不平放。墙板的运输和现场堆放如图 11-24、图 11-25 所示。

图 11-24　墙板的运输

图 11-25　墙板的现场堆放

（2）蒸压加气混凝土板按种类、规格分别堆放，应有防碰撞、防雨措施。墙板施工现场堆放场地应靠近安装地点，选择地势坚实、平坦、干燥之处，并不得使板材直接接触地面，下部宜用木方支垫；墙板堆放时，应侧立放置，堆放高度不宜超过 3m。

3. 安装要求

（1）施工前应对主体结构和板安装有关的尺寸进行复核，当误差超标时，要进行调整，同时做排板图，并应严格按排板图施工。

（2）安装前应测量放线，保证墙体位置正确。

（3）应避免在施工现场对板材进行切割和加工，若不能避免应采用专用工具，并按照相关规范标准要求严格进行；外墙板需要钻孔时应避开钢筋，扩孔深度宜为 30mm 左右，以便于垫片和螺母的安放。

（4）安装节点应按设计要求施工，连接件、焊缝等应符合相关规范标准及技术文件要求。

（5）安装结束后，应采用专用修补材料对缺损部位进行修补。

（6）AAC 板材或组装单元体的安装应考虑施工顺序的合理性、施工操作的便利性和安全性，如便于脱钩、就位、临时固定的施工工序等。

（7）AAC 板的安装顺序应从门窗洞口处向两端依次进行，门洞两侧应采用标准宽度板材，无门洞口的墙体应从一端向另一端顺序安装。

（8）AAC 板间竖向刚性缝和半柔性缝采用专用黏结砂浆拼接，应采取挤浆施工工艺，黏结砂浆灰缝应饱满均匀。

（9）隐蔽工程在隐蔽前应由施工单位通知监理单位进行验收，并形成验收文件，验收合格方可继续施工。上、下水管道穿过或紧靠蒸压加气混凝土板，应采取防渗漏的措施。蒸压加气混凝土隔墙板上镂槽、开洞或固定物件时，应在墙板安装完成后，板缝黏结强度达到设计标准后方可进行。

蒸压加气混凝土板上镂槽、开洞应采用专用工具。镂槽、开洞尺寸应满足设计安全及相关规范标准的要求，且应与板材生产厂家确定后再进行。

厚度小于 100mm 的蒸压加气混凝土隔墙板不宜横向开槽埋管，对于板内竖向埋管的管径不应大于 25mm。

为防止安装后的墙面开裂，蒸压加气混凝土板与板、板与主体结构间的不同材料（如钢筋混凝土、钢结构、金属配件等）交接处应采取防裂措施。

外墙板安装所用配件及预埋件应预先采取防锈处理措施，安装焊接后，应及时清理焊渣，并做防锈处理。

三、检验与验收

蒸压加气混凝土板工程质量验收应满足设计文件，且应符合《建筑工程施工质量验收统一标准》（GB 50300—2013）、《建筑装饰装修工程质量验收标准》（GB 50210—2018）和《蒸压加气混凝土制品应用技术标准》（JGJ/T 17—2020）、《装配式建筑蒸压加气混凝土板围护系统》（19CJ 85—1）等标准和图集的规定。

蒸压加气混凝土板分项工程验收检验批：外墙板工程以一个楼层或一个施工段或每1000m² 墙面面积划分为一检验批，每处 10m² 为一个检验批。

主控项目和一般项目的验收应符合相应的要求，且 AAC 板安装允许偏差应符合表 11-5 的规定。

抽检数量：AAC 板安装轴线应全数检查。

表 11-5　AAC 板安装允许偏差　　　　　　　　　单位：mm

类　　别	尺寸允许偏差		检验方法
	外墙板	内墙板	
轴线位置偏移	3	3	经纬仪或吊线钢尺检查
墙面垂直度（层高）	5	3	经线锤挂线和 2m 托线板检查

类　　别	尺寸允许偏差		检验方法
	外墙板	内墙板	
墙面垂直度(全高)$H \leqslant 40m$	20	—	经纬仪或重锤挂线和尺量检查
墙面垂直度(全高)$H \leqslant 40m$	$H/2000$		
表面平整度	3	2	2m靠尺检查和楔形塞尺检查
相邻接缝高低差	3	2	尺量检查
门、窗框高宽(后塞口)	±5	±5	尺量检查
外墙上下窗口偏移	10	—	以底层窗口为准,用经纬仪或吊线检查
预留孔洞中心	对角线10	—	尺量检查

注:H 为墙面高度。

第四节 ▶▶

外围护门窗系统的安装

门窗系统作为建筑外围护系统中的重要组成部分,其性能和安装质量直接影响外围护系统的整体性能。

一、门窗的安装节点固定

门窗的安装按与墙体的相对位置关系不同,可分为窗户安装在墙体中间位置、窗户安装在墙体外侧边缘位置和窗户安装在墙体内侧位置,如图11-26所示。考虑墙体立面效果和门窗安装构造,门窗与墙体的相对位置关系一般由建筑设计师确定,如图11-27所示为某项目窗户靠外侧安装。

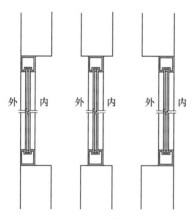

图11-26　窗户与墙体的位置关系

图11-27　某项目窗户靠外侧安装

按门窗是否有附框,可分为有附框安装和无附框安装。

门窗的固定方法直接关系到门窗的安全性、可靠性及其与建筑主体的相对变形位移,保证窗户安装牢固十分重要。常见的窗户固定方式如图11-28、图11-29所示。

常见的门窗框(附框)与墙体连接固定可以采用预埋件固定、射钉固定、膨胀螺栓固定及木螺钉与木砖固定(图11-30~图11-33)等方式。

对于装配式钢结构建筑,不同的墙体系统对门窗的安装要求有所不同。

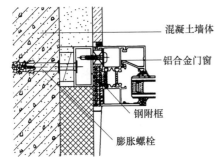

图 11-28　铝合金门窗在混凝土墙体的固定方式

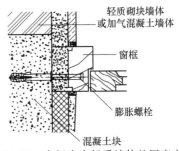

图 11-29　木门窗在轻质墙体的固定方式

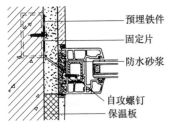

图 11-30　预埋件的固定方式

图 11-31　射钉的固定方式与射钉

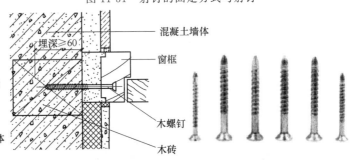

图 11-32　膨胀螺栓的固定方式　　　　图 11-33　木螺钉与木砖的连接与木螺钉

二、外挂板系统安装要点

（1）预制混凝土外挂墙板混凝土预制挂板为工厂预制，在门窗洞口位置在工厂预先设置预埋件，避免现场安装膨胀螺栓对板材造成破坏。

（2）玻璃纤维增强水泥外挂墙板（GRC）工厂预制的 GRC 复合墙板，为方便窗户的安装，一般在窗口四周预先设置钢框架，作为窗户的附框，钢框架的规格尺寸需根据使用情况计算确定。

GRC 复合墙板的窗户在安装时，可以将窗户安装在外部 GRC 墙板背附钢架窗洞位置的钢框架上（图 11-34），也可以安装在复合墙体的内叶墙上，具体安装方式可参见轻钢龙骨墙体和 AAC 条板门窗洞口处理方式。GRC 复合墙体窗户安装位置，建议靠外侧或靠内侧安装，不建议在居中的空腔位置安装。当项目确需居中安装时，应由设计人员根据窗户种类确定安全可

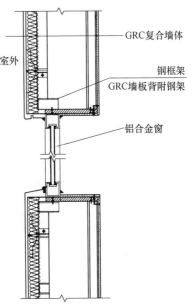

图 11-34　GRC 复合墙板
窗户安装示意图

靠的安装方式。

1. 轻钢龙骨类复合墙板

轻钢龙骨类复合墙板的门窗安装需要对门窗洞口位置的 C 形龙骨进行加固。一般采用抱合式或加密竖向龙骨立柱的方式（图 11-35）。具体加固做法需要经结构计算确定。也可在门窗洞口处直接采用矩形管作为附框，或在龙骨骨架和门窗之间加木附框进行门窗的安装（图 11-36、图 11-37）。

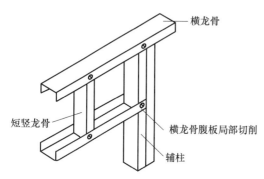

图 11-35　轻钢龙骨辅柱及门窗过梁

图 11-36　采用矩形管作为附框

图 11-37　在龙骨骨架和门窗之间加木附框

2. 轻质条板

（1）AAC 外墙板对门窗洞口处采用包边角钢或扁钢带进行加固，窗户安装固定在加固件上，如图 11-38 所示。

图 11-38　洞口扁钢带加固

（2）ECP 墙板中门窗主要是安装在外 ECP 面板上，ECP 墙板窗口位置处宜做好分格处理，窗户周边的板材应采用整板，条纹板切割时，应保持条纹的完整性，避免因分割影响墙体的装饰性。板长在 2000～3000mm 时，宽度不小于 200mm；长度在 3000～4000mm 时，宽度不小于 300mm。门窗、洞口部位应采用通长角钢或方钢进行加强（图 11-39、图 11-40）。

以上是门窗在不同种类墙板位置处安装的解决方案，本节结合图集标准及具体项目案例，给出了常用的工艺做法，设计人员也可以根据项目情况做个性化设计。

图 11-39 窗洞在内叶墙上(竖板)

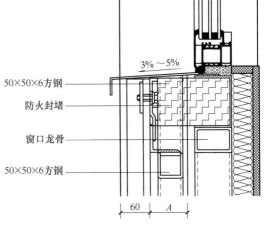

图 11-40 竖向墙板布置时窗口位置节点图
A—门窗距离洞口的距离

三、门窗的安装要点(以铝合金门窗为例介绍)

(一)铝合金门窗的安装

1. 一般规定

① 铝合金门窗工程不得采用边砌口边安装或先安装后砌口的施工方法。

② 铝合金门窗安装宜采用干法施工方式。

③ 铝合金门窗的安装施工宜在室内侧或洞口内进行。

④ 门窗启闭应灵活、无卡滞。

2. 施工准备

① 复核建筑门窗洞口尺寸,洞口宽、高尺寸允许偏差应为±10mm,对角线尺寸允许偏差应为±10mm。

② 铝合金门窗的品种、规格、开启形式等,应符合设计要求。检查门窗五金件、附件应完整、配套齐备、开启灵活。检查铝合金门窗的装配质量及外观质量,当有变形、松动或表面损伤时,应进行整修。

③ 安装所需的机具、辅助材料和安全设施应齐全可靠。

3. 铝合金门窗安装

铝合金门窗在装配式钢结构建筑中主要采用干法施工安装方式,其安装应符合《铝合金门窗工程技术规范》(JGJ 214—2010)的相关规定。

铝合金门窗开启扇及开启五金件的装配宜在工厂内组装完成。铝门窗开启扇、五金件安装完成后应进行全面调整检查。五金件应配置齐备、有效,且应符合设计要求;开启扇应启闭灵活、无卡滞、无噪声,开启量应符合设计要求。

4. 清理和成品保护

① 铝合金门窗框安装完成后,其洞口不得作为物料运输及人员进出的通道,且铝合金门窗框严禁搭压、坠挂重物。对于易发生踩踏和刮碰的部位,应加设木板或围挡等有效的保护措施。

② 铝合金门窗安装后,应清除铝型材表面和玻璃表面的残胶。

③ 所有外露铝型材应进行贴膜保护,宜采用可降解的塑料薄膜。

④ 铝合金门窗工程竣工前，应去除所有成品保护，全面清洗外露铝型材和玻璃。不得使用有腐蚀性的清洗剂，不得使用尖锐工具刨刮铝型材和玻璃表面。

5. 安全技术措施

① 在洞口或有坠落危险处施工时，应系挂安全带。

② 高处作业时应符合现行行业标准《建筑施工高处作业安全技术规范》（JGJ 80—2016）的规定，施工作业面下部应设置水平安全网。

③ 现场使用的电动工具应选用Ⅱ类手持式电动工具。现场用电应符合现行行业标准《施工现场临时用电安全技术规范》（JGJ 46—2005）的规定。

④ 玻璃搬运与安装应符合《铝合金门窗工程技术规范》（JGJ 214—2010）中安全操作规定。

（二）铝合金门窗的检验与验收

铝合金门窗工程验收应符合现行《建筑工程施工质量验收统一标准》（GB 50300—2019）、现行《建筑装饰装修工程质量验收标准》（GB 50210—2018）及现行《建筑节能工程施工质量验收标准》（GB 50411—2019）的有关规定。

第五节 ▶▶

外围护系统安装案例

一、本项目外围护墙板现场装配式安装要点

墙板：预制钢筋混凝土绝热夹心保温外墙的厚度为 160mm，其中包括 50mm 厚钢筋混凝土外墙板＋30mm 保温板＋80mm 厚钢筋混凝土内板。

（一）加工制作

采用钢上下端模和左右侧模组合，主要采用反打工艺生产，工艺流程见图 4-11，质量检验评定标准见表 11-6，产品实例见图 11-42。

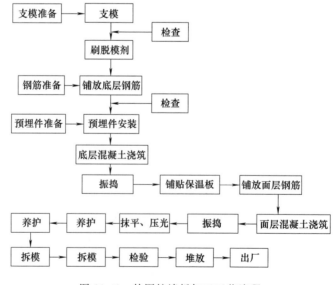

图 11-41 外围护墙板加工工艺流程

表 11-6　外围护墙板质量检验评定标准　　　　　单位：mm

项　目	质量标准	备注
长度	±5	
宽度	±5	
对角线偏差	±10	
厚度	±5	
表面平整	4	
预留孔中心线位移	5	
预埋件定位线位移	5	
外观质量	××产品质量控制体系	企业标准《预制混凝土保温外墙板》

（二）运输和堆放

预制构件平板拖车运输，时速应控制在 5km/h 以内；简支梁的运输，除横向加斜撑防倾覆外，平板车上的搁置点必须设有转盘。运输超高、超宽、超长构件时，必须向有关部门申报，经批准后，在指定路线上行驶。牵引车上应悬挂安全标志，超高的部件应有专人照看，并配备适当器具，保证在有障碍物的情况下安全通过。平板拖车运输构件时，除一名驾驶员主驾外，还应指派一名助手协助瞭望，及时反映安全情况和处理安全事宜，平板拖车上不得坐人。重车下坡应缓慢行驶，并应避免紧急刹车。驶至转弯或险要地段时，应降低车速，同时

图 11-42　外围护墙板产品实例

注意两侧行人和障碍物。在雨、雪、雾天通过陡坡时，必须提前采取有效措施。装卸车应选择平坦、坚实的路面为装卸点。装卸车时，机车、平板车均应刹闸。重车停过夜时，应用木块将平车的底盘均衡垫实。

堆放场地地面必须平整坚实，排水良好，以防构件因地面不均匀下沉而造成倾斜或倾倒摔坏。

构件应按工程名称、构件型号、吊装顺序分别堆放。堆放的位置应尽可能在起重机回转半径范围以内。

构件堆放的垫点应设在设计规定的位置。如设计未规定，应通过计算确定。

起吊时由现场安全员指挥塔吊作业，构件运输车上有 2 名操作工人负责卸扣的安装，固定。

构件在卸载时应由运输车辆从一端向另一端一侧卸载，不得因卸载过程不合理，导致车辆重心有较大偏移。

预制构件由塔吊吊至指定堆放点时，应按要求直立放入构件支撑架中，以防倾倒。

（三）墙板装配式安装

1. 安装工艺流程

预制墙板安装工艺流程见图 11-43。

2. 起吊、就位

（1）起吊前。

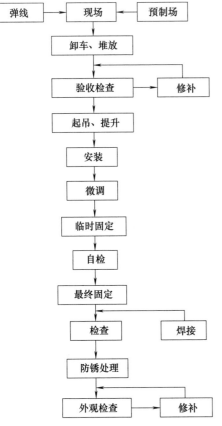

图 11-43　预制墙板安装工艺流程

起吊前仔细核对预制构件型号是否正确，待无问题后将吊环用卡环连接牢固后即可起吊。

（2）起吊。

立起时，预制构件根部应放置厚橡胶垫或硬泡沫材料保护预制构件慢慢提升至距地面500mm处，略做停顿，再次检查吊挂是否牢固，板面有无污染和破损，若有问题立即处理。

预制构件靠近作业面后，安装工人采用两根溜绳与板背吊环绑牢，然后拉住溜绳使之慢慢就位。

根据标高差，铺放垫片和铁楔子。

（3）微调。

用线坠、靠尺同时检查预制构件垂直度和相邻板间接缝宽度，使其符合标准。

如图 11-44 所示，用拉线定位，水平尺检测板的水平度，用铁楔子调节水平，确认水平调整完成后，可将埋件焊接固定。

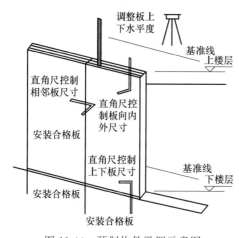

图 11-44　预制构件微调示意图

（4）最终固定。

将预制构件埋件与柱上埋件连接固定或采用斜拉撑撑牢预制构件。

一个楼层的每侧外墙轴线预制构件全部安装完成后，需进行一次全面的检查，确认安装精度全部符合规范的要求后，便可进行最终固定。

将预制构件上甩出的锚筋与楼板结构筋绑扎固定，且每米范围应有 2～3 根钢筋与楼板钢筋搭接焊。

对板下部埋件进行焊接最终固定，所用焊接设备、焊接材料及工艺参数应符合设计和施工规范、标准的要求。

焊接完毕应对焊缝进行检查，检查的重点是：焊缝的外观质量；焊缝的厚度和长度；有无咬肉、夹渣、气孔等焊接缺陷。不合格者应立即返修。

（5）防腐。

预制构件及楼、地面外露的金属件必须全部进行防锈处理。涂刷防锈涂料前，应将金属件的表面清理干净。

防锈涂料要求：底漆一道，防锈面漆两道，且要求涂刷均匀，不得有漏刷处。

板缝防水胶施工：密封胶采用硅酮（聚硅氧烷）密封胶背衬条；$\Phi25$、$\Phi20$、$\Phi15$、$\Phi10$保护胶带，纸质或半透明色，宽 24mm；甲苯或二甲苯溶剂。

（6）板缝做法。板缝做法如图 11-45 所示。

① 施工要点如下。

打胶面清理：混凝土表面必须干净，干燥，彻底清除所有残留的污渍、混凝土渣等杂物。用高压气泵除尘。用甲苯或二甲苯清洗打胶面。

安装背衬圆棒：背衬圆棒起控制接口深度的作用，背衬圆棒应按设计要求安装，不得过深，也不得过浅。

保护胶带：打胶接口两边用胶带加以遮盖，以确保密封的工作线条整齐完美；并保护装饰面砖不被污染（图 11-46）。

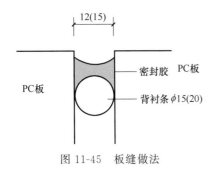

图 11-45　板缝做法

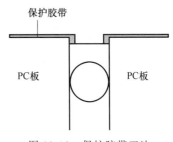

图 11-46　保护胶带工法

② 打胶施工：以 45°的角度将胶嘴切开，并将之装于切开的密封胶管口上，套入手动打胶枪上；等清洗溶剂干燥后进行打胶。打胶时胶嘴尽量触及接口底部，以确保密封胶可填满接口。

③ 表面修整：用硬质塑料条做成凸形的工具，将胶表面修平整；确保密封胶表面平滑美观及填满接口内壁。表面修整应在密封胶表面结皮之前完成，修整完将保护胶带撕掉。撕下的胶带应集中放置，并丢进垃圾场。密封胶在结皮后 48h 内不宜触摸。

④ 安全事项：在施工过程中应穿着长袖工作服和手套，注意自我保护，避免未固化的密封胶长时间与皮肤接触。当风力超过 6 级时，严禁高空作业。

3. 安装质量标准

预制构件安装尺寸允许误差见表 11-7。

表 11-7　预制构件安装尺寸允许误差　　　　　　　　　　　　　单位：mm

检验项目	允许误差	检验项目	允许误差
接缝宽	±5	接缝两侧偏差	4
接缝垂直度	3	自各层基准线至预制构件饰面、顶面、侧面距离	±5

4. 安全措施

① 严格执行国家、行业和企业的安全生产法规和规章制度。认真落实各级各类人员的安全生产责任制。

② 交叉作业要保护好电线，严禁踩踏和挤压。

③ 定期检查电箱、电动机械、电线使用情况，发现漏电、破损问题，必须立即停用维修。

④ 预制构件堆放应平稳，垫点均匀符合要求。

⑤ 构件吊运要避让操作人员，操作要缓慢匀速。

⑥ 安装作业开始前，应对安装作业区进行围护，并树立明显的标识，严禁与安装作业无关的人员进入。

⑦ 高空作业用安装工具均应有防坠落安全绳，以免坠落伤人。

⑧ 每日班前对安装工人进行安全教育，严防人身伤亡事故的发生。

⑨ 吊篮施工人员均应进行体检，具有恐高症、心脏病、高血压等不利于高空作业状况的人员不得上岗施工。吊篮施工人员施工时均应配备防坠器，并应做好施工双重保护（防坠绳、安全绳）。

二、楼承板现场装配式施工和质量控制

本工程使用楼承板为钢筋桁架模板，是将楼板中钢筋在工厂加工成钢筋桁架，并将钢筋

图 11-47 钢筋桁架模板

桁架与底模连接成一体的组合楼板。同时施工完成后，底模板可拆卸可重复利用，钢筋形成桁架承受施工期间荷载，底模托住湿混凝土，因此可免去支模的工作及费用（图 11-47）。

1. 钢筋桁架楼承板堆放及吊装

钢筋桁架模板运至现场，需妥善保护，不得有任何损坏和污染，特别是不得沾染油污。堆放时应成捆离地斜放以免积水。吊装前先核对楼承板捆号及吊装位置是否正确，包装是否稳固。起吊时每捆应有两条钢丝绳分别捆于两端 1/4 钢板长度处。起吊前应先行试吊，以检查重心是否稳定、钢索是否会滑动，待安全无虑时方可起吊。由于底模基板较薄，因此采用皮带吊索，严禁直接用钢丝绳绑扎起吊，避免底模基板变形损坏。吊装时按由下往上的吊装顺序，避免因先行吊放上层材料后阻碍下一层的吊装作业。

2. 钢筋桁架楼承板安装流程

（1）钢筋桁架楼承板安装流程见图 11-48。

（2）钢筋桁架楼承板安装工艺要点如下。

① 放样作业时需先检查钢构件尺寸，避免因钢构件安装误差导致放样错误。边沿、孔洞、柱角处都要切口，这些工作在地面进行，可以加快安装速度，保证安装质量。

② 钢筋桁架模板安装时，于楼层板两端部弹设基准线，跨钢梁翼缘边不应小于 50mm。

③ 钢筋桁架模板铺设前需确认钢结构已完成校正、焊接、检验后方可施工。一节柱的钢筋桁架模板先安装最上层，再安装下层，安装好的上层钢板可有效阻挡高空坠物，保证人员在下层施工时安全。

④ 钢筋桁架模板的铺设时先进行固定，方法是端部与钢梁翼缘用点焊固定，间距为 200mm，或钢板的每个肋部，模板纵向与梁连接时用挑焊固定，间距 450~600mm，相邻两块模板搭接同样用挑焊固定，以防止因风吹移动。

⑤ 钢筋桁架模板顺肋方向铺设跨度大于 3m 时，在混凝土浇筑过程中由于施工荷载的增加，同时混凝土的强度没有达到要求，所以会产生钢筋桁架模板下挠现象，影响工程质量，因此应在中间设置支撑。

⑥ 铺设时以钢筋桁架模板母扣为基准起始边，本着先里后外（先铺通主要的辐射道路）的原则进行依次铺设。

⑦ 铺设时每片楼层板宽以有效宽度定位，并以片为单位，边铺设边定位。

3. 浇筑混凝土作业注意事项

浇筑混凝土作业注意事项如下。

① 浇混凝土前，须把楼承板上杂物、灰尘、油脂等其他妨碍混凝土附着的物质清除干净。

② 楼承板面上人及小车走动较频繁区域，应铺设垫板，以免楼承板损坏或变形，从而降低楼承板的承载能力。

③ 如遇封口板阻碍，用乙炔把封口板切除一小块即可，注意不要损坏楼承板。

④ 所用混凝土内不得含氯盐添加剂，混凝土浇捣工具及施工缝设置应符合混凝土结构

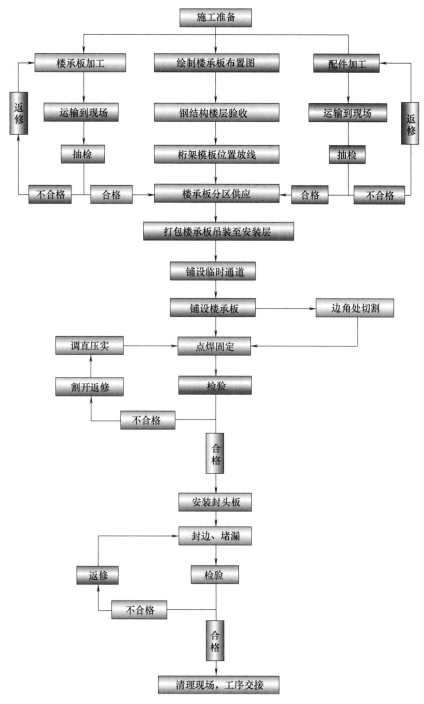

图 11-48　钢筋桁架楼承板安装流程

工程施工及验收规范。

　　⑤ 浇混凝土时，应避免混凝土堆积过高以及倾倒混凝土所造成的对楼承板的冲击，尽量在钢梁处倾倒并立即向四周摊开。

　　⑥ 混凝土浇筑完成后，除非楼承板底部被充分支撑，否则在未达到混凝土 75％设计抗压强度前，不得在楼面上附加任何其他荷载。

第十二章

装配式钢结构建筑设备与管线系统的安装

第一节 ▸▸

设备及管线安装简介

一、建筑常见预埋机电管线概况

建筑常见机电管线概况见表 12-1。

表 12-1　建筑常见机电管线概况（预埋部位）

类别		管线在主体结构中预埋部位、安装方式	托架安装部位
电气	强电	墙体预埋、楼板预埋、管井桥架、设备层桥架、地面预埋	墙体
	弱电	墙体预埋、楼板预埋、管井桥架、设备层桥架、地面预埋	墙体
给水、排水		墙体托架、墙体预留洞、管井托架、设备层托架、地面预埋	墙体
采暖	水暖	墙体托架、管井托架、设备层托架、地面预埋	墙体
	电供暖	地面敷设、墙体预埋、管井桥架	墙体桥架
通风与空调		墙体托架、墙体预留洞、风井托架、楼板预留洞、设备层托架	墙体、顶棚
消防	电气	墙体预留洞、管井托架、楼板预留洞、设备层托架	墙体
燃气		楼板预留洞、墙体托架	墙体、顶棚
电梯	电气	电梯井桥架、机房预留洞、墙体预埋	墙体
室内新风系统		地面预埋、墙体预埋、楼板托架	墙体、顶棚
智能化家居		墙体预埋、地面预埋、楼板预埋	墙体

二、机电管线分离

（1）设备与管线设置在结构体系之外的方式，即裸露于室内空间以及敷设在地面架空层、非承重墙体空腔和吊顶内的管线应认定为管线分离；而对于埋置在结构构件内部（不含横穿）或敷设在湿作业地面垫层内的管线应认定为管线未分离。

（2）管线分离的专业包括电气（强电、弱电、通信等）、给水、排水和采暖等专业。

（3）装配式钢结构建筑应满足建筑全寿命周期的使用维护要求，宜采用管线分离的方式。

（4）装配式钢结构建筑的设备与管线宜与主体结构相分离，应方便维修更换，且不应影响主体结构安全。

（5）装配式钢结构建筑的设备与管线设计应与建筑设计同步进行，预留预埋应满足结构专业相关要求，不得在安装完成后的预制构件上剔凿沟槽、开孔打洞等。穿越楼板管线较多且集中的区域可采用现浇楼板。

（6）装配式钢结构建筑的设备与管线宜在架空层或吊顶内设置。

三、机电管线二次设计概述

（1）装配式钢结构建筑如采用全装修方式，建筑具备直接使用功能，宜进行机电管线的二次设计。

（2）机电管线二次设计的内容和一次设计一致，是对一次设计内容的延伸、深化、完善；对一次图纸的遗漏、不足、未经综合协调的地方，加以补充、完善和优化；使各设计理念得以体现，避免不同工种冲突，减少工程和成本的变更。

（3）二次设计应协调部门如图 12-1 所示。

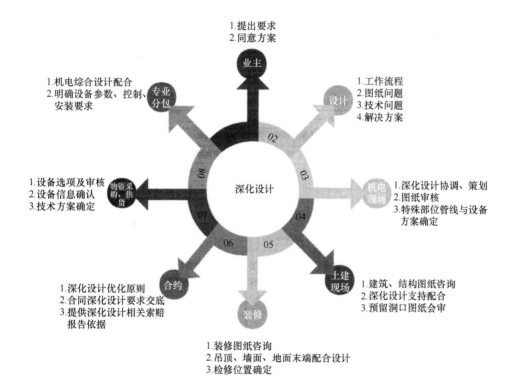

图 12-1　二次设计协调部门

（4）机电管线二次深化设计所需资料如下。

① 建设单位、使用单位设计要求。

② 全套建筑图纸。

③ 机电一次施工图纸。

④ 相关专业（厨卫、声光控、通信、智能化）对机电所提出的要求。

⑤ 室内设计、装修、装饰图纸。

第二节 ▶▶

钢结构建筑管线系统的预埋

一、在主体构件中预埋

机电管线主体结构预埋部位见表 12-2。

表 12-2　机电管线主体结构预埋部位

主体构件种类	构件名称	预埋部位	施工单位
水平构件预埋	混凝土叠合板	预制层预埋	预制厂敷设预埋
		现浇叠合层预埋	现场管线敷设预埋
	钢筋桁架楼承板	现浇层预埋	现场管线敷设预埋
	现浇混凝土楼板	现浇层预埋	现场管线敷设预埋
围护结构墙体(内墙)	轻钢龙骨类墙体	墙体芯料中	现场管线敷设预埋
	条板类墙体	条板孔中或墙体内	现场管线敷设预埋
	砌块、砖	墙体内	现场管线敷设预埋
围护结构墙体(外墙)	轻钢龙骨类墙体	墙体芯料中	现场管线敷设预埋
	条板类墙体	墙体内或附加墙体内	现场管线敷设预埋
	外挂大板类	墙体内(减少或避免在外墙)	预制厂敷设预埋
	幕墙类	—	—

主要预埋在构件内部的机电管线为电气（强电、弱电），其他机电预埋一般为预留洞、墙体托架安装。

当装配式钢结构整体建筑或住宅户内采用装配式的装修方法时，一般采用管线分离的预埋方式，管线预埋布置应由专业单位进行二次深化设计。管线预埋位置一般为架空龙骨地面夹层中、墙面板龙骨夹层中和吊顶龙骨夹层中。

二、墙面管线预埋

（一）条板类（内墙）

1. 条板中心有孔

（1）电气管线类。

管线预埋间距与条板孔间距匹配，遵循"一孔一管"原则（图 12-2）。

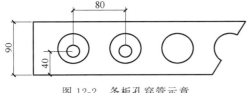

图 12-2　条板孔穿管示意

有进出线的线盒上下配管，"上进下出"。

横向开槽深度不应超过墙板厚度的 1/2。如超出厚度则应以竖向开槽方式（优先预留孔洞进行穿线），经过地面或棚面连接横向开槽点。

线盒、线箱处单独切割处理，一般施工顺序为：弹线→切槽→底盒周边砂浆坡口→固定→配管→补槽。

楼板与墙板管线交接处底盒宜采用条形孔，楼板上引管位置距离墙边应为底盒孔位距离盒边 −10mm，超出墙体表面（图 12-3）。

（2）排水管线类。

排水管线管径一般超过墙体厚度或条板条孔孔径，即单层墙板的隔墙不能横向暗埋

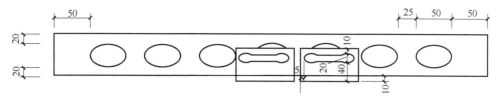

图 12-3　底盒安装位置示意图（根据条板种类调整）

水管。

封闭立管需穿墙安装时（如管道井），应先安装立管，待隔墙砌筑完成后再进行支管安装，隔墙砌筑过程中应预留横管接头洞口（图 12-4）。

（3）控制柜、配电箱的安装。

单层墙板的隔墙不得安装暗埋的配电箱、控制柜。如需安装应采用明装方式，或设计成双层隔墙。

配电柜、控制柜严禁穿透隔墙。

在安装水箱、瓷盆、电气开关、插座、壁灯等水电器具处，按尺寸要求剔凿孔口，不可用重锤猛击，以免震坏墙板。自重较重的器具如动力箱则要按尺寸要求凿孔洞（不可凿通）。

图 12-4　管道与条板安装交叉位置顺序示意图

2. 实心条板

① 条板为实心条板无孔时，以切割条板埋管为主。

② 墙板内埋设线管、开关插座盒时，应在墙板安装完毕 3 天后方能切割、开凿孔槽口。

③ 由各机电安装单位一次性在墙板上画出所需开凿的线管、槽位、箱口、线盒的位置，画线时须满足宽度 $<d+30\text{mm}$，深度控制为 $d+15\text{mm}$，d 为管径。两面开槽时应在水平方向或高度方向错开至少 100mm。

④ 开槽时，应用手提切割机割出框线，然后轻剔开槽部位，严禁暴力开槽，以免降低墙体隔声性能。线管安装完毕后，先清理槽内的灰尘，用聚合物砂浆挂网格布分层完成槽口封堵。

（二）条板类（外墙）

装配式钢结构外墙条板类常见为挤出成型水泥条板（ECP 条板）和玻璃纤维增强水泥板外墙板（GRC）。

（1）有附加内墙的外墙条板，宜将预埋管线设置在附加墙上。安装方式由附加内墙种类确定。

（2）无附加内墙的外墙条板，宜减少或避免外墙预埋管线，如无法避免，采用切割的方式进行预埋，切割深度不应超过墙体厚度的 1/3。

（三）轻钢龙骨类（内、外墙）

1. 轻钢龙骨类墙体管线施工基本原则

① 按设计敷设管线和线盒，整层线管敷设完毕后应仔细对照图纸自检，防止漏敷、少敷。

② 敷设管线时应采用专用开孔设备对龙骨腹板进行开孔，开孔直径不得超过竖龙骨腹板断面的 1/2。

③ 管线敷设时不允许在龙骨翼缘上开口。

④ 当两根管在同一位置水平布置时，两管应上下错开布置，以避免灌浆时空鼓问题的出现。

⑤ 当墙体两侧在同一位置均有接线盒时，两接线盒的位置应错开。

⑥ 竖向和水平管线距面板里侧不应小于 20mm，并应固定在龙骨架体上。

⑦ 沿墙长设置的水平或斜向管线不得损坏龙骨柱的柱肢和缀板，可利用浆料流动孔走线。

⑧ 穿墙管道应避开龙骨柱和钢带，与面板接触界面处应做抗裂、防水和密封处理，插座、开关盒等与面板接触部位应填塞膨胀黏结材料。

⑨ 穿过墙体的水、暖、电气、空调等管线应预先进行装修设计，墙体安装时预留过墙孔。

2. 管线弯起时注意事项

① 经过轻钢龙骨灌浆墙体宽度范围内的楼板时，应尽可能避免通长管线，避免在墙体安装底龙骨时钻孔破坏管线（图 12-5、图 12-6）。

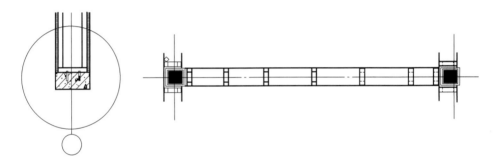

图 12-5　墙体龙骨位置示意图

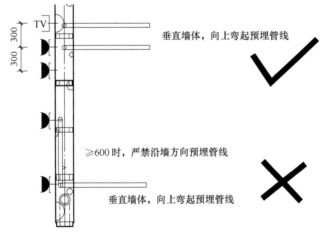

图 12-6　墙位置管线走向图

② 楼板在墙体内需弯起管线时，弯起位置应在墙宽两侧距离墙边 60mm（底龙骨宽度）以外处弯起（墙宽中间部分），避免与底部通长龙骨相碰，且进入墙宽范围内的管尽量应与

墙体方向垂直（图 12-7）。

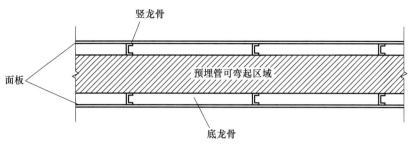

图 12-7　楼板上引管区域示意图

（四）外挂大板类（外墙）

外挂大板类墙体宜减少或避免预埋电气管线，如无法避免，应进行墙体预埋的二次深化设计，由预制厂施工预埋，板块交接处管线与条板管线安装相同，并应进行单独防水、防腐处理。

三、地面管线预埋

（一）现浇混凝土楼板管线预埋

（1）现浇混凝土板常见施工顺序如图 12-8 所示。

模板支设 → 底层钢筋绑扎 → 管线预埋施工 → 上部钢筋绑扎

图 12-8　现浇混凝土板常见施工顺序

（2）现浇混凝土楼板与隔墙间的配管。综合隔墙配管形式主要有两种：上引管和下引管（图 12-9）。值得注意的是下引管有两种做法，方法一是在顶板上直接开孔往下做管；方法二是在顶板上预留泡沫，等拆完模板结构验收后，从顶板往下做管。

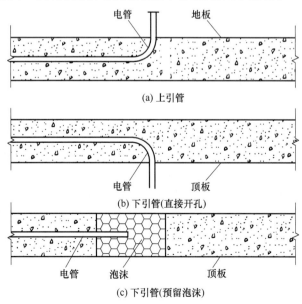

(a) 上引管

(b) 下引管(直接开孔)

(c) 下引管(预留泡沫)

图 12-9　上引管、下引管和下引管管路的上下引法示意

（3）现浇混凝土楼板配管即为传统混凝土楼板配管敷设方式。一般先确定灯位，根据房间四周墙的厚度，弹出十字线，将堵好的盒子固定牢，然后敷管。有两个以上盒子时，要拉直线。管进盒、箱长度要适宜，管路每隔1m左右用铅丝绑扎牢固，盒子周围20cm内应用铅丝绑扎牢固。有超过3kg的灯具（电气设备）时应做好预埋件备用。

（4）变形缝处理管路通过建筑物变形缝时，在变形缝两侧各预埋一个接线盒（箱），把管的一端固定在一个接线盒（箱）上，另一端要能活动自如，并在此端接线盒（箱）底部的垂直方向开长孔，其孔径长、宽度尺寸不小于被接入管直径的2倍（图12-10）。

（5）钢梁处预埋管线要点如下。

① 管线预埋在钢梁处墙体内部时，预埋管线宜采用上引管，减少采用下引管。

② 如遇灯位线路需下引管施工时，应在结构设计时与电气专业沟通，在初始结构设计中将钢梁轴线与墙轴钱进行偏轴设计。使预埋管线可在梁一侧顺利通过。当墙面与梁边净距离小于35mm或无法满足预埋管顺利通过要求时，结构与电气专业应事先沟通，在钢梁加工制作时就预留孔洞，以便预埋管线顺利通过。

（6）不同楼板标高处预埋管线：不同标高的楼板，标高差超过150mm时（同层排水卫生间处），因预埋管线会出现连续90°弯折，穿线相对困难，故降板处预埋管线宜增大一个规格（图12-11）。

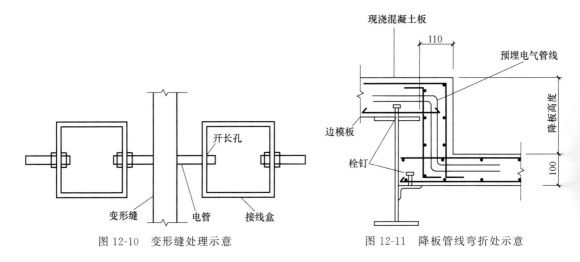

图 12-10　变形缝处理示意　　　　图 12-11　降板管线弯折处示意

（二）叠合楼板管线预埋

1. 叠合楼板机电管线暗敷（在预制层中）

（1）二次深化。不同功能建筑中的设备机电系统大有不同，因此在叠合板的预制板上需要预留预埋的孔洞也不同。不管是管线的明装（叠合层）或者暗敷（预制层）都会或多或少地在叠合板上进行预留预埋，叠合板上的预留预埋的深化设计准确性会对预制构件的加工生产和施工阶段的施工安装有直接的影响。常用的叠合板为桁架钢筋混凝土叠合板（60mm厚底板），其桁架钢筋的特殊构造也会对预留孔洞和线盒预埋造成较大的影响。所以施工图设计和深化设计阶段各专业间应相互配合，提高装配式建筑构件深化设计的效率和质量，以减小对预制构件的加工生产和构件装配式施工的不利影响。

（2）常见叠合楼板电气预留预埋要求如下。

① 照明系统：照明系统线管暗敷灯盒置于板底，照明系统灯盒在住宅和商业建筑中是

常见的预留预埋构件。有精装需求的住宅项目在无吊顶时，板底的照明点位必须精确预留预埋灯盒，精装房间内的无吊顶射灯接线盒在叠合板区域更需精确预留。

② 消防系统：消防系统管线确定暗敷设置时，需要在叠合预制板底预留预埋接线盒，消防系统预留预埋的接线盒通常有应急照明、疏散指示照明、火灾自动报警系统中的感烟探测器和火灾应急广播等。

③ 强电系统：强电系统的控制开关在墙上设置，其线管在叠合板区域通常需要预留圆形穿线孔，在叠合板现浇层暗敷需要向下在隔墙中走管时，需在叠合预制板预留圆形穿线孔。

④ 其他特殊需求：精装住宅项目中经常会有特殊预留预埋的需求，例如安防红外对射装置需要在板底预留接线盒，电动窗帘需要在板底预留接线盒等。

⑤ 管线预埋：因常用的叠合板为桁架钢筋混凝土叠合板（60mm 厚底板）和桁架钢筋的特殊构造，使预制层中仅可预埋单层管线，不可交叉重叠。

（3）叠合楼板深化设计：机电预留预埋配合流程。

① 确定叠合板初步结构布置模板图：根据结构布置初步确定叠合板结构布置图。

② 确定叠合板初步拆分方案：根据已有的结构布置和建筑布置确定初步的能够满足预制率和预制装配率的装配式拆分方案，确定叠合板板块布置。

③ 确定结构平面布置图（包含叠合板布置）：根据初步的装配式拆分方案更新结构平面布置图，且充分表达叠合板区域，提交给机电专业并提示叠合板的拆分和后浇带布置。

④ 机电专业反馈会审意见：机电的各种系统设计应结合叠合板的初步布置。按照专业所需确定叠合板上的预留预埋，提供所有系统的点位布置图；并提出预留预埋较多叠合板的区域，并建议哪些板块不适宜设置为叠合板；把相关信息反馈给结构专业。

⑤ 叠合板结构平面布置施工图：按照机电专业建议的叠合板设置，重新调整装配式拆分方案，在满足装配指标的前提下对叠合板的布置进行调整，并确定最终的叠合板装配方案和结构平面施工。

2. 叠合板预埋管线明敷（在现浇层中）

（1）根据二次设计预埋线盒和预埋管线的位置和形式，现场施工剩余电气预埋管线。

（2）敷设管路。

① 叠合板一般的后浇混凝土部分只有 70mm 厚，在实际配合中势必会出现两管交叉的情况，扣除保护层厚度 15mm，再扣除钢筋的厚度 8mm×2，能够敷设管线的垂直空间只有 39mm，那么理论值就是最多只能允许 SC20 的线管与 SC15 的线管交叉叠加。在实际施工中，经常会有三处管路交叉的情况，通过上面的数据可以看出，如果是三处管路交叉，那么交叉处就会超出板面高度，这样就会导致盖筋甚至穿线管裸露出地面。此时应将部分管线敷设于结构梁的上部或者取消部分管线，在砌筑墙体作业时，通过二次配合再安装穿线管。

② 敷设穿线管时，在公共走廊区域有电气桥架、水暖管道、消防管道、吊顶等很多需要做支架或者吊杆固定的工程时，在此区域敷设的管道尽量敷设在现浇层中，因为做这些管道等的支架、吊杆时，都会使用电钻钻孔，埋设膨胀螺栓。叠合板下部预埋管一般就敷设在距离板底 30~40mm 的位置，电钻开洞深度一般都会超过 50mm，钻孔的时候就有很大可能会将电气穿线管打穿，而出现问题的位置也很难进行处理。

（三）钢筋桁架楼承板

（1）装配式钢结构建筑预埋管线在钢筋桁架楼承板、现浇楼板施工中，与常规现浇混凝土楼板施工顺序、要求、做法基本相同，应按照常规管线预埋施工进行施工。管线施工时，预埋管需穿入钢筋桁架敷设，施工速度会降低。

（2）钢筋桁架楼承板施工顺序如图 12-12 所示。

图 12-12　钢筋桁架楼承板施工顺序参考

第三节 ▶▶

钢结构项目设备系统的安装要点

一、固定架

1. 楼板管道托架

（1）管道托架一般安装在楼板底部，采用吊架安装，常见装配式钢结构楼板（叠合板、钢筋桁架楼承板、现浇板）安装托架固定件钻孔时，严禁钻孔深度超深，破坏楼板上部或楼板内部预埋管线。

（2）公共区域管道数量较多，托架安装相对密集，应尽量减少或避免楼板中预埋管线数量。防止安装托架破坏预埋管路。

2. 墙体管道托架

（1）条板类墙体管道托架应与钢梁、钢柱连接固定，并应有单独加固措施和方案；遇消防管道支架、通风管道支架等自重较大的管道，应进行固定架受力验算。

（2）轻钢龙骨类墙体。

① 管道支架应直接与龙骨相连固定，封面板时钻孔预留托架并封堵即可（图 12-13、图 12-14）。

② 应预先编写安装固定方案，方案中应确定安装托架的位置、数量、龙骨加固方式。

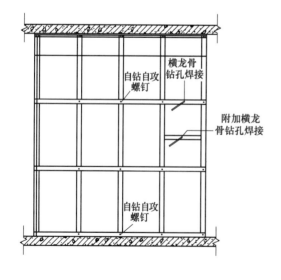

图 12-13　龙骨焊接托架示意图

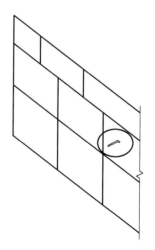

图 12-14　面板安装预留托架示意图

（3）砌体、砌块类墙体传统安装方式可参考现行规范和图集。

二、预留洞

（1）无论是楼板预留孔洞或是墙体预留孔洞，均应在施工前，墙体或楼板二次深化设计时，将机电管线预留孔洞位置尺寸确定完毕，充分考虑施工中是否合理。

（2）如需现场开洞，应编制施工方案、孔洞加固方案和孔洞预留方案，并经主体设计部门同意。

三、集成设备系统机电施工概述

常见的住宅集成设备系统为：集成卫生间、整体厨房、室内新风系统等。

1. 集成卫生间机电施工概述

集成卫生间产品本身电气系统、给水系统、排水系统、采暖系统均已配套安装完成，一般安装前只需按产品说明和图纸预留各类机电管线安装接点即可（根据不同集成卫生间产品最后确定）。

（1）电气系统预留连接接线即可，零线（N）、火线（L）、地线接线（E），插座线为BC3×4mm²，灯线为BV2×2.5mm²。各电源线路接线接头与接头绕线需绕到5～6圈，圈绕结束后先用防水胶布包好，穿PVC套管且PVC套管固定牢固，PVC管穿线均到达集成卫生间插座、电器接口位置。接线符合国家标准，零、火、地线无错误，逐户用测线仪进行核对，符合验收标准。

（2）给水系统根据不同集成卫生间产品样式，预留相应给水接点。给水系统竖向管道一般按左热右冷，顶板以上管道一般按上热下冷系统对接，间距为50～100mm。

（3）排水系统横排管系按横排管系图配管，横向排污管道坡度为1.2%，并用管卡将排污管道按规范标准固定在防水盘加强筋上。各排水系统接口承插到位，PVC胶水涂抹均匀，密封严实。系统无漏点。

（4）供热系统供水、回水管线直接与集成卫生间整体浴室内部的供热管路连接。

2. 整体厨房

（1）整体厨房相关的管路及附件包括燃气、给水、排水、通风、电气等。对应产品一般为：燃气灶、洗涤池、排油烟机、冰箱、洗碗机、消毒柜、微波炉和烤箱等产品。

（2）根据整体厨房的深化设计图要求和位置为厨房设备提供接点即可。

3. 室内新风系统

（1）室内新风系统主机是新风系统中的动力源，为主机送电可采用管线分离方式或预埋。

（2）管道和主机一般为吊架安装，满足不同楼板形式安装要求即可。

（3）进风器需在墙体预留孔洞，宜在墙体或楼板二次深化设计时提出，并在施工图中明确位置。如需现场施工，应与墙体单位配合或在指导下完成。

四、设备与管线的安装验收

（1）装配式钢结构建筑预埋机电管线施工验收时合格率宜达到100%。如机电预埋管线出现堵塞、路径错误、遗漏等现象，对装配式建筑楼板、墙体等部品部件的维修比对常规结构维修困难，需专业人员进行维修，特殊部位可能影响构件性能。

（2）对于采用管线分离施工方法的工程，因减少或避免在部品部件内预埋管线，施工验收时，应满足现行国家标准规范。还应满足以下要求。

① 同专业不同系统、不同专业均应用不同颜色、不同材质管线进行施工，如电气专业中强电、弱电、消防等；如给水、采暖专业等。

② 不同专业管线交叉时应有防护措施。如强、弱电管线交叉应有屏蔽措施；水、电专业管线交叉时应水暖类在下，电气类在上；墙面上应避免管线交叉，在地面或顶棚横向敷设。

③ 管线敷设最终位置应绘制竣工图备案，且方便拆改以及不同寿命管线维修更换。

五、集成设备系统验收

1. 二次深化验收要求

（1）集成化厨、卫预制系统验收的二次深化设计要求如下。

① 建筑给水系统依据设计节点段施工图，进行预制、加工、装配成组，进行相关吹扫和压力检验，提供合格检验记录，并留存竣工图。

② 排水系统应依据设计节点段施工图，进行预制、加工、装配成组，设置固定支架或支撑将其固定，渗漏检验需提供合格检验记录，留存竣工图。

③ 采暖系统主线路供、回水采用水平同层敷设管路设计时，应考虑在施工安装快捷方便的条件下，采用装配式预制设计，控制节点段达到合理适用。当水平敷设相关管路采取多排多层设计时，应采取模块化预制，把支吊架同管路装配为整体模块，相关吹扫和压力检验需提供合格检验记录，并留存竣工图。

（2）设备安装预留洞、预埋件的二次深化设计要求如下。

① 预制构件上预留的孔洞、套管、坑槽应选择在对构件受力影响最小的部位。在深化设计图中标注清楚。

② 穿越预制墙体的管道应预留套管；穿越预制楼板的管道应预留孔洞；穿越预制梁的管道应预留套管。应在墙体深化图中标注清楚，现场施工时应与专业施工人员沟通交流，必要时需经设计同意。

③ 集热器、储水罐等的安装应考虑与建筑实行一体化，做好预留预埋。

2. 安装施工验收技术要求

（1）给水排水设备管道的装配式安装规定如下。

① 管道连接方式应符合设计要求，当设计无要求时，其连接方式应符合相关的施工工艺标准，新型材料宜按产品说明书要求的方式连接。

② 整体卫浴、整体厨房的同层排水管道和给水管道，均应在设计预留的安装空间内敷设。同时预留和标识明示与外部管道接口的位置。

③ 同层排水管道安装当采用整体装配式时，其同层管道应在同一个实体底座上设置牢固支架。

④ 成排管道或设备应在设计安装的预制构件上预埋用于支吊架安装的埋件，且预埋件与支架、部件应采用机械连接。当成排管道或设备采用模块化制作时，应采取整体模块化安装。

⑤ 管道和设备应按设计要求在预制场做防腐处理，埋地管道的防腐层材质和结构形式应先在预制场完成并符合设计要求，其长途管线应在接口处预留接口尺寸，连接后封闭，且

有隐蔽检测记录。

（2）采暖、通风工程装配式施工规定如下。

① 装配整体式居住建筑设置供暖系统，供、回水主立管的专用管道井或通廊，应预留进户用供暖水管的孔洞或预埋套管。

② 管道、配件安装时，管道穿越结构伸缩缝、抗震缝及沉降缝时，应根据具体情况采取加装伸缩器、预留空间等保护措施。

③ 管道连接方式应符合设计要求，新型材料宜按产品说明书要求的方式连接。

④ 整体卫浴、整体厨房内的采暖设备及管道应在部品安装完成后进行水压试验，并预留和明示与外部管道的接口位置，其接口处必须做好封闭的保护措施。

⑤ 装配整体式建筑户内供暖系统的供回水管道应敷设在架空地板内，并且管道应做保温处理。当无架空地板时，供暖管道应做保温处理后敷设在装配式建筑的地板沟槽内。

⑥ 固定设备、管道及其附件的支吊架安装应牢固可靠，并具有耐久性，支吊架应安装在实体结构上，支架间距应符合相关规范要求，同一部品内的管道支架应设置在同一高度。任何设备、管道、器具都不得作为其他管线和器具的支吊架。

⑦ 成排管道或设备应在预制构件上预埋用于支吊架安装的埋件。

3. 验收

（1）施工承包单位在相关工程具备竣工验收条件时，应在自评、自查工作完成后，向相关单位提出竣工验收；总监理工程师组织各专业监理工程师对工程竣工资料及工程实体质量的完成情况进行预验收，对检查出的问题督促施工单位及时整改，经项目监理部对竣工资料和工程实体全面检查、验收合格后，由总监理工程师签署工程竣工报验单，并向建设单位提出质量评估报告。

（2）机电管线验收依据的相关资料一般有：施工图设计及设计变更通知书；二次深化施工图；设备产品说明书；国家现行的标准、规范；主管部门或业主有关审批、修改、调整的文件；工程总承包合同；建筑安装工程统一规定及主管部门关于工程竣工的规定。

4. 成品保护

（1）装配式给水排水及采暖工程中所有工厂化预制的管线成品，都应进行管内吹扫干净，无异物，光滑连续；每个管口都应封堵牢固，设置合理的临时支撑，防止运输颠簸产生管线损伤，宜采用集装箱式固定运输。

（2）模块化预制的成组装配部品及装置应采取整体底座结构装配，保证质量，实现现场装配式快速安装。

（3）工程施工吊装操作过程，严禁对吊装件、部品、设备直接实施对其有可能产生损伤的吊装方法，严禁实施野蛮的施工方法。

5. 使用维护

（1）《建筑使用说明书》应包含设备与管线的系统组成、特性规格、部品寿命、维护要求、使用说明等。物业企业应在《检查与维护更新计划》中规定对设备与管线的检查与维护制度，保证设备与管线系统的安全使用。

（2）公共部位及其公共设施设备与管线的维护重点包括水泵房、消防泵房、电机房、电梯、电梯机房、中控室、锅炉房、管道设备间、配电室等，应按《检查与维护更新计划》进行定期巡检和维护。

（3）装修改造时，不应破坏主体结构及外围护结构。

（4）智能化系统的维护应符合国家现行标准的规定，物业企业应建立智能化系统的管理和维护方案。

第四节 ▶▶

钢结构设备与管线系统安装实例

一、设备与管线设置原则

套内设备与管线尽量在架空层或吊顶内设置；各类设备与管线进行综合设计、尽量减少平面交叉，充分合理地利用空间。设计过程中与结构专业密切配合，准确定位。预留、预埋及安装满足结构专业的相关要求，有效避免在预制构件安装后凿剔沟槽、开孔、开洞等。公共管线、阀门、检修配件、计量仪表（水表、暖表等）、电表箱、配电箱、智能化配线箱等设置在公共区域。

二、给水排水设计

给水排水设计采用了整体卫浴、给水分水器、分户式太阳能热水系统以及加强型特殊单立管排水系统等。

整体卫浴安装简便，干湿工法，能缩短工期。由于采用整体成型模压底盘，具备防水防漏的功能。整体卫浴的卫浴设施均为无死角结构，便于清洁。总体来说有省事省时、结构合理、材质优良等优点。

给水分水器的管路系统是由给水管材、分水器及卫浴系列产品所组成的给水系统（图12-15）。利用分水器，通过一条条完整的管道将各房间所需的配水点一对一地连接起来，管路中间没有任何接头，构成一个简洁、流畅、安全及出水稳定的户内供水网系统。分水器管路系统应用于家庭给水领域具有以下优势。

① 管路中无接头，系统更安全。分水器与用水终端之间以一条完整的管线一对一连接，采用PE管道，可以做到很长而易弯曲不反弹，在施工时需要拐弯处可直接弯曲而无需接头，有效地避免了管道拐弯接头处滴水、漏水等问题。分水器安装在吊顶内，保养、维修起来十分方便。

② 给水分水器可科学调配，使出水更稳定。由于实现了分水器和用水点之间通过管道一一对应连接，在使用和维护上真正实现了各用水点之间的零干扰。各自独立的给水管路布置，在同时使用各用水设备时，保证冷热供水量的稳定，避免了用水器具之间的相互影响和一处坏、户内全停的麻烦。

③ 管道施工更快捷，零返工。整根管道安装过程中拐弯处没有接头，杜绝了施工过程中人为因素造成的渗漏隐患，而且安装更方便、更快捷，一次试压成功，即验即收，实现管道安装零返工。

本工程还采用分户式太阳能热水系统（图12-16），太阳能热水系统的集热器、储水箱等布置与主体结构、外围护系统、内装系统相协调，做好预留预埋。另外，本工程采用加强型内螺旋管单立管排水系统，在没有设专用通气立管的情况下增大排水能力，达到所要求的排水量。省去了专用通气立管，所以节省管材的成本，同时也节省了一根通气立管的空间位置。

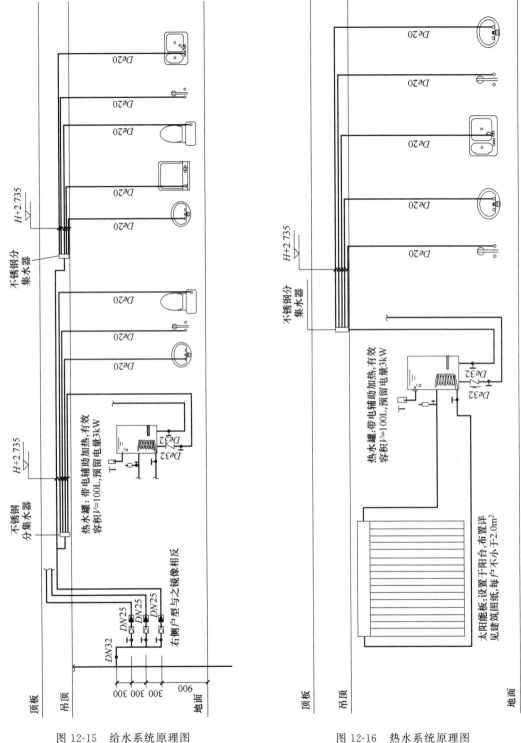

图 12-15 给水系统原理图

图 12-16 热水系统原理图

三、建筑供暖、通风安装

（1）现场完全干法施工，室内供暖系统采用干式低温地板辐射供暖。具有可在龙骨间快速方便安装，此外工业化的生产可使薄型低温辐射板的生产实现专业化和规模化，以一定模数生产可满足使用的多样化要求，在减少单位部品生产消耗的同时，实现生产和现场安装的快速和高效率，从而加快施工进度。

（2）卫生间采用整体式卫浴，无法采用地板辐射供暖，故卫生间采用散热器供暖。配合整体卫浴厂家进行散热器选型，提前预留采暖管、排风管孔洞、散热器吊装件，保证与现场的精准对接。

（3）本工程采用负压新风。室内机械排风，自然进风。厨房和卫生间设机械排风，新风通过外墙上的通风口、门缝或门下百叶一系列路径进入室内。风管穿越钢梁处需要与结构专业提前配合，避免出现后期开洞的现象。

（4）厨房排风经油烟净化设备处理后，通过安装在吊顶内的管道直接水平排至本层室外，竖向各层间无影响，更不会有串味、倒烟的情况发生。

（5）卫生间排风通过安装在吊顶内的管道直接水平排至室外，竖向各层间无影响。

（6）共用立管设计内容如下。

目前我国住宅的排水立管、卫生间排风竖井及厨房排风竖井均在住户内竖向布置，住户的私有空间与公共空间相互交叉，填充体与支撑体划分不明确。另外，目前出于设备安全性及各个系统主管部门的要求，我国公共区域的管道（给水立管、强电竖管、弱电竖管、燃气竖管等）采用各专业系统分开设置独自竖井的方式，增加了公共空间及公摊面积。

本项目所有管道（给水排水立管，强电竖管，弱电竖管等）均位于公共区域内的同一个竖井（或表间）内，在竖井的外墙上水表、电表、煤气表等整齐排列。此种做法使共用管道与和住户密切联系的填充体分离。首先，共用管道不占用住户内的空间，住户内的房间隔墙、地板、吊顶等填充体的灵活变更也不会对共用管道产生影响；其次，位于公共区域的共用管道，在保证了维护和更换的便利性的同时，也不会对住户的填充体造成影响。共用管道设置方法详见图 12-17、图 12-18。

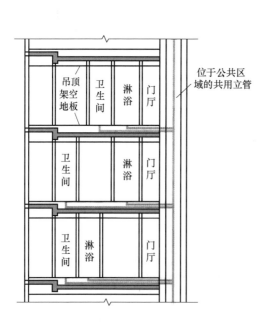

图 12-17　共用管道设于公共空间

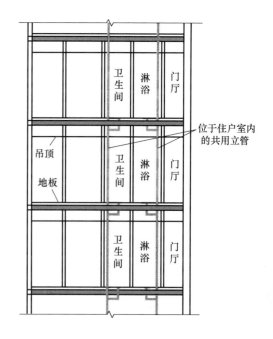

图 12-18　共用管道设于户内

第十三章

装配式钢结构内装系统的安装

第一节 ▶▶

内装系统工艺流程

　　装配式钢结构建筑内装系统施工应采用同步施工方式，且应遵循设计、生产、装配一体化的原则进行整体策划，明确各分项工程的施工界面、施工顺序与避让原则，总承包单位应对装配式内装修施工进行精细化管理及动态管理。装配式钢结构建筑的内装系统施工流程见图 13-1。

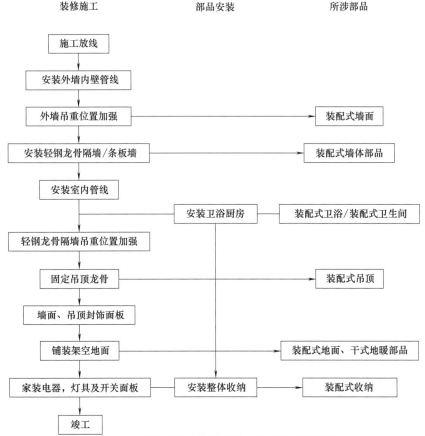

图 13-1　装配式钢结构建筑的内装系统施工流程

装配式内装修施工前，应及时与总承包单位沟通协调，总承包单位应按合同约定或协商结果提供内装修施工所需的部品部件运输通道、堆放场地、垂直运输、供水供电、施工作业面等必要的施工条件。

还应进行设计交底工作，编制专项施工方案。主要内容包括：工程概况、编制依据、施工准备、主要施工方法及工艺要求、施工场地布置、部品构件运输与存放、进度计划（含配套计划）及保障措施、质量要求、安全文明施工措施、成品保护措施及其他要求等。

装配式内装修各分项工程安装施工前，根据工程需要应核对已施工完成的建筑主体的外观质量和尺寸偏差，确认预留预埋符合设计文件要求，确认隐蔽工程已完成验收工作，复核相关的成品保护情况，确认具有施工条件，完成施工交接手续。

装配式钢结构建筑内装系统安装应符合现行国家标准《建筑装饰装修工程施工规范》（GB 50327—2001）等的规定，应并应满足绿色施工要求。在内装部品施工前，应对进场部品进行检查，其品种、规格、性能应满足设计要求和符合国家现行标准的有关规定，主要部品应提供产品合格证书或性能检测报告；在全面施工前应先施工样板间，样板间应经设计、建设及监理单位确认。

装配式装修部品在经历一段较长时期的发展，墙面材料、地面材料和吊顶材料也经历了数次迭代，产品的更新也带动了相关施工工法的升级。由于相关装配式装修技术体系和产品类型繁多，故本章选取典型施工工法来介绍。

第二节 ▶▶

装配式墙面的施工安装

一、施工准备

（1）装配式隔墙及墙面部品应符合图纸设计要求，按照所使用的部位做好分类选配。其中条板隔墙安装应符合现行行业标准《建筑轻质条板隔墙技术规程》（JGJ/T 157—2014）的有关规定。

（2）隔墙及墙面部品安装前应按图纸设计做好定位控制线、标高线、细部节点线等，应放线清晰，位置准确，且通过验收。

（3）装配式隔墙安装前应检查结构预留管线接口的准确性。

（4）装配式隔墙空腔内填充材料性能和填充密实度等指标应符合设计要求。

（5）装配式隔墙及墙面施工前应做好交接检查记录。

二、安装步骤

装配式墙面施工流程如图13-2所示。装配式隔墙施工流程如图13-3所示。

三、安装要点

轻钢龙骨隔墙和装配式墙面的施工现场见图13-4和图13-5。

1. 轻钢龙骨隔墙施工要点

沿顶及沿地龙骨及边框龙骨应与结构体连接牢固，并应垂直、平整、位置准确，龙骨与结构体采用塑料膨胀螺丝或自攻钉固定，固定点间距不应大于600mm，第一个固定点距离端头不大于50mm，龙骨对接应保持平直。

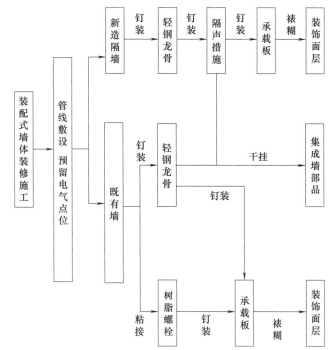

图 13-2 装配式墙面施工流程

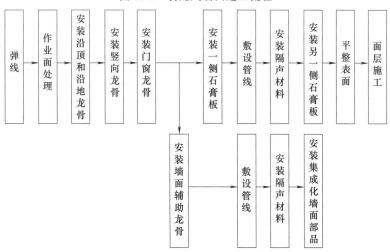

图 13-3 装配式隔墙施工流程

图 13-4 轻钢龙骨隔墙施工现场

图 13-5 装配式墙面施工现场

（1）竖向龙骨安装于沿顶及沿地龙骨槽内，安装应垂直，龙骨间距不应大于 400mm。沿顶及沿地龙骨和竖向龙骨宜采用龙骨钳固定。门窗洞口两侧及转角位置宜采用双排口对口并列形式竖向龙骨加固。

（2）装配式隔墙内水电管路铺设完毕且经隐蔽验收合格后，隔墙内填充材料应密实无缝隙，尽量减少现场切割。

（3）装配式墙面施工前应按照设计图纸对需挂重物的部位进行加固。

2. 装配式墙面施工要点

（1）装配式墙面应按设计连接方式与隔墙（基层墙）连接牢固。

（2）设计有防水要求的装配式墙面，穿透防水层的部位应采取加强措施。

（3）装配式墙面与门窗口套、强弱电箱及电气面板等交接处应封闭严密。

（4）装配式墙面上的开关面板、插座面板等后开洞部位，位置应准确，不应安装后再二次开洞。

（5）装配式墙面施工完成后，应对特殊加强部位的功能性进行标识。

四、安装验收

1. 材料验收

（1）装配式墙面安装工程所用饰面板的品种、规格、颜色、性能和燃烧等级、甲醛释放量、放射性等应符合设计要求和现行国家标准的规定。

检验方法：观察；检查产品合格证书、进场验收记录和性能检测报告。

（2）装配式轻钢龙骨隔墙所用龙骨、配件、墙面板、填充材料及嵌缝材料的品种、规格、性能和木材的含水率应符合设计和相关规范要求。有隔声、隔热、阻燃、防潮等特殊要求的工程，材料应有相应性能等级的检测报告，并满足相关材料规范要求。

检验方法：观察，检查产品合格证书、进场验收记录、性能检测报告和复验报告。

（3）当饰面板采用无石棉增强硅酸钙板时，其主要力学性能、物理性能指标应符合《纤维增强硅酸钙板 第 1 部分：无石棉硅酸钙板》（JC/T 564.1—2018）中的要求（表 13-1）。

表 13-1 硅酸钙复合板墙板主要力学性能、物理性能指标

类 别		单 位	性能指标
力学性能	抗折强度Ⅲ级	MPa	≥13
	抗冲击性	次	3
	抗弯承载力	kPa	≥0.8
物理性能	密度	g/m³	≥1.25
	不透水性	h	≥24
	含水率	%	≤10
	湿胀率	%	≤0.25
	燃烧性能	—	A 级不燃材料
	涂层附着力	等级	2 级
	铅笔硬度	H	2H

（4）饰面板采用粘接方式时，粘接材料应采用结构密封胶，其性能应符合《建筑用硅酮结构密封胶》（GB 16776—2005）的要求。

（5）岩棉应符合《建筑用岩棉、矿渣棉绝热制品》（GB/T 19686—2015）的要求。

（6）轻钢龙骨应符合《建筑用轻钢龙骨》（GB/T 11981—2008）的要求。

2. 做法验收

（1）装配式轻钢龙骨隔墙边框龙骨必须与基体构造连接牢固，并应平整、垂直、位置正确。

检验方法：手扳检查，尺量检查，检查隐蔽工程验收记录。

（2）装配式墙面的管线接口位置，墙面与地面、顶棚装配对位尺寸和界面连接技术应符合设计要求。

检验方法：查阅设计文件、产品检测报告，观察检查、尺量检查。

（3）装配式墙面的饰面板应连接牢固，龙骨间距、数量、规格应符合设计要求，龙骨和构件应符合防腐、防潮及防火要求，墙面板块之间的接缝工艺应密闭，材料应防潮、防霉变。

检验方法：手扳检查，检查进场验收记录、后置埋件现场拉拔检测报告、隐蔽工程验收记录和施工记录。

（4）装配式轻钢龙骨隔墙边框龙骨必须与基体构造连接牢固，并应平整、垂直、位置正确。

检验方法：手扳检查，尺量检查，检查隐蔽工程验收记录。

3. 完成度验收

（1）装配式墙面表面应平整、洁净、色泽均匀，带纹理饰面板朝向应一致，不应有裂痕、磨痕、翘曲、裂缝和缺损，墙面造型、图案颜色、排布形式和外形尺寸应符合设计要求。

检验方法：观察，查阅设计文件，尺量检查。

（2）装配式墙面饰面板嵌缝应密实、平直，宽度和深度应符合设计要求，嵌填材料色泽应一致。

检验方法：观察，尺量检查。

装配式墙面的允许偏差和检验方法应符合表 13-2 的规定。

表 13-2　装配式墙面允许偏差和检验方法　　　　单位：mm

项目	允许偏差	检验方法
立面垂直度	2	用 2m 垂直检测尺检查
表面平整度	2	用 2m 靠尺和塞尺检查
阴阳角方正	3	用直角检测尺检查
接缝直线度	2	拉 5m 线，不足 5m 拉通线，用钢直尺检查
接缝高低差	1	用钢直尺和塞尺检查
接缝宽度	1	用钢直尺检查

（3）装配式轻钢龙骨隔墙上的孔洞、槽、盒应位置正确、套割方正、边缘整齐。

检验方法：观察。

装配式轻钢龙骨隔墙的允许偏差和检验方法应符合表 13-3 的规定。

表 13-3　装配式轻钢龙骨隔墙允许偏差和检验方法　　　　单位：mm

项目	允许偏差		检验方法
	纸面石膏板	水泥纤维板	
立面垂直度	3	4	用 2m 垂直检测尺检查
表面平整度	3	3	用 2m 靠尺和塞尺检查
阴阳角方正	3	3	用 200mm 直角检测尺检查
接缝直线度		3	拉 5m 线，不足 5m 拉通线，用钢直尺检查
接缝高低差	1	1	用钢直尺和塞尺检查
压条直线度		3	拉 5m 线，不足 5m 拉通线，用钢直尺检查

（4）装配式轻钢龙骨隔墙内的填充材料应干燥，填充应密实、均匀、无下坠。

检验方法：轻敲检查，检查隐蔽工程验收记录。

第三节 ▶▶

装配式地面的施工安装

一、施工准备

（1）应按设计图纸放地面控制线，保证位置准确。

（2）安装前应完成架空层内管线敷设，并应经隐蔽验收合格。当采用地板辐射供暖系统时，应对地暖加热管进行水压实验并经隐蔽验收合格后铺设面层。

（3）装配式地面安装前，应对基层进行清洁、干燥并吸尘。

二、安装步骤

装配式地面施工流程如图 13-6 所示。

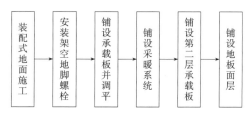

图 13-6　装配式地面施工流程

三、施工要点

（1）应按设计图纸布置可调节支撑构造，并进行调平。

（2）地脚螺栓与承载板宜用螺钉固定，承载板之间宜预留 10～15mm 间隙，用胶带粘接封堵；承载板与四周墙体宜预留 5～15mm 间隙，并用柔性垫块填充固定。

（3）承载板及饰面层宜留设机电检查口。

（4）饰面层铺装应根据图纸排板尺寸放十字铺装控制线，相邻地板已采取企口连接。当承载板不符合模数时，根据实际尺寸在工厂加工完成，并做封边处理，配装相应的可调支撑和横梁，不得有局部膨胀变形情况。

（5）承载板铺设时应做到四角平整、严密，宜设置减震构造。保温层与承载板宜采用粘接固定，地暖层与承载板宜采用螺钉固定。螺钉固定时不得损伤破坏管线，不应穿透承载板。饰面层铺装完，安装踢脚线压住板缝。

（6）装配式地面承载力不得小于 7.5MPa。

四、安装验收

1. 材料验收

（1）装配式地面所用调节螺栓、承载板、饰面板等材料的品种、规格、性能应符合要求调节螺栓应具有防腐性能。饰面板材料应具有耐磨、防潮、阻燃、耐污染及耐腐蚀等性能。

（2）当装配式地面部品采用无石棉增强硅酸钙板时，其主要力学性能、物理性能指标应符合《纤维增强硅酸钙板　第1部分：无石棉硅酸钙板》（JC/T 564.1—2018）的要求（部分见表13-4）。

表 13-4　无石棉增强硅酸钙板的主要力学性能、物理性能指标

项　　目		单　　位	性能指标
力学性能	断裂荷载	N	＞110
	抗冲击性	次	3
物理性能	密度	g/m³	＞1.2，≤1.4
	燃烧性能	—	A 级不燃材料

（3）当饰面板采用硅酸钙复合地板、SPC 地板（石塑地板）时，应参照《浸渍纸层压木质地板》（GB/T 18102—2020）、《半硬质聚氯乙烯块状地板》（GB/T 4085—2015）进行检测，其主要性能应符合表13-5的要求。

表 13-5　硅酸钙复合地板、SPC 地板主要性能

项　　目	硅酸钙复合板标准要求	SPC 地板标准要求	
		G 型	H 型
耐旋转磨耗/转	≥6000	—	—
耐磨性(CT 型)/转	—	≥1500	≥5000

2. 做法验收

（1）装配式地面应参照《建筑结构监测技术标准》（GB/T 50344—2019）进行集中荷载、均布荷载、极限承载力的检验，其均布荷载承载力不应小于 $1000kg/m^2$。

检验方法：回弹法检测或检查配合比、通知单及检测报告。

（2）装配式地面基层和构造层之间、分层施工的各层之间，应结合牢固、无裂缝。

检验方法：观察、用小锤轻击检查。

（3）装配式地面面层的排列应符合设计要求，表面洁净、接缝均匀、缝格顺直。

检验方法：观察检查。

（4）装配式地面与其他面层连接处、收口处和墙边、柱子周围应顺直、压紧。

检验方法：观察检查。

（5）装配式地面面层与墙面或地面凸出物周围套割应吻合，边缘应整齐。与踢脚板交接应紧密，缝隙应顺直。

检验方法：观察检查，尺量检查。

3. 完成度验收

（1）装配式地面面层应安装牢固，无裂纹、划痕、磨痕、掉角、缺棱等现象。

检验方法：观察检查。

（2）装配式地面的允许偏差和检验方法应符合表13-6的规定。

表 13-6　装配式地面的允许偏差和检验方法　　　　　　　　　　单位：mm

项　　目	允许偏差	检查方法
表面平整度	2.0	用 2m 靠尺和楔形塞尺检查
接缝高低差	0.5	用钢尺和楔形塞尺检查
表面格缝平直	3.0	拉 5m 通线．不足 5m 拉通线和用钢尺检查
踢脚线上口平直	3.0	
板块间隙宽度	0.5	用钢尺检查
踢脚线与面层接缝	1.0	楔形塞尺检查

第四节 ▶▶

装配式吊顶的施工安装

一、施工准备

(1) 应确定吊顶板上灯具、风口等部品的位置，按部品安装尺寸开孔。

(2) 装配式吊顶安装前，墙面应完成并通过验收。

(3) 应完成吊顶内管线安装等隐蔽验收。

二、施工步骤

1. 顶龙骨吊顶体系

(1) 定位。根据设计方案确定好吊顶的基本功能、布局原则以及结构和设备之间的模数关系，使用专业仪器精确定位各设备的安装位置。

(2) 安装吊架。结合具体的结构条件和功能要求，选用适当类型的轻钢龙骨或铝合金龙骨及其配件组装成吊架，并通过吊杆、膨胀螺栓把吊架锚固在建筑物顶面上，当开间尺寸大于 1800mm 时，应采用吊杆加固措施。

(3) 安装吊顶和功能模块。首先将功能模块安装固定在吊架上，然后将吊顶模块固定在吊架上，并采用专用工具切割出进排风的孔洞，最终通过与电气开关、插头插座、电气保护器、电气元件、电气配线等进行安装控制，共同组合成集成式吊顶。

(4) 预留检修口。在完成顶板的最后铺装时需要预留检修口，以便于后期设备的维修和更换。

为最大限度减少架空层对建筑层高的影响，装配式内装系统中，一般除了将排水设备敷设在地面以外，其他的设备都敷设于对层高要求不高的厨房和卫生间中，因此这两个空间采用全吊顶的形式，其他居住空间内一般沿顶板外沿敷设管线，并在四周设置异型吊顶，以减少对层高的影响。

2. 侧龙骨吊顶体系

(1) 根据设计要求，按实际测量出的吊顶形状及尺寸在工厂加工成形，现场围护结构、外墙、门窗必须完成，室内设施（消防、空调、通风、电力等机电设施）安装就位后方可进行吊顶龙骨安装。

(2) 光源排布间距与箱体深度以 1:1 为宜，即灯箱深度如为 300mm，光源排布间距也应为 300mm。建议箱体深度控制尺寸在 150～300mm，以达到较好的光效。

(3) 光源散热吊顶（灯箱体）内部应做局部开孔处理，开孔位置建议设置于灯箱体侧面以防尘，同时粘贴金属纱网防虫。

(4) 设备末端不得直接安装于膜面，如需安装则应自行悬挂于结构顶板或梁上，不得与吊顶体系发生受力关系。

(5) 当需进行光源维护时，应采取专用工具拆卸膜体。

三、施工要点

(1) 吊杆宜采用直径不小于 8mm 的全牙镀锌吊顶，采用膨胀螺栓连接到顶部结构受力部位上。

（2）吊杆应与龙骨垂直，距主龙骨端部距离不得超过 300mm。当吊杆与设备相遇时，应调整吊点构造或增设吊杆。

（3）集成吊顶使用的装饰及功能模块应符合现行国家标准《建筑用集成吊顶》（JG/T 413—2013）的相关规定。

（4）基层模块中立框之间的连接不应有缝隙，折弯见光部分不应有高低差，宜采用红外线等设备辅助进行基层调平。

（5）支撑件与饰面板的装配应安拆便捷，并便于现场调节平整度。

四、安装验收

1. 材料验收

（1）装配式吊顶工程所用吊杆、龙骨、连接构件的质量、规格、安装间距、连接方式及加强处理应符合设计要求，金属（吊杆、龙骨及连接件等）表面应做防腐处理。

检验方法：观察，尺量检查，检查产品合格证书、进场验收记录和隐蔽工程验收记录。

（2）装配式吊顶工程所用饰面板的材质、品种、图案颜色、力学性能、燃烧性能等级及污染物浓度检测报告应符合设计要求和现行国家相关标准的规定。潮湿部位应采用防潮材料。饰面板、连接构件应有产品合格证书。

检验方法：观察，检查产品合格证书、性能检测报告、进场验收记录和复验报告。

（3）当饰面板选择硅酸钙复合板时，其主要力学性能、物理性能指标应符合《纤维增强硅酸钙板　第 1 部分：无石棉硅酸钙板》（JC/T 564.1—2018）的要求。

（4）吊顶施工前应按设计要求对房间净高、洞口标高和吊顶内管道、设备及其支架的标高进行交接验收。架空层内管道管线应经隐蔽工程验收合格。预埋的连接件构造符合设计要求。

检验方法：观察，尺量检查，隐蔽工程验收记录。

2. 做法验收

（1）吊顶标高、尺寸、造型应符合设计要求。

检验方法：观察，尺量检查。

（2）吊顶饰面板的安装应稳固严密，当饰面板为易碎或重型部品时应有可靠的安全措施。

检验方法：观察，手扳检查，尺量检查。

（3）重型设备和有震动荷载的设备严禁安装在装配式吊顶工程的连接构件上。

检验方法：观察检查。

3. 完成度验收

（1）饰面板表面应洁净，边缘应整齐、色泽一致，不得有翘曲、裂缝及缺损。饰面板与连接构造应平整、吻合，压条应平直、宽窄一致。

检验方法：观察，尺量检查。

（2）饰面板上的灯具、烟感、温感、喷淋头、风口算子等相关设备的位置应符合设计要求，与饰面板的交接处应严密。

检验方法：观察。

（3）装配式吊顶的允许偏差和检验方法应符合表 13-7 的规定。

表 13-7　装配式吊顶允许偏差和检验方法　　　　单位：mm

类　别	允许偏差	检验方法、检查数量
	饰面板	
表面平整度	3	用 2m 靠尺和塞尺检查,各平面四角处
接缝直线度	3	拉 5m 线(不足 5m 拉通线)用钢直尺检查,各平面抽查两处
接缝高低差	1	用钢直尺和塞尺检查。同一平面检查不少于 3 处

第五节 ▶▶

装配式厨房的施工安装

一、施工准备

（1）应完成基层、预留孔洞、预留管线等的隐蔽验收。

（2）橱柜、电器设备设计有加固要求时，加固措施应与结构连接牢固。

二、施工步骤

装配式厨房施工步骤如图 13-7 所示。

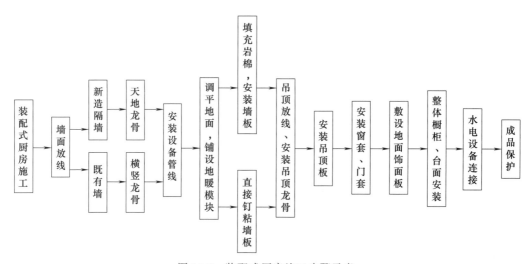

图 13-7　装配式厨房施工步骤示意

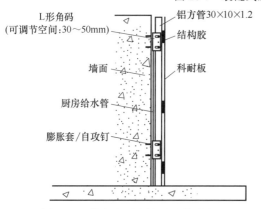

图 13-8　装配式厨房墙面连接示意

三、施工要点

（1）与墙体结构连接的相关吊柜、油烟机等相关电器、燃气表等部品前置安装加固板或预埋件。

（2）厨房墙面、台面及管线部件安装应在连接处密封处理。橱柜柜体与墙面应连接牢固（图 13-8）。

（3）采用油烟水平直排系统时，风帽应安装牢固，与结构墙体之间的缝隙应密封。

四、安装验收

1. 材料验收

装配式厨房工程所选用部品部件、橱柜、设施设备等的规格、型号、外观、颜色、性能、使用功能应符合设计要求和国家、行业现行标准的有关规定。

检查数量：全数检查。

检验方法：观察，手试，检查产品合格证书、进场验收记录和性能检验报告。

2. 做法验收

（1）装配式厨房或厨房家具、橱柜、部品部件、设施设备的连接方法应符合设计要求，安装应牢固严密，不得松动。与轻质隔墙连接时应采取加强措施，满足厨房设施设备固定的荷载要求。

检查数量：全数检查。

检验方法：观察，手试，检查隐蔽工程验收记录和施工记录。

（2）装配式厨房给水排水、燃气管、排烟、电气等预留接口、孔洞的数量、位置、尺寸应符合设计要求，不偏位错位，不得现场开凿。

检查数量：全数检查。

检验方法：观察，尺量检查，检查隐蔽工程验收记录和施工记录。

（3）装配式厨房给水排水、燃气、排烟等管道接口和涉水部位连接处的密封应符合要求，不得有渗漏现象。相关做法还应满足《装配式整体厨房应用技术标准》（JGJ/T 477—2018）的相应要求。

检查数量：全数检查。

检验方法：观察，手试。

3. 完成度验收

（1）装配式厨房部品部件、设施设备表面应平整、洁净、光滑、色泽一致，无变形、鼓包、毛刺、裂纹、划痕、锐角、污渍或损伤。

检查数量：全数检查。

检验方法：观察，手试。

（2）装配式厨房管线与设备接口应匹配，各配件应安装正确，功能正常，并应满足厨房使用功能的要求。抽屉和拉篮等活动设备、部品应启闭灵活，无阻滞现象，并有防拉出措施。

检查数量：全数检查。

检验方法：观察，手试。

（3）装配式厨房板块面层的排列应合理、美观。

检查数量：全数检查。

检验方法：观察。

（4）装配式厨房橱柜、台面、油烟机等部件、设备与墙顶地面处的交接、嵌合应严密，交接线应顺直、清晰、美观。

检查数量：全数检查。

检验方法：观察，手试。

第六节 ▶▶

装配式卫浴的施工安装

一、施工准备

（1）应完成基层、预留孔洞、预留管线等隐蔽工程的验收。

（2）设计有楼面结构层防水时，应完成防水施工并对隐蔽工程验收合格。

二、施工步骤

装配式卫生间如图 13-9 所示。具体的施工步骤如下。

图 13-9　装配式卫生间

（1）底盘的安装。使用支撑脚找平处理底盘放置卫生间预留面，调节底盘调节螺栓，底盘水平不超过 1mm。底盘底部地漏管与排污管使用胶水粘接，排水管弯头从预留位伸出底盘水平面。锁紧底盘调节螺栓，完成地漏和排污管法兰的安装。

（2）龙骨和壁板安装，搭建整体卫浴的结构框架。在底盘周围安装底盘连接件，使用螺栓紧固。安装壁板龙骨，壁板与龙骨用连接件和螺栓紧固。

（3）顶盖和门窗的安装。在壁板上方安装顶盖，与壁板使用连接件固定。在壁板预留窗洞处安装窗套，使用螺栓与壁板连接。在预留门洞处安装门框、铰链，使用螺栓与壁板连接。

（4）给水管道接驳和电气安装，完成管线的连接。

① 冷热给水管通过预留孔洞与壁板内侧的给水管连接。

② 排水管通过底盘预留孔洞与内部卫生洁具排水管连接，孔洞处预制法兰，使用螺栓和胶水与壁板及底盘连接。

③ 电气安装：灯具、换气扇、浴霸、面板安装及接线。换气扇上部需预留 150mm 高。

（5）洁具和设备安装，所有板、壁接缝处打密封胶。定制的洁具、电气与五金件等采用螺栓与底盘、壁板连接紧固。给水排水管与预留管道连接使用专用接头，用胶水粘接。所有板、壁接缝处打密封胶，螺栓连接处使用专用螺母覆盖，外圈打密封胶。

（6）进行灌水实验，对整体卫浴的防水性进行检查。

① 整体卫生间在装配完工后做灌水试验，将安装完的管道灌满水，其灌水高度应不低于底层卫生器具的上边缘或底盘面高度。底盘也应做灌水试验，将地漏封堵后灌水至底盘面以上 5～10cm。

② 排水管道灌满水，1h 后如水面下降则加水到原水面，直至水面不下降为止，同时检查管道及接口，不渗不漏为合格，试验应符合相关规范要求，底盘灌水至规定高度后 1h，以水面不下降、不渗不漏为合格。

三、施工要点

（1）当墙面采用聚乙烯薄膜作为防水层时，墙面应做至顶部，在卫生间内形成围合，在门口处向外延伸不小于100mm。

（2）当安装卫生间器具、卫浴配件、电气面板等部品时，应采取防水层保护措施。

（3）当地面采用整体防水底盘时，地漏应与整体防水底盘安装紧密，并做闭水试验。

（4）采用同层排水方式时，防水盘门洞位置应与隔墙门洞平行对正，底盘边缘应与对应墙体平行。

（5）采用异层排水方式时应保证地漏孔和排污孔、洗面台排水孔与楼面预留孔分别对正。

四、安装验收

1. 材料验收

装配式卫浴工程所选用部品部件、洁具、设施设备等的规格、型号、外观、颜色、性能等应符合设计要求和国家、行业现行标准的有关规定。

检查数量：全数检查。

检验方法：观察，手试，检查产品合格证书、型式检验报告、产品说明书、安装说明书、进场验收记录和性能检验报告。

2. 做法验收

（1）装配式卫浴间的功能、配置、布置形式及内部尺寸应符合设计要求和国家、行业现行标准的有关规定。

检查数量：全数检查。

检验方法：观察，尺量检查。

（2）装配式卫生间的防水底盘安装位置应准确，与地漏孔、排污孔等预留孔洞位置对正，连接良好。

检查数量：全数检查。

检验方法：观察。

（3）整体卫生间或装配式卫浴间部品部件、设施设备的连接方法应符合设计要求，安装应牢固严密，不得松动。与轻质隔墙连接时应采取加强措施，满足设施设备固定的荷载要求。

检查数量：全数检查。

检验方法：观察，手试，检查隐蔽工程验收记录和施工记录。

（4）装配式卫浴间安装完成后应做满水和通水试验，满水后各连接件不渗不漏，通水试验给水排水畅通；各涉水部位连接处的密封应符合要求，不得有渗漏现象；地面坡向、坡度正确，无积水。

检查数量：全数检查。

检验方法：观察，满水、通水、淋水、泼水试验。

（5）装配式卫浴间给水排水、电气、通风等预留接口、孔洞的数量、位置、尺寸应符合设计要求，不偏位错位，不得现场开凿。

检查数量：全数检查。

检验方法：观察，尺量检查，检查隐蔽工程验收记录和施工记录。

（6）装配式卫浴间内板块拼缝处应有填缝剂，填缝应均匀饱满，不留空隙。

检查数量：全数检查。

检验方法：观察。

3. 完成度验收

（1）装配式卫浴间部品部件、设施设备表面应平整、光洁、色泽一致，无变形、毛刺、裂纹、划痕、锐角、污渍；金属的防腐措施和木器的防水措施到位。

检查数量：全数检查。

检验方法：观察，手试。

（2）装配式卫浴间的洁具、灯具、风口等部件、设备安装位置应合理，与面板处的交接应严密、吻合，交接线应顺直、清晰、美观。

检查数量：全数检查。

检验方法：观察，手试。

（3）装配式卫浴间板块面层的排列应合理、美观。

检查数量：全数检查。

检验方法：观察。

（4）装配式卫浴防水盘、壁板、顶板、部品部件、设备安装的允许偏差和检查数量、检验方法应符合表 13-8、表 13-9 的规定。

表 13-8　装配式卫浴防水盘、壁板、顶板允许偏差和检验方法　　　　单位：mm

项　　目	允许偏差			检验方法
	防水盘	壁板	顶板	
内外设计标高差	2.0	—	—	用钢直尺检查
阴阳角方正	—	3	—	用 200mm 直角检测尺检查
立面垂直度	—	3	—	用 2m 垂直检测尺检查
表面平整度	—	3	3	用 2m 靠尺和塞尺检查
接缝高低差	—	1	1	用钢直尺和塞尺检查
接缝宽度	—	1	22	钢直尺检查

表 13-9　装配式卫浴部品部件、设备安装允许偏差和检查数量、检验方法　　　　单位：mm

项　　目	允许偏差	检查数量	检验方法
卫浴柜外形尺寸	3		用钢直尺检查
卫浴柜两端高低差	2		用水准线或尺量检查
卫浴柜立面垂直度	2		用 1m 垂直检测尺检查
卫浴柜上、下口平直度	2	涉及项目全数检查	用 1m 垂直检测尺检查
部品、设备坐标	10		拉线、吊线和尺量检查
部品、设备标高	±15		
部品、设备水平度	2		用水平尺和尺量检查
部品、设备垂直度	3		吊线和尺量检查

第七节 ▶▶

河南某 EPC 钢结构住宅项目内装系统

本项目采用 SI 体系，钢结构和内装及管线部分相分离，内部以轻质隔墙划分空间使户内空间，具有灵活性和满足今后生活方式变化的适应性，使用整体卫生间模块和整体厨房模块等部品来实现装配式内装的全干法施工。

1. 管线分离系统

结合使用功能，设计方案中，本项目的水电管线全部在墙面和顶面架空层内实现路由，在关键节点处设置检修口，给后期的维护维修提供便捷性，还因为不破坏主体结构有效提高了建筑的寿命。墙面架空系统保证了墙面平整度的同时也作为管线内部穿连的载体，在本案例中的户内端墙使用，实现了墙面管线与建筑体的完全分离。

2. 轻质隔墙系统

提供室内空间的可变性，为业主入住后二次改造提供最便捷的可能性，此外轻质隔墙还作为管线内部穿连的载体，墙面使用环保乳胶漆，室内宽敞明亮（图3-10）。

图 13-10　客厅装修图

3. 顶棚吊顶系统

在本案中，绝大部分管线穿连是在顶棚吊顶系统内部来完成，除卧室以外均为全吊顶覆盖，既隐藏了管线，也把结构边角整合统一化设计，一举两得，卧室内原始吊顶以铝方通为载体来做管线穿连并以美观造型呈现（图13-11）。

4. 定制收纳系统

固定收纳具有功能整合能力强和造型美观平整的特点，在本案中也有局部位置使用（图13-12）。

图 13-11　卧室吊顶

图 13-12　餐厅内的整体收纳

5. 整体卫生间系统

工厂加工，整体底盘模压成型，精细化度高，有效减少渗水、漏水情况的发生，安装周期短，可交叉作业，维护简单，维修便利（图13-13）。

6. 整体厨房系统

工厂加工，采用防油污板，精细化度高，有效减少油污附着情况的发生，安装周期短，可交叉作业，维护简单，维修便利（图13-14）。

图 13-13　整体卫生间

图 13-14　整体厨房

第十四章

装配式钢结构建筑项目综合案例

第一节 ▶▶

某装配式钢结构建筑航站楼改建项目

一、项目概况

某国际机场第一航站楼是当时按最先进的预制预应力结构体系所建造，但老旧的机场已经不能满足现代机场的各功能要求。在改建及新建投标方案中，为了符合现代化需求并成为所在地的崭新门户，在不否定旧有建筑以保留空间记忆的情况下，提出建造出新的建筑构造体系。

二、改建设计思路

本项目将原有第一航站楼在持续营运的情况下进行建筑物的改扩建。在既有的本体两翼加盖大型屋顶，将以前没有利用到的外部平台包覆起来，在不增加楼板面积的情况下扩增建筑功能空间。而作为原有建筑物外壁主要特征的整排斜向立柱也被纳入室内，持续在建筑内部空间中扮演重要元素的角色（图 14-1）。

图 14-1　N2 设计投标模型

大屋顶的主钢梁采用悬垂曲线的钢梁，再采用具有采光百叶效果的 PC 预制屋面板，在设计中此 PC 预制屋面板同时可兼抵抗地震与风压之结构功效，并利用压接工法进行固定端灌浆施工。这是将传统建筑常见的屋瓦构造运用在现代建筑造型中的表现。

如图 14-2、图 14-3 所示，新增屋面后，在原有机场的建筑形式——中心线左右对称的主轴上，新建筑在功能上也采用对称形式，一侧为抵达，一侧为离开。

三、项目改建设计说明

此项目增建两侧钢屋顶在整个平面上也采用对称布置，保留长向立面每侧的 15 根立柱，

图 14-2　改建后的机场外观

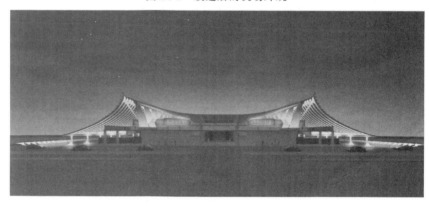

图 14-3　新旧机场的纵向剖面意向图

立柱间距 14m，共计 196m，两侧屋檐悬挑 2m，屋顶长向 200m。短向立面左右对称，屋顶短向宽 95.8m。原有的外阳台侧的空间都纳入了室内，将迎客及送客大厅都布置在新增的钢屋顶之下，如图 14-4～图 14-6 所示。

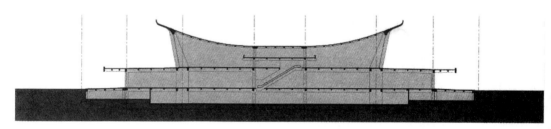

图 14-4　原有航站楼剖面图

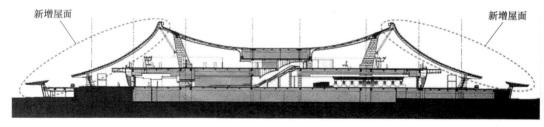

图 14-5　新增屋面后的航站楼剖面图

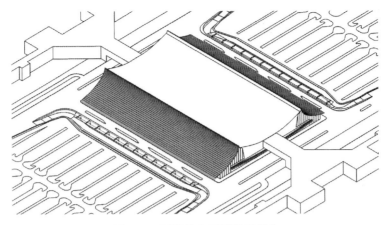

图 14-6　两侧的大屋顶增建部分

　　整个新增屋面体系中，在建筑材料上采用了钢材、预制混凝土、铝合金窗框架及玻璃这四种可进行装配式建造工法的材料。每个构件之间的节点设计也是将这四种材料特性加以协调，并满足其屋面的防水、采光及立面等建筑功能效果，如图 14-7、图 14-8 所示。项目改建立面图、效果图、剖面图如图 14-9～图 14-12 所示。

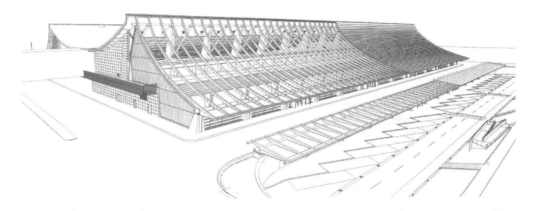

图 14-7　设计阶段的三维 SU 模型

图 14-8　新增屋面后的自然采光迎客大厅

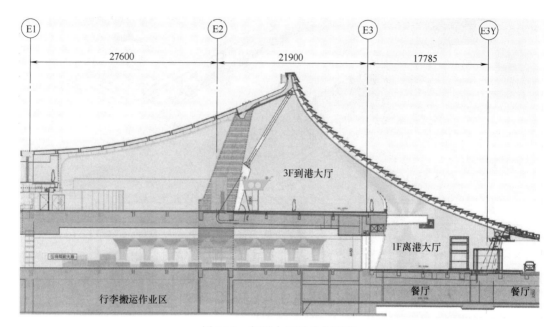

图 14-9　新增大屋顶的立面图

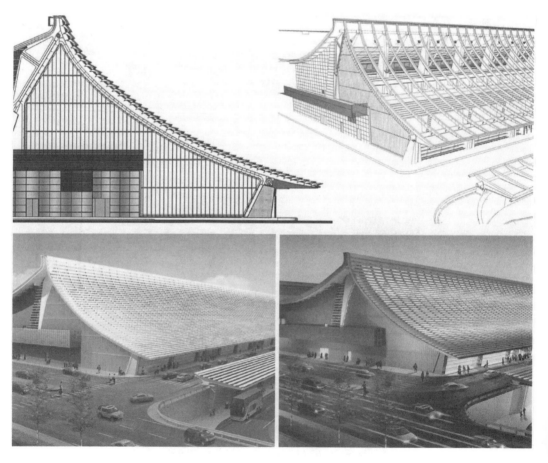

图 14-10　新增大屋顶的侧山墙立面的效果图

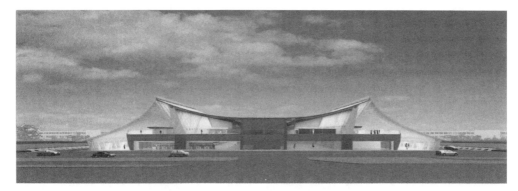

图 14-11　短向剖面效果图

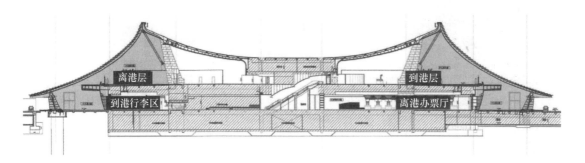

图 14-12　短向剖面图

四、安装施工组织

本工程部分构件见图 14-13～图 14-15，在机场的增建部分的钢结构及预制屋面板设计方案及施工组织计划中，钢结构主柱支撑部分见图 14-13，其构件连接及柱脚部分采用了螺栓固定连接方式，便于安装。

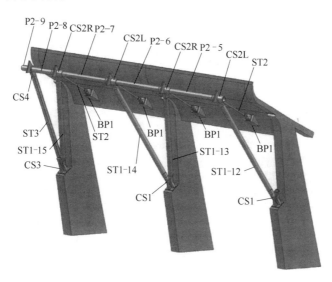

图 14-13　钢结构主柱支撑示意图

图 14-14 每榀支撑钢主梁的构件都在地面进行
组装后，整体进行吊装定位（地面组装）

图 14-15 每榀支撑钢主梁的构件都在地面进
行组装后，整体进行吊装定位（吊装定位）

　　扩建的钢屋面也采用了由平行的弧形钢梁所形成的基本弧面来呼应原有屋面的弧形。弧形钢梁间以 PC 预制小梁来连接，最终由 PC 预制屋面板来完成整个屋面的弧面结构。PC 预制屋面板的设计形状如鳞片，而同时整个预制钢筋混凝土屋面板又为结构，然后在其表面以轻型铝板包覆作为装饰，远视如鳞片覆体在阳光下闪烁生辉。PC 预制钢筋混凝土屋面板的两端各设置两锁孔，弧梁上预先焊接的两支钢棒穿过锁孔，并用以螺帽固定，因此每一片"鱼鳞片"由四支螺栓固定于两侧之弧梁上。所有 PC 预制钢筋混凝土屋面板与弧形钢梁的接合均为"刚性接合"，因此整个屋面形成一稳定的膜结构，与原有航站楼的结构形式形成呼应，如图 14-16～图 14-32 所示。

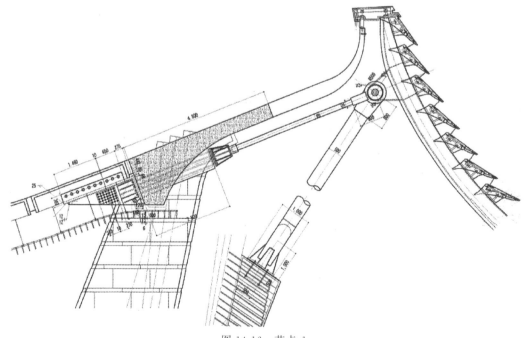

图 14-16 节点-1

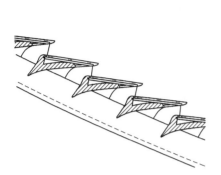

图 14-17　PC 预制屋面板的形状

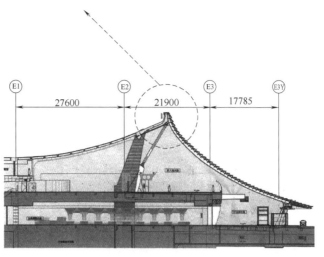

图 14-18　新增钢屋面的剖面图

图 14-19　弧形钢梁的运输

图 14-20　弧形钢梁的现场焊接

图 14-21　弧形钢梁吊装前的现场堆放

图 14-22　弧形钢梁的吊装

图 14-23　吊装完成后的弧形钢梁

图 14-24　PC 预制屋面板的堆放

图 14-25　PC 预制屋面板的吊装

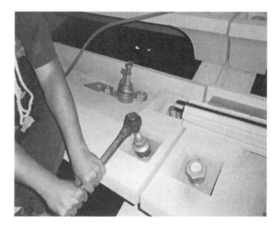

图 14-26　PC 预制屋面板的螺栓固定

图 14-27　PC 预制屋面板的水平度调整

图 14-28　安装后的内部空间

图 14-29 PC 预制屋面板一体的铝合金窗框安装

图 14-30 PC 预制屋面板的安装

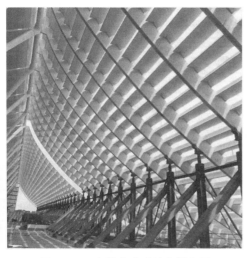

图 14-31 安装完成后的内部空间

图 14-32 整体屋面安装完毕照片

第二节 ▶▶

某装配式钢结构建筑项目案例

一、项目概况

该项目由一期二标段由 5 栋高层组成，总建筑面积 185517.9m²，其中地上部分建筑面积 118997.7m²，包括 3 号塔楼 30 层、4 号塔楼 28 层、7 号塔楼 30 层等。

本项目全部采用装配式钢结构住宅产业化成套技术体系，总承包公司在传统钢框架-支撑体系的基础之上，进一步成功开发了多腔体组合钢板剪力墙、可拆卸式钢筋桁架楼承板、预制装配式保温装饰一体化内外墙板技术，为客户提供了装配式钢结构绿色建筑一揽子解决方案和集成服务（图 14-33）。

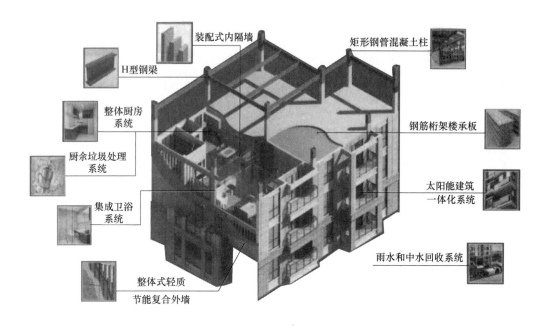

图 14-33 集成体系模型

二、主体结构设计

1. 设计基本参数

本工程的设计基准期为 50 年，设计使用年限为 50 年，建筑结构的安全等级为二级；抗震设防烈度为 6 度（0.05g），场地类别为Ⅲ类，地震分组为第一组，50 年一遇的基本风压为 0.45kN/m^2，地面粗糙度为 B 类。防火等级为一级，钢柱耐火极限为 3h，钢梁耐火极限为 2h。

2. 结构体系

本示范工程各单体采用矩形钢管混凝土柱＋钢梁＋矩形钢管支撑体系；楼层梁采用实腹 H 型钢梁，钢结构上的楼板采用钢筋桁架混凝土楼承板。

3. 钢结构构件概况

本项目 12 栋塔楼结构形式都为钢框架支撑结构体系（图 14-34）。各塔楼钢柱为箱型柱，钢柱最大截面为□650×650×30×30；楼层钢梁为 H 型钢梁，主要钢梁截面为 H 380×100×6×8，次梁截面为 H 250×100×5×6；最大钢梁截面为 H 700×200×10×25；楼层钢支撑为方管支撑，最大截面为□200×250×30×30。

地下为整体钢结构地下室，由钢管混凝土柱及楼层钢梁组成，地下室钢柱主要为箱型混凝土柱，钢柱最大截面为□650×650×35×35；楼层钢梁为 H 型钢梁，钢梁最大截面为 H 1000×500×35×42。标准构件典型节点见图 14-35。

裙房层钢管柱（图 14-36）共 73 根，最大截面□650×650×30×30，最小截面□450×350×12×12，内灌混凝土为 C50；钢梁为 H 型钢梁（图 14-37），最大截面 H 700×200×10×25，最小截面 H 250×100×5×6；斜撑为箱形截面，最大截面□250×300×30×30，最小截面□180×180×8×8；主框架材质均为 Q345B。

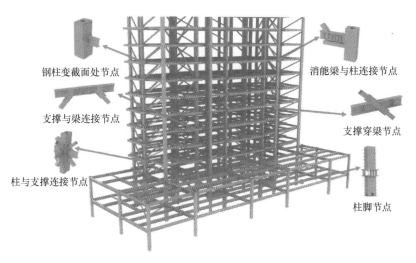

图 14-34　结构体系模型

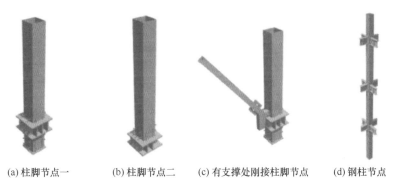

(a)柱脚节点一　　(b)柱脚节点二　　(c)有支撑处刚接柱脚节点　　(d)钢柱节点

图 14-35　标准构件典型节点

图 14-36　箱型柱成品

图 14-37　H 型钢梁成品

4. 钢结构安装

本工程钢结构现场采用 6 台型号为 TC6517（QTZ160）型塔吊，每栋楼都设置塔吊，每台塔吊负责各自工作区域，同步施工。其中 4 号楼现场采用两台 TC6517（QTZ160）型塔吊，55m 和 65m 臂长进行钢结构的吊装，3 号楼、7 号楼、10 号楼、15 号楼现场各采用一台 TC6517（QTZ160）型塔吊，3 号楼和 7 号楼安装塔吊为 65m 臂长，10 号楼和 15 号楼安装塔吊为 60m 臂长进行钢结构的吊装。

钢结构构件现场卸货采用板车运输至钢结构堆场位置，利用 5 台 16t 汽车吊，分别对 5 幢塔楼的钢结构进行卸货，局部位置进行临时加固。

本工程 5 幢塔楼及裙房均为纯钢框架结构，钢结构构件采用塔吊进行吊装，其中 4 号楼现场采用 TC6517（QTZ160）型塔吊，55m 和 65m 臂长进行钢结构的吊装，3 号楼、7 号楼、10 号楼、15 号楼现场各采用一台 TC6517（QTZ160）型塔吊进行钢结构的吊装。

地下室底板施工前，先进行塔吊的安装，利用塔吊安装固定架及柱脚锚栓，再绑扎底板钢筋和浇筑混凝土。地下室 2 层钢柱分为 2～3 段吊装，构件堆放在基坑外围周边，地下部分钢结构完成后进行各层混凝土结构施工。

地上塔楼施工安排，利用消防通道作为构件输运路线。在每台塔吊起重范围内均设置构件堆场，设置构件堆场的面积不小于 $300m^2$，通过加密的脚手管对堆场进行加固。

塔楼因为没有核心筒结构，施工时主要以钢结构进度为依据，为保证整体进度，钢结构施工必须保证各节点工期，根据相关工期进度安排进行施工。

钢结构的安装焊接顺序遵循的原则为：降低焊接应力、减少焊接变形。具体的操作中可以通过从中心的框架向四周扩展焊接、首先焊接收缩量大的焊缝、避免同时焊接一根梁的两端、对称焊接等。

钢结构整体施工节拍确定如下：钢柱安装领先框架梁安装 2～3 层，楼层梁安装与钢筋桁架模板安装同步进行，楼板钢筋绑扎落后钢筋模板安装 2 层，楼层混凝土浇筑落后钢筋绑扎 2 层。

三、围护结构设计

本项目外墙采用水泥纤维板灌浆墙，支撑处局部采用砌块。水泥纤维板轻质灌浆墙系统是用优质轻钢龙骨作为框架，用水泥纤维板作为覆面板，在龙骨框架与水泥纤维板所形成的隔墙空腔中灌入轻质混凝土而形成的实心轻质墙体，是一种新型的、非承重的墙体。灌浆墙的室内安装效果图见图 14-38，灌浆料见图 14-39。灌浆墙与结构的连接节点见图 14-40，接缝处理见图 14-41。

图 14-38　灌浆墙的室内安装效果图

图 14-39　灌浆料

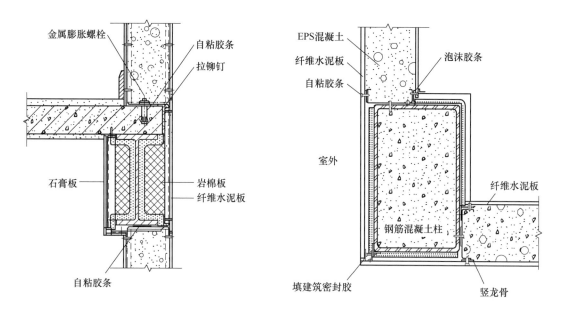

图 14-40　灌浆墙与结构连接节点

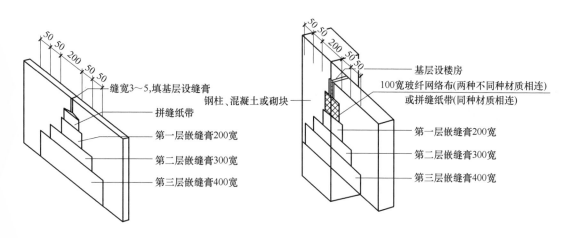

图 14-41　接缝处理

　　竖龙骨与天龙骨之间应留有 10mm 间距，避免紧密接合，以预防变形时墙体产生裂缝。当出现由于竖龙骨长度短而使竖龙骨与天龙骨之间的间距大于 10mm 时，应上移竖龙骨，保证其与天龙骨 10mm 的间距。

　　在门、窗洞两侧竖立洞边竖龙骨，龙骨开口背向门、窗洞。将加强木龙骨扣入附加竖龙骨内（如设计未要求，则不加设），并用自攻螺钉与附加竖龙骨固定。

　　根据楼层的标高基线，采用水准仪等设备弹出门窗洞口标高线。依此标高线，按设计安装门窗洞口横龙骨，再在洞口横龙骨与天地龙骨之间按照设计要求插入竖龙骨。

　　按设计要求将包梁柱角龙骨与焊接于梁柱的连接件固定。对于外墙的可调连接件处，应先根据吊挂的通长铅垂线对可调连接件进行调节，使其在同一直线上，调节后再安装包柱角龙骨。

按设计将自粘胶条粘贴于外墙龙骨外侧翼缘外皮及平行接头外皮，将泡沫胶条粘贴于外墙龙骨内侧翼缘外皮。

梁、柱等冷热桥部位的保温材料选用岩棉板，其应符合《建筑用岩棉绝热制品》（GB/T 19686—2015）的要求，密度为 $120kg/m^3$，传热系数不大于 $0.04W/(m^2 \cdot K)$。

灌浆料以泡沫混凝土为主要成分，自身具有一定的保温效果。民用建筑的外墙应满足《民用建筑隔声设计规范》（GB 50118—2007）。水泥纤维板 EPS 灌浆墙中在面板和龙骨之间采用弹性垫层来减少声桥的影响。

1. 楼板

本项目采用钢筋桁架现浇混凝土组合楼板，是钢筋桁架与底模通过电阻点焊接连接成一体，支撑于横梁上，以承受混凝土自重及施工荷载的组合模板，利用混凝土楼板的上下纵向钢筋与弯折成形的小钢筋焊接，组成能够在施工阶段承受湿混凝土及施工荷载、在使用阶段成为混凝土配筋，承受使用荷载的小桁架结构体系的一项新技术（图 14-42～图 14-44）。

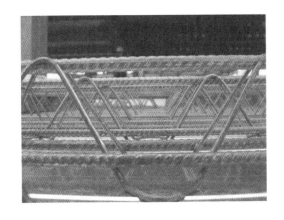

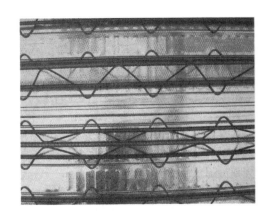

图 14-42 现场施工图（侧图）   图 14-43 现场施工图（俯视图）

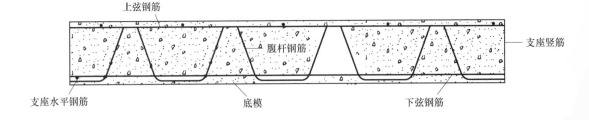

图 14-44 应用自承式模板的混凝土楼板剖面图

2. 设备系统

本项目暖通风管采用穿钢梁预留孔洞设计、电气线路均结合复合墙体穿钢管及 PC 管预埋，管线均在吊顶及墙体内敷设，充分体现装修与结构、机电设备的一体化设计及管线与结构分离的集成技术（图 14-45）。管线系统通过管道井、桥架等方式集中布置，做到管线及点位按需求配置预留并到位。

3. 装饰装修系统

本项目室内装饰装修设计方案、设计深度满足施工要求；装修设计与主体结构、机电设备设计紧密结合，并建立协同工作机制；装修设计采用标准化、模数化设计；各构件、部品与主体结构之间的尺寸匹配，易于装修工程的装配化施工，墙、地面块材铺装基本保证现场无二次加工。本项目装修平面图见图14-46。

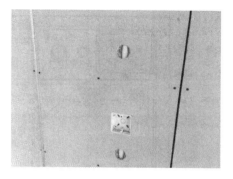

图14-45 复合墙体集合管线

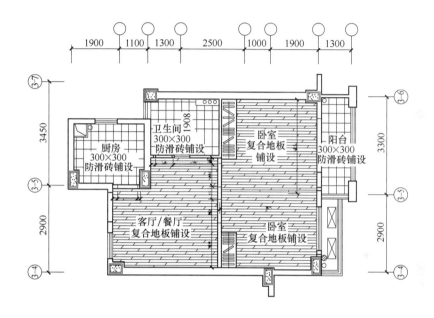

图14-46 装修平面图

墙板采用轻质墙板，可以灵活布置，填充隔声材料，起到降噪作用，表面集成壁纸、木纹、石材等肌理效果。大幅缩短施工周期，免裱糊、免铺贴，施工环保，即装即住。

吊顶采用专用几字形龙骨与墙板顺势搭接，可实现自动调平，饰面顶板基材表面集成壁纸、油漆、金属效果。龙骨与部品之间契合高度，免吊筋、免打孔、现场无噪声。

快装给水通过专用连接件实现快装即插，卡接牢固，操作简单、质量可靠，隐患少。

整体浴室采用高密度高强度的SMC防水盘，地面及挡水翻边一次性高温高压成型，杜绝渗漏。整体浴室土建安装面可以不做建筑防水工程，但需对整体浴室土建安装面做水平处理，平整度误差要求小于5mm。

当管道井在卫生间区域内部的时候，可利用整体浴室壁板作为隔墙，取消管道井部分非结构性墙体，节约空间及土建成本（图14-47）。

整体厨房（图14-48）橱柜一体化设计，排烟管道暗设于吊顶内，采用定制的油烟分离烟机，直排、环保、排烟更彻底。柜体与墙体预留挂件，契合度高，整体厨房全部采用干法作业，大幅提高装配率。

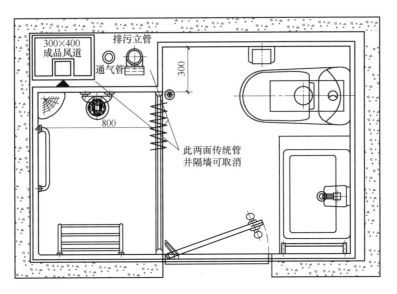

图 14-47　整体卫浴方案图

图 14-48　整体厨房效果图

四、BIM 信息化技术应用

BIM 是一种应用于工程设计建造管理的数据化工具，通过参数模型整合各种项目的相关信息，在项目策划、运行和维护的全生命周期过程中进行的共享和传递，由建筑产业链各个环节共同参与来对建筑物数据不断地插入、完善、丰富，并可以被各相关方提取使用，达到绿色低碳设计、绿色施工、成本管控、方便运用维护等目的。

在本项目中根据相关图纸初步建立 AutoCAD 模型；深化设计阶段利用 Tekla Structures 软件的真实模拟进行钢结构深化设计，同时精准地导入加工设备进行加工，保证了构件的加工精密度及安装精度；施工模拟及进度追踪阶段采用 Navisworks 软件指导及完善现场施工作业；钢结构及设备系统信息模型阶段采用 Revit 等软件创建项目的建筑、结构、机电 BIM 模型；施工流程制作采用 3DS Max 软件使各个工序紧密配合、确保工期；动态数据输入及监测平台采用 ArcGis 软件。

本项目中采用 BIM 技术有效地提高了施工技术水平，施工进度控制、专项施工方案及现场的平面管理、技术管理、安全管理、商务管理、物资材料管理、移动数据终端管理等管理水平均有所提升。

五、构件生产、安装

（一）纤维水泥板轻质灌浆墙

轻钢龙骨分项工程应在主体结构整体（或部分）验收后施工。轻钢龙骨分项工程宜先施工下部楼层，后施工上部楼层；同一楼层，外墙轻钢龙骨宜先于内墙轻钢龙骨施工。轻钢龙骨分项工程应按如下工序进行施工。

1. 测量放线

根据纤维水泥板灌浆外墙图纸的纤维水泥板外表平面，在外墙最底层的楼面测量出外表平面的初始控制线，用垂准经纬仪直接向上投测到外墙顶层，形成顶层外表平面的控制线。由顶层控制线和初始控制线两条平行线形成一个平面，即外墙外表平面。

2. 场地清理、整平

轻钢龙骨安装前应对现场进行清洁，清除积垢、灰尘、油污、杂物。在安装位置上残留的水泥，必须铲除。墙体所在楼面不平整的部位，应采用水泥砂浆进行抹平处理。

3. 混凝土翻边

在浇注翻边处混凝土前，应对翻边部位的楼面进行清洁及润湿处理。对于未按设计要求预留插筋的外墙翻边部位，应采取在翻边部位楼板上打孔、补筋的措施，插筋应采取胶粘剂等有效措施与楼板固定牢固。按设计图纸及定位线在翻边位置支模，浇筑混凝土时应进行插捣，保证混凝土密实。

4. 梁柱连接件安装

统计每一楼层所需梁柱连接件的规格及数量，依统计将所需材料运输至该楼层。根据定位线，在梁、柱连接件的外侧平面位置布设水平线或铅垂线，依据水平线或铅垂线，按设计要求焊接梁柱连接件，以保证焊接后的连接件在同一直线上。梁柱连接件按设计图纸要求进行焊接，焊接完成后需将焊渣清除，焊缝处涂刷防锈漆。

5. 防火涂料涂装

在防火涂料涂装的过程中，应采取措施避免对已安装的龙骨及连接件造成破坏及污染，如造成破坏或污染，则应由防火涂料施工单位进行修复及清理。

6. 横龙骨、竖龙骨、包梁柱角龙骨、外墙保温与防水胶条安装

统计每一楼层所需横龙骨、竖龙骨、包梁柱角龙骨、外墙保温与防水胶条的规格及数量，依统计将所需材料运输至该楼层。堆放时按不同材料、不同规格分开堆放，堆放位置应避开楼层的运输通道。竖龙骨、角龙骨根据长度需要采用手提切割机进行切割，切割边应与长边垂直，并需用磨光设备打磨切割边，清除毛刺。对于外墙横龙骨及外墙缝隙处竖龙骨，需按设计将天龙骨与角龙骨在安装前加工成双龙骨。加工后的龙骨应平整、光滑、无锈蚀、无变形，如有变形的，需修复。

7. 管线敷设

敷设管线时应采用专用开孔设备对龙骨腹板进行开孔，开孔直径不得超过竖龙骨腹板断面的 1/2。管线敷设时不允许在龙骨翼缘上开口。当竖龙骨位置与水表箱、电表箱、消防箱等位置有交叉、碰撞而无法安装时，应及时与设计人员沟通，由设计人员出具处理方案。

防火涂料应在梁柱连接件安装完成后方可施工，待防火涂料喷涂施工完成后进行横龙骨、竖龙骨、包梁柱角龙骨安装。

（二）轻质复合内墙板

轻质墙板实物图见图14-49。内墙采用轻质复合墙板，轻质条板质量轻，其密度为700~750kg/m³，75mm 厚墙板仅重 57kg/m²，仅为 120mm 砌体＋两面抹灰墙体的 1/5~1/3。如果建筑物从基础结构设计就开始考虑使用轻质墙板，可大大减少结构和基础造价，而且优化梁柱结构，室内整体布局更趋合理，更提高使用功能。再加上增大使用面积、施工

图 14-49　轻质墙板实物图

快等优点，其经济收益更优越。

1. 预制复合墙板的安装过程

（1）该工地全是钢结构构造，复合板与型钢柱或钢梁连接需电焊附件，或射钉固定卡件（钉固件为 L 形扁铁 L 200×30×2）。

（2）放样、抬板：在墙体安装部位弹基线与楼板底或梁底基线垂直，以保证安装墙板的平整度和垂直度等，并标示门洞位置，然后抬板到安装位置。

（3）上浆：先用湿布抹干净墙板凹凸槽的表面粉尘，并刷水湿润，再将聚合物砂浆抹在墙板的凹槽内和地板基线内。

（4）立板：将施工结合部位涂满专用砂浆，将条板对准安装标线立起。按拼装次序依次拼接，在条板下部打入三角斜楔。利用斜楔调整位置，使条板就位。

（5）校正：用吊线锤检查墙板垂直度控制在 3mm 之内，用 2m 靠尺上、下、左、右检查平整度控制在 3mm 之内，拼缝控制在 8～10mm，补板除外。

（6）加固：调整好平整度和垂直度后便将墙板固定。

2. 钢筋桁架楼承板的施工顺序

（1）平面施工顺序：随主体钢结构安装施工顺序铺设自承板。

（2）立面施工顺序：为保证交叉施工前上层钢柱安装与下层楼板施工同时进行的人员操作安全，应先铺设上层自承板，后铺设下层自承板承式楼板。

3. 安装要点

（1）为避免板材进入楼层后再用人工倒运，本工程钢梁及楼承板的设计要求每一节间配料准确无误，先行进行计算确定。板材在地面配料后，分别吊入每一施工节间。为保护自承板在吊运时不变形，应使用软吊索，每次使用前要严格检查吊索，使用次数达到 20 次后，吊索必须更换，以确保安全。铺设可分多个小组同时进行，每组由 5～6 名工人组成。铺设时，先沿工字钢梁大致放满桁架模板，然后，从梁端开始，一件一件地往外铺，铺设过程中，要注意使每件桁架间的钩子扣紧，以防止漏浆。

（2）铺设要严格按板的直线度误差为 10mm，板的错口要求＜5mm，检验合格后方可与主梁焊接。桁架基本就位后，及时将桁架端部竖向短钢筋与钢梁焊牢。焊接采用手工电弧焊，焊条为 E4303，直径 3.2mm，焊接点应为直径 16mm 点熔合焊，焊点间距 305mm。同时，设计规定对于跨度大于 3m 的自承板板下要求架设钢管顶撑。

（3）根据层高，一节柱为三层层高，上层平面区部次梁安装前，应先将自承板运输至安装位置，若在次梁安装后再吊自承板，势必造成斜向进料，容易损坏钢板甚至发生危险；同时将自承板铺设的顺序调整为（N+1）层铺设→（N−1）层铺设→（N）层铺设，便于成品保护。

（4）跨度大于 3m 的自承板下采用钢管横档支撑，在自承式楼板混凝土浇筑时底部受力后楼底镀锌钢板同横档接触面积太小，承受压应力过大导致底模产生凹进变形。为增大受力面积，购进 300cm（长）×15cm（宽）×4cm（厚）片子板替代顶部钢管顶撑。

（5）待钢筋桁架模板铺设一定面积后，必须要按设计要求设置楼板支座连接筋、加强筋及分布筋。连接筋等应与钢筋桁架绑扎连接，并及时绑扎分布钢筋，以防止钢筋桁架侧向失稳（图 14-50）。

（6）在楼板混凝土浇筑过程中，由于采用商品混凝土，容易产生堆积荷载，方案实施过程中吊装钢筋、模板等材料时要求多吊分开放置，混凝土浇筑时，专人移动泵管（图14-51）。

图 14-50 支座连接筋、加强筋及负筋绑扎示意图

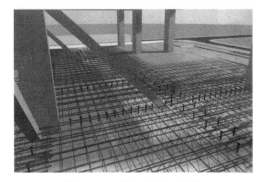

图 14-51 楼板混凝土浇筑

（7）钢筋桁架楼承板底模端部及端部竖筋同钢梁存在漏焊和虚焊情况，在混凝土浇筑中或受力的过程中产生荷载使该焊点位置产生横向剪力，当横向剪力大于焊点的剪力承受值时易产生横向位移，使底模产生过大挠度，同时往往也导致漏浆。

（8）自承板扣合连接处容易变形，部分经矫正后未完全恢复到位使扣合连接不牢固。若在该处作用有集中荷载会导致自承板下沉。后经讨论，采用自制的扣合矫正工具在自承板铺设前首先对扣合变形处进行矫正，确保扣合连接平整。

节点详图如图 14-52～图 14-54 所示。

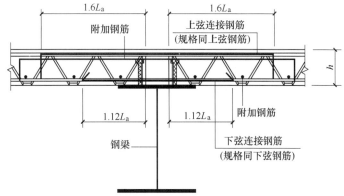

图 14-52 平行板支座构造

L_a—锚固长度；h—钢龙骨高度

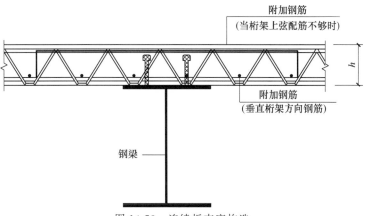

图 14-53 连续板支座构造

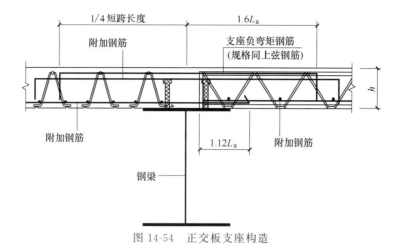

图 14-54 正交板支座构造

六、质量管理

结合现场踏勘结果。本工程在质量管理方面需重点做好桩头防水、钢结构加工制作、基础筏板大体积混凝土、地下室超长外墙、钢结构安装、钢管混凝土柱、组合楼板、设备安装及运行、防雷接地、CCA板灌浆墙等分项工程的质量管理，且需针对工程体量大、分包专业多、建筑功能性强、成品保护量大等质量管理难点进行专项策划，过程中确保质量标准合格（符合工程施工质量验收规范标准），以"过程精品"创"精品工程"。本工程质量控制程序见图 14-55。

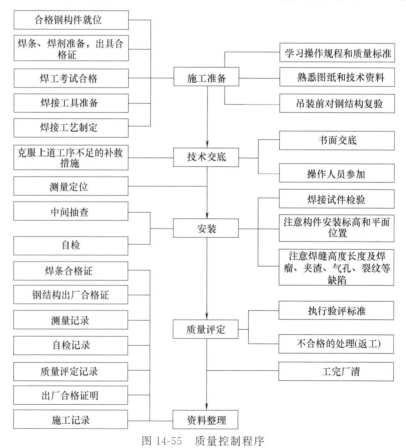

图 14-55 质量控制程序

第三节 ▶▶

装配式钢结构综合实例

一、××装配式住宅项目基本概况

　　××装配式住宅项目建筑功能为政府安置类住房，地下 3 层、地上 27 层，最大建筑高度 80m（图 14-56），设计基准期为 50 年，安全等级为二级，抗震设防类别为丙类，抗震设防烈度为 7 度（0.15g），建筑场地类别为Ⅲ类场地，设计地震分组为第二组，基本风压为 0.40kN/m² （50 年一遇）。结构体系采用矩形钢管混凝土柱框架冲心支撑体系；楼盖采用可拆底模钢筋桁架楼承板；外墙系统采用：300mm 厚蒸压加气混凝土墙板（简称 ALC 墙板）系统，节能标准 75%，隔声要求 50dB；分户墙采用 150mm 厚 ALC 墙板系统，隔声要求 45dB；户内隔墙采用轻钢龙骨石膏板隔断内嵌岩棉。

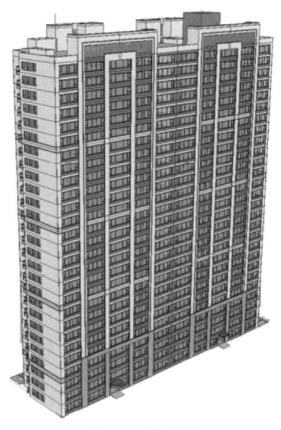

图 14-56　建筑透视图

二、建筑平面方案及户型优化

　　该项目前期方案由其他公司完成，平面布局按照传统剪力墙结构思路设计，不适宜于钢结构住宅产业化。承包公司承担该项目后，基于装配式钢结构设计思路进行了优化，遵循钢结构特点，按照模块化组合、模数协调原则进行户型调整，优化后建筑平面布置见图 14-57。方案优化途径如下。

　　（1）模块组合化：按照不同使用功能进行合理划分，确定户型模块，采用户型模块多样化组合形式。

　　（2）模数协调化：实现部件和内装部品的标准化、系列化、通用化。

　　（3）结构规整化：根据钢结构特点设计模块，结构布置规整、方正、轴线对位，减少柱数量以实现大空间，充分发挥钢结构优势。

三、结构方案优选

　　该项目定位为政府安置类住房，结构体系选择力求技术成熟、效率高、造价优、符合装配式建筑技术发展。经过多年发展，现阶段可选择的结构体系如表 14-1 所示。其中钢框架混凝土剪力墙体系仍然需要现场绑扎钢筋、浇筑混凝土，并且与钢结构施工存在工序交叉，与装配式技术发展有悖，钢框架-延性墙板体系需通过结构变形发挥耗能机制优势，对围护

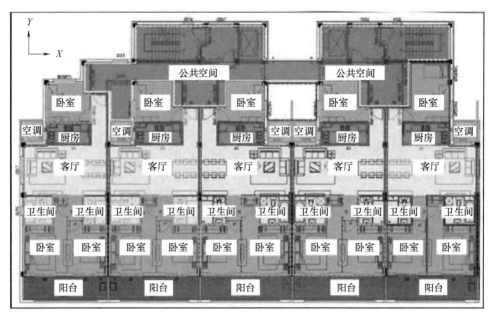

图 14-57 优化后建筑平面布置

结构适应变形能力有较高要求，适宜于幕墙围护体系的住宅，Y 形柱钢框架体系用于住宅的案例较少，且 Y 形柱对于建筑立面影响较大，钢框架-内灌混凝土的钢板组合剪力墙体系构造复杂，施工难度大。综上，该项目选择钢管混凝土柱框架-支撑体系、钢框架-支撑体系、异型柱框架-支撑体系进行比选，对比数据见表 14-2。

表 14-1　主体结构体系

结构体系	钢结构体系
传统成熟体系	钢框架体系、钢框架-支撑体系、钢框架-混凝土剪力墙体系、钢管混凝土柱-架-支撑体系
当代发展体系	异型柱框架体系、异型柱框架-支撑体系、钢管束剪力墙体系、钢框架-延性墙板体系、Y 形柱钢框架体系、钢框架-内灌混凝土的钢板组合剪力墙体系
未来创新体系	全装配 H 型钢框架延性墙板体系

表 14-2　结构体系对比分析

体　　系		钢管混凝土柱框架-支撑	钢框架-支撑	异型柱框架-支撑
柱截面(材料)/mm		□300×300 □300×550 □400×700 (Q345＋C55)	□300×300 □400×400 □600×600 □600×800 (Q345)	□200×300 □200×500 □200×700 □200×1000 (Q345＋C55)
周期(X 向平动系数＋Y 向平动系数＋扭转系数)/s	T_1	4.42 (0.76＋0.00＋0.24)	4.26 (0.75＋0.00＋0.25)	4.64 (0.88＋0.00＋0.12)
	T_2	3.68 (0.00＋1.00＋0.00)	3.61 (0.00＋1.00＋0.00)	3.44 (0.00＋1.00＋0.00)
	T_3	3.46 (0.25＋0.00＋0.75)	3.39 (0.33＋0.00＋0.67)	3.38 (0.22＋0.00＋0.78)
地震作用下最大层间位移角	X 向 Y 向	1/343 1/324	1/347 1/303	1/310 1/388
风荷载作用下最大层间位移角	X 向 Y 向	1/1228 1/566	1/1177 1/1523	1/1221 1/601

体　系		钢管混凝土柱 框架-支撑	钢框架-支撑	异型柱 框架-支撑
剪重比/%	X 向	1.77	1.87	1.91
	Y 向	2.42	2.61	2.46
最大轴压比		0.8	0.8	0.8
用钢量/t	梁	1267	1267	1266
	柱	924	1540	1095
	支撑	136	136	136
	总计	2327	2943	2497
单位用钢量/(kg/m²)		63	79	67

经分析比较，钢管混凝土柱框架-支撑体系用钢量最优，刚度适宜，且隔声防火性能较好，适宜用于本项目，标准层结构布置及用钢量分布见图 14-58、图 14-59。

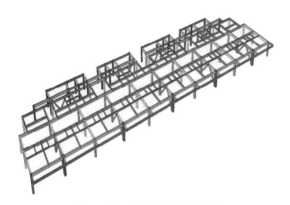

图 14-58　标准层结构布置图

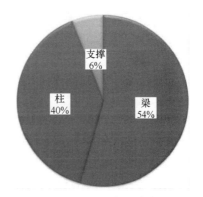

图 14-59　用钢量分布

《装配式钢结构建筑技术标准》（GB/T 51232—2016）规定高度小于 80m 的钢结构建筑不需要验算舒适度，但是鉴于钢结构体系刚度相对较小，并且住宅类建筑对舒适度比较敏感，尤其对于沿海地区以及风荷载较大地区的高层钢结构住宅，应控制结构顶点风振加速度小于 0.20m/s^2。分别采用《高层民用建筑钢结构技术规程》（JGJ 99—2015）（简称高钢规）和《建筑结构荷载规范》（GB 50009—2012）（简称荷载规范）对本工程顶点风振加速度进行计算，结果如表 14-3 所示，满足舒适度限值 0.20m/s^2 要求。

表 14-3　顶点风振加速度　　　　　　　　　　　　　　　　单位：m/s^2

算法	方向	顺风向加速度	横风向加速度
高钢规	X 向	0.05	0.18
	Y 向	0.06	0.18
荷载规范	X 向	0.07	0.06
	Y 向	0.09	0.05

四、围护系统优选

外围护系统一直是装配式钢结构住宅发展的技术难点。现阶段可选用的典型外墙系统有：ALC 外墙板系统、轻质 PC 外墙板系统、轻钢龙骨复合外墙系统、幕墙系统。轻钢龙骨复合外墙系统造价较高，龙骨耐久性难以保证，且隔声性能相对偏弱，在住宅建筑中应用较少；幕墙系统性能优越、造价高，多用于超高层高档住宅；轻质 PC 外墙板系统在中国台湾钢结构住宅应用较多，其造价高、性能好，适用于风雨较大的沿海地区，但是其自重较大的特点与钢结构轻质高强的特点有些背离，对用钢量的影响较大。ALC 外墙板系统具有自重轻、导热系数低、耐火极限长、隔声性能好、耐久性高的特点，性价比较高，目前国内钢构住宅中应用比例达到 80% 左右，该体系已经成为钢结构装配式住宅建筑的主流选择。ALC 外墙板系统技术存在诸多优点，也存在技术短板，尚需在设计、施工方面持续改进，实现系统化设计、全产业链全过程施工控制。根据天成装配式钢结构住宅的特点，选取了 4 种符合该项目特点和定位，同时满足 75% 节能标准的外墙系统做法（表 14-4）。

表 14-4　本项目适用的外墙系统做法

外墙系统做法	工程造价/(元/m²)	外观效果	安全耐久
PC 板＋内保温	1100～1300	好	好
ECP 板＋保温＋ALC 内墙板	1000～1200	好	好
150mm 厚 ALC 板＋60mm 厚一体化保温板	700～800	好	中
300mm 厚 ALC 板	600～700	中	好

注：工程造价为 2017 年估算值，含辅材和外饰涂料，供参考。

该项目所在地气候分区属寒冷 B 区，执行《河北省居住建筑节能设计标准》［DB13（J）185—2015］节能 75% 的要求。该项目为 27 层板式建筑，朝向为南北向，体型系数 S 为 0.239。建筑外墙采用 300mm 厚 ALC 墙板（表 14-5）自保温体系，设计传热系数 K 为 0.44W/(K·m²)，建筑涂料为真石漆；外窗选用平开铝合金断热窗（5mm 玻璃＋12mm 空气隔热层＋5mm 低辐射玻璃），设计传热系数 K 为 2.0W/(K·m²)，气密性不低于 7 级。外门、窗框或附框与墙体之间的缝隙采用岩棉类高效保温材料填实，其洞口周边缝隙的内、外两侧采用专用硅烷改性聚醚胶密封。图 14-60 为 ALC 墙板与主体结构连接构造及板缝处理构造。

表 14-5　ALC 墙板性能参数

保温隔热材料	密度/(kg/m³)	热导率 λ/[W/(m·K)]	导热修正系数	燃烧性能
ALC 墙板	≤525	≤0.110	1.0	A 级

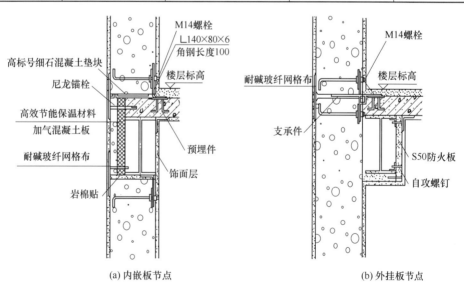

(a) 内嵌板节点　　　　　　　　(b) 外挂板节点

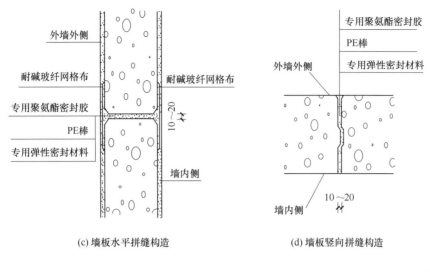

(c) 墙板水平拼缝构造   (d) 墙板竖向拼缝构造

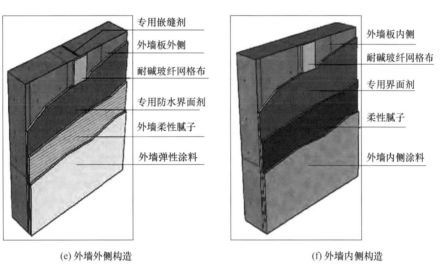

(e) 外墙外侧构造   (f) 外墙内侧构造

图 14-60　ALC 墙板与主体结构连接构造及板缝处理构造

五、设计要点

（1）相比钢筋混凝土结构，钢结构体系容许层间位移角限值较大，围护结构的连接构造需采用柔性节点做法，以适应主体结构变形影响。

（2）风荷载为多遇荷载，应保证风荷载作用下围护系统的性能。试验数据表明 ALC 墙板系统采用专用砂浆处理板缝时，板缝间出现可见细微裂缝的层间位移角限值为 1/550。因此，采用 ALC 墙板的钢结构建筑应控制风荷载作用下的层间位移角不宜超过限值 1/550。

（3）为保证外围护系统的完整性、闭合性，采用框架-支撑体系时，支撑宜布置在建筑内部，尽量布置在公共部位及分户墙内，见图 14-61。

（4）为避免露梁露柱，钢柱宜偏向阳台、厨房、卫生间等附属功能空间；结构布置应与内装修、外墙系统协调，设计时应采取"大柱网，柱外偏"的设计原则，见图 14-62。

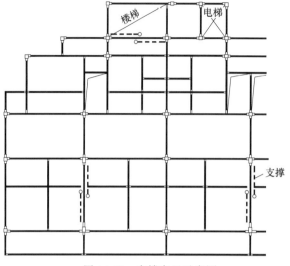

图 14-61 支撑布置示意图

（5）钢管混凝土柱的工作条件是管内混凝土处于受压状态，地震作用组合下与支撑相连的框架柱或角柱可能出现拉应力。该情况应验算不考虑混凝土作用的当前荷载组合下钢柱构件承载力是否满足要求。

（6）ALC 墙板良好的性价比使其成为钢结构住宅围护系统的主流选择之一，由于该材料自身的特殊性，应严格控制其设计、生产制造、运输、安装、防护各环节。鉴于该产品表面强度低，设计上应扬长避短，建议采用纸面石膏板进行防护处理，这样工程造价提高约 20 元/m^2，但对表观品质的提升较大，见图 14-63。

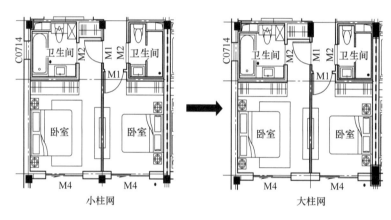

图 14-62 平面布局优化调整

(a) 外墙上部节点

(b) 外墙下部节点

图 14-63 ALC 石膏板防护及外墙节点

六、项目总结

（1）装配式钢结构住宅应区分不同定位档次，合理选择围护系统、结构体系、内装系统；其设计思路不同于传统混凝土住宅，应遵循钢结构的特点，按照模块化组合、模数协调原则进行统筹设计。

（2）装配式钢结构住宅是闭合的系统产品，强调设计、施工、装修一体化，提倡全装修交房；现阶段，装配式钢结构住宅尚处于一个发展过程中，伴随着围护系统技术的逐步成熟，出现了多种适合装配式钢结构住宅的外墙围护系统产品，ALC外墙板是其中一种相对成熟且性价比较高的外墙板。

（3）《装配式建筑评价标准》（GB/T 51129—2017）规定所有组合楼板均属于装配式构件，可计入装配率。因此本工程楼板选择了可拆底膜的钢筋桁架楼承板，相比叠合预制楼板其施工更方便、整体性更好。现阶段由于施工现场还存在大量的钢结构焊接作业，防火涂料仍然需要现场喷涂和修补，该问题需要进一步的研究和探讨。

（4）与传统建筑相比，装配式钢结构建筑更加强调精细化、系统化、标准化设计及设计与施工、生产的紧密性；发展装配式建筑需要全产业链各个环节都建立"装配式"的思维模式，构建专业化的产业工人队伍，从设计、生产、运输、安装、运维等多方面实现技术进步，并且应遵循客观、科学的发展规律，避免盲目推崇装配式建筑而造成的安全隐患。

第四节 ▶▶

装配式钢结构建筑项目常见问题与处理

一、稳定性问题

工字形梁柱在使用过程中横板容易弯曲变形，梁柱容易出现移位，难以确保建筑物整体稳定。解决办法如下。

（1）可以通过加厚钢板的厚度来解决，但此种方法一则耗材，另则使用效果也不是很好。

（2）采用免支撑分层装配式钢结构，包括钢结构横梁、钢结构立柱、预制混凝土墙、底部钢支撑，底部钢支撑上部设置钢结构立柱，钢结构立柱之间设置钢结构横梁，钢结构横梁与钢结构立柱之间设置预制混凝土墙，预制混凝土墙的上部和下部分别设置定位槽，钢结构横梁在定位槽的相应位置处设置定位柱，定位柱安装于定位槽中。

（3）采用合理的贯通式结构非常重要。由于分层装配式支撑钢结构梁具有质量轻、强度高等特点，已被施工人员广泛应用到桥梁结构当中。

在分层装配式支撑钢结构梁中，应用贯通式节点，能够有效提高钢结构的稳定性，保证其抗震性能得以更好地发挥。贯通式钢结构节点具有良好的灵活性，减少钢结构发生破坏的次数，帮助设计人员更好地了解结构承载力，针对钢结构的实际承载能力，不断提高其抗震性能，保证钢结构建筑的稳定性。

在地震作用下，钢结构贯通式节点能够改变原有的结构破坏模式，具有一定的变化规律，设计人员可结合贯通式节点的破坏模式，设计合理的钢结构抗震方案。

（4）研究人员需要定期观察钢结构内部结构的变形情况，并结合梁翼缘的变形情况，合理控制结构上部荷载。

由于试件节点连接方式不同，在施加轴向压力的过程中，研究人员要结合钢结构节点的连接方式，采用合理的控制截面，并结合梁两端的变形情况，严格控制梁上部的水平荷载。当试件中的各个截面点进入到变测点后，可将柱两端进行有效连接，当梁加劲顶部截面腹板中的应变片发生变形后，严格控制方柱管上部的荷载。

（5）由于受弯构件具有良好的整体稳定性，为提高其承载能力，设计人员可结合受压翼缘的应用情况，将铺板直接密铺在受压翼缘之上，并做好相应的连接工作，有效防止梁受压翼缘发生侧向偏移。工字形截面简支梁受压翼缘的自由长度与宽度之比不应超过规定数值。

（6）在连接各个构件的过程中，要保证构件接头处各杆件轴线相交于一点，当不能相交于一点时，要考虑到偏心的影响。此外，由于桥梁结构中的螺栓数量较多，为了保证焊接质量，在焊接的过程中，要保证高强度螺栓能够准确连接，并不断提高接触面的完整性。

二、安装偏差问题

安装偏差问题的处理办法如下。

（1）构架柱安装在埋设的地脚螺栓前需要整体进行检查。首先根据原始轴线及标高控制点对现场进行轴线和标高控制点的延引，然后再测放出每一个埋件的中心线和标高控制点。找准埋件的纵横向中心线与测量定位的基准线相吻合；然后用水准仪测量出螺栓顶面的标高，高度不够时在埋件下四个角用角钢找平。严禁碰撞和损坏地脚螺栓，钢柱安装前要将螺纹清理干净，对已损伤的螺牙要进行修复。

（2）镀锌钢构件到工地后，应先对钢构件进行检查，钢构件应无流黄、镀锌层损伤等缺陷；构件编号、外形尺寸、螺孔位置及直径；节点接合面无锈蚀、油污等杂物；焊缝外观无夹渣。对局部变形的构件，在变形处采用手锤矫正，锤击部位上下侧用木板铺垫以确保镀锌层不受损伤。对于已损坏的镀锌层或因设计修改而补充加工的构件，使用冷喷锌。

（3）进行表面预处理，要点是露出干净的钢铁或镀锌表面，如果有旧涂膜的情况下，必须将旧涂膜全部除去。对钢铁须清除钢铁表面的灰尘、油污、海盐，对于恶劣环境下或高防腐性能要求下采用喷砂除锈达到要求。已生锈的地方用动力工具除锈。防止沉淀分层，开盖后必须充分搅拌，在涂装过程中也要注意经常搅拌，防止锌粉沉淀。涂装方法为喷涂，喷涂后再进行面漆涂装。

三、构件现场堆放运输问题

装卸车时所用索具要求使用吊带，避免使用硬质钢丝绳。同时要注意轻取轻放，必要时用方木或橡胶垫开放好，并加固后方可运输，防止构件及防腐层受损、破坏，堆放时应根据安装顺序，结合现场道路情况，安排堆放在临时堆放场上，堆放时也要用方木垫底，防止构件变形和被泥土污染。

四、钢结构建筑设计中防腐问题

钢材受自然因素影响较大，一旦长时间暴露在室外环境中，就极易被锈蚀，不仅钢材的外观会深受影响，钢材的质量也会大打折扣。因此，在钢结构建筑设计中钢材防腐问题也是必须引起高度重视。

（1）钢结构建筑设计中对于防腐方面问题的解决方法通常是采用涂抹防腐涂料的措施

设计人员会根据钢结构建筑的要求选用合适的防腐涂料，并要求施工人员在施工中严格按照相关要求规范进行操作。此外，对于钢结构构件也有不同的要求，例如有的构件在出厂前需要涂刷一层底漆。在钢材上涂抹防腐涂料就目前来看是最为有效的防腐措施，但是这样做只是基础性的防腐。

（2）为了提高钢结构的防腐效果，就必须选用耐候钢作为钢结构建筑的首选材料，并利用热浸镀锌技术对其进行处理，利用镀层，达到保护钢结构不被腐蚀，尤其是应加强有机涂料配套技术的应用以及阴极保护技术的应用，才能更好地确保其防腐性能得到有效的提升。

五、钢结构设计中噪声方面的问题

噪声问题是现代建筑中最为常见的问题之一，且一直没有得到彻底的解决。一般情况下，建筑使用功能的不同对隔音的效果要求也不同，例如大型商场建筑，其隔音效果要求较低；寻求安静的住宅建筑隔音效果要求就较高，这就需要设计人员根据建筑使用功能以及隔音效果的不同要求进行专门的设计。

（1）在钢结构建筑设计中所采用的隔音措施主要有：使用隔声门、隔声窗，并在建筑或需隔音的房间外墙上使用隔声性能较好的材料。

（2）解决吸音问题的主要措施有两种：第一种是科学地设计吸声结构，例如孔石膏板吊顶。第二种是采用先进的吸声材料，例如玻璃、岩棉等吸声性能较好的材料。

六、墙体开裂多的问题

钢结构自身有一定的疲劳变形等，使得部分钢结构建筑出现外墙开裂的现象。针对以上问题，将钢结构所匹配的墙板与结构主体采用滑动连接，避免梁端弯矩直接作用于墙板上；墙板之间的连接材料采用具有一定抗拉强度的柔性材料，从而充分释放板间应力；同时，在墙板的两侧增加一层饰面板，从而可进一步避免钢结构建筑墙体开裂现象。

七、保温性能差

（1）采用嵌挂相结合的外墙安装形式，由内嵌复合墙板作为抵抗风荷载的主要受力构件，墙板和钢结构主体外侧安装保温装饰一体板，不仅避免了钢结构的热桥，同时兼顾了外保温与外装饰，提高了工程的施工速度。

（2）轻质复合墙板的芯材为聚苯颗粒与发泡保温混凝土共同构成，具有良好保温隔热功效，125mm 厚的复合保温墙板的传热系数 K 值为 $0.798\text{W}/(\text{K} \cdot \text{m}^2)$，等同于 279mm 厚加气混凝土的隔热效果。同时，具备随季节气候变化而自动调节室内空气中水分含量的功能，使湿度保持一个恒定水平，达到生态调节效果，符合现代住宅建筑发展潮流。

八、钢结构装配式管理问题

（1）注重保证项目整体的协调性。钢结构装配式建筑包括设计、生产、施工三个过程。在施工的过程当中需要不同的施工单位、施工仪器设备、施工人员等的相互配合，在安装的过程当中，往往后面的施工工作展开时也会受到前期施工的影响，从而导致钢结构装配式建筑的施工进程和质量受到阻碍。所以，应该要注重保证钢结构装配式建筑的项目整体的协调性，合理有效地推进施工的进程，为钢结构装配式建筑的完成提供有效保证，同时也能够减少钢结构装配式建筑施工过程当中的成本资金。

（2）对相关员工进行专门的培训。对相关员工进行专门的训练是至关重要的。设计人员应该要检查设计图稿，及时有效地找出设计图纸当中存在的问题，快速反映给相关工作人员，确保问题能有效解决。也要对预制构件进行归类，为后续的生产工作提供有效保证，也可以提高生产工作人员的功效效率，有效避免在施工过程当中对预制叠合板的堆放、包装、运输上造成误差。

（3）相关工作单位之间要及时进行沟通交流。钢结构装配式建筑在我国建筑行业当中的运用越来越广泛了，所以相关工作单位之间要及时进行沟通交流，对于施工过程当中的变动要及时通知相关部门，任何一个环节出现偏差都会导致整个项目工程的发展受到阻碍。

主要参考文献

[1] 中华人民共和国住房和城乡建设部. 装配式钢结构建筑技术标准：GB/T 51232—2016 [S]. 北京：中国建筑工业出版社，2017.

[2] 中华人民共和国住房和城乡建设部. 装配式钢结构住宅建筑技术标准：JGJ/T 469—2019 [S]. 北京：中国建筑工业出版社，2019.

[3] 北京建筑大学. 多高层建筑全螺栓连接装配式钢结构技术标准：T/CSCS 012-2021 [S]. 北京：中国建筑工业出版社，2021.

[4] 中华人民共和国住房和城乡建设部. 建筑地基基础工程施工质量验收标准：GB 50202—2018 [S]. 北京：中国计划出版社，2018.

[5] 中华人民共和国住房和城乡建设部. 混凝土结构工程施工质量验收规范：GB 50204—2015 [S]. 北京：中国建筑工业出版社，2015.

[6] 中华人民共和国住房和城乡建设部. 屋面工程施工质量验收规范：GB 50207—2012 [S]. 北京：中国建筑工业出版社，2012.

[7] 中华人民共和国住房和城乡建设部. 建筑工程施工质量验收统一标准：GB 50300—2013 [S]. 北京：中国建筑工业出版社，2013.

[8] 中华人民共和国住房和城乡建设部. 砌体结构工程施工质量验收规范：GB 50203—2011 [S]. 北京：中国建筑工业出版社，2012.

[9] 肖明.《装配式混凝土建筑技术标准》解读 [J]. 工程建设标准化，2017（5）：21-22.

[10] 中国建筑标准设计研究院. 装配式建筑系列标准应用实施指南（钢结构建筑）[M]. 北京：中国计划出版社，2016.

[11] 上官子昌. 实用钢结构施工技术手册 [M]. 北京：化学工业出版社，2013.

[12] 郁银泉.《装配式混凝土建筑技术标准》GB/T 51231—2016 与《装配式钢结构建筑技术标准》GB/T 51232—2016 解读 [J]. 深圳土木与建筑，2017（3）：5-14.

[13] 中华人民共和国住房和城乡建设部. 装配式混凝土建筑技术标准：GB/T 51231—2016 [S]. 北京：中国建筑工业出版社，2017.

[14] 范幸义，张勇一. 装配式建筑 [M]. 重庆：重庆大学出版社，2017.

[15] 袁锐文，魏海宽. 装配式建筑技术标准条文链接与解读 [M]. 北京：机械工业出版社，2017.

[16] 王翔. 装配式钢结构建筑现场施工细节详解 [M]. 北京：化学工业出版社，2017.

[17] 杜春晓. 建筑工程成本管理 [M]. 北京：中国建材工业出版社，2016.

[18] 中华人民共和国住房和城乡建设部. 建设工程项目管理规范：GB/T 50326—2017 [S]. 北京：中国建筑工业出版社，2017.

[19] 中华人民共和国住房和城乡建设部. 钢结构焊接规范：GB 50661—2011 [S]. 北京：中国建筑工业出版社，2012.

[20] 曾念童. BIM 技术在钢结构施工项目中的应用 [J]. 建筑技术开发，2020，47（5）：1-2.

[21] 魏鲁双，高阳秋晔，魏群，等. 基于 BIM 的圆柱形钢结构垂斜交定位连接装置：CNl04551499A [P]. 2015-04-29.

[22] 骆文进，郭盈盈，任云霞. BIM 技术在钢结构施工中的应用 [J]. 居舍，2020（29）：39-40.

[23] 胡林策，祖建，肖伟，等. BIM 技术在钢结构施工中的应用 [J]. 建筑技术，2020（4）：402-404.

[24] 中华人民共和国住房和城乡建设部. 钢结构工程施工质量验收标准：GB 50205—2020 [S]. 北京：

中国建筑工业出版社，2020.

[25] 中华人民共和国住房和城乡建设部. 钢结构工程施工规范：GB 50755—2012 [S]. 北京：中国建
工业出版社，2012.

[26] 召浙渝. 装配式钢结构施工技术 [M]. 成都：西南交通大学出版社，2019.

[27] 山西省住房和城乡建设厅. 地下防水工程施工质量验收规范：GB 50208—2011 [S]. 北京：中国
筑工业出版社，2011.

[28] 刘绪明，陈建平，陈至诚. 钢结构工程质量管理与控制 [M]. 北京：机械工业出版社，2012.

[29] 中华人民共和国住房和城乡建设部住宅产业化促进中心. 大力推广装配式建筑必读：技术、标准
成本与效益 [M]. 北京：中国建筑工业出版社. 2016.